普通高等教育公共基础课系列教材·计算机类

计算思维与大学计算机基础

主　编　于　萍

副主编　张　伟　李丽颖　滕鑫鹏

科学出版社

北　京

内 容 简 介

本书依据教育部考试中心发布的"全国计算机等级考试二级 MS Office 高级应用与设计考试大纲（2021 年版）"进行编写，既突出计算机基础知识、常用操作系统和办公软件的学习，又注重计算思维能力的培养。

全书共分 7 章，主要包括计算机基础、计算思维、Windows 10 操作系统、文字处理软件 Word 2016、电子表格软件 Excel 2016、演示文稿制作软件 PowerPoint 2016、数据结构与算法。

本书可作为高等院校"计算机基础"课程的教材，也可作为教育培训机构的培训教材，同时适合需要提高计算机操作水平的读者使用。

图书在版编目（CIP）数据

计算思维与大学计算机基础/于萍主编. —北京：科学出版社，2021.8
ISBN 978-7-03-068921-4

I. ①计… II. ①于… III. ①计算方法-思维方法-高等学校-教材
②电子计算机-高等学校-教材 IV. ①O241 ②TP3

中国版本图书馆 CIP 数据核字（2021）第 100485 号

责任编辑：戴 薇 杨 昕/责任校对：赵丽杰
责任印制：吕春珉/封面设计：东方人华平面设计部

科 学 出 版 社 出版
北京东黄城根北街 16 号
邮政编码：100717
http://www.sciencep.com

三河市中晟雅豪印务有限公司印刷
科学出版社发行 各地新华书店经销

*

2021 年 8 月第 一 版 开本：787×1092 1/16
2021 年 12 月第二次印刷 印张：25 1/4
字数：598 000
定价：75.00 元
（如有印装质量问题，我社负责调换〈中晟雅豪〉）
销售部电话 010-62136230 编辑部电话 010-62135397-2032

前　言

随着信息技术的发展和普及，计算机应用水平已成为衡量大学生业务素质与能力的重要标志。本书以计算思维为导向，凝练了计算机的基础知识，强调常用系统软件和Office 2016办公软件的使用，目标是培养大学生的计算思维能力和提升大学生的信息素养，让学生初步具有利用计算机分析问题、解决问题的意识与能力，达到国家计算机二级等级考试的水平，为将来应用计算机知识和技能解决各专业的实际问题打下坚实基础。

本书共分 7 章，各章主要内容如下：

第 1 章计算机基础，包括计算机的概念、发展、分类、应用领域和未来发展的方向、计算机的信息表示形式，以及计算机的系统组成等。

第 2 章计算思维，包括计算思维的概念、计算思维方法、计算思维在其他学科中的应用等。

第 3 章 Windows 10 操作系统，包括操作系统概述、界面、基本操作、文件管理、附件功能、应用程序和系统设置等。

第 4 章文字处理软件 Word 2016，包括文档的基本操作、编辑和格式化，表格、图形的插入与编辑，页面设置和打印等。

第 5 章电子表格软件 Excel 2016，包括工作簿和工作表的操作、数据的输入与编辑、工作表的格式化、公式和函数的使用、图表的创建与编辑、数据管理与打印设置等。

第 6 章演示文稿制作软件 PowerPoint 2016，包括演示文稿的基本操作、幻灯片的编辑、幻灯片动画和放映方式，以及综合应用实例。

第 7 章数据结构与算法，包括数据结构的基本概念、算法、线性表、栈、队列、树与二叉树、排序和查找技术。

全书内容深入浅出，通俗易懂，配套数字资源包括电子教案和经典案例视频，可从科学出版社职教技术出版中心（http://www.abook.cn）下载。

本书由具有丰富教学经验的教师参与编写，于萍任主编，张伟、李丽颖、滕鑫鹏任副主编。于萍编写第 1 章、第 2 章、第 4 章和第 7 章，张伟编写第 5 章，李丽颖编写第 6 章，滕鑫鹏编写第 3 章。

由于本书涉及的知识面广，不足之处在所难免，恳请专家、教师和读者多提宝贵意见，以便于本书再版修订。

目　　录

第 1 章

计算机基础

计算机是 20 世纪最先进的科学技术发明之一。掌握计算机的基础知识并高效学习和熟练办公，成为信息社会人们不可或缺的能力。本章主要介绍计算机的基本概念、发展历程、特点与应用、计算机中的信息编码方式和计算机系统的组成。

1.1 计算机概述

1.1.1 计算机的概念

计算机（computer）是一种能够高速、精确、自动处理信息的现代化电子设备，可以进行数值计算，又可以进行逻辑运算，还具有存储记忆功能。它所接受和处理的对象是信息，处理的结果也是信息。信息是能够被人类（或仪器）接受的以声音、图像、图形、文字、颜色和符号等形式表现出来的一切可以传递的知识内容。计算机接受信息之后，不仅能够迅速、准确地对其进行运算，还能进行推理、分析、判断等，从而帮助人类完成部分脑力劳动，因此人们又把它称为"电脑"。

随着信息时代的到来，信息高速公路的兴起，全球信息化进入了一个新的发展时期。人们越来越认识到计算机的强大信息处理功能，计算机已成为信息产业的基础和支柱。在人们物质需求不断得到满足的同时，对信息的需求也日益增强，这就是信息业和计算机业发展的社会基础。

1.1.2 计算机发展简史

1. 计算工具发展简述

计算是人类与自然做斗争的过程中的一项重要活动。我们的祖先在史前时期就已经用石子和贝壳进行计数。随着生产力的发展，人类创造了简单的计算工具。春秋战国时期，由中国人发明的算筹[图 1.1（a）]是有实物作证的人类最早的计算工具。我国在唐、宋时期开始使用算盘[图 1.1（b）]，在当时算盘是一种高级的计算工具。

（a）算筹　　　　　　　　　（b）算盘

图 1.1　算筹与算盘

图1.2　机械式的加法计算器

17世纪，由于天文学家承受着大量繁重的计算工作，促使人们致力于计算工具的改革。1642年，法国科学家布莱斯·帕斯卡（Blaise Pascal）制造出世界上第一台机械式加法计算机，如图1.2所示。它可做八位数的加减运算，用来计算法国的税收，取得了很大成功，这是人类第一次用机器模拟人脑处理数据信息。

1673年，德国数学家戈特弗里德·威廉·莱布尼茨（Gottfriend Wilhelm Leibniz）在前人研究的基础上，制造出一台可以做四则运算和开平方运算的机械式计算机。莱布尼茨同时还提出了"可以用机械代替人进行烦琐重复的计算工作"的伟大思想，这一思想至今鼓舞着人们探求新的计算机技术。莱布尼茨因独立发明微积分而与牛顿齐名，并被《不列颠百科全书》列为"西方文明最伟大的人之一"。莱布尼茨系统地提出了二进制运算法则。

1822年，英国数学家查尔斯·巴贝奇（Charles Babbage）设计了差分机和分析机，差分机如图1.3（a）所示，其设计理论非常超前，特别是卡片输入程序和数据的设计被早期电子计算机所采用。在巴贝奇离世时尚未完成的分析机[图1.3（b）]，可以说是现代计算机的雏形。

（a）差分机　　　　　　　　（b）分析机

图1.3　差分机和分析机

2. 电子计算机发展的阶段

1936年，英国数学家艾伦·麦席森·图灵（Alan Mathison Turing）（图1.4），发表了著名的《论可计算数及其在判定问题中的应用》一文。在这篇论文中，图灵给"可计算性"下了一个严格的数学定义，并提出了一种用机器模拟人们用纸笔进行数学运算过程的一种思维模型。通过这种模型，可以制造一种十分简单但运算能力极强的计算装置，用来计算所有能够想象到的可计算函数，这就是著名的"图灵机"。图灵机被公认为现代计算机的原型，这台机器可以读入一系列的0和1，这些数字代表了解决某一问题所需的步骤，按照这个步骤做下去，就可以解决某一特定问题。图灵的杰出贡献使他成为计算机界的第一人。

1942年，美国爱荷华州立学院的约翰·文森特·阿塔纳

图1.4　艾伦·麦席森·图灵

索夫（John Vincent Atanasoff）和他的学生贝瑞（Berry）采用二进制数 0 和 1，设计了一台以电子管为元件并且能够利用电路执行逻辑运算的数字计算机。这台计算机被命名为"阿塔纳索夫-贝瑞计算机"（Atanasoff-Berry Computer，ABC），以纪念两人之间的合作，它也是世界上第一台电子计算机。

在第二次世界大战中，美国陆军为了编制弹道特性表，向该项目投入了 40 万美金。1946 年，由宾夕法尼亚大学莫尔电工学院与阿伯丁弹道研究所合作研制出电子数字积分计算机（electronic numerical integrator and computer，ENIAC），如图 1.5 所示。该电子计算机共用了 18800 个电子管，1500 个继电器，重达 30t，占地 170m²，耗电 150kW，每秒钟能做 5000 次加法运算，于 1946 年 2 月正式交付使用，从此开始了电子计算机的发展时代。

ENIAC 诞生后，其本身存在两大缺点：一是没有存储器，存储量太小，至多只能存储 20 个 10 位的十进制数；二是用布线接板进行程序控制，电路连线烦琐、耗时，每进行一次新的计算，都要用几小时甚至几天的时间重新连接线路，这完全抵消了计算机本身计算速度快所节省的时间。

从第一台电子计算机的诞生至今，计算机得到了飞速的发展。杰出的代表人物是英国科学家图灵和美籍匈牙利科学家冯·诺依曼（Von Neumann）（图 1.6）。

图 1.5 ENIAC　　　　　　　　　　　图 1.6 冯·诺依曼

图灵是计算机科学的奠基人，他对计算机的主要贡献是：建立了图灵机的理论模型，发展了可计算性理论；提出图灵测试，阐述了机器智能的概念。为了纪念图灵在计算机领域奠基性的贡献，美国计算机协会（Association for Computing Machinery，ACM）于 1966 年创立了"图灵奖"，每年颁发给在计算机科学领域领先的研究人员。图灵奖是美国计算机协会在计算机技术方面所授予的最高奖项，被喻为计算机界的诺贝尔奖。

冯·诺依曼被誉为"电子计算机之父"。他于 1903 年 12 月 28 日生于匈牙利布达佩斯的一个犹太人家庭，是著名美籍匈牙利数学家。他对计算机的主要贡献是最先提出了数字计算机的冯·诺依曼结构，其基本形式一直到现在还在使用。1945 年 6 月，冯·诺依曼与戈德斯坦、勃克斯等联名发表了一篇长达 101 页纸的报告，即计算机史上著名的"101 页报告"。该报告明确规定计算机的五大部件（运算器、控制器、存储器、输入设备和输出设备），并用二进制替代十进制运算。该理论的革命意义在于创造性地提出了"存储程序和程序控制"的计算机结构，以便计算机能够自动依次执行指令。人们后来把这种"存储程序和程序控制"体系结构的机器统称为"冯·诺依曼机"。直到今天，"101页报告"仍然被认为是现代计算机科学发展里程碑式的文献。同时，冯·诺依曼与同事研制出了世界上离散变量自动电子计算机（electronic discrete variable automatic computer，EDVAC）。

人们把冯·诺依曼的这个理论称为冯·诺依曼体系结构，如图1.7所示。冯·诺依曼提出的体系结构奠定了现代计算机结构理论，被誉为计算机发展史上的里程碑，从第一代电子计算机到当前先进的计算机都是采用冯·诺依曼体系结构，直到现在，各类计算机仍没有完全突破冯·诺依曼体系结构的框架。

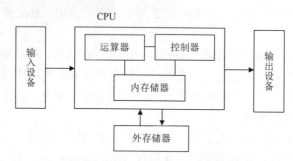

图1.7　冯·诺依曼体系结构

计算机从诞生至今，发展之迅速、普及之广泛、对整个社会和科学技术影响之深远，远非其他任何学科所能比拟。在推动计算机发展的众多因素中，电子元器件的发展起着决定性的作用。此外，计算机系统结构和计算机软件技术的发展也起了重大的作用。随着数字科技的革新，计算机差不多每10年就更新换代一次。根据计算机所采用的基本电子元件和使用的软件情况，可将其发展分成四个阶段，习惯上称为四代（两代计算机之间时间上有重叠）。

（1）第一代计算机（1946～1958年）

第一代计算机是电子管数字计算机。采用电子管组成基本逻辑电路，主存储器采用延迟线、磁心，外存储器采用磁鼓、磁带，输入输出装置落后，主要使用穿孔卡片，速度慢，并且使用不便。

第一代计算机已经采用了二进制数，由电位"高"和"低"、电子元件的"导通"和"截止"来表示"1"或"0"。此时计算机还没有系统软件，科学家们只能用机器语言或汇编语言编程，工作浩繁辛苦。由于当时研制水平及制造工艺的限制，计算机的运算速度只有每秒几千次到几万次，内存容量仅几千字节。因此，第一代计算机体积庞大，造价很高，主要用于军事和科学研究工作。除ENIAC外，著名的第一代计算机还有EDVAC、电子延迟存储自动计算器（electronic delay storage auto-matic calculator，EDSAC）、通用自动计算机（universal automatic computer，UNIVAC）。

（2）第二代计算机（1958～1964年）

第二代计算机是晶体管数字计算机。采用晶体管组成基本逻辑电路，一个晶体管和一个小爆竹同样大小，晶体管比电子管功耗少、体积小、重量轻、工作电压低且工作可靠性好。这一发明引发了电子技术的根本性变革，对科学技术的发展具有划时代意义，给人类社会生活带来了不可估量的影响。1958年，美国成功研制了全部使用晶体管的计算机，从而诞生了第二代计算机。

第二代计算机的运算速度比第一代计算机提高了近百倍。其特征是用晶体管代替了电子管，内存储器普遍采用磁心，每颗磁心可存储一位二进制数，外存储器采用磁盘。计算机的运算速度提高到每秒几十万次，内存容量扩大到几十万字节，价格大幅度下降。

这个时期，计算机软件也有了较大发展，面对硬件的监控程序已经投入实际运行并逐步发展成为操作系统。人们已经开始用 FORTRAN、ALGOL60、COBOL 等高级语言编写程序，计算机的使用效率大大提高。自此之后，计算机的应用从数值计算扩大到数据处理和事务处理、工业过程控制等领域，并开始进入商业市场。这一时期的代表机型有 IBM 7090、UNIVAC Ⅱ，贝尔的 TRADIC 等。

（3）第三代计算机（1964～1971 年）

第三代计算机的逻辑元件采用中小规模集成电路。集成电路是将由晶体管、电阻器、电容器等电子元件构成的电路微型化，并集成在一块如同指甲大小的硅片上。

集成电路工艺可以在几平方毫米的单晶硅片上集成由十几个甚至上百个电子元件组成的逻辑电路。其基本特征是逻辑元件采用小规模集成电路（small scale integration，SSI）和中规模集成电路（middle scale integration，MSI）。此后，集成电路的集成度以每 3～4 年提高一个数量级的速度增长。第三代计算机的运算速度每秒可达几十万次到几百万次。随着存储器技术的进一步发展，其体积越来越小，价格越来越低，而软件越来越完善。

这一时期，计算机同时向标准化、多样化、通用化、系列化发展。系统软件发展到了分时操作系统，它可以使多个用户共享一台计算机的资源。在程序设计语言方面，出现了以 Pascal 语言为代表的结构化程序设计语言，还有会话式的高级语言，如 BASIC 语言，计算机开始广泛应用于各个领域。这一时期的代表机型有 IBM 360 系列、霍尼威尔（Honeywell）6000 系列、富士通 F230 系列等。

（4）第四代计算机（1971 年至今）

第四代计算机的逻辑元件和主存储器都采用大规模集成电路（large scale integration，LSI）和超大规模集成电路（very large scale integration，VLSI）。大规模集成电路是指在单块硅片上集成 100 个以上的门电路或 1000～20000 个晶体管，其集成度比中、小规模集成电路提高了 1～2 个数量级，在硅半导体上集成了大量的电子元器件，并且用集成度很高的半导体存储器替代了磁心存储器，运算速度可达每秒几百万次甚至上亿次的基本运算。计算机的体积、重量、成本大幅度降低。

这一时期，既出现了运算速度超过每秒十亿次的巨型计算机，又出现了体积小、价格低廉、使用灵活方便的微型计算机。

1971 年 11 月，美国英特尔（Intel）公司将运算器和逻辑控制电路集成在一起，成功地用一块芯片实现了中央处理器（central processing unit，CPU）的功能，制成了世界上第一片微处理器 Intel 4004，并以它为核心组成微型计算机 MCS-4。随后，许多公司如摩托罗拉（Motorola）、齐格洛（Zilog）公司等争相研制微处理器，生产微型计算机。微型计算机以其功能强、体积小、灵活性大、价格便宜等优势，显示了强大的生命力。短短的 40 年时间，微处理器和微型计算机已经经历了数代变迁，其日新月异的发展速度是其他任何技术所不能比拟的。

这一时期，软件的发展也很迅速，对高级语言的编译系统、操作系统、数据库管理系统以及应用软件的研究更加深入，日趋完善，软件行业已成为一个重要的现代工业分支。

第四代计算机的特点是更微型化、耗电更少、可靠性更高、运算速度更快、成本更低。此外，计算机网络、多媒体技术的发展正在将人类社会带入一个新的时代。

计算机的发展历程如表 1.1 所示。

表 1.1　计算机的发展历程

主要指标	第一代 （1946～1958 年）	第二代 （1958～1964 年）	第三代 （1964～1971 年）	第四代 （1971 年至今）
电子器件	电子管	晶体管	中小规模集成电路	大规模集成电路、超大规模集成电路
主存储器	磁心、磁鼓	磁心、磁鼓	磁心、磁鼓、半导体存储器	半导体存储器
处理方式	机器语言、汇编语言	监控程序、作业批量连续处理、高级语言编译	操作系统、多道程序、实时系统、会话式高级语言	实时、分时处理，网络操作系统，数据库系统
运算速度	几千～几万次/秒	几十万次/秒	几十万～几百万次/秒	上千万～数亿亿次/秒
主要应用	科学计算、军事计算	数据处理	科学计算、数据处理、工业控制	深入到各行各业，家庭和个人开始使用计算机

从 20 世纪 80 年代开始，日本、美国和欧洲等发达国家都宣布开始新一代计算机的研究。新一代计算机是将信息采集、存储、处理、通信和人工智能（artificial intelligence，AI）结合在一起的计算机系统，它不仅能够进行一般信息处理，而且能够面向知识处理，具有形式推理、联想、自然语言理解、学习和解释能力，能够帮助人类开拓未知领域和获取新知识。新一代计算机的研究领域包括人工智能、系统结构、软件工程、支援设备以及对社会的影响等。新一代计算机的核心思想是将程序设计变为逻辑设计，突破传统的冯·诺依曼体系结构，实现高度并行处理。科学家们在研制智能计算机的同时，也开始探索更新一代的计算机，包括光子计算机、生物计算机和神经网络计算机。这一代计算机将不再采用传统的电子元件，光子计算机采用光技术和光子器件；生物计算机采用生物芯片，以生物工程技术产生的蛋白分子为主要材料；神经网络计算机模仿人类大脑的判断能力和适应能力，并具有可并行处理多种数据的功能。新一代计算机目前还不成熟，离实际应用还很遥远，但相信其研究前景将很美好。

美国国际商用机器公司（International Business Machines Corporation，IBM 公司）和美国能源部于 2008 年 6 月 9 日发布消息称，美国历时 6 年研制出新一代全球最快计算机"走鹃（roadrunner）"，最大运算速度每秒 1015 万亿次，比此前全球最快计算机——IBM 研制的"蓝色基因/L"快 1 倍多。"走鹃"目前放置于 IBM 位于纽约波基普西的实验室中，占地 557m²，连接光纤长 91.7km，重 226.8t，存储空间 80TB。"走鹃"一天的计算量相当于地球上 60 亿人每周 7 天、每天 24 小时不吃不喝用计算器算 46 年。

2009 年 10 月 29 日，中国人民解放军国防科技大学成功研制出峰值性能为每秒 1206 万亿次的"天河一号"超级计算机。在 2010 年 11 月的"世界超级计算机 500 强"排行榜中位列第一。

2011 年日本的超级计算机"京"运算速度排名世界第一。

2012 年美国的"泰坦"运算速度排名世界第一。

2013 年 6 月，中国的"天河二号"超级计算机成为全球运算速度最快的超级计算机。作为算盘这一古老计算器的发明者，中国拥有了历史上计算速度最快的工具。"天河二号"主要运用于石油勘探、生物医药、航空航天装备研制、基础科学理论计算等方面。"天河二号"的研制成功，标志着中国超级计算机领域进入国际先进行列。

2016 年 6 月 20 日，中国的"神威·太湖之光"运算速度排名世界第一。

2016 年 11 月 14 日，中国的"神威·太湖之光"运算速度蝉联冠军。

2017 年 6 月 19 日，中国的"神威·太湖之光"再次斩获世界超级计算机 TOP500 第一名。

2017 年 11 月 13 日，中国的"神威·太湖之光"以每秒 9.3 亿亿次的浮点运算速度第四次夺冠。

2018 年 11 月 12 日，美国超级计算机"顶点"运算速度排名世界第一，中国超级计算机上榜总数仍居第一，数量比上期进一步增加，占全部上榜超级计算机总量的 45% 以上。中国超级计算机"神威·太湖之光"和"天河二号"分别位列第三和第四名。

2019 年 11 月 19 日，美国"顶点"运算速度蝉联冠军，中国则继续扩大数量上的领先优势，在总算力上与美国的差距进一步缩小。

2020 年 6 月，来自日本的超级计算机富岳（Fugaku）运算速度排名世界第一。

2020 年 11 月，富岳再次蝉联第一，亚军和季军均为美国的超级计算机，中国的"神威·太湖之光"超级计算机位列第四。

3. 计算机的发展趋势

目前，计算机技术正在向以下几个方向发展。

（1）微型化

由于超大规模集成电路技术的进一步发展，微型计算机的发展日新月异，大约每 3～5 年换代一次；一个完整计算机的核心部分已经可以集成在火柴盒大小的硅片上。新一代的微型计算机由于具有体积小、价格低、对环境条件要求少、性能迅速提高等优点，大有取代中、小型计算机之势。

微型计算机已经进入仪器、仪表、家用电器等小型仪器设备中，同时也作为工业控制过程的心脏，使仪器设备实现"智能化"。随着微电子技术的进一步发展，笔记本型、掌上型微型计算机必将以更优的性能价格比受到人们的欢迎。

（2）巨型化

巨型化是指计算机的运算速度更高、存储容量更大、功能更强。在一些领域，运算速度要求达到每秒 10 亿次，这就必须发展功能特强、运算速度极快的巨型计算机。巨型计算机体现了计算机科学的最高水平，反映了一个国家科学技术的实力。现代巨型计算机的标准是运算速度每秒超过 10 亿次，比 20 世纪 70 年代的巨型机提高了一个数量级。为了提高速度而设计的多处理器并行处理的巨型计算机已经商品化，如多处理器按超立方结构连接而成的巨型计算机。

（3）网络化

计算机网络是计算机的又一发展方向。计算机网络是将分布在各个地区的许多计算机通过通信线路互相连接起来，以达到资源共享的目的。这是计算机技术和通信技术相结合的产物，它能够有效地提高计算机资源的利用率，同时形成一个规模大、功能强、可靠性高的信息综合处理系统。目前，计算机网络在交通、金融、管理、教育、商业和国防等各行各业都得到了广泛应用，覆盖全球的因特网（Internet）已经进入普通家庭，正在改变着世界的面貌。

（4）智能化

智能化是让计算机模拟人类的智能活动。人工智能是研究、开发用于模拟、延伸和扩展人的智能的理论、方法、技术及应用系统的一门新的技术科学，它企图了解智能的实质，并生产出一种新的能以人类智能相似的方式做出反应的智能机器。该领域的研究包括机器人、语言识别、图像识别、自然语言处理和专家系统等。

（5）多媒体化

多媒体技术是将计算机系统与图形、图像、声音、视频等多种信息媒体综合于一体进行处理的技术。它扩充了计算机系统的数字化声音、图像输入输出设备和大容量信息存储装置，能够以多种形式表达和处理信息，人们能够以耳闻、目睹、口述、手触等多种方式与计算机交流信息，使人与计算机的交互更加方便、友好和自然。有人预言，多媒体计算机将进入人们生产、生活的各个领域，为计算机技术的发展和应用开创一个新的时代。

1.1.3　计算机的特点

计算机已应用于社会的各个领域，成为现代社会不可缺少的工具。它之所以具备如此巨大的能力，是由其自身的特点所决定的。

计算机具有以下其他计算工具所不具备的特点。

1. 运算速度极快

运算速度是计算机的一个重要性能指标，通常用每秒执行定点加法的次数或平均每秒执行指令的条数来衡量。计算机每秒进行加减基本运算的次数已由早期的每秒几千次发展到现在的最高可达每秒几千亿次乃至万亿次，目前最高达到亿亿次。如果一个人在1秒内能做一次运算，那么一般的计算机1小时的工作量，一个人得做100多年。

计算机出现以前，在一些科技部门，虽然人们从理论上已经推导了一些复杂的计算公式，但由于计算工作太复杂，其中不少公式实际上仍无法应用。落后的计算技术拖了这些学科的后腿。例如，人们早就知道可以用一组方程来推算天气的变化，但是，用这组方程预报24小时以内的天气，如果用手工计算，一个人要算几十年，这样，就失去了预报的意义。用一台小型电子计算机，只需10分钟就能算出一个地区4天以内的天气预报。

计算机高速运算的能力极大地提高了工作效率，把人们从浩繁的脑力劳动中解放出来。过去用人工旷日持久才能完成的计算，计算机在"瞬间"即可完成。

2. 计算精确度高

计算机在进行数值计算时，其结果的精确度在理论上不受限制。一般的计算机可以有十几位甚至几十位（二进制）有效数字，精度可由千分之几至百万分之几，这是其他计算工具达不到的。

计算机不像人那样工作时间稍长就会疲劳。由于现代技术进步，特别是大规模、超大规模集成电路的应用，使计算机具有极高的可靠性，可以连续工作几个月、甚至十几年而不出差错。

3. 记忆能力惊人

计算机的存储器可以存储大量数据，这使计算机具有了"记忆"功能。计算机能够将运算步骤、原始数据、中间结果和最终结果等牢牢记住。目前计算机的存储容量已高达千兆数量级。计算机具有的"记忆"功能是与传统计算工具的一个重要区别。

4. 具有逻辑判断能力

计算机在处理信息时，还能做逻辑判断。例如，判断两个数的大小，并根据判断的结果，自动完成不同的处理。计算机可以作出非常复杂的逻辑判断。

数学中的"四色猜想"是著名的难题，这是一个拓扑学问题，即找出给球面（或平面）地图着色时所需用的不同颜色的最小数目，着色时要使两个没有相邻（即有公共边界线段）的区域有相同的颜色。1852 年英国的弗南西斯•格思里（Francis Guthrie）推测：四种颜色是充分必要的。1878 年英国数学家阿瑟•凯莱（Arthur Cayley）在一次数学家会议上呼吁大家注意解决这个问题。直到 1976 年，美国数学家凯尼斯•阿佩尔（Kenneth Appel）、沃尔夫冈•哈肯（Wolfgang Haken）和奥古斯丁•考西（Augustin Cauchy）利用高速电子计算机运算了 1200 小时，做了 100 亿次判断，终于完成了四色猜想的证明。

5. 高度自动化

计算机具有记忆能力和逻辑判断能力，这是与其他计算工具之间的本质区别。正是因为它具有上述能力，所以，只要将解决某一问题所需要的原始数据和处理步骤预先存储在计算机内，一旦向计算机发出指令，它就能自动按照规定步骤完成指定的任务。

1.1.4　计算机的分类

在时间轴上，"分代"代表了计算机的纵向发展，是以制造计算机使用的元器件来划分的。"分类"可用来说明计算机的横向发展，随着计算机技术的发展和应用的推动，尤其是微处理器的发展，计算机的类型越来越多样化。

根据用途及其使用的范围，计算机可分为专用机和通用机两大类。专用机大多是针对某种特殊的要求和应用而设计的计算机，有专用的硬件和专用的软件，扩展性不强，一般功能比较单一，难以升级，也不能当作通用计算机使用。通用机则是为满足大多数应用场合而推出的计算机，可灵活应用于多个领域，通用性强。为覆盖多种应用领域，它的系统一般比较复杂，功能全面，支持它的软件也五花八门，应有尽有。通用机可以应用于各种场合，只需配置相应的软件即可。通用机是生产量最多的一种机型。

按照信息处理方式，计算机可分为模拟计算机和数字计算机两大类。模拟计算机的主要特点是参与运算的数值由不间断的连续量表示，其运算过程是连续的。模拟计算机由于受元器件质量影响，其计算精度较低，应用范围较窄，目前已很少生产。数字计算机的主要特点是参与运算的数值用断续的数字量表示，其运算过程按数字位进行计算。数字计算机由于具有逻辑判断等功能，以近似人类大脑的"思维"方式进行工作，所以又被称为"电脑"。

按照物理结构，计算机可分为单片机（IC 卡，由一片集成电路制成，其体积小，重量轻，结构简单）、单板机（IC 卡机、公用电话计费器）和芯片机（手机、掌上电脑等）。

按照计算机的规模和处理数据的能力不同，计算机可分为巨型计算机、大型计算机、小型计算机、微型计算机、工作站及服务器。

巨型计算机（super computer）的指标规定为：计算机的运算速度平均每秒 1000 万次以上，存储容量在 1000 万位以上。例如，"银河"计算机就属于巨型计算机。巨型计算机的发展是电子计算机的一个重要发展方向。它的研制水平标志着一个国家的科学技术和工业发展的程度，体现着国家经济发展的实力。一些发达国家正在投入大量资金和人力、物力，研制运算速度达几百亿次甚至上亿亿次的超级大型计算机。

巨型计算机实际上是一个巨大的计算机系统，是当代运算速度最高、存储容量最大、通道速度最快、处理能力最强、工艺技术性能先进的通用超级计算机，主要用来承担重大的科学研究、国防尖端技术和国民经济领域的大型计算课题及数据处理任务。例如，大范围天气预报，整理卫星照片，探索原子核物，研究洲际导弹、宇宙飞船等，制定国民经济的发展计划，项目繁多，时间性强，要综合考虑各种各样的因素，依靠巨型计算机能够较顺利地完成。

大型计算机（large-scale computer）包括国内流行说法中的大型计算机和中型计算机，特点是大型、通用。大型计算机的内存可达几吉字节以上，速度由千万次向数亿次发展，广泛应用于科学和工程计算、信息的加工处理、企事业单位的事务处理等方面。这类计算机具有极强的综合处理能力和极广泛的性能覆盖面。主机非常庞大，通常由许多 CPU 协同工作，超大的内存，海量的存储器，使用专用的操作系统和应用软件。

小型计算机（minicomputer）的规模和运算速度比大中型计算机要差，但仍能支持十几个用户同时使用。小型计算机具有体积小、价格低、性能价格比高等优点，适合中小企业、事业单位用于工业控制、数据采集、分析计算、企业管理及科学计算等，也可用作巨型计算机或大型计算机的辅助机。典型的小型计算机如美国 DEC 公司的 PDP 系列计算机、IBM 公司的 AS/400 系列计算机，我国的 DJS-130 系列计算机等。

微型计算机（micro computer）采用微处理器、半导体存储器和输入/输出接口等芯片组装，具有体积更小、价格更低、通用性更强、灵活性更好、可靠性更高、使用更加方便等优点。

工作站（workstation）是一种以个人计算机（personal computer，PC）和分布式网络计算为基础，主要面向专业应用领域，具备强大的数据运算与图形、图像处理能力，为满足工程设计、动画制作、科学研究、软件开发、金融管理、信息服务、模拟仿真等专业领域而设计开发的高性能计算机。工作站是介于小型计算机与 PC 之间的一种高档的微型计算机。其运算速度比微型计算机快，且有较强的联网功能。高档微型计算机配以大屏幕显示器和大容量内存储器及海量外存储器，就可以称得上是一个工作站。需要注意的是它与网络系统中的"工作站"虽然名称一样，但含义不同。网络上的"工作站"泛指联网用户的结点，通常只需要一般的 PC，以区别网络服务器。

服务器（server）是一种在网络环境中为多个用户提供服务的计算机系统。从硬件上来说，一台普通的微型计算机也可以充当服务器，关键是它要安装网络操作系统、网络协议和各种服务软件，具有大容量的存储设备和丰富的外部设备，要求有较高的运行速度，对此很多服务器配置了双 CPU。服务器的管理和服务有文件、数据库、图形、图像以及打印、通信、安全、保密和系统管理、网络管理等，服务器上的资源可供网络用户共享。

1.1.5 计算机的应用领域

计算机的高速发展，使信息产业以史无前例的速度持续增长。在世界第一产业大国——美国，信息产业已跃居榜首。归根结底，这是由社会对计算机应用的需求决定的。随着计算机文化的推广，用户不断为计算机开辟新的应用领域；反过来，应用的扩展又持续地推动了信息产业的新增长，应用与生产相互促进，形成了良性循环。

以下简要介绍计算机在科学计算、数据处理和实时控制等方面的传统应用，以及其在近 20 年来取得较大进展的新应用领域，读者可对计算机在现代社会中的作用有比较全面的印象。

1. 科学计算

科学计算是计算机最早的应用领域，第一批问世的计算机最初取名 calculator，后来改称 computer，在当时用作快速计算的工具，与人工计算相比，计算机不仅运算速度快，而且结果精度高。有些要求限时完成的计算，使用计算机可以赢得宝贵的时间。例如，天气预报需要做大量的运算，用每秒执行百万条指令（million instructions per second，MIPS）的计算机，取得 10 天的预报数据只需要计算数分钟，这就使中、长期天气预报成为可能。

2. 数据处理

数据处理也称为非数值计算，主要是指利用计算机来加工、管理和操作各种形式的数据资料，包括对数据资料的收集、存储、加工、分类、排序、检索和发布等一系列工作。传输和处理的数据有文字、图形、声音及图像等各种信息。数据处理包括办公自动化（office automation，OA）、财务管理、金融业务、情报检索、计划调度、项目管理、市场营销、决策系统的实现等。

早在 20 世纪 50 年代，人们就开始将登记账目等单调的事务工作交给计算机处理。20 世纪 60 年代初期，大银行、大企业和政府机关纷纷用计算机处理账册、管理仓库或统计报表，从数据的收集、存储、整理到检索统计。

特别值得一提的是，我国成功地将计算机应用于印刷业，真正告别了"铅与火"的时代，进入了"光与电"的时代。近年来，国内许多机构纷纷建设自己的管理信息系统（management information system，MIS），生产企业也开始采用制造资源规划软件（manufacturing resources planning，MRP），商业流通领域逐步使用电子数据交换

（electronic data interchange，EDI）系统，即无纸贸易。数据处理是计算机应用最广泛的领域，其特点是要处理的原始数据量大，而算术运算比较简单，并有大量的逻辑运算和判断，其结果要求以表格或图形等形式存储或输出。事实上，计算机在非数值方面的应用已经远远超过了在数值计算方面的应用。直到今天，数据处理在所有计算机应用中仍稳居第一位，耗用的机时约占全部计算机应用的三分之二。

3. 实时控制

由于计算机不仅支持高速运算，且具有逻辑判断能力，从 20 世纪 60 年代起，冶金、机械、电力、石油化工等产业开始使用计算机进行实时控制。其工作过程是用传感器在现场采集受控制对象的数据，求出它们与设定数据的偏差；由计算机按照控制模型进行计算，产生相应的控制信号，驱动伺服装置对受控对象进行控制或调整。它实际上是自动控制原理在生产过程中的应用，所以有时也称为"过程控制"。

4. 办公自动化

办公自动化是 20 世纪 70 年代中期首先从发达国家发展起来的一门综合性技术。其目的在于建立一个以先进的计算机和通信技术为基础的高效人-机信息处理系统，使办公人员能够充分利用各种形式的信息资源，全面提高管理、决策和事务处理的效率。

5. 计算机辅助技术

计算机辅助技术应用范围非常广泛，如计算机辅助制造（computer asisted manufacturing，CAM）、计算机辅助设计（computer aided design，CAD）、计算机辅助测试（computer asisted testing，CAT）、计算机集成制造系统（computer integrated manufacturing system，CIMS）。其中，CAD 应用最广泛。CAD 系统能帮助设计人员分析、判定和处理问题，以期实现最优化的设计方案，同时利用计算机绘图，不但可以提高设计质量，还可以缩短设计周期。在我国，建筑设计、机械设计、电子电路设计等行业的 CAD 系统已相当成熟。另外，值得一提的是 CIMS，它将设计、制造与企业管理相结合，全面统一考虑一个制造企业的状况，合理安排工作流程和工序，能够极大地提高企业的效益。

计算机辅助教学（computer asisted instruction，CAI）源于 20 世纪 60 年代，但真正有效应用是在近十年，特别是计算机多媒体技术比较成熟时开始蓬勃开展。教师的教案、测试题等事先存储于教师专用的计算机上，利用文本、图形、图像、声音、动画等多种媒体将教案传送到学生机（学生机一般是局域网的工作站）上进行讲解，学生可用键盘回答教师在屏幕上的提问。可在屏幕上做练习，在屏幕上考试，并能够很快地知道自己的成绩，这便是"计算机教室"。

另外，一些不方便用实物甚至无法做的实验，可以利用计算机进行模拟，使学生增加感性认识，达到事半功倍的效果。

6. 数据库应用

数据库应用，在计算机现代应用中占有十分重要的地位。以上介绍的办公自动化和生产自动化，都离不开数据库的支持。事实上，今天在任何一个发达国家，大到国民经济信息系统和跨国的科技情报网，小到个人的银行储蓄账和亲友通信，无一不与数据库打交道。了解数据库，已成为学习计算机应用的一项基本内容。

7. 网络应用

计算机网络是计算机技术和通信技术相结合的产物。是当今计算机科学和通信工程领域迅速发展起来的新兴技术之一，也是计算机应用中一个空前活跃的领域。其主要功能是实现通信、资源共享，并提高计算机系统的可靠性，广泛应用于办公自动化、企业管理与生产过程控制、金融与电子商务、军事、科研、教育信息服务、医疗卫生等领域。特别是随着 Internet 技术的迅速发展，计算机网络正在改变着人们的工作方式与生活方式。

8. 人工智能

人工智能有时也译作"智能模拟"，是用计算机模拟人脑的智能行为，包括感知、学习、推理、对策、决策、预测、直觉和联想等。通过计算机技术模拟人脑智能，可替代人类解决生产、生活中的具体问题，从而提高人类改造自然的能力。其应用主要表现在机器人、专家系统、模式识别、智能检索、自然语言处理、机器翻译、定理证明等方面。

计算机的无线化越来越普及，网络化也已经走入人们的生活，各种家用电器也开始具备智能化。家庭网络分布式系统将逐渐取代目前单机操作的模式，计算机可以通过网络控制各种家电的运行，并且通过互联网下载各种新的家电应用程序，以增加家电的功能、改善家电的性能等，也可以通过互联网远程遥控家中的家电等。

计算机的未来将会更加贴近人们的工作和生活，预计它将朝着模块化、无线化、个性化、网络化、环保化和智能化等方向发展。完全有理由相信，随着科学技术的进步，尤其是计算机相关技术的进步，计算机的应用领域也将进一步拓宽，呈现出更加蓬勃发展的局面。

9. 电子商务

电子商务（electronic commerce，EC，或 electronic business，EB）是指利用计算机和网络进行的商务活动，具体地说，是指在 Internet 开放的网络下，基于客户端/服务器应用方式，主要为电子商户提供服务、实现消费者的网上购物、商户之间的网上交易和在线电子支付的一种商业运营模式。

Internet 上的电子商务可以分为三个方面：信息服务、交易和支付，主要内容包括电子商情广告、电子选购和交易、电子交易凭证的交换、电子支付与结算以及售后的网上服务等，主要交易类型有企业与个人（business to customer，B2C）的交易和企业之间（business-to-business，B2B）的交易两种。参与电子商务的实体有四类：顾客（个人消费者或企业集团）、商户（包括销售商、制造商、储运商）、银行（包括发卡行、收单行）和认证中心。

电子商务是 Internet 爆炸式发展的直接产物，是网络技术应用的全新发展方向。

Internet 本身所具有的开放性、全球性、低成本及高效率的特点，也成为电子商务的内在特征，并使电子商务大大超越了作为一种新的贸易形式所具有的价值。它不仅会改变企业本身的生产、经营及管理活动，而且将影响整个社会的经济运行结构。

电子商务对人们的生活方式也产生了深远影响。网上购物、网上搜索功能可方便地让顾客货比多家。同时，消费者将能够以一种十分轻松自由的自我服务方式来完成交易，从而使用户对服务的满意度大幅度提高。

10. 云计算

云计算（cloud computing）是指通过网络以按需、易扩展的方式获得所需资源和服务。这种服务既可以是信息技术服务、软件服务、网络相关服务，也可拓展为其他领域的服务。

云计算的核心思想和根本理念是资源来自网络，即通过网络提供用户所需的计算力、存储空间、软件功能和信息服务等，并且将大量用网络连接的计算资源统一管理和调度，构成一个计算资源池向用户提供按需服务。提供资源的网络称为"云"。"云"中的资源在使用者看来是可以无限扩展的，并且可以随时获取，按需使用，随时扩展，按使用付费，就像煤气、水电一样，取用方便，费用低廉。最大的不同在于，它是通过互联网进行传输的。

11. 虚拟现实技术

虚拟现实（virtual reality，VR）技术又称灵境技术，是以沉浸性、交互性和构想性为基本特征的计算机高级人机界面。它综合利用了计算机图形学、仿真技术、多媒体技术、人工智能技术、计算机网络技术、并行处理技术和多传感器技术，模拟人的视觉、听觉、触觉等感觉器官功能，使人能够沉浸在计算机生成的虚拟境界中，并能够通过语言、手势等自然方式与之进行实时交互，创建一种适人化的多维信息空间，具有广阔的应用前景。

12. 嵌入技术

嵌入技术是指将操作系统和功能软件集成于计算机硬件系统中的一种技术，也就是系统的应用软件与系统的硬件一体化，将软件固化集成到硬件系统中，类似于主板上基本输入输出系统（basic I/O system，BIOS）的工作方式。嵌入式系统具有软件代码小、自动化程度高、响应速度快等特点，特别适合于要求实时的和多任务的系统。嵌入式系统以应用为中心，以计算机技术为基础，软硬件可裁剪，适用于应用系统对功能、可靠性、成本、体积、功耗有严格要求的专用计算机系统。它一般由嵌入式微处理器、外围硬件设备、嵌入式操作系统以及用户的应用程序四个部分组成，用于实现对其他设备的控制、监视或管理等功能。通俗地说，嵌入式计算机系统是指将计算机集成到特定的系统中，该计算机作为系统的一部分完成专门的功能，如家用电视、照相机、自动洗衣机等电器中的单片机。严格意义上讲，嵌入式计算机不一定都是单片机，它只是一种应用方式上的定义。在嵌入式系统中，主要使用三类处理器：微控制器（microcontrol unit，MCU）、数字信号处理器（digital signal processing，DSP）、嵌入式微处理器（micro processing unit，MPU）。

13. 中间件技术

中间件（middle ware）是一种独立的系统软件或服务程序，分布式应用软件借助这种中间件在不同的技术之间共享资源。中间件是基础软件的一大类，属于可复用软件的范畴。顾名思义，中间件处于操作系统软件与用户的应用软件的中间。中间件在操作系统、网络协议和数据库的上层，应用软件的下层，总的作用是为上层的应用软件提供运行与开发的环境，帮助用户灵活、高效地开发和集成复杂的应用软件。

在中间件产生以前，应用软件的开发都直接使用操作系统、网络协议和数据库等。但由于这些都是计算机最底层的东西，越底层越复杂，开发者不得不面临许多很棘手的问题，如操作系统的多样性，繁杂的网络程序设计、管理，复杂多变的网络环境，数据分散处理带来的不一致性问题，系统的性能和效率、安全问题，等等。这些与用户的业务没有直接关系，但又必须解决，因而耗费了大量有限的时间和精力。于是，有人提出能不能将应用软件所要面临的共性问题进行提炼、抽象，在操作系统之上再形成一个可复用的部分，供成千上万的应用软件重复使用。这一技术思想最终构成了中间件。中间件是一类软件，而不是一种软件；中间件不仅实现互联，还实现应用之间的互操作。中间件是基于分布式处理的软件，其最突出的特点是网络通信功能。

14. 物联网

物联网（the Internet of things）是新一代信息技术的重要组成部分，顾名思义，"物联网就是物物相连的互联网"。这里有两层意思：①物联网的核心和基础仍然是互联网，是在互联网基础上延伸和扩展的网络；②其用户端延伸和扩展到了任何物品与物品之间进行信息交换和通信。因此，物联网的定义是通过射频识别（radio frequency identification，RFID）、红外感应器、全球定位系统、激光扫描器等信息传感设备，按照约定的协议，将任何物品与互联网相连接，进行信息交换和通信，以实现对物品的智能化识别、定位、跟踪、监控和管理的一种网络。

物联网被视为互联网的应用扩展，应用创新是物联网发展的核心，以用户体验为核心的创新是物联网发展的灵魂。与传统的互联网相比，物联网有其鲜明的特征。首先，物联网是各种感知技术的广泛应用。物联网上部署了海量的多种类型传感器，每个传感器都是一个信息源，不同类型的传感器所捕获的信息内容和信息格式不同。传感器获得的数据具有实时性，按照一定的频率周期性地采集环境信息，并不断更新数据。其次，物联网是一种建立在互联网上的泛在网络。物联网技术的重要基础和核心仍旧是互联网，通过各种有线和无线网络与互联网融合，将物体的信息实时准确地传递出去。物联网上的传感器定时采集的信息需要通过网络传输，由于其数量极其庞大，形成了海量信息，在传输过程中，为了保障数据的正确性和及时性，必须适应各种异构网络和协议。物联网不仅提供了传感器的连接，传感器本身也具有智能处理的能力，能够对物体实施智能控制。物联网将传感器和智能处理相结合，利用云计算、模式识别等各种智能技术，扩充其应用领域。从传感器获得的海量信息中分析、加工和处理，并得出有意义的数据，以适应不同用户的不同需求，发现新的应用领域和应用模式。

15. 地理信息系统与数字地球

地理信息系统（geographic information system，GIS）又称为"地学信息系统"或"资源与环境信息系统"，是一种特定的十分重要的空间信息系统。它是在计算机软件、硬件系统支持下，对整个或部分地球表层（包括大气层）空间中的有关地理分布数据进行采集、存储、管理、运算、分析、显示和描述的技术系统。

地理信息系统既是管理和分析空间数据的应用工程技术，又是跨越地球科学、信息科学和空间科学的应用基础学科。其技术系统由计算机硬件、软件和相关的方法过程组成，用以支持空间数据的采集、管理、处理、分析、建模和显示，以便解决复杂的规划和管理问题。地理信息系统处理、管理的对象是多种地理空间实体数据及其关系，包括空间定位数据、图形数据、遥感图像数据、属性数据等，用于分析和处理在一定地理区域内分布的各种现象和过程，解决复杂的规划、决策和管理问题。

数字地球是以计算机技术、多媒体技术和大规模存储技术为基础，以宽带网络为纽带，运用海量地球信息对地球进行多分辨率、多尺度、多时空和多种类的三维描述，并利用它作为工具支持和改善人类活动和生活质量。其核心思想是用数字化的手段处理整个地球的自然和社会活动诸方面的问题，最大限度地利用资源，并使普通百姓能够通过一定方式方便地获得他们所想了解的有关地球的信息。其特点是嵌入海量地理数据，实现多分辨率的、三维的对地球的描述，即"虚拟地球"。通俗地讲，就是用数字的方法将地球、地球上的活动及整个地球环境的时空变化装入计算机，实现在网络上的流通，并使之最大限度地为人类的生存、可持续发展和日常的工作、学习、生活、娱乐服务。

总之，计算机的广泛应用，是千万科技工作者集体智慧的结晶，是人类科学发展史上最卓越的成就之一，是人类进步与社会文明史上的里程碑。计算机技术及其应用已渗透到了人类社会的各个领域，改变着人们传统的工作、生活方式。各种形态的计算机就像一把"万能"的钥匙，任何问题只要能够用计算机语言进行描述，就能在计算机上加以解决。从航天飞行到交通通信，从产品设计到生产过程控制，从天气预报到地质勘探，从图书馆管理到商品销售，从资料的收集检索到教师授课、学生考试/作业等，计算机都得到了广泛的应用，发挥着其他工具不可替代的作用。

1.1.6　未来新型计算机

从 1946 年世界上第一台电子计算机诞生以来，计算机已经走过了半个多世纪的历程，计算机的体积不断变小，但性能、速度却在不断提高。然而，人类的追求是无止境的，一刻也没有停止过研究更好、更快、功能更强的计算机，计算机将朝着微型化、巨型化、网络化和智能化方向发展。但是，目前几乎所有的计算机都被称为冯·诺依曼计算机，未来新型计算机将可能在下列几个方面取得革命性的突破。

1. 生物计算机

生物计算机，即脱氧核糖核酸（deoxyribonucleic acid，DNA）分子计算机，主要由生物工程技术产生的蛋白质分子组成的生物芯片构成，通过控制 DNA 分子间的生化反应来完成运算。

20 世纪 70 年代，人们发现 DNA 处于不同状态时可以代表信息的有或无。DNA 分子中的遗传密码相当于存储的数据，DNA 分子间通过生化反应，从一种基因代码转变为另一种基因代码。反应前的基因代码相当于输入数据，反应后的基因代码相当于输出数据。只要能够控制这一反应过程，就可以制成 DNA 计算机。

以色列科学家在《自然》杂志上宣布，他们已经研制出一种由 DNA 分子和酶分子构成的微型"生物计算机"，一万亿个这样的计算机仅一滴水那样大，每秒可以进行 10 亿次运算，而且准确率高达 99.8%以上。这是全球第一台生物计算机。以色列魏茨曼研究所的科学家说，他们使用两种酶作为计算机"硬件"，DNA 作为"软件"，输入和输出的"数据"都是 DNA 链。将溶有这些成分的溶液恰当地混合，就可以在试管中自动发生反应，进行"运算"。

目前，在生物计算机研究领域已经有了新的进展，在超微技术领域也取得了某些突破，制造出了微型机器人。长远目标是让这种微型机器人成为一部微小的生物计算机，它们不仅小巧玲珑，而且可以像微生物那样自我复制和繁殖，可以钻进人体杀死病毒，修复血管、心脏、肾脏等内部器官的损伤，或者使引起癌变的 DNA 突变发生逆转，从而使人延年益寿。

2. 分子计算机

分子计算机的运行依据的是分子晶体可以吸收以电荷形式存在的信息，并以更有效的方式进行组织排列。凭借着分子纳米级的尺寸，分子计算机的体积将剧减。此外，分子计算机耗电可大大减少并能更长期地存储大量数据。

洛杉矶加州大学和惠普公司研究小组曾在英国《科学》杂志上撰文，称他们通过将能够生成晶体结构的轮烷分子夹在金属电极之间，制作出分子"逻辑门"这种分子电路的基础元件。美国橡树岭国家实验所采用将菠菜中的一种微小蛋白质分子附着于金箔表面并控制分子排列方向的办法制造出逻辑门。这种蛋白质可在光照几万分之一秒的时间内产生感应电流。未来基于单个分子的芯片体积可比现在的芯片体积大大减小，而效率将大大提高。

3. 光子计算机

光子计算机利用光子取代电子进行数据运算、传输和存储。在光子计算机中，不同波长的光表示不同的数据，可快速完成复杂的计算工作。制造光子计算机，需要开发可以用一条光束控制另一条光束变化的晶体管。尽管目前可以制造出这样的装置，但是其体积庞大而笨拙，用其制造一台计算机，体积将有一辆汽车那么大。因此，短期内光子计算机达到实用很难。

与传统的硅芯片计算机相比，光子计算机有三大优势：首先，光子的传播速度无与伦比，电子在导线中的运行速度与其无法相比，采用硅-光混合技术后，其传播速度可达到每秒万亿字节；其次，光子不像带电的电子那样相互作用，因此经过同样窄小的空间通道可以传送更多数据；最后，光无须物理连接。如果能够将普通的透镜和激光器做得很小，足以装在微芯片的背面，那么未来的计算机就可以通过稀薄的空气传递信号了。

根据推测，未来光子计算机的运算速度可能比今天的超级计算机快 1000～10000 倍。

1990 年，美国贝尔实验室宣布研制出世界上第一台光子计算机。它采用砷化镓光学开关，运算速度达到每秒 10 亿次。尽管这台光子计算机与理论上的光子计算机还有一定距离，但已显示出强大的生命力。目前光子计算机的许多关键技术，如光存储技术、光电子集成电路等都已取得重大突破。预计在未来一二十年内，这种新型计算机可取得突破性进展。

4. 量子计算机

量子计算机是指利用处于多现实态下的原子进行运算的计算机，这种多现实态是量子力学的标志。在某种条件下，原子世界存在着多现实态，即原子和亚原子粒子可以同时存在于此处和彼处，可以同时表现出高速和低速，可以同时向上和向下运动。如果用这些不同的原子状态分别代表不同的数字或数据，就可以利用一组具有不同潜在状态组合的原子，在同一时间对某一问题的所有答案进行探寻，再利用一些巧妙的手段，就可以使代表正确答案的组合脱颖而出。

将量子力学和计算机结合起来的可能性，是在 1982 年由美国著名物理学家理查德·菲利普斯·费曼（Richard Phillips Feynman）首次提出的。随后，英国牛津大学物理学家戴维·多伊奇（David Deutsch）于 1985 年初步阐述了量子计算机的概念，并指出量子并行处理技术会使量子计算机比传统的计算机功能更强大。美国、英国、以色列等国家先后开展了有关量子计算机的基础研究。2001 年底，美国 IBM 公司的科学家将专门设计的多个分子放在试管内作为七个量子比特（bit）的量子计算机，成功地进行了量子计算机的复杂运算。

与传统的电子计算机相比，量子计算机具有解题速度快、存储量大、搜索功能强大、安全性较高等优点。

第一代至第四代计算机代表了它的过去和现在，从新一代计算机身上可以展望计算机的未来。虽然目前这些新型计算机还远没有达到实用阶段，但有理由相信，就像巴贝奇 100 多年前的分析机模型和图灵 70 多年前的"图灵机"都先后变成现实一样，今天还在研制中的非冯·诺依曼式计算机，将来也必将成为现实。

1.2　计算机中的信息表示

计算机是一种信息处理的自动机。计算机要进行大量的数据运算和数据处理，而所有的数据信息在计算机中都是以数字编码形式表示的。因此，人们就会产生这样的问题：以哪种形式表示这些数字编码，如何表示字符、汉字，等等。这些问题的解决将有助于人们更好地使用计算机。

1.2.1　进位计数制

人们的生产和生活离不开数，人类在长期的实践中创造了各种数的表示方法。通常把数的表示系统称为数制。在进位计数制中，表示数值大小的数码与它在数中所处的位置有关。例如，人类用十个手指来计数，每数到 10 就向前一位进一，这就是我们最熟悉的十进制；每小时是 60 分钟，每分钟是 60 秒，这就是六十进制；每周有 7 天，这就是七进制；每日 24 小时，这就是二十四进制，等等。计算机中使用的是二进制。

1. 十进制数表示

人们最熟悉、最常用的数制是十进制。一个十进制数有如下两个主要特点：
1）它有 10 个不同的数字符号，即 0、1、2、…、9。
2）它采用"逢十进一"的进位原则。

同一个数字符号在不同位置（或数位）代表的数值是不同的。例如，在 999.99 这个数中，小数点左侧第 1 位的 9 代表个位，就是它本身的数值 9，或写成 $9×10^0$；小数点左侧第 2 位的 9 代表十位，它的值为 $9×10^1$；小数点左侧第 3 位的 9 代表百位，它的值为 $9×10^2$；而小数点右侧第 1 位的 9 代表十分位，它的值为 $9×10^{-1}$；小数点右侧第 2 位的 9 代表百分位，它的值为 $9×10^{-2}$。十进制数 999.99 可以写成如下形式：

$$999.99=9×10^2+9×10^1+9×10^0+9×10^{-1}+9×10^{-2}$$

一般地，任意一个十进制数 $D=d_{n-1}d_{n-2}\cdots d_1d_0.d_{-1}\cdots d_{-m}$ 都可以表示为如下形式：

$$D=d_{n-1}×10^{n-1}+d_{n-2}×10^{n-2}+\cdots+d_1×10^1+d_0×10^0+d_{-1}×10^{-1}+\cdots+d_{-m}×10^{-m} \quad (1-1)$$

式（1-1）称为十进制数的按权展开式，其中，$d_i×10^i$ 中的 i 表示从小数点开始向左、向右数的第 i 位；d_i 表示第 i 位的数码，它可以是 0~9 中的任一个数字，由具体的 D 确定；10^i 称为第 i 位的权（或数位值），数位不同，其"权"的大小也不同，表示的数值也就不同；m 和 n 为正整数，n 为小数点左侧的位数，m 为小数点右侧的位数；10 为计数制的基数，所以称它为十进制数。

2. 二进制数表示

与十进制数类似，二进制数有如下两个主要特点：
1）它有两个不同的数字符号，即 0、1。
2）它采用"逢二进一"的进位原则。

同一数字符号在不同的位置（或数位）所代表的数值是不同的。例如，二进制数 1101.11 可以写成如下形式：

$$(1101.11)_2=1×2^3+1×2^2+0×2^1+1×2^0+1×2^{-1}+1×2^{-2}$$

一般地，任意一个二进制数 $B=b_{n-1}b_{n-2}\cdots b_1b_0.b_{-1}\cdots b_{-m}$ 都可以表示为如下形式：

$$B=b_{n-1}×2^{n-1}+b_{n-2}×2^{n-2}+\cdots+b_1×2^1+b_0×2^0+b_{-1}×2^{-1}+\cdots+b_{-m}×2^{-m} \quad (1-2)$$

式（1-2）称为二进制数的按权展开式，其中，$b_i×2^i$ 中的 b_i 只能取 0 或 1，由具体的 B 确定；2^i 称为第 i 位的权；m、n 为正整数，n 为小数点左侧的位数，m 为小数点右侧的位数；2 是计数制的基数，所以称为二进制数。十进制数与二进制数的对应关系，如表 1.2 所示。

表 1.2　十进制数与二进制数的对应关系

十进制数	二进制数
0	0
1	1

续表

十进制数	二进制数
2	10
3	11
4	100
5	101
6	110
7	111
8	1000
9	1001

3. 八进制数和十六进制数表示

八进制数的基数为 8，使用 8 个数字符号 0、1、2、…、7，采用"逢八进一，借一当八"的进位原则。一般地，任意一个八进制数 $Q=q_{n-1}q_{n-2}\cdots q_1q_0.q_{-1}\cdots q_{-m}$ 可以表示为如下形式：

$$Q=q_{n-1}\times 8^{n-1}+q_{n-2}\times 8^{n-2}+\cdots+q_1\times 8^1+q_0\times 8^0+q_{-1}\times 8^{-1}+\cdots+q_{-m}\times 8^{-m} \tag{1-3}$$

十六进制数的基数为 16，使用 16 个数字符号 0、1、2、…、9、A、B、C、D、E、F，采用"逢十六进一，借一当十六"的进位原则。一般地，任意一个十六进制数 $H=h_{n-1}h_{n-2}\cdots h_1h_0.h_{-1}\cdots h_{-m}$ 可表示为如下形式：

$$H=h_{n-1}\times 16^{n-1}+h_{n-2}\times 16^{n-2}+\cdots+h_1\times 16^1+h_0\times 16^0+h_{-1}\times 16^{-1}+\cdots+h_{-m}\times 16^{-m} \tag{1-4}$$

4. 进位计数制的基本概念

归纳以上讨论，可以得出进位计数制的一般概念。

若用 j 代表某进制的基数，k_i 表示第 i 位数的数符，则 j 进制数 N 可以写成如下多项式之和：

$$N=k_{n-1}\times j^{n-1}+k_{n-2}\times j^{n-2}+\cdots+k_1\times j^1+k_0\times j^0+k_{-1}\times j^{-1}+\cdots+k_{-m}\times j^{-m} \tag{1-5}$$

式（1-5）称为 j 进制的按权展开式，其中，$k_i\times j^i$ 中 k_i 可取 $0\sim(j-1)$ 之间的值，其值取决于 N；j^i 称为第 i 位的权；m 和 n 为正整数，n 为小数点左侧的位数，m 为小数点右侧的位数。

应指出，二进制、八进制、十六进制和十进制都是计算机中常用的数制。既然存在不同的数制，那么在给出一个数时必须指明该数是什么数制中的数。例如，$(1001)_{10}$、$(1001)_2$、$(1001)_8$、$(1001)_{16}$ 分别表示十进制、二进制、八进制、十六进制中的数 1001，当然它们的数值不同。还可以用后缀字母表示不同数制中的数。例如，1001D、1001B、1001Q、1001H 也可以分别表示十进制、二进制、八进制、十六进制中的数 1001。

1.2.2　数制间的转换

数制间转换的实质是进行基数的转换。不同数制间的转换是依据如下规则进行的：如果两个有理数相等，则两个数的整数部分和小数部分一定分别相等。

1. 二进制数转换为十进制数

二进制数转换成十进制数的方法是：根据有理数的按权展开式，将各位的权（2 的某次幂）与数位值（0 或 1）的乘积项相加，其和便是相应的十进制。这种方法称为按权相加法。为说明问题起见，将数用小括号括起来，在括号外右下角加一个下标以表示数制，形如$(110111.101)_2$。

例 1.1   求$(110111.101)_2$的等值十进制数。

解：基数 $j=2$ 按权相加，得

$$(110111.101)_2 = 1\times2^5+1\times2^4+0\times2^3+1\times2^2+1\times2^1+1\times2^0+1\times2^{-1}+0\times2^{-2}+1\times2^{-3}$$
$$= 32+16+4+2+1+0.5+0.125$$
$$= (55.625)_{10}$$

2. 十进制数转换为二进制数

要把十进制数转换为二进制数，就是设法寻找二进制数的按权展开式（1-2）中系数 b_{n-1}，b_{n-2}，$\cdots$，b_1，b_0，b_{-1}，$\cdots$，b_{-m}。

（1）整数转换

假设有一个十进制整数 215，试把它转换为二进制整数，即

$$(215)_{10}=(b_{n-1}b_{n-2}\cdots b_1b_0)_2$$

问题就是要找到 b_{n-1}、b_{n-2}、$\cdots$、b_1、b_0 的值，而这些值不是 1 就是 0，取决于要转换的十进制数（例中即为 215）。

根据二进制的定义：

$$(b_{n-1}b_{n-2}\cdots b_1b_0)_2=b_{n-1}\times2^{n-1}+b_{n-2}\times2^{n-2}+\cdots+b_1\times2^1+b_0\times2^0$$

于是有

$$(215)_{10}=b_{n-1}\times2^{n-1}+b_{n-2}\times2^{n-2}+\cdots+b_1\times2^1+b_0\times2^0$$

显然，上面等式右边除了最后一项 b_0 以外，其他各项都包含有 2 的因子，它们都能被 2 除尽。如果用 2 去除十进制数$(215)_{10}$，则它的余数即为 b_0。即 $b_0=1$，并有

$$(107)_{10}=b_{n-1}\times2^{n-2}+b_{n-2}\times2^{n-3}+\cdots+b_2\times2^1+b_1$$

显然，上面等式右边除了最后一项 b_1 外，其他各项都含有 2 的因子，都能被 2 除尽。如果用 2 去除$(107)_{10}$，则所得的余数必为 b_1，即 $b_1=1$。

用这样的方法一直继续下去，直至商为 0，就可得到 b_{n-1}、b_{n-2}、$\cdots$、b_1、b_0 的值。整个过程如图 1.8 所示。

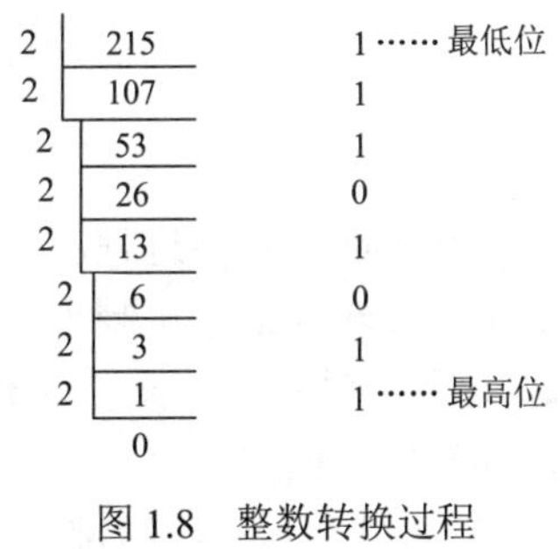

则有

$$(215)_{10}=(11010111)_2$$

上述结果也可以用式（1-2）来验证，即

$$(11010111)_2=2^7+2^6+2^4+2^2+2^1+2^0=(215)_{10}$$

图 1.8　整数转换过程

总结上面的转换过程，可以得出十进制整数转换为二进制整数的方法如下：用 2 不断地去除要转换的十进制数，直至商为 0；每次的余数即为二进制数码，最初得到的为整数的最低位 b_0，最后得到的是 b_{n-1}。这种方法称为"除二取余法"。

（2）纯小数转换

将十进制小数 0.6875 转换成二进制数，即

$$(0.6875)_{10}=(0.b_{-1}b_{-2}\cdots b_{-m+1}b_{-m})_2$$

问题就是要确定 $b_{-1}\sim b_{-m}$ 的值。按二进制小数的定义，可以将上式写成如下形式：

$$(0.6875)_{10}=b_{-1}\times 2^{-1}+b_{-2}\times 2^{-2}+\cdots+b_{-m+1}\times 2^{-m+1}+b_{-m}\times 2^{-m}$$

若将上式的两边都乘以 2，则得

$$(1.375)_{10}=b_{-1}+(b_{-2}\times 2^{-1}+\cdots+b_{-m+1}\times 2^{-m+2}+b_{-m}\times 2^{-m+1})$$

显然等式右边括号内的数是小于 1 的（因为乘以 2 以前是小于 0.5 的），两个数相等，必定是整数部分和小数部分分别相等，所以有 $b_{-1}=1$，等式两边同时去掉 1 后，剩下的如下：

$$(0.375)_{10}=b_{-2}\times 2^{-1}+(b_{-3}\times 2^{-2}+\cdots+b_{-m+1}\times 2^{-m+2}+b_{-m}\times 2^{-m+1})$$

两边都乘以 2，则得：

$$(0.75)_{10}=b_{-2}+(b_{-3}\times 2^{-1}+\cdots+b_{-m+1}\times 2^{-m+3}+b_{-m}\times 2^{-m+2})$$

于是有 $b_{-2}=0$。

如此继续下去，直至乘积的小数部分为 0，就可逐个得到 b_{-1}，b_{-2}，$\cdots$，b_{-m+1}，b_{-m} 的值。

因此得到结果为

$$(0.6875)_{10} = (0.1011)_2$$

上述结果也可以用式（1-2）来验证，即

$$(0.1011)_2=2^{-1}+2^{-3}+2^{-4}=0.5+0.125+0.0625=(0.6875)_{10}$$

整个过程如图 1.9 所示。

```
            0.6875              取整数部分
        ×      2
        ----------
            1.3750              b₋₁=1 …… 最高位
            0.375
        ×      2
        ----------
            0.7500              b₋₂=0
        ×      2
        ----------
            1.50                b₋₃=1
            0.5
        ×      2
        ----------
            1.0                 b₋₄=1 …… 最低位
```

图 1.9　小数转换过程

总结上面的转换过程，可以得到十进制纯小数转换为二进制小数的方法如下：不断用 2 去乘要转换的十进制小数，将每次所得的整数（0 或 1）依次记为 b_{-1}、b_{-2}、$\cdots$、b_{-m+1}、b_{-m}，这种方法称为"乘 2 取整法"。

注意以下两点：

1）如果乘积的小数部分最后能为 0，那么最后一次乘积的整数部分记为 b_{-m}，则 $0.b_{-1}b_{-2}\cdots b_{-m}$ 即为十进制小数的二进制表达式。

2）若乘积的小数部分永不为 0，表明十进制小数不能用有限位的二进制小数精确表示，则可根据精度要求取 m 位而得到十进制小数的二进制近似表达式。

（3）混合小数转换

对整数小数部分均有的十进制数，转换只需将整数、小数部分分别转换，然后用小数点连接起来。

例 1.2　求十进制数 15.25 的二进制数表示。

解：对整数部分和小数部分分别进行转换，然后相加得：$(15.25)_{10}= (1111.01)_2$。

3. 十进制数与八进制数之间的相互转换

（1）八进制数转换为十进制数

与上面所讲的二进制数转换为十进制数的方法相同，只需将相应的八进制数按照它的加权展开式展开，就可求得该数对应的十进数。

例 1.3　分别求出$(155.65)_8$ 和$(234)_8$的十进制数表示。

解：
$$(155.65)_8= 1\times8^2+5\times8^1+5\times8^0+6\times8^{-1}+5\times8^{-2}$$
$$= 64+40+5+0.75+0.078125$$
$$= 109+0.828125$$
$$= (109.828125)_{10}$$
$$(234)_8= 2\times8^2+3\times8^1+4\times8^0$$
$$= 128+24+4$$
$$= (156)_{10}$$

（2）十进制数转换为八进制数

与上面所讲的十进制数转换为二进制数的方法相同，对于十进制整数通过"除八取余"就可以转换成对应的八进制数，第一个余数是相应八进制数的最低位，最后一个余数是相应八进数的最高位。

例 1.4　$(125)_{10}$ 的八进制数表示。

解：按照除八取余的方法得到：$(125)_{10}= (175)_8$。

对于十进制小数，则同前面介绍的十进制数转换为二进制数的方法相同，那就是"乘八取整"，但是要注意，第一个整数为相应八进制数的最高位，最后一个整数为最低位。

例 1.5　求$(0.375)_{10}$的八进制数表示。

解：$(0.375)_{10}= (0.3)_8$。

对于混合小数，只需按照上面的方法，将其整数部分和小数部分分别转换为相应的八进制数，然后再相加就是所求的八进制数。

4. 十进制数与十六进制数之间的相互转换

同理，十六进制数转换为十进制数，只需按其加权展开式展开即可。

例 1.6　求$(12.A)_{16}$的十进制表示。

解：$(12.A)_{16}=1\times16^1+2\times16^0+10\times16^{-1}=(18.625)_{10}$。

十进制数转换为十六进制数，同样是对其整数部分按"除 16 取余"，小数部分按"乘 16 取整"的方法进行转换。

例 1.7　求$(30.75)_{10}$的十六进制表示。

解：$(30.75)_{10}= (1E.C)_{16}$。

表 1.3 给出了十进制数、二进制数、八进制数、十六进制数间的对应关系。

表 1.3　常用数制对照表

十进制数	二进制数	八进制数	十六进制数
0	0	0	0
1	1	1	1
2	10	2	2
3	11	3	3
4	100	4	4
5	101	5	5
6	110	6	6
7	111	7	7
8	1000	10	8
9	1001	11	9
10	1010	12	A
11	1011	13	B
12	1100	14	C
13	1101	15	D
14	1110	16	E
15	1111	17	F

5. 二进制数与八进制数、十六进制数间的转换

计算机中实现八进制数、十六进制数与二进制数的转换很方便。

由于 $2^3=8$，一位八进制数恰好等于三位二进制数。同样，因为 $2^4=16$，所以一位十六进制数可表示成四位二进制数。

（1）八进制数与二进制数的相互转换

把二进制整数转换为八进制数时，从最低位开始，向左每三位为一个分组，最后不足三位时前面用 0 补足，然后按表 1.3 中对应关系将每三位二进制数用相应的八进制数替换，即为所求的八进制数。

例 1.8　求 $(11101100111)_2$ 的等值八进制数。

解：按三位分组，得

$$(011)(101)(100)(111)$$
$$\downarrow \quad \downarrow \quad \downarrow \quad \downarrow$$
$$3 \quad 5 \quad 4 \quad 7$$

所以
$$(11101100111)_2=(3547)_8$$

对于二进制小数，则要从小数点开始向右每三位为一个分组，不足三位时在后面补 0，然后写出对应的八进制数即为所求的八进制数。

例 1.9　求 $(0.01001111)_2$ 的等值八进制数。

解：按三位分组，得

$$0.(010)(011)(110)$$
$$\downarrow \quad \downarrow \quad \downarrow$$
$$2 \quad\ 3 \quad\ 6$$

所以$(0.01001111)_2 = (0.236)_8$。

由例 1.8 和例 1.9 可得到如下等式：

$$(11101100111.01001111)_2 = (3547.236)_8$$

将八进制数转换成二进制数，只要将上述方法逆过来，即把每一位八进制数用所对应的三位二进制替换，就可完成转换。

例 1.10　分别求$(17.721)_8$和$(623.56)_8$的二进制表示。

解： $(17.721)_8 = (001)(111).(111)(010)(001)$
$$= (1111.111010001)_2$$
$$(623.56)_8 = (110)(010)(011).(101)(110)$$
$$= (110010011.10111)_2$$

（2）二进制数与十六进制数的转换

与二进制数与八进制数之间的相互转换相仿，二进制数转换为十六进制数是按照每四位分一组进行的，而十六进制数转换为二进制数是将每位十六进制数用四位二进制数替换，即可完成相互转换。

例 1.11　将二进制数$(1011111.01101)_2$转换成十六进制数。

解： $(1011111.01101)_2 = (0101)(1111).(0110)(1000)$
$$\downarrow \quad\quad \downarrow \quad\quad\ \downarrow \quad\quad \downarrow$$
$$5 \quad\quad\ F \quad\quad\ 6 \quad\quad\ 8$$
$$= (5F.68)_{16}$$

例 1.12　将十六进制数$(D57.7A5)_{16}$转换为二进制数。

解： $(D57.7A5)_{16} = (1101)(0101)(0111).(0111)(1010)(0101)$
$$= (110101010111.011110100101)_2$$

可以看出，二进制数与八进制数、二进制数与十六进制数之间的转换很方便。八进制数和十六进制数基数大，书写较简短直观，所以许多情况下，人们采用八进制数或十六进制数书写程序和数据。

以上介绍了二进制数、八进制数、十进制数及十六进制数之间的转换，其实在计算机内部数据的表示都是采用二进制数完成的，数值、字符、汉字等是通过二进制数形式表示的。

1.2.3　计算机中的数据单位

无论是数值数据还是非数值数据，在计算机内部都是以二进制方式组织和存放的。这就是说，任何数据要交给计算机处理，都必须用二进制数字 0 和 1 表示，这一过程就是数据的编码。显然，一个二进制位只有两种状态（0 和 1），可以用来表示两个数据，两个二进制位就有四种状态（00，01，10，11），可用来表示四个数据。要表示的数据越多，所需要的二进制位就越多。

位（bit），也称比特，是计算机存储数据的最小单位，也就是二进制数的一位，一个二进制位只能表示两种状态，可用 0 和 1 来表示一个二进制数位。

字节（byte），音译拜特，是计算机进行数据处理的基本单位，规定 1 字节包含 8 个二进制位。存放在一个字节中的数据所能表示的值的范围是 00000000～11111111，其变化最多有 256 种。

通常用 2^{10} 表示存储容量的单位，将 2^{10}（即 1024）个字节记为 1KB，读作千字节；将 2^{20}（即 1024K）字节记为 1MB，读作兆字节，$1MB=2^{20}B=1024KB$；将 2^{30}（即 1024M）字节记为 1GB，读作吉字节或者千兆字节，$1GB=2^{10}MB=1024MB$；将 2^{40}（即 1024G）字节记为 1TB，读作太字节，$1TB=2^{10}GB=1024GB$；将 2^{50}（即 1024T）字节记为 1PB，读作帕字节，$1PB=2^{10}TB=1024TB$。

字（word）：在计算机中作为一个整体进行运算和处理的一组二进制数码，一个字由若干字节组成。计算机中每个字所包含的二进制位数，称为字长（word size）。它直接关系到计算机的计算精度、功能和速度，字长越大，计算机处理速度越快，精度越高，功能越强。常见的微型计算机的字长有 8 位、16 位、32 位和 64 位之分，现在的 CPU 大部分是 64 位机，也就是说 CPU 一次可处理 64 位的二进制数。

1.2.4 二进制编码

由于二进制数有很多优点，在计算机内部都采用二进制数。因此，在计算机中表示的字符、汉字都要用特定的二进制编码来表示，这就是二进制编码。

为了便于对计算机内部数据有效地管理和存储，需要对内存单元编号，即给每个存储单元一个地址。每个存储单元存放一个字节的数据。如果需要对某一个存储单元进行存储，必须知道该单元的地址，然后才能对该单元进行信息的存取。需要注意，存储单元的地址和内容是不同的。

1.3 计算机信息编码

1.3.1 字符编码

字符与字符串是控制信息和文字信息的基础。字符的表示涉及选择哪些常用的字符，采用什么编码来表示等。目前字符的编码多采用美国信息交换标准代码（American Standard Code for Information Interchange，ASCII code）。ASCII 码包括 26 个大写英文字母、26 个小写英文字母、0～9 的数字，还有一些运算符号、标点符号、一些基本专用符号及控制符号等。ASCII 码是 7 位代码，即用 7 位二进制数表示，一个字节由八个二进制位构成，用一个字节存放一个 ASCII 码，只占用低 7 位而最高位空闲不用，一般用 "0" 补充，但现在最高位也用于奇偶校验位、用于扩展的 ASCII 码或用作汉字代码的标记。

除去最高位后的 7 位二进制数总共可编出 $2^7=128$ 个码，表示 128 个字符（见表 1.4）。前面 32 个码及最后一个码分别代表不可显示或打印的控制字符，它们为计算机系统专用。数字字符 0～9 的 ASCII 码是连续的，其 ASCII 码分别是 48～57；英文字母大写 A～Z 和小写 a～z 的 ASCII 码也是连续的，分别是 65～90 和 97～122。依据这个规律，当知道一个字母或数字的 ASCII 码后，很容易推算出其他字母和数字的 ASCII 码。

表 1.4 标准 ASCII 码字符集

十进制	字符	十进制	字符	十进制	字符	十进制	字符
0	NUL	32	SP	64	@	96	`
1	SOH	33	!	65	A	97	a
2	STX	34	"	66	B	98	b
3	ETX	35	#	67	C	99	c
4	EOT	36	$	68	D	100	d
5	ENQ	37	%	69	E	101	e
6	ACK	38	&	70	F	102	f
7	BEL	39	'	71	G	103	g
8	BS	40	(	72	H	104	h
9	HT	41	)	73	I	105	i
10	LF	42	*	74	J	106	j
11	VT	43	+	75	K	107	k
12	FF	44	,	76	L	108	l
13	CR	45	–	77	M	109	m
14	SO	46	.	78	N	110	n
15	SI	47	/	79	O	111	o
16	DLE	48	0	80	P	112	p
17	DC1	49	1	81	Q	113	q
18	DC2	50	2	82	R	114	r
19	DC3	51	3	83	S	115	s
20	DC4	52	4	84	T	116	t
21	NAK	53	5	85	U	117	u
22	SYN	54	6	86	V	118	v
23	ETB	55	7	87	W	119	w
24	CAN	56	8	88	X	120	x
25	EM	57	9	89	Y	121	y
26	SUB	58	:	90	Z	122	z
27	ESC	59	;	91	[	123	{
28	FS	60	<	92	\	124		
29	GS	61	=	93	]	125	}
30	RS	62	>	94	^	126	~
31	VS	63	?	95	_	127	Del

1.3.2 汉字编码体系

用计算机处理汉字时，必须先将汉字代码化，即对汉字进行编码。由于汉字种类繁多，编码比拼音、文字困难，而且在一个汉字处理系统中，输入、内部存储和处理、输出等各部分对汉字编码的要求不相同，使用的编码也不相同。因此，在处理汉字时，需要进行一系列的汉字代码转换。

由于计算机现有的输入键盘与英文打字机键盘完全兼容，因而如何输入非拉丁字母的文字（包括汉字）成了多年来人们研究的课题。汉字信息处理系统一般包括编码、输入、存储、编辑、输出和传输。编码是关键，不解决这个问题，汉字就不能进入计算机。

汉字进入计算机的三种途径分别如下。

1）机器自动识别汉字：计算机通过"视觉"装置（光学字符阅读器或其他），用光电扫描等方法识别汉字。

2）通过语音识别输入：计算机利用人们给它配备的"听觉器官"，自动辨别汉语语音要素，从不同的音节中找出不同的汉字，或从相同音节中判断出不同汉字。

3）通过汉字编码输入：根据一定的编码方法，由人借助输入设备将汉字输入计算机。

机器自动识别汉字和汉语语音识别，国内外都在研究，虽然取得了不少进展，但由于难度大，预计还要经过相当一段时间才能得到解决。在现阶段，比较现实的就是通过汉字编码的方法将汉字输入计算机。

汉字编码的困难主要有如下三点。

1）数量庞大：随着社会的发展，新字不断出现，"死字"没有淘汰，汉字总数不断增多。一般认为，现在汉字总数已超过 6 万个（包括简化字）。虽然有研究者主张规定 3000 多或 4000 字作为当代通用汉字，但仍比处理由二三十个字母组成的拼音文字要困难得多。

2）字形复杂：有古体、今体；繁体、简体；正体、异体；而且笔画相差悬殊，少的一笔，多的达 36 笔，简化后平均为 9.8 笔。

3）存在大量一音多字和一字多音的现象：汉语音节 416 个，分声调后为共有 1295 个（根据《现代汉语词典》统计，轻声 39 个未计）。以 1 万个汉字计算，每个不带调的音节平均超过 24 个汉字，每个带调音节平均超过 7.7 个汉字。有的同音同调字多达 66 个。一字多音现象也很普遍。

汉字输入码主要分为三类：区位码（数字编码）、拼音码和字形码。无论采用何种方式输入汉字，所输入的汉字都在计算机内部转换为机内码，从而将每个汉字与机内的一个代码唯一地对应起来，便于计算机处理。

如前所述，ASCII 码采用七位编码，1B 中的最高位总是 0。因此，可以用 1B 表示 ASCII 码。汉字采用两个字节来编码，采用双字节可有 256×256 种状态。如果用每个字节的最高位来区别是汉字编码还是 ASCII 码编码，则每字节还有七位可供汉字编码使用，采用这种方法进行汉字编码，共有 128×128=16384 种状态。又由于每个字节的低七位中不能再用控制字符的编码，还有 94 个可用编码。因此，只能表示 94×94=8836 种状态。

我国于 1981 年公布了国家标准《信息交换用汉字编码字符集 基本集》（GB/T 2312—1980）。这个基本集收录的汉字共 6763 个，分为两级。第一级汉字为 3755 个，属于常用字，按照汉语拼音顺序排列；第二级汉字为 3008 个，属于非常用字，按照部首排列。汉字编码表共有 94 行（区）、94 列（位）。其行号称为区号，列号称为位号。用第一个字节表示区号，第二个字节表示位号，一共可表示汉字 6763 个，加上一般符号、数字和各种字母,共计 7445 个。我国于 2005 年在 GB 2312—1980 和 GB 18030—2000 的基础上扩充制定了《信息技术 中文编码字符集》(GB 18030—2005)标准。其对 GB 2312—1980 完全向后兼容,与 GBK 基本向后兼容,并支持 Unicode(GB 13000)的所有码位,同时增加了编码汉字的数量。GB18030—2005 是我国制订的以汉字为主并包含多种我国少数民族文字(如藏文、蒙古文、傣文、彝文、朝鲜文、维吾尔文等)的超大型中文编码字符集强制性标准,其中收入汉字 70000 余个。

为了使中文信息和英文信息相互兼容,用字节的最高位来区分西文或汉字。通常字节的最高位为 0 时表示 ASCII 码;为 1 时表示汉字。可以用第一个字节的最高位为 1 表示汉字,也可以用两个字节最高位为 1 表示汉字。目前采用较多是两个字节的最高位都为 1 来表示汉字。

国标码的每个汉字用两字节表示,英文字母、数字及其他标点符号也是两字节码,这些符号在显示和打印时所占宽度是 ASCII 码字符的一倍。在显示和打印过程中,通常将这种双字节字符称为"全角字符",将 ASCII 码中的单字节字符称为"半角字符"。

汉字的国标码是图形字符分区表规定的汉字信息交换用的基本图形字符及其二进制编码,国标码是直接把第一字节编码和第二字节编码拼起来得到的,通常用十六进制数表示。

在一个汉字的区码和位码上分别加十六进制数 20H,即构成汉字的国标码。例如,汉字"啊"的区位码为十进制数 1601D(即十六进制数 1001H),位于 16 区 01 位,对应的国标码为十六进制数 3021H(1001H+2020H=3021H)。其中"D"表示十进制数,"H"表示十六进制数。

汉字的内码(机内码)是在计算机内部进行存储、传输和加工时所用的统一机内代码,包括西文 ASCII 码。在一个汉字的国标码上加上十六进制数 8080H,就构成该汉字的机内码(内码)。例如,汉字"啊"的国标码为 3021H,其机内码为 B0A1H(3021H+8080H=B0A1H)。

汉字字形码是表示汉字字形的字模数据(又称字模码),是汉字输入的形式,通常用点阵、矢量函数等方式表示,根据输出汉字的要求不同,点阵的多少也不同,常见的有 16×16 点阵、24×24 点阵、32×32 点阵、48×48 点阵等。字模点阵所需占用存储空间很大,只能用来构成汉字字库,显示汉字,不能用于机内存储。汉字字库中存储了每个汉字的点阵代码,只有在显示汉字时才检索字库,输出字模点阵得到汉字字形。

1.3.3 数值编码体系

数值可以分为整数和实数两大类,实数又可以用定点数和浮点数两种方式来表示,下面分别介绍它们在计算机中的具体表示方式。

1. 整数

我们将数据本身称为真值(由符号位和其绝对值组成),将该数在计算机中的表示称为机器数。数值在计算机中有三种编码方式,即原码、反码和补码。

(1)原码

原码是二进制的定点表示法,即最高位表示符号位。对于整数原码来说,值的大小受数据类型的限制。例如，整数可以有 8 位、16 位、32 位、64 位或者更大的位数，以 8 位整数为例，在 8 位整数的原码当中，用最高位来表示该数据的符号，0 用来表示该数据为正数，1 用来表示该数据为负数，其余位则用来表示这个数值的大小。

8 位原码表示的整数有 2^8 个（256 个，分别是-127～-0，0～127）。例如，17 可表示为

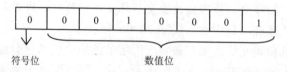

-17 表示为 10010001，0 表示为 00000000，-0 表示为 10000000。这里 0 和-0 的表示方式不同，但实际上是同一个值。

原码是整数在计算机中最简单的编码方式，但是原码不能直接参加运算，原因是原码运算可能会出错。例如，在数学上，1+（-1）=0，而如果用原码进行计算会出现以下问题：00000001+10000001=10000010，换算成十进制为-2，显然是错了。从这个例子可以看出，原码的符号位不能直接参与运算，必须与其他位分开，这就增加了硬件的开销和复杂性。

（2）反码

正数反码和原码相同，负数的反码符号位不变，其他位按位取反。例如，17 的原码是 00010001，反码也是 00010001；而-17 的原码是 10010001，反码是 11101110。

反码仍然不能解决符号位的计算问题，于是就产生了补码。

（3）补码

正数的补码和原码相同，负数的补码是在该数反码的末位再加上 1，符号位也参加运算。例如，17 的原码是 00010001，补码也是 00010001；而-17 的原码是 10010001，补码是 11101111。

那么在计算机中为什么要引入补码呢？在使用补码时，可以将符号位和其他位统一处理；同时，减法也可按加法来处理，即"$x-y$"$_{补}$="x"$_{补}$+"$-y$"$_{补}$。另外，两个用补码表示的数相加时，如果最高位（符号位）有进位，则进位被舍弃。下面用几个例子来验证这个原理。以下几个例子都以 8 位整数作为数据类型，用补码作运算，在例子中不再特殊标明。

例 1.13 求 13+44 的值。

解：00001101+00101100=00111001。

00111001 换算成十进制是 57，答案正确。

例 1.14 求 13-44 的值。

解：00001101+11010100=11100001。

将补码 11100001 转换成原码是 10011111，代表的数据是-31，答案正确。

例 1.15 求-13-44 的值。

解：11110011+11010100=11000111。

将补码 11000111 转换成原码是 10111001，代表的数据是-57，答案正确。

这里可能会产生一个疑问，即负数从原码到补码的转换过程是

原码 —— 除符号位，按位取反 —→ 反码 —— 末位加1 —→ 补码

那么从补码怎样求出原码呢？可以从上述过程逆推出原码，即

补码 —— 末位减1 —→ 反码 —— 除符号位，按位取反 —→ 原码

或者

补码 —— 除符号位，按位取反，末位加1 —→ 原码

也就是补码的补码是原码，这是因为在二进制中这两种运算是相同的。

8 位整数原码和反码的范围都是 [-127　127]，其中包括+0 和-0；而补码的范围从 -127 到 127，只有一个 0，这样就少了一个数据 10000000。这里人为地规定 10000000 为-128（-128 没有原码和反码），从而保证"模数"范围的完整性，进而保证了反码运算的正确性。

通过上述实例可以验证用补码进行运算的正确性，那么其数学原理是什么呢？

为了解释这个问题，我们首先要介绍"模"的概念。模是一个计量系统的计数范围，如时钟的范围是 12，就说它的模是 12。假设当前时针指向 10 点，而准确时间是 6 点，调整时间可有以下两种拨法：一种是倒拨 4 小时，即 10-4=6；另一种是顺拨 8 小时，即 10+8=12+6（18 大于模，超出部分会丢失）=6。在以 12 为模的系统中，加 8 和减 4 的效果是一样的，因此凡是减 4 运算，都可以用加 8 来代替。对"模 12"而言，8 和 4 互为补数。实际上，在"模 12"的系统中，11 和 1、10 和 2、9 和 3、8 和 4、7 和 5、6 和 6 互为补数，即两者相加等于模。

对于计算机来说，其概念和方法完全一样。对于 n 位数据，假设 $n=8$，那么它所能表示的最小数是 00000000，最大数是 11111111，若再加 1 则变成 100000000（9 位），但是因为这个数据只有 8 位，所以最高位 1 自然丢失，又回到了 00000000，就是说 8 位二进制数的模是 2^8（256）。在这样的系统中减法问题也可以转化成加法问题，只需把减数用相应的补数表示就可以了。把补数用到计算机对数的处理上，就是补码。例如，8 位二进制数模是 2^8，50 和 216 互为补数，所以在一个时间为 256 小时的钟表盘上向后退 50（-50）和向前拔 216 是一样的。

如果数据长度变成 16 位、32 位或者 64 位，只要分别取模为 2^{16}、2^{32}、2^{64} 即可。

综上可见，正数的原码、反码和补码都是相同的，但是负数的原码、反码和补码各不相同。引入补码的目的是将负号也归入运算数，从而可以将符号位一同代入运算，这样就解决了原码当中的符号位必须单独运算的问题。

2. 实数

（1）定点数

定点数是计算机中采用的一种数的表示方法，该方法中参与运算的数的小数点位置固定不变。定点数可以分为定点整数和定点小数两种。定点整数就是小数点在整个数的最后面，定点小数就是小数点在整个数的最前面，即纯小数。

定点整数的表示方式已经在前文中说明，下面说明定点小数的表示方式。

若机器字长为 $n+1$ 位，有 $X=X_0.X_1X_2\cdots X_n$，X_i 为 0 或 1（其中 $0 \leq i \leq n$，这里 X_0 不表示数字，而是用来表示符号。若 $X_0=0$，则代表 $X=0.X_1.X_2\cdots X_n$；若 $X_0=1$，则代表 $X=-0.X_1X_2\cdots X_n$）。即 $X=X_0.X_1X_2\cdots X_n$ 代表的小数为 $(-1)^{X_0}\times(X_1\times2^{-1}+X_2\times2^{-2}+\cdots+X_{n-1}\times2^{-n+1}+X_n\times2^{-n})$。数值范围是 $-(1-2^{-n}) \leq X \leq 1-2^{-n}$。例如，1111 表示 -0.875。

（2）浮点数

定点数表示数的范围有限，无法满足一些较大数据的表示。对于一定范围内的较大的数据，可以用浮点数来表示。

任意一个 j 进制数 X 都可以表示为 $X=j^E\times M$，其中 M 称为 X 的尾数，是一个纯小数；E 为 X 的阶码，是一个整数；进制 j 称为比例因子 j^E（放大倍数）的底数。这种表示方法中小数点的位置会随着比例因子的不同而可以在一定的范围内浮动，所以把这种表示方法称为浮点数表示法。例如，对于十进制的 110 来说，可以表示为 0.11×10^3，也可以表示为 0.011×10^4。同样可以把这个表示方法应用于使用二进制的计算机当中，只要将底数取为 2 即可。

在 IEEE 二进制浮点数算术标准 IEEE 754—2008 中定义了 32 位和 64 位浮点数的表示方法，具体规定见表 1.5。

表 1.5　32 位和 64 位浮点数的格式

浮点数位数	符号位位数	指数位位数	尾数位位数
32	1（第 31 位）	8（第 30 位到第 23 位）	23（第 22 位到第 0 位）
64	1（第 63 位）	11（第 62 位到第 52 位）	52（第 51 位到第 0 位）

32 位浮点数对应的十进制实数为 $(-1)^s\times(1+m)\times2^{e-127}$。其中 s 为符号位（1 代表负数，0 代表正数）；m 是尾数，是一个纯小数；e 是指数，是一个整数。对于 e 来说，共有 8 位，可以表示的数的范围是 0～255，这里为了调整指数的范围，除了 0（全 0）和 255（全 1）用来代表特殊数据以外，其他的 e 值减去 127，得到的数的范围是 -126～127，代表数的范围是 2^{-126}～2^{127}。由于 m 是一个纯小数，因此规定浮点数的小数点前必有位 1，这样就可以用 23 位数据来实际表示 24 位数据了。

例 1.16　有一个十六进制数 C0B40000，若它是 32 位浮点数，那么它代表的实数是多少？

解：将该十六进制数先转换成二进制 1100 0000 1011 0100 0000 0000 0000 0000，按照 32 位浮点数的格式进制切割变为 1 10000001 01101000000000000000000，符号位为 1 代表负数，代入上面的 32 位浮点数对应的十进制数的公式，可得

$$(-1)^1\times(1+0.40625)\times2^{129-127}=-5.625$$

1.4　计算机系统概述

一个完整的计算机系统是由硬件系统和软件系统两部分组成的。硬件系统是组成计算机系统的各种物理设备的总称，是计算机系统进行工作的物质基础，硬件系统只能识别由 0 和 1 组成的机器代码；软件系统是指在硬件系统上运行的各种程序及有关资料，用以管理和维护计算机，方便用户使用，使计算机系统更好地发挥作用。计算机系统中

的硬件系统和软件系统的组成如图 1.10 所示。

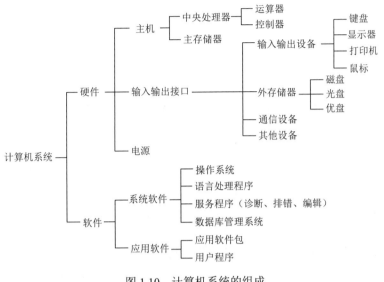

图 1.10 计算机系统的组成

1.4.1 计算机硬件系统

计算机硬件系统是指构成计算机的物理实体和物理装置的总和,由五大部分(运算器、控制器、存储器、输入设备和输出设备)组成,即冯·诺依曼体系结构。

计算机的五大部分通过系统总线完成传达指令的任务。系统总线由地址总线、数据总线和控制总线组成。计算机接受指令后,由控制器指挥,将数据从输入设备传送到存储器存储;再由控制器将需要参加运算的数据传送到运算器,由运算器进行处理,处理后的结果由输出设备输出,其工作流程如图 1.11 所示。

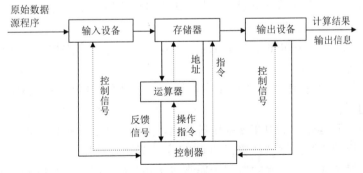

图 1.11 计算机硬件系统的工作流程

1. 运算器

运算器又称为算术逻辑部件(arithmetic logic unit,ALU),它的主要功能是完成二进制数的各种算术运算、逻辑运算和逻辑判断。运算器主要由一个加法器、几个寄存器和一些控制线路组成。加法器的作用是接收寄存器传来的数据进行运算,并将运算结果传送到某寄存器；寄存器的作用是存放即将参加运算的数据、计算的中间结果和最后结果，以减少访问存储器的次数。

运算器的性能指标是衡量整个计算机性能的重要因素之一，与运算器相关的性能指标包括计算机的字长和运算速度。

字长是指计算机运算一次能够处理的二进制数据的位数。作为存储数据，字长越长，计算机的运算精度就越高；作为存储指令，字长越长，计算机的处理能力就越强。目前普通的英特尔（Intel）公司和超威半导体（AMD）公司的微处理器基本上都是 32 位和 64 位，这就意味着现有的微型计算机可以并行处理 32 位或 64 位二进制数的算术运算和逻辑运算。

运算速度是指计算机每秒所能执行的加法指令条数。常用百万条指令每秒来表示。这个指标更能直接地反映计算机的运算速度。

2. 控制器

控制器是计算机的指挥系统，其功能是控制计算机各部件自动地协调工作。控制器主要由指令寄存器（instruction register，IR）、指令译码器（instruction decoder，ID）、时序节拍发生器（timing beat generator，TG）、操作控制部件（operation controller，OC）和指令计数器（program counter，PC）组成。指令寄存器存放由存储器取得的指令，指令译码器将指令中的操作码翻译成相应的控制信号，再由操作控制部件将时序节拍发生器产生的时序脉冲和节拍电位同译码器的控制信号组合起来，有时间性、顺序性地控制各个部件完成相应的操作；指令计数器的作用是指出下一条指令的地址。这样，在控制器的控制下，计算机就能够自动、连续地按照编制好的程序，实现一系列指定的操作，以完成一定的任务。

计算机的工作过程就是按照控制器的控制信号自动、有序地执行指令。一条机器指令的执行需要取出指令、分析指令、执行指令，大致过程如下：

1）取出指令：从存储单元地址等于当前程序 PC 内容的那个存储单元中读取当前要执行的指令，并把它存放到 IR 中。

2）分析指令：IR 中的操作码部分送到 ID，经 ID 分析产生相应的操作控制信号，送往各个执行部件。

3）执行指令：在控制信号的作用下，计算机各部分完成相应的操作，实现数据的处理和结果的保存

控制器和运算器通常集中在一整块芯片上，构成 CPU。中央处理器是计算机的核心部件，是计算机的心脏。微型计算机的 CPU 又称为微处理器。

随着大规模集成电路技术的发展，通常将 CPU 及其附属部分以较小的尺寸寄存于一个大规模的芯片中，该芯片称为微处理器。

主频是指 CPU 的时钟频率，是计算机的一个重要性能指标，它的高低在一定程度上决定了计算机运算速度的快慢。主频以 GHz 为单位，一般来说，主频越高，运算速度越快。

3. 存储器

存储器是计算机存储数据和程序的部件，供控制器和运算器执行程序和处理数据。存储器不但可以存储原始数据，还可以存储处理过程中的数据和最后的处理结果。存储器是计算机中数据的存储、交换和传输中心，是计算机系统的数据仓库。

根据存储器的组成介质、存取速度的不同，又可以分为内存储器（简称内存）和外存储器（简称外存）两种。

内存是由半导体器件构成的存储器，是计算机存放数据和程序的地方，可以被 CPU 直接访问，计算机所有正在执行的程序指令，都必须先调入内存才能执行，其特点是存储容量较小，存取速度快，断电后数据消失。

内存可以分为随机存储器（random access memory，RAM）和只读存储器（read-only memory，ROM）两种。

RAM 是一种可读写存储器，其内容可以随时根据需要读出，也可以随时重新写入新的信息。这种存储器又可以分为静态随机存储器（static random access memory，SRAM）和动态随机存储器（dynamic random access memory，DRAM）两种。SRAM 的特点是存取速度快，但价格较高，一般用作高速缓存。DRAM 的特点是存取速度相对于 SRAM 较慢，但价格较低，一般用作计算机的主存。不论是 SRAM 还是 DRAM，当断电时，RAM 中保存的信息将全部丢失。RAM 在计算机中主要用来存放正在执行的程序和临时数据。

ROM 是一种内容只能读出而不能写入和修改的存储器，其存储的信息是在制作该存储器时就被写入的。在计算机运行过程中，ROM 中的信息是只能被读出，而不能写入新的内容。计算机断电后，ROM 中的信息不会丢失，即在计算机重新加电后，其中保存的信息依然是断电前的信息，仍可被读出。ROM 常用来存放一些固定的程序、数据和系统软件等，如检测程序、BOOT ROM、BIOS 等。只读存储器除了 ROM 外，还有可编程只读存储器（programmable read only memory，PROM）、可擦编程只读存储器（erasable programmable read only memory，EPROM）和电擦除可编程只读存储器（electrically-erasable programmable read-only memory，EEPROM）等类型。PROM 在制造时不写入数据和程序，而是由用户根据需要自行写入，一旦写入，就不能再次修改。EPROM 与 PROM 相比，是可以反复多次擦除原来写入的内容，重新写入新内容的只读存储器。但 EPROM 与 RAM 不同，虽然其内容可以通过擦除而多次更新，但只要更新固化好以后，就只能读出，而不能像 RAM 那样可以随机读出和写入信息。EEPROM 也称"Flash 闪存"，目前普遍用于可移动电子硬盘和数码相机等设备的存储器中。不论哪种 ROM，其中存储的信息不受断电的影响，具有永久保存的特点。

为了解决内存与 CPU 的速度不匹配问题，计算机引入了高速缓冲存储器（cache）。cache 一般用 SRAM 存储芯片实现。cache 可以分为 CPU 内部的一级高速缓存和 CPU 外部的二级高速缓存。随着用户对信息处理数据量的增大和对数据长期存储的需求，产生了外存。外存主要包括硬盘、USB 盘（U 简称 U 盘）和光盘等。

外存是由磁性材料构成的存储器，用于存放暂时不用的程序和数据，不能被 CPU 直接访问。其特点是存储容量大，存取速度相对较慢，断电后数据不会消失。

存储容量的基本单位是字节（B）、KB（千字节）、MB（兆字节）、GB（吉字节）等，它们之间的换算关系如下：1KB=1024B，1MB=1024KB，1GB=1024MB，1TB=1024GB。

4. 输入输出设备

输入输出（input/output，I/O）设备及其接口完成信息的输出与输入，实现人机通信。输入输出设备种类繁多，工作原理各异，是计算机系统中最具多样性的设备。

输入设备（input device）是计算机用来接收用户输入的程序和数据的设备。输入设备由两部分组成：输入接口电路和输入装置，可分为图像输入设备、图形输入设备和声音输入设备等，其作用是接收计算机外部的数据和程序，即通过输入设备向计算机输入编写的程序和数据。常见的输入设备有键盘、鼠标、扫描仪、麦克风等。

输出设备（output device）是将计算机处理后的最后结果或中间结果，以某种能够识别或其他设备所需要的形式表现出来的设备。输出设备可以分为输出接口电路和输出装置两部分，显示计算机的运算结果或工作状态，将存储在计算机中的二进制数据转换成需要的各种形式的信号。常见的输出设备有显示器、打印机、音响等。

就计算机各部分硬件分工而言，输入设备负责将用户的信息（包括程序和数据）输入计算机；输出设备负责将计算机中的信息（包括程序和数据）传送到外部媒介，供用户查看或保存；存储器负责存储数据和程序，并根据控制命令提供这些数据和程序，它包括内存储器和外存储器；运算器负责对数据进行算术运算和逻辑运算（即对数据进行加工处理）；控制器负责对程序所规定的指令进行分析，控制并协调输入、输出操作或对内存的访问。

输入接口电路是连接输入装置与计算机主机的部件，输入装置通过接口电路与主机相连，从而能够接收各种各样的数据信息。

5. 总线

为了实现 CPU、存储器和输入输出设备的连接，微机系统采用总线（bus）结构。总线是计算机各种功能部件之间传送信息的公共通信干线，它是由导线组成的传输线束，按照计算机传输的信息种类，总线可以划分为数据总线、地址总线和控制总线，分别用来传输数据、数据地址和控制信号。总线是一种内部结构，如图 1.12 所示，它是CPU、内存、输入输出设备传递信息的公用通道，主机的各个部件通过总线相连接，外

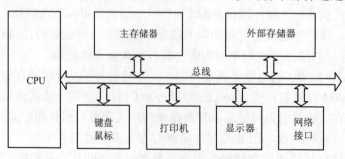

图 1.12   基于总线结构的计算机

部设备通过相应的接口电路再与总线相连接，从而形成了计算机硬件系统。在计算机系统中，各个部件之间传送信息的公共通路称为总线，微型计算机是以总线结构来连接各个功能部件的。

总线按其作用可分为如下几种：

1）地址总线（A-bus）：用于传递地址信息，CPU 通过它传送需要访问的内存单元地址或外部设备地址。地址总线的根数与内存容量有关，如 CPU 芯片有 16 根地址总线，可寻址的内存单元数为 65536（2^{16}），即内存容量为 64KB，如果有 20 根地址总线，内存容量就可以达到 1MB（2^{20}B）。

2）数据总线（D-bus）：用于传送数据信息，是 CPU 与各部件交换数据信息的通道。

3）控制总线（C-bus）：用于传送控制信号，以协调各部件之间的操作。

通常，将 CPU、内存和输入输出接口称为计算机的主机，上述三种总线是主机内部的总线，实际上在计算机系统中总线一般分为如下两类：

1）系统总线：是微机系统中各插件（模块）之间的信息传输通路。例如，CPU 模块和存储器模块或 I/O 接口模块之间的传输通路。

2）设备总线：是连接主机与外部设备、外部设备与外部设备之间的总线。

系统总线连接主机内部各部件，要求有较高的数据传输速度。总线上的信号有地址信号、数据信号和控制信号。

1.4.2　计算机软件系统

软件是指程序、程序运行所需要的数据和与程序相关的文档资料的集合。

程序是一系列有序的指令集合。计算机之所以能够自动而连续地完成预定的操作，就是运行特定程序的结果。计算机程序通常是由计算机语言编制，编制程序的工作称为程序设计。

对程序进行描述的文本称为文档。因为程序是用抽象化的计算机语言编写的，所以需要用自然语言对程序进行解释说明，形成程序的文档。

从广义上说，软件是程序和文档的集合体。

计算机的软件系统可以分为系统软件和应用软件两大部分。

1. 系统软件

系统软件能够管理、监控和维护计算机资源，是计算机能够正常高效工作的程序及相关数据的集合。其主要功能是调度、监控和维护计算机系统；负责管理计算机系统中各种独立的硬件，使它们可以协调工作。系统软件使计算机使用者和其他软件将计算机当作一个整体而不需要顾及到底每个硬件是如何工作的。它主要由以下几部分组成：

1）操作系统（operating system，OS），控制和管理计算机的平台，是直接运行在"裸机"上的最基本的系统软件，任何其他软件都必须在操作系统的支持下才能运行。

2）各种程序设计语言及其解释程序和编译程序。

3）各种服务性程序（如监控管理程序、调试程序、故障检查和诊断程序等）。

4）各种数据库管理系统（如 FoxPro、Oracle 等）。

系统软件的核心部分是操作系统、程序设计语言及各种服务程序，一般是作为计算机系统的一部分提供给用户的。

2. 应用软件

应用软件是为了解决用户的各种问题而编制的程序及相关资料的集合。应用软件是针对某一特定问题或某一特定需要而编制的软件。

现在市面上应用软件的种类非常多，如各种财务软件包、统计软件包、用于科学计算的软件包、用于进行人事管理的管理系统、用于对档案进行管理的档案系统等。应用软件的丰富与否、质量的好坏，都直接影响计算机的应用范围与实际经济效益。

人们通常通过以下几个方面衡量一个应用软件的质量：

1）占用存储空间的多少。

2）运算速度的快慢。

3）可靠性和可移植性。

以系统软件作为基础和桥梁，用户能够使用各种各样的应用软件，让计算机完成各种所需要的工作，而这一切都是由作为系统软件核心的操作系统来管理控制的。

1.4.3　硬件系统与软件系统的关系

计算机硬件系统与软件系统存在着相辅相成、缺一不可的关系。没有软件系统的计算机只是一个壳体。同样，如果没有硬件系统的依托，计算机软件也就失去了用武之地。

1. 硬件是软件的基础

计算机系统包含硬件系统和软件系统。只有硬件系统的计算机不能直接为用户所使用。任何软件系统都是建立在硬件系统基础之上的。离开硬件系统，软件系统则无法工作。

2. 软件是硬件功能的扩充与完善

如果没有软件系统的支持，那么硬件系统只能是一堆"废铁"。硬件系统提供了一种使用工具，软件系统提供了使用这种工具的方法和手法。有了软件系统的支持，硬件系统才能运转并提高运转效率。系统软件支持应用软件的开发，操作系统支持应用软件和系统软件的运行。各种软件系统通过操作系统的控制和协调，完成对硬件系统各种资源的利用。

3. 硬件和软件相互渗透、相互促进

计算机硬件是支撑软件工作的物质基础，软件是计算机工作的灵魂。两者之间相辅相成，缺一不可，相互促进。一方面，硬件的发展和硬件性能的改善，为软件的应用提供了广阔的前景，促进了软件的进一步发展，也为新软件的产生奠定了基础；另一方面，软件技术的发展，给硬件提出了新的要求，促进新硬件的产生和发展。计算机硬件系统和软件系统之间的关系如图 1.13 所示。

图 1.13　计算机硬件与软件的关系

1.4.4　指令和程序设计语言

众所周知，要想使用计算机，就得编写程序。用来编写程序的语言称为程序设计语言。近年来，广为流行的程序设计语言有 Pascal、C、C++、Java 和 Python 等。程序则是由一组计算机能识别和执行的指令组成，其中每一条指令使计算机执行特定的操作。

1. 指令和指令系统

人类利用语言进行交流，是人类在生产实践中为了交流思想逐渐演变形成的。人们使用计算机就要向其发出各种命令，使其按照要求完成所规定的任务。

指令是指示计算机执行某种操作的命令。每条指令可完成一个独立的操作。指令是硬件系统能理解并能够执行的语言，一条指令就是机器语言的一个语句，是程序员进行程序设计的最小语言单位。

一条指令通常包括两个方面的内容：操作码和操作数。操作码表示该指令要完成的操作类型或性质，如取数、做加法或输出数据等；操作数表示运算的数值或该数值存放的地址。在微机的指令系统中，通常使用单地址指令、双地址指令、三地址指令。

指令系统是指一台计算机所能执行的全部指令的集合。指令系统决定了一台计算机硬件系统的主要性能和基本功能。指令系统是根据计算机使用要求设计的，只要确定了指令系统，硬件上就必须保证指令系统的实现。指令系统是设计一台计算机的基本出发点。

不同类型的计算机，指令系统的指令条数有所不同。但无论哪种类型的计算机，指令系统都应具有以下功能的指令。

1）数据传送类指令：将数据在内存与 CPU 之间进行传送，如存储器传送指令、内部传送指令、输入输出传送指令、堆栈指令。

2）数据处理指令：对数据进行算术运算、逻辑运算、移位和比较，如算术运算指令、逻辑运算指令、移位指令、比较指令。

3）程序控制指令：控制程序中指令的执行顺序，如无条件转移指令、条件转移指令、转子程序指令、中断指令、暂停指令、空操作指令等。

4）状态管理指令：包括允许中断指令、屏蔽中断指令等。

指令的执行过程可以概括为取指令、分析指令、执行指令等，然后再取下一条指令，如此周而复始，直到遇到停机指令或外来事件的中断干预为止，如图 1.14 所示。

图 1.14　汇编语言源程序的执行

2. 程序设计语言

（1）机器语言

早期的计算机不配置任何软件，这时的计算机称为"裸机"。裸机只识别"0"和"1"两种代码，程序设计人员只能用一连串的"0"和"1"构成的机器指令码来编写程序，这就是机器语言程序。机器语言具有如下特点。

1）采用二进制代码，指令的操作码（如+、-、×、÷等）和操作数地址均用二进制代码表示。

2）指令随机器而异（称为"面向机器"），不同的计算机有不同的指令系统。

众所周知，计算机采用二进制，其逻辑电路也是以二进制为基础的。因此，这种用二进制代码表示的程序，不经翻译就能够被计算机直接理解和执行。效率高、执行速度快，是机器语言的最大优点。然而，机器语言存在着严重的缺点，具体表现如下。

① 易于出错：用机器语言编写程序，程序员要熟练地记忆所有指令的机器代码，以及数据单元地址和指令地址，出错的可能性比较大。

② 编程烦琐：工作量大。

③ 不直观：人们不能够直观地看出机器语言程序所要解决的问题。读懂机器语言程序的工作量是非常大的，有时比编写程序还难。

（2）汇编语言

为了克服机器语言的缺点，人们想出了用符号（称为助记符）代替机器语言中的二进制代码的方法，设计了"汇编语言"。这些符号由英语单词或其缩写组成，容易记忆和辨别，增强了程序的可读性并降低了编写难度。汇编语言又称符号语言，其指令的操作码和操作数地址全都用符号表示，大大方便了记忆，但它仍然具有机器语言所具有的一些缺点（如缺乏通用性、烦琐、易出错、不够直观等），只不过程度上不同罢了。

用汇编语言编写的程序（称为汇编语言源程序）保持了机器语言执行速度快的优点。但它送入计算机后，必须被翻译成用机器语言形式表示的程序（称为目标程序），才能由计算机识别和执行。完成这种翻译工作的程序（软件）称为汇编程序（assembler）。汇编语言源程序的执行过程如图 1.15 所示。

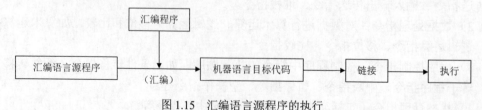

图 1.15　汇编语言源程序的执行

（3）高级语言

汇编语言与机器语言相比前进了一大步，但程序员仍需记住许多助记符，加上程序的指令数很多，所以编写汇编语言程序仍是一件烦琐的工作。为克服汇编语言的缺点，高级语言应运而生，并被迅速推广。与汇编语言相比，高级语言具有如下三大优点。

1）更接近自然语言，一般采用英语单词表示短语，便于理解、记忆和掌握。

2）高级语言的语句与机器指令并不存在一一对应的关系，一个高级语言语句通常对应多个机器指令，因而用高级语言编写的程序（称为高级语言源程序）短小精悍，不仅便于编写，而且易于查找错误和修改。

3）基本上与具体的计算机无关，即通用性强。程序员不必了解具体机器的指令系统就能编写程序，而且编写的程序稍加修改或不用修改就能在不同的机器上运行。

高级语言并不是特指的某一种具体的语言，它是指一系列比较接近自然语言和数学公式的编程，它基本脱离了计算机的硬件系统，用人们更易理解的方式编写程序。如目前流行的 Java、C、C++、C#、Pascal、Python、Prolog、FoxPro 等。

高级语言源程序不能被计算机直接识别和执行，必须先翻译成用机器指令表示的目标程序才能执行。翻译的方法有两种：一种是解释方式，另一种是编译方式。解释方式使用的翻译软件是解释程序（interpreter）。它将高级语言源程序一句句地译为机器指令，每译完一句就执行一句，当源程序翻译完成后，目标程序也执行完毕。高级语言源程序执行的解释过程如图 1.16 所示。

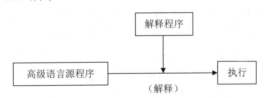

图 1.16　高级语言源程序执行的解释过程

编译方式使用的翻译软件是编译程序（compiler）。它将高级语言源程序全部翻译成用机器指令表示的目标程序，使目标程序和源程序在功能上完全等价，然后执行目标程序，得出运算结果。高级语言源程序执行的编译过程如图 1.17 所示。

图 1.17　高级语言源程序执行的编译过程

解释方式和编译方式各有优缺点。解释方式的优点是灵活，占用的内存少，但比编译方式占用更多的机器周期，并且执行过程一步也离不开翻译程序。编译方式的优点是执行速度快；其缺点是占用内存多，且不灵活，若源程序有错误，必须修改后重新编译，从程序的开始重新执行。

1.5 微型计算机的硬件组成

我们日常所见的计算机大都是微型计算机，简称微机。它由 CPU、存储器、接口电路、输入输出设备组成。从微机的外观看，它由主机、显示器、键盘、鼠标、软盘存储器和打印机等构成，如图 1.18 所示。

图 1.18 微型计算机组成

1.5.1 主机

主机是一台微机的核心部件，它包含除输入和输出设备之外的所有部件。

主机的外观大同小异，早期以卧式机箱为主，现在立式机箱成为主流产品。通常在主机箱的正面有 Power 和 Reset 按钮。Power 按钮是电源开关，Reset 按钮用来重新冷启动计算机系统。早期的主机箱正面有一个或两个软盘驱动器的插口，用来插入软盘，以便从软盘中读取数据或将有用的数据存储在软盘上，随着软磁盘被淘汰，这样的插口也不再出现在机箱上了。现在的主机箱上一般配置光盘驱动器、音箱、麦克风和 USB 插孔。

在主机箱的背面配有电源插座，用来给主机及其外部设备提供电源。一般的微机配有一个并行接口和两个串行接口，并行接口用于连接打印机，串行接口用于连接鼠标器、数字化仪等串行设备，但现在这些设备多用 USB 口连接，增强了兼容性和扩展性。通常微机还配有一排扩展卡插口，用来连接其他的外部设备。

打开主机箱后，可以看到以下的部件。

1．主板

主板（mainboard）是主机箱内最大的一块电路板，也称母板（motherboard）。主板是微机的核心部件之一，是 CPU 与其他部件相连接的桥梁与载体。PC99 技术规格是由微软、Intel 等公司共同制定推广的主板标准。该标准提出主板的设计必须符合人体工学的要求，产品布局必须合理，以保证安装者能够正常装配使用主板。此外，主板各接口必须采用有色标识以方便识别。这些都极大地方便了使用者，使不熟悉主板设备的使用者也能尽快地安装好相应的接口设备。主板的结构如图 1.19 所示。

（1）芯片组

芯片组是系统主板的灵魂，它决定了主板的结构及 CPU 的使用。主板芯片组担负着 CPU 与外部设备的信息交换，是 CPU 与外设之间架起的一道桥梁。芯片组由北桥（northbridge）芯片和南桥（southbridge）芯片

图 1.19 主板的结构

组成，主要连接工业标准结构总线（industry standard architecture bus，ISAbus）设备和
I/O 设备。北桥是 CPU 与外部设备之间的联系纽带，负责联系内存、显卡等数据吞吐量
最大的部件，AGP、DRAM、协议控制信息（protocol control information，PCI）插槽和
南桥等设备通过不同的总线与它相连；南桥芯片负责管理中断及 DMA 通道，其作用是
让所有的信息都能有效传递。如果把 CPU 比喻成微机系统的心脏，那么主板上的芯片
组就相当于系统的躯干。

在主板芯片的开发研究方面，Intel 公司稳居首位，其设计的芯片组全球市场占有率
超过 90%，此外，还有矽统科技（SIS）、威盛电子（VIA）、英伟达（Nvidia）等厂商生
产的芯片。

（2）CPU 插槽

CPU 插槽用于固定连接 CPU 芯片，主板上的 CPU 插槽类型非常多，从封装形式来
看主要分为两种类型：一种是插卡式的 slot 类型，另一种是传统针脚式的 socket 类型。

（3）内存插槽

随着内存扩展板的标准化，主板给内存预留专用插槽，以便用户扩充内存时能够即
插即用。目前，常见的内存插槽有同步动态随机存储器（synchronous dynamic random
access memory，SDRAM）插槽（168 线）、双倍数据速率（double data rate，DDR）插
槽（184 线）、动态随机存储器插槽和 DDRⅡ（现有 DDR 内存插槽的换代产品）。内存
插槽根据所接的内存条类型，有不同的引脚数量、额定电压和性能。

（4）输入输出接口及其插槽

不同的设备，特别是以微机为核心的电子设备，都有自己独特的系统结构、控制软
件、总线、控制信号等。为使不同设备能够连接在一起协调工作，必须对设备的连接有
一定的约束或规定，这种约束称为接口协议。实现接口协议的硬件设备称为接口电路，
简称接口。微机接口的作用是使微机的主机系统能够与外部设备、网络以及其他的用户
系统进行有效的连接，以便进行数据和信息的交换。

输入输出接口是 CPU 与外部设备之间交换信息的连接电路，简称 I/O 接口。I/O 接
口通过总线与 CPU 相连，并分为总线接口和通信接口。

1）总线接口插槽。总线接口插槽是指将微机总线通过电路插座提供给用户的一种
总线插座，供插入各种功能卡用。目前主板上常见的总线接口插槽类型有以下几种：

① ISA 总线扩展槽。一般情况下声卡、解压卡、网卡、小型计算机系统接口（small
computer system interface，SCSI）卡、内置调制解调器（modem）等都插在 ISA 扩展槽
中。目前有的新主板中已经没有这一种插槽类型了。

② PCI 总线扩展槽。它是一个先进的高性能局部总线插槽。其上可插的 PCI 卡有
显卡、声卡、PCI 接口的 SCSI 卡和网卡等。

③ AGP 总线扩展槽。这种总线用于在主存与显卡的显示内存之间建立一条新的数
据传输通道，不需要经过 PCI 总线就可以让影像和图形数据直接传送到显卡中。AGP
总线是一种专用的显示总线。一般一块主板只有一个 AGP 插槽。

2）通信接口及其插槽。通信接口是指微机系统与其他系统直接进行数字通信的接
口电路，通常分为串行接口和并行接口。串行口用于把像调制解调器这种低速外设与微
机连接，传送信息的方式是一位一位地依次传送，串行口的标准是电子工业协会

（Electronic Industries Association，EIA）RS-232 标准。鼠标就是连接在这种串行口上。并行接口多用于连接打印机等高速外设，其传送信息的方式是按字节进行，即八个二进制位同时进行。

相应地，通信接口插槽包括串口插槽和并口插槽两类。

I/O 接口一般做成电路插卡的形式，通常称为适配卡，如硬盘驱动器适配卡（integrated drive electronics，IDE 接口）、并行打印机适配卡（并行接口）、串行通信适配卡（串行接口）等。在 386 以上的微机系统中，通常将这些适配卡做在一块电路上，称为复合适配卡或多功能适配卡，简称多功能卡。

（5）BIOS 和 CMOS

BIOS 在计算机中起到基础而又重要的作用。BIOS 程序通常存放在一块不需要电源的内存芯片中。CMOS 具有低功耗特性。计算机的 BIOS 就是存储在由它所制成的 ROM 或 EEPROM 里（常被混称为 CMOS），所以 CMOS 是纯粹的硬件。为了简便，人们习惯上把写入了 BIOS 程序的 CMOS 存储器统称为 BIOS。

BIOS 为计算机提供低级的、直接的硬件控制，计算机的原始操作都是依照固化在 CMOS 里的 BIOS 程序来完成的。准确地说，BIOS 是硬件与软件之间的一个"转换器"，或者说是接口（其实它本身只是一个程序），负责解决硬件的即时需求，并按照硬件的操作要求具体执行软件。用户在使用计算机的过程中，都会自觉或不自觉地接触到 BIOS。

如今主板的 BIOS 基本上采用 Flash ROM 设计。Flash ROM 是一种可以快速读写的 EEPROM，通过软件完成对 BIOS 的改写。在打开系统电源或重新启动系统后，当屏幕中间出现"Press <Del>to enter setup"提示时，按 Delete 键，就可进入 BIOS 设定程序；存盘退出后，就完成了改写 BIOS 的工作。

2. CPU

CPU 是整台微机的核心部件，微机的所有工作都要通过 CPU 来协调处理，完成各种运算、控制等操作，其重要性好比大脑对于人一样。CPU 的种类决定了操作系统和相应的软件。CPU 主要由运算器、控制器、寄存器组和内部总线等构成，是计算机的核心，如图 1.20 所示。

图 1.20　中央处理器（CPU）

在近 20 年中，CPU 的技术水平飞速提高，在速度、功耗、体积和性能价格比方面平均每 18 个月就有一个数量级的提高。最具代表性的产品是美国 Intel 公司和 AMD 公司的微处理器系列。Intel 先后有 4004、4040、8080、8085、8088、8086、80286、80386、80486、奔腾（Pentium）系列、安腾（Itanium）系列等产品，双核时代有酷睿、酷睿 2、i3、i5、i7 系列；AMD 公司的主要 CPU 系列型号有 K5、K6、毒龙（Duron）、速龙（Athlon）XP、闪龙（Sempron）、速龙（Athlon）64、皓龙（Opteron）等。CPU 的功能越来越强，运算速度越来越快，功耗越来越低，结构越来越复杂，从每秒完成几十万次基本运算发展到上亿次，每个微处理器包含的半导体电路元件也从两千多个发展到数千万甚至上亿个，酷睿 i7 微处理器已集成了 7.31 亿个晶体管。

（1）衡量 CPU 性能的主要技术指标

1）CPU 字长。CPU 字长是指 CPU 各寄存器之间一次能够传递的数据位，即在单位时间内能够一次处理的二进制数的位数。CPU 内部有一系列用于暂时存放数据或指令的存储单元，称为寄存器。各个寄存器之间通过内部数据总线来传递数据，每条内部数据总线只能传递 1 位数据位。该指标反映 CPU 内部运算处理的速度和效率。不同的计算机，字长是不同的，如有 8 位、16 位、32 位和 64 位等，也就是经常说的 8 位机、16 位机、32 位机和 64 位机等。显然，字长越长，一次处理的数据位数越多，处理的速度也就越快。

2）CPU 主频。CPU 主频又称工作频率，是 CPU 内核（整数和浮点运算器）电路的实际运行频率，所以也称为 CPU 内频。例如，Pentium II 350 的 CPU 主频为 350MHz，Intel Core i7 的 CPU 主频为 3.2GHz。主频是 CPU 型号上的标称值。CPU 的主频不代表 CPU 的运算速度。CPU 的运算速度还要看 CPU 流水线的各方面的性能指标（缓存、指令集、CPU 的位数等）。但是，提高主频对于提高 CPU 运算速度却是至关重要的，并且只有在提高主频的同时，各分系统运行速度和各分系统之间的数据传输速度都能得到提高后，计算机整体的运行速度才能真正得到提高。

3）CPU 的生产工艺技术。通常用单位μm 来描述，精度越高表示生产工艺越先进，所加工出的连接线也越细，从而可以在同样体积的半导体硅片上集成更多的元件，CPU 工作主频可以做得很高。因此，提高 CPU 工作主频主要受到生产工艺技术的限制。

（2）双核 CPU

人们看到的 CPU 实际上是 CPU 内核等元件经过封装后的产品。CPU 内核，又称 CPU 核心，是 CPU 重要的组成部分。在微型计算机中，CPU 中心凸起的那块芯片就是核心，它是由单晶硅用一定的生产工艺制造出来的，CPU 所有的计算、接受/存储命令、处理数据都是由核心执行的。

CPU 核心的发展方向是：更低的电压，更低的功耗，更先进的制造工艺，集成更多的晶体管，更小的核心面积（从而降低 CPU 的生产成本），更先进的流水线架构和更多的指令集，更高的前端总线频率，集成更多的功能（如集成内存控制器等）以及双核心和多核心等。CPU 核心的进步对普通消费者而言，就是能以更低的价格买到性能更强的 CPU。

双核处理器就是在基于单个半导体的一个处理器上拥有两个一样功能的处理器核心，即将两个物理处理器核心整合到一个内核中。

为了提高 CPU 的性能，可以提高处理器主频的速度。但是单纯地提升主频已经无法为系统整体性能的提升带来明显的变化，而且伴随着高主频也带来了处理器巨大的发热量。而双核处理器解决方案可以提供更好的性能而不需要增大能量或实际空间，这是技术发展的必然。

最早的双核 CPU 芯片是 IBM 公司的 Power 4，随后太阳（Sun）公司（已被甲骨文公司收购）和惠普（HP）公司也先后推出了基于双核架构的 SPARC 和 PA-RISC 芯片。但这些产品没有能够普及应用。AMD 推出的 Athlon 64 芯片和 Intel 公司推出的 Core Duo

芯片是用于台式计算机的双核心处理器系列。这些桌面双核心处理器系列走入了普通消费者的视线。

双核 CPU 能够提高计算机的整体性能,可以达到单核 CPU 的 1.4～1.8 倍。双核处理器需要操作系统的支持,才能够较好地使用第二个计算资源。下一代软件应用程序将会利用双核或多核处理器进行开发。双核处理器还将在推动计算机安全性和虚拟技术方面起到关键作用。但是双核处理器面临的最大挑战之一就是处理器能耗的极限。

酷睿 i7 处理器是 Intel 公司于 2008 年推出的 64 位四核心 CPU,其目标是提升高性能计算和虚拟化性能。总的来说,多核心处理器的性能较单核心处理器有所提升,价格也在降低,对于大多数用户来说选择多核心处理器将是较好的选择。

酷睿 i9 处理器是 Intel 公司于 2017 年 5 月在"台北国际电脑展"上发布的全新处理器,主要面向游戏玩家和高性能需求者。Intel 公司在此次电脑展上发布了五款 i9 处理器,分别为 i9-7900X、i9-7920X、i9-7940X、i9-7960X 和 i9-7980XE。Intel 公司对 i9 的定位是"极致的性能与大型任务处理能力",它的性能主要表现在如虚拟现实内容创建和数据可视化等数据密集型任务的革新。

3. 存储器

(1)内存储器

内存储器简称内存(也称主存储器),是微机的记忆中心,用来存放当前计算机运行所需要的程序和数据。从 286 时代的 30pin SIMM 内存、486 时代的 72pin SIMM 内存,到 Pentium 时代的 EDO DRAM 内存、PII 时代的 SDRAM 内存,再到 P4 时代的 DDR 内存、DDR2 内存以及目前的 DDR3 内存,内存从规格、技术、总线带宽等不断更新换代。内存是存放程序与数据的装置,在计算机内部直接与 CPU 交换信息,因此内存是衡量计算机性能的主要指标之一。根据它作用的不同,可以分为以下几种类型:

1)RAM 用于暂存程序和数据。微机上使用的 RAM 被制作成内存条的形式出现(图 1.21),用户可根据自己的需要随时增加内存条来扩展容量,使用时只要将内存条插到主板的内存插槽上就可以了。通常所说的内存大小就是指 RAM 的大小,一般以 KB、MB 或 GB 为单位。RAM 内存的容量一般有 640KB、1MB、4MB、16MB、32MB、64MB、128MB、256MB、1GB、2GB 或更多。

图 1.21　随机存储器(RAM)

2)ROM 存储的内容是由厂家装入的系统引导程序、自检程序、输入输出驱动程序等常驻程序,所以有时又叫 ROM BIOS。

3)扩展内存。扩展内存是具有永久地址的物理内存,它只有在 80286、80386、80486、80586 及其以上的机型中才有。在这些机型中超过 1MB 的存储器都称为扩展内存。扩展内存的多少只受 CPU 地址线的限制。使用它的目的是加快系统运行的速度,以便计算机运行大型程序。

一般程序无法直接使用扩展内存，为使大家有一个共同遵循的使用扩展内存的标准，Lotus、Intel、Microsoft、虹志（AST）四家公司共同拟定了扩展内存规范（extended memory specification，XMS），所以扩展内存也称 XMS。微软的 HIMEM.SYS 就是一个符合 XMS 的扩展内存管理程序。

4）扩充内存。在 286、386、486 PC 机上，还可以配备扩充内存，以增加系统的内存容量。

扩充内存是由扩充内存规范（expanded memory specification，EMS）定义的内存。扩充内存与扩展内存的区别是：①扩充内存不具有永久性地址；②扩充内存是由符合 EMS 规范的内存管理程序将其划分为 16KB 为一页的若干内存页，所以把扩充内存又称页面内存；③扩充内存的位置与扩展内存不同，它是在一块扩充板上，并且可使用的范围也有限。

5）高速缓存。在计算机系统中，CPU 执行指令的速度大大高于内存的读写速度。由于 CPU 每执行一次指令，至少访问内存一次，以读取数据或写入运算结果，因此 CPU 和内存的存取速度不匹配就成为一个矛盾。cache 就是为解决这个矛盾而产生的。cache 是介于 CPU 和内存之间的一种可高速存取信息的芯片，是 CPU 和内存之间的桥梁，用于存放程序中当前最活跃的程序和数据。当 CPU 读写内存时，先访问 cache，若 cache 中没有 CPU 需要的数据时再访问内存，这一过程表面看起来像是浪费了时间，实际上 CPU 所需数据往往在 cache 中的概率比不在 cache 中的机会大得多。从整体上看，cache 的设立大大提高了数据的吞吐效率。

cache 和内存之间信息的调度和传送是由硬件自动进行的，程序员感觉不到 cache 的存在，因而它对程序员是透明的。cache 一般采用 SRAM 构成，由于 SRAM 读过程中没有刷新过程，因此存取速度快。

内存与快速的 CPU 相配合，使 CPU 访问内存时经常等待，降低了整个机器的性能。在解决内存存取速度这个瓶颈问题时通常采用的一种有效方法就是使用高速缓冲存储器。

cache 从 486 机开始就已经应用得比较成熟，现奔腾机都用 Level-1 cache（一级 cache）和 Level-2 cache（2 级 cache）。一级 cache 可达 32KB 或更多，一般在 CPU 芯片内部，二级 cache 可达 512KB 或更多，一般插在主板上（高能奔腾机 Level-2 cache 在芯片内）。

（2）外存储器

外存储器（简称外存）作为内存的后援设备，又称辅助存储器。它与内存相比，具有容量大、速度慢、价格低、可脱机保存信息等特点，属"非易失性"存储器。外存一般不直接与 CPU "打交道"，外存中的数据应先调入内存，再由 CPU 进行处理。为了增加内存容量，方便读写操作，有时将硬盘的一部分作为内存使用，这就是虚拟内存。目前常用的外存有硬盘、光盘等。

内存在微机运行时只作为临时处理存储数据的设备，而大量的数据、程序、资料等都存储在外存上，使用时再调入内存。

1）硬盘。硬盘（图 1.22）位于主机箱内，主要由

图 1.22　硬盘

盘片、主轴驱动机构、磁头、磁头驱动定位机构、读写电路、端口及控制电路等组成。硬盘的盘片通常由金属、陶瓷或玻璃制成，上面涂有磁性材料。磁盘片被固定在电机的转轴上，由电机带动一起转动。每个磁盘片的上下两面各有一个磁头，它们与磁盘片不接触。如果磁头碰到了高速旋转的盘片，则会破坏表面的涂层和存储在盘片上的数据，磁头也会损坏。硬盘是一个非常精密的设备，所要求的密封性能很高。任何微粒都会导致硬盘读写的失败，所以盘片被密封在一个容器之中。

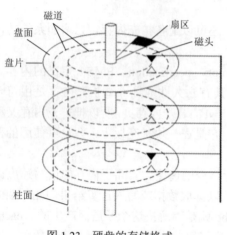

图 1.23　硬盘的存储格式

硬盘存储信息是按照柱面号、磁头号和扇区号来存放的，如图 1.23 所示，柱面是由一组盘片上的同一个磁道纵向形成的同心圆柱构成，柱面编号从 0 开始从外向内进行，柱面上的磁道是由外向内的一个个同心圆，每个磁道又等分为若干个扇区。硬盘信息的读写是由柱面号、磁头号（用来确定柱面上的磁道）和扇区号来确定读写的具体位置。磁头从 0 开始编号，而扇区从 1 开始编号。

　　硬盘的存储容量取决于硬盘的柱面数、磁头数及每个磁道扇区数。若一个扇区的容量为 512B，那么硬盘存储容量为 512B×柱面数×磁头数×扇区数。

　　硬盘的种类很多，按照盘片的结构可以分为可换盘片和固定盘片两种。整个硬盘装置密封在一个金属容器内，这种结构可将磁头与盘面的距离减少到最小，从而增加了存储密度，加大了存储容量，并且可以避免外界的干扰。

　　新磁盘在使用前必须进行格式化，然后才能被系统识别和使用，格式化的目的是对磁盘进行磁道和扇区的划分，同时还将磁盘分成四个区域：引导扇区、文件分配表、文件目录表和数据区。其中，引导扇区用于存储系统的自引导程序，主要为启动系统和存储磁盘参数而设置；文件分配表用于描述文件在磁盘上的存储位置以及整个扇区的使用情况；文件目录表即根目录区，用于存储根目录下所有文件名和子目录名、文件属性、文件在磁盘上的起始位置、文件的长度及文件建立和修改日期与时间等；数据区即用户区，用于存储程序或数据，也就是文件。硬盘格式化需要分三个过程，即硬盘的低级格式化、分区和高级格式化。

　　① 硬盘的低级格式化。硬盘的低级格式化即硬盘的初始化，其主要目的是对一个新硬盘划分磁道和扇区，并在每个扇区的地址域上记录地址信息。低级格式化工作一般由硬盘生产厂家在硬盘出厂前完成，除非硬盘受到严重损害而确定必须低级格式化，否则用户不要轻易做此项工作。低级格式化用专门工具软件进行，整个过程需要较长的时间。

　　② 硬盘分区。低级格式化后的硬盘还不能被系统识别，为了方便用户使用，系统允许将硬盘划分成若干个相对独立的逻辑存储区。每个逻辑存储区称为一个硬盘分区。显然，对硬盘分区的主要目的是建立系统使用的硬盘区域，并将主引导程序和分区信息表写到硬盘的第一个扇区上。只有分区后的硬盘才能被系统识别使用，分几个区、每个分区容量多大由用户根据具体情况决定。

③ 硬盘的高级格式化。分区操作完成后，对划分的每一个逻辑分区都要进行高级格式化。高级格式化的主要作用有两点：一是建立操作系统，使硬盘兼有系统启动盘的作用；二是对每个逻辑盘进行初始化，建立文件分配表。

2）光盘。随着多媒体技术的推广，光盘的使用日趋广泛。光盘存储器是激光技术在计算机领域中的一个应用。光盘最大的特点是存储容量大，可靠性高。光盘存储器是大容量数据的存储设备，又是高品质的音源设备，是最基本的多媒体设备。通常可以将光盘分为以下几种类型。

① 只读光盘。其中存储的内容是由生产厂家在生产过程中写入的，用户只能读出其中的数据而不能进行写操作。

② 一次写入光盘。允许用户写入信息，但只能写入一次，一旦写入，就不能再进行修改，就是现在市场上的刻录光盘。

③ 可抹光盘。允许多次写入信息或擦除。对光盘的读写操作是由光盘驱动器来完成的，通过激光束可以在光盘盘片上记录信息、读取信息及擦除信息。

读取光盘数据需要使用光盘驱动器。光盘驱动器通常称为光驱。光驱的核心部分由激光头、光反射透镜、电机系统和处理信号的集成电路组成。影响光驱性能的关键部位是激光头。

3）可移动存储设备。

① U 盘。U 盘是一种可重复读写 100 万次以上的半导体存储器，通过 USB 接口与主机相连，存储容量为 16MB～64GB，不需要外接电源，即插即用。其体积小，容量大，存取快捷、可靠，不需要驱动。

② 可移动硬盘。可移动硬盘采用现有固定硬盘的新技术，主要由驱动器和盘片两部分组成，其中，每个盘片相当于一个硬盘，可以连续更换盘片，以达到无限存储目的。其设计原理是将固定硬盘的磁头在增加了防尘、抗振、更加精确稳定等技术后，集成在更为轻巧、便携且能够自由移动的驱动器中，将固定硬盘的盘芯，通过精密技术加工后统一集成在盘片中。当将盘片放入驱动器时，就成为一个高可靠性的硬盘。可移动式硬盘可通过 USB 接口与主机相连，实现数据的传送。

③ 固态硬盘。固态硬盘也称电子硬盘或者固态电子盘，是由控制单元和固态存储单元（DRAM 或 Flash 芯片）组成的硬盘。固态硬盘的端口规范、定义、功能及使用方法都与普通硬盘相同，在产品外形和尺寸上也与普通硬盘一致。

由于固态硬盘内部不存在任何机械活动部件，因而启动快，读延迟极小，不会发生机械故障，也不怕碰撞、冲击、振动，即使在高速移动甚至伴随翻转倾斜的情况下也不会影响其正常使用，其工作温度范围很宽（-40～85℃），因而广泛应用于军事、车载、视频监控、网络监控、电力、医疗、航空等领域。目前由于成本较高，正在逐渐普及 DIY 市场。

4. 扩展槽

主机箱的后部是一排扩展槽，用户可以在其中插上各种功能卡，有些功能卡是微机必备的，而有些功能卡不是必需的，用户可以根据实际需要进行安装。

微机必须具备的功能卡主要有如下两种。

1）显示卡（图 1.24）是显示器与主机相连的接口卡。显示卡的种类很多，如单色、CGA、EGA、CEGA、VGA、CVGA 等。不同类型的显示器配置不同的显示卡，显示卡一般集成在主板上。

2）多功能卡。在 486 以前，计算机主板的集成度相对较低，基本上没有集成显卡、声卡、网卡，再早一些的也不是南北桥的构架，主板最多只给硬盘提供一个 IDE 端口。为了扩展的需要，多功能卡应运而生。多功能卡多为 ISA 接口，提供一个串行接口和一个并行接口，另外还提供一个 IDE 接口以便加装光驱，现在一般都集成在主板上。

5. 协处理器

在一些较低档次的微机（如 80486SX 及以下）的主板上通常配有浮点协处理器接口，浮点处理器的使用可以在一定的程度上提高系统的数学运算速度。

6. CMOS 电路

在微机的主板上配置了一个 CMOS 电路，如图 1.25 所示，它的作用是记录微机各项配置的重要信息。CMOS 电路由充电电池维持，在微机关掉电源时电池仍能工作。在每次开机时，微机系统首先按照 CMOS 电路中记录的参数检查微机的各部件是否正常，并按照 CMOS 的指示对系统进行设置。

图 1.24　显示卡

图 1.25　CMOS 电路

7. 其他接口

在主板上还有其他一些接口，如键盘接口、协处理器接口、喇叭接口等。键盘接口用来连接键盘与主机。在协处理器接口上，可以插入 287、387、487 等数学浮点协处理器。另外在主机箱内有一个小喇叭，可以发出各种风鸣声响。

1.5.2　主要输入设备

输入设备将数据、程序等转换成计算机能够接受的二进制代码，并将它们送入内存。输入设备必须通过"接口电路"与 CPU 进行信息交换。常用的输入设备有键盘和鼠标。

1. 键盘

键盘是人们向微机输入信息的主要的设备，各种程序和数据都可以通过键盘输入微机。键盘通过一根五芯电缆连接到主机的键盘插座内，用来对键盘进行扫描、生成键盘扫描码、进行数据转换。键盘通常有 101 键、104 键和 107 键等。107 键盘比 104 键盘多了睡眠、唤醒、开机等电源管理键。以常见的 104 键盘为例，其布局如图 1.26 所示。整个键盘大致分为五个区：功能键区、主键盘区、数字小键盘区、方向与编辑键区。按键的位置是依据字符的使用频度、双手手指的灵活程度与协调方便等诸多因素而排列的。键盘上各按键符号及其组合所产生的字符和功能在不同的操作系统和软件支持下有所不同。

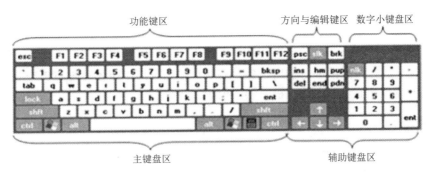

图 1.26　104 键的键盘

键盘的外形分为标准键盘和人体工程学键盘。人体工程学键盘的设计思想是在标准键盘上将指法规定的左手键区和右手键区分开，并形成一定角度，使操作者不必有意识地夹紧双臂，而是保持一种比较自然的形态。这种思想设计的键盘被微软公司命名为自然键盘，它对于习惯盲打的用户可以有效地减少左右手键区的误击率，如字母 G 和 H。有的人体工程学键盘还有意加大常用键如空格键和回车键的面积，在键盘的下部增加护手托板，给悬空手腕以支持点，以便减少由于手腕长期悬空导致的疲劳。以上这些都被视为人性化的设计思想。

2. 鼠标

鼠标是用于图形界面操作系统和应用程序的快速输入设备，其主要功能是用于移动显示器上的光标，并通过菜单或按钮向主机发出各种操作命令，但不能输入字符和数字。它的基本工作原理是：移动鼠标时，将移动距离及方向的信息转换成脉冲送入计算机，计算机再将脉冲转换成光标的坐标数据，从而达到指示位置的目的。在某些环境下，使用鼠标比键盘更直观、方便。有些功能是键盘所不具备的。例如，在某些绘图软件下，利用鼠标可以随心所欲地绘制出线条丰富的图形。

根据结构的不同，鼠标可以分为机电式和光电式两种，目前使用比较广泛的是光电式鼠标。主流的鼠标是三键或者两键的，三键鼠标如图 1.27 所示，鼠标的中间有个滚轮，除了可以用于浏览页面时的翻页外，还可以单独定义按键的功能。其左键通常用作确定操作，右键用作特殊功能，如在任意对象上右击，会弹出当前对象的快捷菜单。

Windows 环境下只需正确地安装鼠标，无须人工驱动，启动 Windows 后就可以直接使用。

图 1.27　三键鼠标

常见的输入设备还有轨迹球、扫描仪、光笔、触摸屏、数字化仪、游戏操作杆等。轨迹球与鼠标功能相仿,扫描仪是一种可将静态图像输入计算机的图像采集设备,对于桌面排版系统、印刷制版系统,扫描仪都十分有用。如果配上光字符阅读器(optical character reader,OCR)软件,用扫描仪可以快捷方便地将各种文稿输入计算机,加速计算机文字输入过程。光笔是一种图像输入设备。触摸屏是指点式输入设备,在计算机显示屏幕基础上附加坐标定位装置,通常有接触式和非接触式两种构成方式。

1.5.3 主要输出设备

输出设备将计算机处理的结果转换成人们能够识别的数字、字符、图像、动画、声音等形式显示、打印或播放。输出设备只有通过输出接口电路才能与 CPU 交换信息。常用的输出设备是显示器、打印机、绘图仪等。

1. 显示器

显示器是计算机系统重要的输出设备。由监视器(monitor)和显示控制适配器(adapter)两部分组成,显示控制适配器又称适配器或显示卡,不同类型的监视器应配备相应的显示卡。人们习惯直接将监视器称为显示器。显示器按照结构可分为阴极射线显像管(cathode ray tube,CRT)显示器和液晶显示器(liquid-crystal display,LCD)。以前所见的显示器一般是 CRT 显示器,而 LCD 现在已经广泛使用。

CRT 显示器的工作原理与电视机相似,但是比电视机具有更高的分辨率,因而显示效果更好。LCD 是由显示单元矩阵组成的。每个显示单元含有液晶的特殊分子,它们沉积在两种材料之间,加电时,液晶分子变形,能够阻止某些光波通过,允许另一些光波通过,从而在屏幕上形成图像。LCD 的能源消耗远比 CRT 显示器小,发热量比较低;它自身的工作特点决定了它不会产生噪声。

显示器的主要技术指标包括以下几项。

1)分辨率。分辨率是指屏幕上可以容纳的像素的个数,它由水平行点数和垂直行点数组成。分辨率越高,屏幕上能够显示的像素个数也就越多,图像也就越细腻。

2)点距。两个相邻像素之间的水平距离称为点距。点距越小,显示的图像越清晰。为减少眼睛的疲劳程度,应采用点距小的显示器。

3)刷新频率。要在屏幕上看到一幅稳定的画面,必须按照一定频率在屏幕上重复显示图像。显示器每秒重复图像的次数称为刷新频率,单位为 Hz。通常,显示器的刷新频率至少要达到 75Hz,即图像每秒重复 75 次。

4)显存。计算机在显示一幅图像时首先要将其存入显示卡上的显示内存(简称显存)。显存大小会限制对显示分辨率及颜色的设置等。

2. 打印机

打印机是计算机系统的输出设备,如果希望在纸上显示某些信息,则可通过打印机打印。

打印机可以分为击打式和非击打式两种。击打式打印机主要是针式打印机;非击打式打印机主要有热敏打印机、喷墨打印机和激光打印机等。

（1）针式打印机

针式打印机的特点是结构简单、技术成熟、性能价格比好、耗材费用低。针式打印机有 9 针和 24 针两种规格。其中，9 针式的打印机不配汉字库，其基本功能是打印字母和数字符号，分辨率较低、噪声较高、针头易损坏，目前已经被淘汰。24 针的针式打印机可有效提高打印速度，降低打印噪声，改善打印品质，使针式打印机向着专业化的方向发展，其在银行存折打印、财务发票打印、记录科学数据连续打印、条形码打印和快速跳行打印等应用领域具有其他类型打印机不可取代的功能。

（2）喷墨打印机

喷墨打印机的打印头用微小的喷嘴代替。按照打印机打印出来的字符颜色，可以将它分为黑白和彩色两种，按照打印机的大小可以分为台式和便携式两种。

喷墨打印机的主要性能指标有分辨率、打印速度、打印幅面、兼容性以及喷嘴的寿命等。

喷墨打印机的主要优点是打印精度较高、噪声较低、价格较便宜；主要缺点是打印速度较慢、墨水消耗量较大。

此外喷墨打印机还具有更为灵活的纸张处理能力，在打印介质的选择上，喷墨打印机也具有一定的优势：既可以打印信封、信纸等普通介质，还可以打印各种胶片、照片纸、光盘封面、卷纸、T 恤转印纸等特殊介质。

（3）激光打印机

激光打印机（图 1.28）是近年来发展很快的一种输出设备，有望代替喷墨打印机的一种机型，分为黑白和彩色两种，由于它具有精度高、打印速度快、噪声低等优点，已越来越成为办公自动化的主流产品，受到广大用户的青睐。随着激光打印机普及性的提高，其价格也有了大幅度的下降。

图 1.28　激光打印机

激光打印机的打印原理是利用光栅图像处理器产生要打印页面的位图，然后将其转换为电信号等一系列的脉冲送往激光发射器，在这一系列脉冲的控制下，激光被有规律放出。与此同时，反射光束被接收的感光鼓所感光。激光发射时就产生一个点，激光不发射时就是空白，这样就在接收器上印出一行点来。然后接收器转动一小段固定的距离继续重复上述操作。当纸张经过感光鼓时，鼓上的着色剂会转移到纸上，印成了页面的位图。最后当纸张经过一对加热辊后，着色剂被加热熔化，固定在了纸上，就完成打印的全过程，这个过程准确而且高效。

分辨率的高低是衡量打印机质量好坏的标志，分辨率通常以点每英寸（dot per inch，dpi）为单位。现在国内市场上的打印机分辨率以 300dpi、400dpi 和 600dpi 为主。一般来说，分辨率越高，打印机的输出质量就越好，当然其价格也越昂贵。

除此之外，常见的输出设备还有绘图仪、影像输出系统、语音输出系统、磁记录设备等。

习题 1

一、选择题

1. 科学家（　　）奠定了现代计算机的结构理论。
   A. 诺贝尔　　　　　B. 爱因斯坦　　　C. 冯·诺依曼　　　D. 居里
2. 目前使用的计算机采用（　　）为主要电子元器件。
   A. 电子管　　　　　　　　　　　　B. 晶体管
   C. 中小规模集成电路　　　　　　　D. 超大规模集成电路
3. 十进制数 127 转换成二进制数是（　　）。
   A. 1111110　　　B. 1111111　　　C. 1000000　　　D. 10000001
4. 与二进制数 01011011 对应的十进制数是（　　）。
   A. 91　　　　　B. 87　　　　　C. 107　　　　D. 123
5. 下列一组数中最大的数是（　　）。
   A. $(227)_8$　　　B. $(1FF)_{16}$　　　C. $(202000)_2$　　　D. $(500)_{10}$
6. 某计算机的内存是 16MB，它的容量为（　　）B。
   A. 16×1024×1024　　　　　　　B. 16×1000×1000
   C. 16×1024　　　　　　　　　　D. 16×1000
7. 十进制数 10000 转换为等值的十六进制数是（　　）。
   A. 271　　　　　B. 23420　　　C. 9C40　　　D. 2710
8. 计算机能够直接识别的是（　　）数。
   A. 二进制　　　B. 八进制　　　C. 十进制　　　D. 十六进制
9. 在计算机中，1B 是由（　　）个二进制位组成的。
   A. 4　　　　　B. 8　　　　　C. 16　　　　D. 24
10. 计算机能够按照人们的意图自动地进行操作，主要是采用了（　　）。
    A. 汇编语言　　　　　　　　　　B. 机器语言
    C. 高级语言　　　　　　　　　　D. 存储程序控制
11. CPU 的中文含义是（　　）。
    A. 中央处理器　　　　　　　　　B. 寄存器
    C. 算术部件　　　　　　　　　　D. 逻辑部件
12. 计算机中运算器的主要功能是进行（　　）。
    A. 算术运算　　　　　　　　　　B. 逻辑运算
    C. 算术和逻辑运算　　　　　　　D. 函数运算
13. 计算机硬件一般包括（　　）和外部设备。
    A. 运算器和控制器　　　　　　　B. 存储器和控制器
    C. 中央处理器　　　　　　　　　D. 主机
14. 一个完整的计算机系统应具有（　　）。
    A. 主机和外部设备　　　　　　　B. 软件系统和硬件系统

　　　　C．运算器和控制器　　　　　　　　D．内存和外部设备

15．计算机物理实体通常是由（　　）等部分构成的。

　　A．运算器、控制器、存储器、输入设备和输出设备

　　B．主板、CPU、硬盘和显示器

　　C．运算器、放大器、存储器、输入设备和输出设备

　　D．CPU、磁盘驱动器、显示器和键盘

16．在组成计算机的主要部件中，负责对数据和信息进行加工的部件是（　　）。

　　A．运算器　　　　B．内存储器　　　　C．控制器　　　　D．磁盘

17．计算机的运算器、控制器统称为（　　）。

　　A．ALU　　　　　B．CPU　　　　　　C．ALT　　　　　D．主机

18．计算机软件分为（　　）两大类。

　　A．用户软件、系统软件　　　　　　B．系统软件、应用软件

　　C．语言软件、操作软件　　　　　　D．系统软件、数据库软件

19．在计算机系统中，指挥、协调计算机工作的设备是（　　）。

　　A．输入设备　　　B．控制器　　　　C．运算器　　　　D．输出设备

20．为了避免混淆，十六进制数在书写时常用字母（　　）表示。

　　A．H　　　　　　B．O　　　　　　　C．D　　　　　　　D．B

二、判断题

1．计算机区别于其他计算工具的本质特点是能够存储程序和数据。　　　（　　）

2．计算机软件是程序、数据和文档资料的集合。　　　　　　　　　　　（　　）

3．计算机中数值型数据和非数值型数据均以二进制数据形式存储。　　　（　　）

4．外存储器中的数据可以直接进入 CPU 进行处理。　　　　　　　　　（　　）

5．裸机是指没有配置任何外部设备的主机。　　　　　　　　　　　　　（　　）

6．微处理器的主要性能指标是其体积的大小。　　　　　　　　　　　　（　　）

7．计算机中用来表示内存容量大小的基本单位是位。　　　　　　　　　（　　）

8．计算机的内存储器、外存储器具有记忆能力，其中的信息都不会丢失。

　　　　　　　　　　　　　　　　　　　　　　　　　　　　　　　　（　　）

9．分辨率是显示器的一个重要指标，它表示显示器屏幕上像素的数量。像素越多，分辨率越高，显示的字符或图像越清晰。　　　　　　　　　　　　　　（　　）

10．ROM 是只读存储器，其中的内容只能读出一次。　　　　　　　　（　　）

11.40 倍速光盘驱动器的含义是指该光盘驱动器的读写速度是磁盘驱动器读写速度的 40 倍。　　　　　　　　　　　　　　　　　　　　　　　　　　　（　　）

12．硬盘通常安装在主机箱内，所以硬盘属于内存。　　　　　　　　　（　　）

13．显示器屏幕上显示的信息，既有用户输入的内容又有计算机输出的结果，所以显示器既是输入设备又是输出设备。　　　　　　　　　　　　　　　（　　）

14．计算机主要应用于科学计算、信息处理、过程控制、辅助系统、通信等领域。

　　　　　　　　　　　　　　　　　　　　　　　　　　　　　　　　（　　）

15．计算机中"存储程序"的概念是图灵提出的。　　　　　　　　　　（　　）

16．计算机的计算速度很快，但是计算精度不高。 （　　）

17．CAD 系统是利用计算机帮助设计人员进行设计工作的系统。 （　　）

18．计算机辅助制造的英文缩写是 CAI。 （　　）

19．计算机不但有记忆功能，还有逻辑判断功能。 （　　）

20．十进制的 11 在十六进制中仍表示成 11。 （　　）

第2章

计 算 思 维

科学思维主要分为理论思维、实验思维和计算思维三大类，分别对应理论科学、实验科学和计算科学。这三大科学被称为推动人类文明进步和科技发展的三大支柱。目前，几乎所有领域的重大成就依赖于计算科学的支持，计算思维已经成为现代人必须掌握的基本思维模式。本章主要介绍计算思维的概述、方法，以及计算思维在各学科中的应用。

2.1　什么是计算思维

2.1.1　计算与计算思维

1. 计算（computation）

了解了计算机的组成，就能够理解计算机解决问题的过程。我们来看一个常见任务：用计算机写文章。为了解决这个问题，首先需要编写具有输入、编辑、保存文章等功能的程序，如微软公司的程序员们编写的Word程序。如果这个程序已经存入计算机的辅助存储器（磁盘），通过双击Word程序图标等方式可以启动这个程序，程序从磁盘被加载到主存储器（内存）中。然后CPU逐条取出该程序的指令并执行，直至最后一条指令执行完毕，程序即告结束。在执行过程中，有些指令会导致计算机与用户产生交互，如用户用键盘输入或删除文字，用鼠标单击菜单进行存盘或打印等操作。这样，通过执行成千上万条简单的指令，最终解决了用计算机写文章的问题。

针对一个问题，设计解决问题的程序（指令序列），并由计算机执行这个程序，这就是计算。

通过计算，只会执行简单操作的计算机能够完成各种的复杂任务，这是计算威力的表现。如果读者对计算的能力还有疑问，下面这个例子或许能打消这个疑问。Amy是一个只学过加法的一年级小学生，她能够完成一个乘法运算任务吗？答案是肯定的！解决问题的关键在于编写合适的指令序列让Amy机械地执行。例如，下列"程序"就能使Amy算出$m×n$：

在纸上写下 0，记住结果；

给所记结果加上第 1 个 n，记住结果；

给所记结果加上第 2 个 n，记住结果；

······

给所记结果加上第m个n，记住结果。

至此就得到了$m×n$。

不难看出，这个指令序列的每一步都是Amy能够做到的，因此最后确实能够完成乘法运算。这就是"计算"带来的成果。

计算机就是通过这样的"计算"来解决所有复杂问题的。执行大量简单指令组成的程序虽然枯燥烦琐，但计算机作为一种机器，其特长在于机械地、忠实地、不厌其烦地执行大量简单指令。

2. 计算思维（computational thinking）

2006 年 3 月，美国卡内基梅隆大学计算机科学系主任周以真（Jeannette M. Wing）（图 2.1）在美国计算机权威期刊 *Communications of the ACM* 上给出并定义计算思维。周以真认为，计算思维是运用计算机科学的基础概念进行问题求解、系统设计以及人类行为理解等涵盖计算机科学之广度的一系列思维活动。

正如数学家在证明数学定理时有独特的数学思维，工程师在设计制造产品时有独特的工程思维，艺术家在创作诗歌、音乐、绘画时有独特的艺术思维一样，计算机科学家在用计算机解决问题时也有自己独特的思维方式和解决方法，我们将其统称为计算思维。从问题的计算机表示、算法设计直到编程实现，计算思维贯穿计算的全过程。学习计算思维，就是学会像计算机科学家一样思考和解决问题。

图 2.1   周以真

人工智能四大先驱之一，现代编程语言的主要贡献者之一，第七位图灵奖获得者艾兹格·W. 迪科斯彻（Edsger Wybe Dijkstra）曾指出，我们所使用的工具影响着我们的思维方式和思维习惯，从而也将深刻地影响着我们的思维能力。

计算思维吸取了问题解决所采用的一般数学思维方法，现实世界中巨大复杂系统的设计与评估的一般工程思维方法，复杂性、智能、心理、人类行为的理解等的一般科学思维方法。

作为一种思维方法，计算思维的优点体现在计算思维建立在计算过程的能力和限制之上，由人或机器执行。计算方法和模型使我们敢于处理那些原本无法由个人独立完成的问题求解和系统设计。

计算思维的关键是用计算机模拟现实世界。对计算思维理解可以用四个字来概括，那就是抽象、算法。如果用八个字来概括就是合理抽象、高效算法。

2.1.2   计算思维的基本原则

计算思维建立在计算机的能力和限制之上，这是计算思维区别于其他思维方式的一个重要特征。用计算机解决问题时必须遵循的基本思考原则是：既要充分利用计算机的计算和存储能力，又不能超出计算机的能力范围。例如，能够高速执行大量指令是计算机的能力，但每条指令只能进行有限的一些简单操作则是计算机的限制，因此不能要求计算机执行无法简化为简单操作的复杂任务。又如，计算机只能表示固定范围的有限整数，任何算法如果涉及超出范围的整数，都必须想办法绕开这个限制。再如，计算机的主存速度快、容量小、依靠电力维持存储，而磁盘容量大、不需要电力维持存储但存取速度慢，因此涉及磁盘数据的应用程序必须寻求高效的索引和缓冲方法来处理数据，避免频繁读写磁盘。

虽然计算思维有自己的独特性，但是它同时吸收了其他领域的一些思维方式。例如，计算机科学家像数学家一样建立现实世界的抽象模型，使用形式语言表达思想；像工程师一样设计、制造、组装与现实世界打交道的产品，寻求更好的工艺流程来提高产品质量；像自然科学家一样观察系统行为，形成理论，并通过预测系统行为来检验理论；像经济学家一样评估代价与收益，权衡多种选择的利弊；像手工艺人一样追求作品的简洁、精致、美观，并在作品中打上体现本人风格的烙印。

计算思维是人的思想和方法，旨在利用计算机解决问题，而不是使人类像计算机一样做事。作为"思想和方法"，计算思维是一种解题能力，一般不是可以机械地套用的，只能通过学习和实践来培养。计算机虽然机械而笨拙，但人类的思想赋予计算机以活力，装备了计算机的人类利用自己的计算思维能够解决过去无法解决的问题、建造过去无法建造的系统。

2.1.3 计算思维的特点

计算思维的几乎所有特征和内容在计算机科学里得到充分体现，并且随着计算机科学的发展而同步发展。

（1）概念化，不是程序化

计算机科学不是计算机编程。像计算机科学家那样去思维意味着远远不止能为计算机编程，它要求能够在抽象的多个层次上思维，就像音乐产业不只是关注麦克风一样。

（2）基础的，不是机械的技能

计算思维是一种基础的技能，是每个人为了在现代社会中发挥职能所必须掌握的。生搬硬套的机械技能意味着机械地重复。具有讽刺意味的是，只有当计算机科学解决了人工智能的宏伟挑战——使计算机像人类一样思考之后，思维才会变成机械的生搬硬套。

（3）人的，不是计算机的思维

计算思维是人类求解问题的一条途径，但决非试图使人类像计算机那样地思考。计算机枯燥且沉闷；人类聪颖且富有想象力。人类赋予计算机以激情，计算机赋予人类强大的计算能力，人类应该好好地利用这种力量解决各种需要大量计算的问题。配置了计算设备，人类就能够用自己的智慧解决那些计算时代之前不敢尝试的问题，就能够建造那些其功能仅仅受制于我们想象力的系统。

（4）数学和工程思维的互补与融合

计算机科学在本质上源自数学思维，因为像所有的科学一样，它的形式化解析基础筑于数学之上。计算机科学又从本质上源自工程思维，因为我们建造的是能够与实际世界互动的系统。基本计算设备的限制迫使计算机科学家必须计算性地思考，不能只是数学性地思考。构建虚拟世界的自由使我们能够超越物理世界去打造各种系统。

（5）是思想，不是人造物

计算思维是思想，不是人造物。不只是我们生产的软件、硬件、人造物将以物理形式到处呈现并时时刻刻触及我们的生活，更重要的是还将有我们用以接近和求解问题、管理日常生活、与他人交流和互动的计算性的概念。

（6）面向所有的人，所有地方

当计算思维真正融入人类活动的整体以致不再是一种显式哲学的时候，它就将成为现实。它作为一个问题解决的有效工具，人人都应当掌握，处处都会被使用。

　　计算思维最根本的内容，即其本质是抽象（abstraction）和自动化（automation）。它反映了计算的根本问题，即什么能够被有效地自动进行。计算是抽象的自动执行，自动化需要某种计算机解释抽象。从操作层面上讲，计算就是如何寻找一台计算机去求解问题，隐含地说就是要确定合适的抽象，选择合适的计算机去解释并执行该抽象，后者就是自动化。计算思维中的抽象完全超越物理的时空观，并完全用符号来表示，其中数字抽象只是一类特例。

　　与数学和物理科学相比，计算思维中的抽象显得更加丰富，也更为复杂。数学抽象的最大特点是抛开现实事物的物理、化学和生物学等特性，而仅保留其量的关系和空间的形式，而计算思维中的抽象却不仅仅如此。

　　计算思维虽然具有计算机的许多特征，但是计算思维本身并不是计算机的专属。实际上，即使没有计算机，计算思维也会逐步发展，甚至有些内容与计算机没有关系。但是，正是由于计算机的出现，给计算思维的发展带来了根本性的变化。这些变化不仅推进了计算机的发展，也推进了计算思维本身的发展。在这个过程中，一些属于计算思维的特点被逐步揭示，计算思维与理论思维、试验思维的差别越来越清晰化。

2.2　计算思维方法

　　基于计算机的能力和局限，计算机科学家提出了很多关于计算的思想和方法，从而建立了利用计算机解决问题的一整套思维工具。本节简要介绍计算机科学家在计算的不同阶段所采用的常见思想和方法。

2.2.1　常用的计算思维方法

1. 问题表示

　　用计算机解决问题，首先要建立问题的计算机表示。问题表示与问题求解是紧密相关的，如果问题的表示合适，那么问题的解法就可能如水到渠成一般容易得到，否则可能如逆水行舟一般难以得到。

　　抽象是用于问题表示的重要思维工具。例如，小学生经过学习都知道将应用题"原来有五个苹果，吃掉两个后还剩几个"抽象表示成"5-2"，这里显然只抽取了问题中的数量特性，完全忽略了苹果的颜色或吃法等不相关特性。一般意义上的抽象，是指这种忽略研究对象的具体的或无关的特性，而抽取其一般的或相关的特性。计算机科学中的抽象包括数据抽象和控制抽象，简言之就是将现实世界中的各种数量关系、空间关系、逻辑关系和处理过程等表示成计算机世界中的数据结构（数值、字符串、列表、堆栈、树等）和控制结构（基本指令、顺序执行、分支、循环、模块等），或者说建立实际问题的计算模型。另外，抽象还用于在不改变意义的前提下隐去或减少过多的具体细节，以便每次只关注少数几个特性，从而有利于理解和处理复杂系统。显然，通过抽象还能发现一些看似不同的问题的共性，从而建立相同的计算模型。总之，抽象是计算机科学中广泛使用的思维方式，只要有可能并且合适，程序员就应当使用抽象。

可以在不同层次上对数据和控制进行抽象，不同抽象级对问题进行不同颗粒度或详细程度的描述。我们经常在较低抽象级之上再建立一个较高的抽象级，以便隐藏低抽象级的复杂细节，提供更简单的求解方法。例如，对计算本身的理解可以形成"电子电路→门逻辑→二进制→机器语言指令→高级语言程序"这样一个由低到高的抽象层次，之所以在高级语言程序这个层次上学习计算，是为了隐藏那些低抽象级的烦琐细节。又如，在互联网上发送一封电子邮件实际上要经过不同抽象级的多层网络协议才能得以实现，写邮件的人肯定不希望先掌握网络低层知识才能发送邮件。再如，我们经常在现有软件系统之上搭建新的软件层，目的是隐藏低层系统的观点或功能，提供更便于理解或使用的新观点或新功能。

2. 算法设计

问题得到表示之后，接下来的关键是找到问题的解法——算法。算法设计是计算思维大显身手的领域，计算机科学家采用多种思维方式和方法发现有效的算法。例如，利用分治法的思想找到高效的排序算法，利用递归思想轻松地解决汉诺塔问题，利用贪心法寻求复杂路网中的最短路径，利用动态规划方法构造决策树，等等。计算机在各个领域的成功应用，依赖于高效算法的发现。为了找到高效算法，又依赖于各种算法设计方法的巧妙运用。

对于大型问题和复杂系统，很难得到直接的解法，这时计算机科学家会设法将原问题重新表述，降低问题难度，常用的方法包括分解、化简、转换、嵌入、模拟等。如果一个问题过于复杂难以得到精确解法，或者根本不存在精确解法，计算机科学家不介意退而求其次，寻求能够得到近似解的解法，通过牺牲精确性来换取有效性和可行性，尽管这样做的结果可能导致问题解是不完全的，或者结果中混有错误。例如，搜索引擎，它们一方面不可能搜索出与用户搜索关键词相关的所有网页，另一方面还可能搜索出与用户搜索关键词不相关的网页。

3. 编程技术

找到了解决问题的算法，接下来就要用编程语言实现算法，这个领域同样是各种思想和方法的宝库。例如，类型化与类型检查方法将待处理的数据划分为不同的数据类型，编译器或解释器借此可以发现很多编程错误，这与自然科学中的量纲分析的思想是一致的。再如，结构化编程方法使用规范的控制流程组织程序的处理步骤，形成层次清晰、边界分明的结构化构造，每个构造具有单一的入口和出口，从而使程序易于理解、排错、维护和验证正确性。又如，模块化编程方法采取从全局到局部的自顶向下设计方法，将复杂程序分解成许多较小的模块，解决了所有底层模块后，将模块组装起来即构成最终程序。又如，面向对象编程方法以数据和操作融为一体的对象为基本单位描述复杂系统，通过对象之间的相互协作和交互实现系统的功能。还有，程序设计不能只关注程序的正确性和执行效率，还要考虑良好的编码风格（包括变量命名、注释、代码缩进等提高程序易读性的要素）和程序美学问题。

编程范型（programming paradigm）是指计算机编程的总体风格，不同范型对编程要素（如数据、语句、函数等）有不同的概念，计算的流程控制也是不同的。早期的命令式（或称过程式）语言催生了过程式（procedural）范型，即一步一步地描述解决问题的过程。后来发明了面向对象语言，数据和操作数据的方法融为一体（对象），对象之间进行交互实现系统功能，这就形成了面向对象（object-oriented）范型。逻辑式语言、函数式语言的发明催生了声明式（declarative）范型——只告诉计算机"做什么"，而不告诉计算机"怎么做"。有的语言只支持一种特定范型，有的语言支持多种范型。

4. 可计算性与算法复杂性

在用计算机解决问题时，不仅要找出正确的解法，还要考虑解法的复杂度。这与数学思维不同，因为数学家可以满足找到正确的解法，决不会因为该解法过于复杂而抛弃不用。但对计算机来说，如果一个解法太复杂，计算机要耗费几年、几十年乃至更久才能算出结果，那么这种"解法"只能抛弃，问题等于没有解决。有时即使一个问题已经有了可行的算法，计算机科学家仍然会寻求更有效的算法。

有些问题是可解的但算法复杂度太高，而另一些问题根本不可解，不存在任何算法过程。计算机科学的根本任务可以说是从本质上研究问题的可计算性。例如，科幻电影里的计算机似乎都像人类一样拥有智能，从计算的本质来说，这意味着人类智能能够用算法过程描述。虽然现代计算机已经能够从事定理证明、自主学习、自动推理等"智能"活动，但是人类做这些事情并非采用一步一步的算法过程，像阿基米德大叫"尤里卡"（希腊语意为"我找到了"）那样的智能活动，至少目前的计算机是没有可能做到的。

虽然很多问题对于计算机来说难度太高甚至是不可能完成的任务，但是计算思维具有灵活、变通、实用的特点，对这样的问题可以寻求不那么严格但现实可行的实用解法。例如，计算机所做的一切都是由确定性的程序决定的，以同样的输入执行程序必然得到同样的结果，因此不可能实现真正的"随机性"。但这并不妨碍利用确定性的"伪随机数"生成函数模拟现实世界的不确定性、随机性。

又如，当计算机有限的内存无法容纳复杂问题中的海量数据时，这个问题是否就不可解了呢？当然不是，计算机科学家设计了缓冲方法来分批处理数据。当许多用户共享并竞争某些系统资源时，计算机科学家又利用同步、并发控制等技术避免竞态和僵局。

2.2.2　计算思维应用举例

例 2.1　"猴子吃桃"问题：猴子第一天摘下若干个桃子，当即吃了一半，还不过瘾，又多吃了一个。第二天早上又将剩下的桃子吃掉一半，又多吃了一个。以后每天早上都吃了前一天剩下的一半零一个。到第十天早上想再吃时，见只剩下一个桃子了。求第一天共摘了多少个桃子。

这个问题可以采用计算思维的递归方法，采用逆向思维的方式进行考虑，从后往前推断。具体的分析流程如图 2.2 所示。

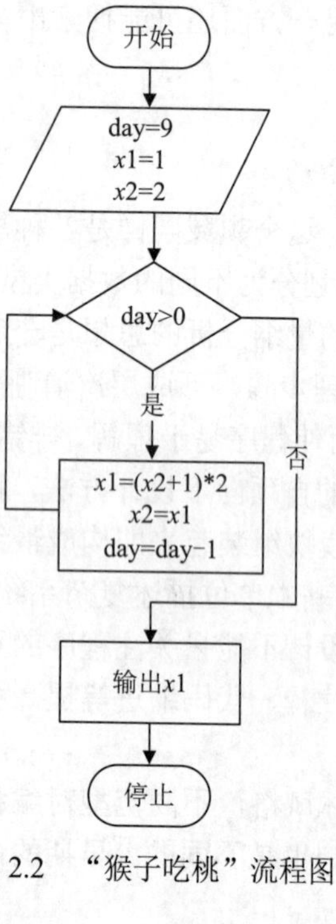

① 定义变量 day 表示天数，$x1$ 表示第 n 天的桃子数，

图 2.2　"猴子吃桃"流程图

$x2$ 表示第 $n+1$ 天的桃子数；

　　② 利用循环，当 day>0 时语句执行；

　　③ 运用计算思维的递归思维得到：第 n 天的桃子数是第 $n+1$ 天桃子数加 1 后的 2 倍，即 $x1=(x2+1)*2$；

　　④ 根据循环得知，把求得的 $x1$ 的值赋给 $x2$，即 $x2=x1$；

　　⑤ 每往前回推一天，时间将减少一天，即 day=day-1；

　　⑥ 输出答案。

　　该案例在步骤③、④、⑤采用计算思维递归的方法发现并解决问题。这个例子展示了递归算法执行过程中的两个阶段：递推和回归。在递推阶段，将较复杂的问题（规模为 n）的求解推到比原问题简单一些的问题（规模小于 n）的求解。第 n 天的桃子数等于 $n+1$ 天桃子数加 1 个后的 2 倍，同时在递推阶段，必须要有终止递归的情况，如到第 10 天时桃子数就为 1 个了；在回归阶段，当获得最简单情况的解后，逐级返回，依次得到稍复杂问题的解，我们知道第十天的桃子数为 1 个，即是后一天的桃子数加上 1 后的 2 倍就是前一天的桃子数，那么 $x1=(x2+1)*2$。

　　在掌握了前面所学的技巧和方法的基础之后，接下来可以继续启发思维，进行自主探究学习，主动、积极地学习新知识，培养计算思维中的自学能力，使其举一反三。因此，可以继续例 2.1 "猴子吃桃" 问题。

　　根据递归方法进行分析的流程如图 2.3 所示，具体步骤如下：

　　① 定义变量 i 为所吃桃子的天数，sum 为桃子的总数；

　　② 循环控制变量 i 的值从 1 到 9；

　　③ 运用计算思维中的递归方法得到 sum=2*(sum+1)；

　　④ 求出 sum 的值；

　　⑤ 循环控制变量 i 的值；

　　⑥ 再次运用递归思维求出每天所剩桃子数 sum=sum/2-1；

　　⑦ 输出 i 和 sum 的值。

　　在这个例子中，步骤⑥采用的递归方法是迁移了步骤③递归方法的结果。通过这样的思维过程，可以在思考中学习，在学习中运用新的方法破解难题，培养分析问题、解决问题的能力，锻炼计算思维数学建模能力，巩固知识的同时拓展知识技能和技巧。

　　例 2.2　"古典兔子" 问题：有一对兔子（一雌一雄），从出生后第三个月起每个月都生一对兔子（一雌一雄），小兔子长到第三个月后每个月又生一对兔子（一雌一雄）。假如兔子都存活，问每个月的兔子总数为多少？

　　在这里，需要将知识进行主动建构，以自己所掌握的知识经验为基础，再对现在的题目信息进行加工和处理。运用已经掌握的计算思维的递归方法分析得出兔子总数的规律为数列 1，1，2，3，5，8，13，21，…。这个问题培养分析问题、归纳和梳理知识的能力，循序渐进地引导和启发学习者思考，充分调动计算思维能力。分析的流程图如图 2.4 所示，具体步骤如下：

　　① 定义 $f1$ 和 $f2$ 为初始的兔子数，i 为控制输出的 $f1$ 和 $f2$ 的个数；

　　② i 的取值从 1 到 20；

　　③ 循环开始前，首先输出 $f1$ 和 $f2$ 的初始值；

④ 计算思维的递推算法，前两个月加起来赋值给第三个月。

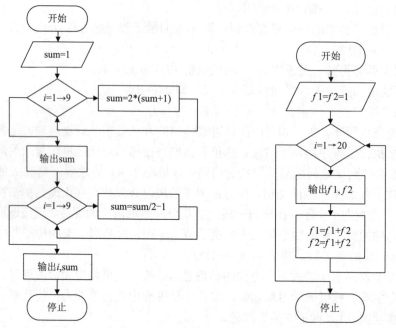

图 2.3　递归法——"猴子吃桃"流程图　　　图 2.4　"古典兔子"流程图

根据前面的分析可以知道，在递推阶段，将较复杂的问题（规模为 n）的求解推到比原问题简单一些的问题（规模小于 n）的求解。例如，上例中，求解 $f1$ 和 $f2$，将它推到求解 $f(n-1)$ 和 $f(n-2)$，但在这里仍然用原变量名 $f1$ 和 $f2$ 表示。也就是说，为计算 $f(n)$，必须先计算 $f(n-1)$ 和 $f(n-2)$，而计算 $f(n-1)$ 和 $f(n-2)$，又必须先计算 $f(n-3)$ 和 $f(n-4)$。依此类推，直至计算 $f1$ 和 $f2$，分别能够得到结果 1 和 1。在递推阶段，必须要有终止递归的情况，如在函数 f 中，当 n 为 1 和 2 的情况。在回归阶段，当获得最简单情况的解后，逐级返回，依次得到稍复杂问题的解，如得到 $f1$ 和 $f2$ 后，返回得到 $f1$ 的结果，…，在得到了新的 $f1$ 和 $f2$ 的结果后，返回得到 $f2$ 的结果。此时，我们实际上已经掌握了斐波那契（Fibonacci）数列的解决办法。

2.3　计算思维在其他学科的应用

随着计算机在各行各业得到广泛应用，计算思维对许多学科都产生了重要影响。本节以数学、生物学、物理学、化学和经济学五门学科为例进行简单介绍。

2.3.1　计算思维与数学

计算机对数学来说过去只是一个数值计算工具，用于快速、大规模的数值计算，对数值计算方法的研究形成了计算数学。后来数学家利用计算机进行代数演算，形成了计算机代数；利用计算机研究几何问题，形成了计算几何学。数学家还利用计算机验证数学猜想，虽然不能证明猜想，但是一旦发现反例就可以推翻猜想，避免数学家毕生投入一个不成立的猜想。在定理证明方面，美国数学家通过设计算法过程验证构型，最终证明了著名的四色定理；我国的吴文俊院士建立了初等几何和微分几何定理的机械化证明方法，为数学机械化开辟了方向。总之，现在计算机已经成为数学的研究手段，大大扩展了数学家研究基本数学的能力。

计算数学是关于通过计算来解决数学问题的科学。这里所说的"计算"，既包括数值计算，也包括符号计算；这里所说的"数学问题"，可能来自纯数学，更可能是从各个科学和工程领域抽象出来的。计算数学包括很多分支，其中最核心、应用最广的是数值方法。

1. 数值方法

数值方法（numerical method），也称计算方法、数值分析等，是利用计算机进行数值计算解决数学问题的方法，其研究内容包括数值方法的理论、分析、构造及算法等。很多科学与工程问题都可归结为数学问题，而数值方法对很多基本数学问题建立了数值计算的解决办法，如线性代数方程组的求解、多项式插值、微积分和常微分方程的数值解法等。

数值方法的构造和分析主要借助数学推导，这是数学思维占主导的部分。例如，一元二次方程的求根公式实际上给出了方程的数值解法，该公式完全是通过数学推导得出的；通过对该公式的分析，可以了解实数根是否存在等情形。如果问题不存在有限的求解代数式，可以通过数学推导寻求能够得到近似解的代数式，如将积分转化为求和。

数值方法最终要在计算机上实现，这是计算思维占主导的部分。有人也许会认为，对于数值计算问题，只要有了求解问题的数学公式，再将这些公式翻译成计算机程序，问题就迎刃而解，所以数值方法的关键是数学推导，计算思维在其中并没有什么作用。是不是这样呢？以一元二次方程 $ax^2 + bx + c = 0$ 的求解问题为例。求解这个问题的求根公式如下：

$$x = \frac{-b \pm \sqrt{b^2 - 4ac}}{2a}$$

利用这个公式，通过计算机编程求解方程 $x^2 - (9 + 10^{18})x + 9 \times 10^{18} = 0$ 所给出的根是 10^{18} 和 0，而非正确的 10^{18} 和 9。对于这个结果，传统的数学是无法解释的，只有明白了计算机的能力和限制，才能给出解释。计算思维在计算方法中的意义，由此可见一斑。

利用数值方法解决科学与工程问题大体经过三个步骤。第一步是为问题建立数学模型，即用合适的数学工具（如方程、函数、微积分式等）来表示问题；第二步是为所建立的数学模型选择合适的数值计算方法；第三步是设计算法并编程实现，这里要着重考虑计算精度和计算量等因素，以使计算机能够高效、准确地求解问题。在计算机上执行程序得到计算结果后，若结果不理想，可能是因为所选数值方法不合适，当然也可能是数学模型不合适。在模型正确、编程正确的前提下，计算结果完全取决于数值方法的选择。

2. 误差

正如前述一元二次方程求解例子所显示的，一个正确的数学公式在计算机上却得不到正确的、精确的结果，这种现象主要是由误差引起的。科学与工程计算中的误差有多种来源，其中建立数学模型和原始数据观测两个方面的误差与计算方法没有关系，与计算方法有关的是截断误差和舍入误差。

截断误差是在以有限代替无限的过程中产生的。例如，计算 e^x 的泰勒展开式：

$$e^x = 1 + \frac{x}{1!} + \frac{x^2}{2!} + \frac{x^3}{3!} + \cdots \qquad (-\infty < x < \infty)$$

此时，只能选取前面有限的 n 项，得到的是 e^x 的近似值，前 n 项之后的部分就是截断误差。

舍入误差是因计算机内部数的表示的限制而引起的误差。在计算机中能够表示的数与数学中的数其实是不一样的：计算机只能表示有限的、离散的数，而数学中的数是无限的、连续的。以有限表示无限，以离散表示连续，难免造成误差。

又如，积分计算问题 $\int_a^b f(x)\mathrm{d}x$ 是连续系统问题，由于计算机不能直接处理连续量，因此需要将连续的问题转化为离散的问题进行求解。一般常用离散求和过程 $\sum_{k=1}^n A_k f(x_k)$ 近似求解积分。

3. 舍入误差的控制

计算机内部对数的表示构成一个离散的、有限的数集，这个数集对加减乘除四则运算是不封闭的，即两个数进行运算后结果会超出计算机数集的范围。这时只好用最接近的数来表示，这就带来了舍入误差。因此，应当控制四则运算的过程，尽量减小误差的影响。

在加减法运算中，存在所谓"大数吃小数"的现象，即数量级相差较大的两个数相加减时，较小数的有效数字会失去，导致结果中好像没有做加减运算一样。

当有多个浮点数相加减时，应当尽量对大小相近的数进行运算，避免大数"吃"小数。例如，设 $x_1=0.5055\times10^4$，$x_2=x_3=\cdots=x_{11}=0.4500$（假设计算机只能支持 4 位有效数字），计算 x_i 的总和。一种算法是将 x_1 逐步与 x_2 等相加，这样每次加法都是大数加小数，按计算机浮点计算的规则：$x_1+x_2=0.5055\times10^4+0.000045\times10^4=0.505545\times10^4=0.5055\times10^4$，即产生了舍入误差 0.45。如此执行 10 次加法运算之后，结果仍然是 0.5055×10^4，误差积累至 $10\times0.45=4.5$。另一种算法是将相近数进行运算，如 $x_{11}+x_{10}=0.9000$，再一直加到 x_1，执行 10 次加法运算之后得到总和 0.5060×10^4，没有舍入误差。这个例子再次显示了"次序"在计算中的重要意义：数学上毫无差别的两种次序在计算机中却带来截然不同的结果。

当两个相近的数相减时，会引起有效数字的位数大大减少，误差增大。为了避免这种结果出现，通常可以改变计算方法，将算式转化成等价的另一个计算公式。例如，如下两种情况：

$$\sqrt{x+1}-\sqrt{x}=\frac{1}{\sqrt{x+1}+\sqrt{x}}，当x很大时$$

$$1-\cos x=2\sin^2\frac{x}{2}，当x接近0时$$

在除法运算中，应当避免除数接近零，或者除数的绝对值远远小于被除数的绝对值的情形，这两种情形都会使舍入误差增大，甚至使结果溢出。解决办法仍然是转化为等价算式。例如，如下情况：

$$\frac{1}{\sqrt{x+1}-\sqrt{x}}=\sqrt{x+1}+\sqrt{x}，当x很大时$$

这里，不同计算公式的选择如同上述不同计算次序的选择，虽然在数学上结果是一样的，但在计算机中却存在很大差别。

4. 计算量

站在计算机的角度，对数值方法主要关注的是算法的效率和精度。算法的效率由算法复杂度决定，数值方法中通常用浮点乘除运算（flop）的次数来度量算法效率，称为算法的计算量。计算量越小，效率就越高。

当一个算法的计算量很大时，并不意味着它能够提高计算结果的准确度，相反倒有可能使舍入误差积累得更多，可谓费力不讨好。利用数学推导来简化计算公式，或者利用计算机的运算及存储能力来巧妙安排计算步骤，都可以减少计算量，使计算更快、更准确。

例如，设 A、B、C 分别是 10×20、20×50、50×1 的矩阵，我们来考虑如何计算 ABC。一种算法是先算 AB，再乘 C，计算量为 10500flops；另一种算法是先算 BC，再用 A 乘，计算量为 1200flops。显然后一种算法大大优于前一算法，再次显示了"次序"的妙处。

又如，考虑如何计算 x^{64}。一种算法是将 64 个 x 逐步相乘，计算量为 63flops；另一种算法利用 $x^{64}=x\cdot x^2\cdot x^4\cdot x^8\cdot x^{16}\cdot x^{32}$。其中 x^{2k}（k=2，4，8，16）的计算都可以利用前一步算出的结果，即 $x^{2k}=x^k\cdot x^k$。这样计算量可以降至 10flops。

有些数值算法甚至会使计算量大到失去实际意义的地步，如汉诺塔问题的算法对较大问题规模不可行一样。例如，求解 n 元线性方程组的克莱姆法则对于较大 n 就是不可行的方法，因为其计算量是 $(n+1)(n-1)(n!)+n$，而高斯消去法的计算量仅为 $n^3/3+n^2-n/3$，是非常高效的算法。

5. 病态与良态问题

有些问题的解对初始数据非常敏感，数据的微小变化会导致计算结果的剧烈变化，这种问题称为病态问题，反之称为良态问题。例如，多项式 $p(x)=x^2+x-1150$ 在 100/3 和 33 处的值分别为-5.6 和-28，数据变化只有1%，而结果变化了400%。又如，如下方程组：

$$\begin{cases} x_1+\dfrac{1}{2}x_2+\dfrac{1}{3}x_3=\dfrac{11}{6} \\ \dfrac{1}{2}x_1+\dfrac{1}{3}x_2+\dfrac{1}{4}x_3=\dfrac{13}{12} \\ \dfrac{1}{3}x_1+\dfrac{1}{4}x_2+\dfrac{1}{5}x_3=\dfrac{47}{60} \end{cases}$$

方程组的解是 $x_1=x_2=x_3=1$，当将各个系数舍入成两位有效数字，与原来的系数虽然差别不大，但方程组的解却变成了 $x_1\approx-6.22$，$x_2=38.25$，$x_3=-33.65$。

相反，如下方程组：

$$\begin{cases} x_1+2x_2=-2 \\ 2x_1-x_2=6 \end{cases}$$

方程组的解为 $x_1 = 2$，$x_2 = -2$。若对其常数项-2做微小扰动改为-2.005，则解变成1.999和-2.002，与原来的解差别很小。可见这个问题是良态的。

　　数值方法主要研究良态问题的数值解法。由于实际问题的数据往往是近似值，或者是经过舍入处理的，这相当于对原始数据的扰动，如果求解的是病态问题，则会导致很隐蔽的错误结果。病态问题在函数计算、方程求根、方程组求解中都存在，它的计算或求解应当使用专门的方法，或者转化为良态问题来解决。

　　6. 数值稳定性

　　求解一个问题的数值方法往往涉及大量运算，每一步运算一般都会产生舍入误差，前面运算的误差也可能影响后面的运算。一个数值方法如果在计算过程中能将舍入误差控制在一定范围，就称为数值稳定的，否则称为数值不稳定的。例如，考虑如下积分的计算：

$$I_n = \int_0^1 \frac{x^n}{x+5} dx$$
$$= \int_0^1 \frac{x^n + 5x^{n-1} - 5x^{n-1}}{x+5} dx$$
$$= \int_0^1 x^{n-1} dx - 5\int_0^1 \frac{x^{n-1}}{x+5} dx$$
$$= \frac{1}{n} - 5I_{n-1}$$

由此可得出迭代算法：

$$I_0 = \int_0^1 \frac{1}{x+5} dx = \ln6 - \ln5 \approx 0.1823$$
$$I_n = -5I_{n-1} + \frac{1}{n}$$

　　这个算法是不稳定的，因为 I_0 的舍入误差会随着迭代过程不断传播、放大。编程计算结果中甚至出现了负数，而根据原积分式可知 I_n 应该总是大于0。

　　现在利用下列关系式：

$$\frac{1}{6(n+1)} < I_n < \frac{1}{5(n+1)}$$

先对足够大的n取 I_n 的估计值，然后再计算 I_{n-1}、I_{n-2}、…、I_1。迭代算法如下：

$$I_{100} \approx \frac{1}{2}\left(\frac{1}{606} + \frac{1}{505}\right) \approx 0.001815$$
$$I_{n-1} = -5I_n + \frac{1}{5n}$$

　　这个算法可使误差逐渐减小，因此是数值稳定的。此例又一次显示了次序的重要性。

　　综上所述，数值方法以利用计算机进行数值计算的方式来解决科学和工程中抽象出来的数学问题。与纯数学方法不同，数值计算方法的构造和算法实现必须考虑计算机的能力和限制，即计算思维的原则对计算方法具有重要影响。

2.3.2　计算思维与生物学

计算机和万维网迅速而显著地改变了生物学研究的面貌，过去生物学家在实验室进行的研究现在可以在计算机上进行，因此出现了生物信息学这一学科。生物信息学的内容包括基因组测序、建立基因数据库、发现和查找基因序列模式等，这一切都有赖于计算技术的应用。生物信息学的发展正在改变着生物学家的思维方式，他们除了研究生物学，还研究高效的算法。对生物信息学家来说，对生物学的理解和对计算的理解同等重要。

计算生物学研究如何用计算机来解决生物学问题，主要研究内容包括对生物系统的数学建模、对生物数据的分析、模拟等。本节介绍计算生物学的一个分支——生物信息学。

生物信息学主要研究生物信息的存储、获取和分析，这里所说的生物信息主要是指基因组信息。近年来，通过庞大的项目合作，生物学家对人类基因组和其他生物的基因组进行测序，获得了大量的数据。针对以指数方式增长的数据，生物信息学应用算法、数据库、机器学习等技术，解决 DNA 和蛋白质序列的分析、序列分类、基因在序列中的定位、不同序列的比对、蛋白质结构以及功能的预测和新药物、新疗法的发现等问题。生物信息学已成为处于生命科学和计算机科学前沿的一门有战略意义的学科，对医学、生物技术及社会的许多领域都有重要影响。

1. 生物信息的表示

为了利用计算机来处理生物信息，首先要将生物信息表示成计算机中的数据。例如，听上去很复杂的 DNA 和蛋白质的链状分子，可以用符号序列表示。

DNA 是以 A（腺嘌呤）、C（胞嘧啶）、G（鸟嘌呤）、T（胸腺嘧啶）为代表的 4 种核苷酸聚合成的生物大分子。蛋白质是另一类由 20 种单体，即以 A、C、D、W 等表示的 20 种氨基酸聚合成的大分子。在链状分子的特定位置上，只能出现某种确定的单体（"字符"），而不是几种可能字符的组合，因此分子链可以用一维的、不分岔的、有方向的字符序列来表示。例如，DNA 分子可表示成如 AGTGATG 一样的字符序列。

测定 DNA 和蛋白质链状分子的字符序列是从微观结构研究生物的出发点。

除了序列数据，生物信息还包括结构和功能数据、基因表达数据、生化反应通路数据、表现型和临床数据等。

2. 生物信息数据库

数据库技术是管理大量数据的计算机技术，目的是使用户能够方便、高效地访问大量数据。过去数十年间，随着人类基因组测序工程和其他生物测序项目的完成或推进，以及如 DNA 微阵列等高效实验技术的出现，产生并积累了大量的生物信息（如前文所说的核苷酸序列和氨基酸序列），因此需要利用数据库技术将这些信息组织存储起来。有了生物信息数据库，生物学家们通过易用的图形用户界面（graphical user interface，GUI）来访问数据库，既可以读取数据，也可以添加新数据或者修订旧数据。当然，更重要的工作是利用各种算法来处理数据库中的生物数据。生物学未来的新发现很可能是通过分析数据库中的生物数据获得的，而非仅仅依赖传统的实验。

互联网上有很多生物数据库，如核苷酸序列数据库（EMBL）、基因序列数据库

GenBank）、蛋白质数据库（PDB）等。

3. 生物数据分析

建立了生物信息数据库之后，生物学家接下来的研究重点转向了数据分析。庞大的生物信息数据库对数据分析技术提出了具有挑战性的问题，人工分析 DNA 序列早已成为不可能完成的任务，传统的计算机算法也越来越显示出不足，这促使生物信息学寻求新的算法来解决问题。

序列分析是生物信息学的主要研究内容。例如，通过分析数据库中成千上万种有机体的 DNA 序列，可以识别特定序列的结构和功能、特定序列在不同物种之间的不同形式、相同物种内部特定序列的不同形式。又如，通过对一组序列进行比较，可以发现功能之间的相似性或者物种之间的联系。还可以在一个基因组中搜索蛋白质编码基因、RNA 基因和其他功能序列，可以利用 DNA 序列来识别蛋白质。

当生物学家通过实验获得了一个基因序列，他接着就要确定这个基因序列的功能。为此，他以这个基因序列作为输入，到基因序列数据库中搜索与之相似的、已知功能的基因序列，因为生物学家认为基因序列相似意味着功能相似。一种衡量基因序列相似性的方法是基因组比对（genome alignment），该方法将两个基因序列对齐（如果序列长度不同可以在序列中插入一些空白位置），然后为对齐的每一对（代表核苷酸的）字符打分，所有分数的总和就是两个序列的相似度。例如，对两个基因序列 AGTGATG 和 GTTAG，适当插入空白（用下划线字符"_"表示）后可以按照如下方式对齐：

$$\begin{matrix} A & G & T & G & A & T & G \\ \_ & G & T & T & A & \_ & G \end{matrix}$$

假如按照如下规则打分：

	A	C	G	T	_
A	5	-1	-2	-1	-3
C	-1	5	-3	-2	-4
G	-2	-3	5	-2	-2
T	-1	-2	-2	5	-1
_	-3	-4	-2	-1	

那么该对准方案的得分为 14。当然也可以按照别的方式对齐，但上面给出的对齐方案是得分最高的。这个最优对齐方案可以利用动态规划算法求得。

另外，计算机科学中最新的机器学习和数据挖掘技术能够实现更复杂的数据分析，很自然地成为当今生物信息学所倚重的方法。机器学习和数据挖掘的领域界线并不明显，它们都是关于从大量数据中发现知识、模式、规则的技术。具体技术包括神经网络、隐马尔可夫模型、支持向量机、聚类分析等，这些技术非常适合生物信息的分析和处理。例如，对大量蛋白质序列进行聚类分析，可以将所有蛋白质序列分组，使得同组的蛋白质序列非常相似，而不同组的蛋白质非常不相似。

2.3.3　计算思维与物理学

物理学旨在发现、解释和预测宇宙运行规律，而为了更准确地做到这一点，今天的物理学越来越依赖计算。首先，很多物理问题涉及海量的实验数据，依靠手工处理根本无力解决。例如，在高能物理实验中，由于实验技术的发展和测量精度的提高，实验规模越来越大，实验数据也大幅增加，只能利用计算机来处理实验数据。其次，很多物理问题涉及复杂的计算，解析方法或手工数值计算无法解决这样的计算问题。例如，电子反常磁矩修正的计算，对四阶修正的手工解析技术已经相当繁杂，而对六阶修正的计算已经包含了 72 个费曼图，手工解析运算已不可能完成。同样只能利用计算机来解决问题。

在物理学中运用计算思维，可以利用数值计算、符号计算和模拟等方法发现和预测物理系统的特性和规律。

计算物理学（computational physics）研究利用计算机解决物理问题，是计算机科学、计算数学和物理学相结合而形成的交叉学科。如今，计算物理已经与理论物理、实验物理一起构成了物理学的三大支柱。

解决物理问题时，通常在获得描述物理过程的数学公式后，需要进行数值分析以便与实验结果进行对照。对于复杂的计算，手工数值分析是不可能的，只能采用数值方法利用计算机来计算。

有些物理问题不是数值计算问题，需要利用计算机的符号处理能力来解决。例如，理论物理中的公式推导，就是纯粹的符号变换。有时即使是数值计算问题，由于精度要求很高，导致计算耗时很长甚至无法达到所需精度，这时可以利用符号计算来推导解析形式的问题解。又如，有时数值方法是病态的，如果能够将数值计算改成解析计算，则可以得到有意义的结果。

统计物理中有个自回避随机迁移问题，它是在随机漫步中加上了一个限制，即以后的步子不能穿过以前各步所走过的路径。这样的问题不像一般的迁移问题那样可以用微分方程来描写系统的统计行为，计算机模拟几乎是唯一的研究方法。计算机模拟不受实验条件、时间和空间的限制，只要建立了模型，就能进行模拟实验，因而具有极大的灵活性。下面通过热平衡系统的模拟实例来介绍模拟方法在计算物理学中的应用。

为了研究一个包含N个粒子的热系统，原则上只要了解每个粒子的运动，就能弄清楚粒子和粒子之间的每一次相互作用。但由于粒子数目太大，要想计算N个粒子的轨迹以及N(N-1)对相互作用，是非常困难的。然而，对于处于平衡态的热系统，虽然系统的微观特性总是在变动，但是其宏观特性是恒定不变的，体现为具有恒定的温度。系统的微观状态由每个粒子的速度等物理量来刻画，粒子之间的相互作用会导致微观状态改变；而系统的宏观状态是微观状态的集体特性，表现为系统的总能量（或温度等）。统计物理学认为，虽然微观状态可能没有规则，但是宏观状态服从统计规律。对于处于平衡态的理想气体而言，虽然微观相互作用可导致粒子能量的重新分配，但是系统的总能量保持不变。

考虑一个由三个粒子组成的小系统 S。假设共有四份能量在这三个粒子之间交换，则能量分布可以有以下 15 种状态：(4,0,0)、(0,4,0)、(0,0,4)、(3,1,0)、(3,0,1)、(1,3,0)、(0,3,1)、(1,0,3)、(0,1,3)、(2,2,0)、(2,0,2)、(2,1,1)、(0,2,2)、(1,2,1)、(1,1,2)。这里元组(a,b,c)表示三个粒子各自获得的能量。每种微观状态都有自己的出现概率。例如，从这 15 种微观状态可见，一个粒子占有全部能量的概率为 3/15 = 0.2。S 的平衡特性由概率较高的微观状态决定，而通过随机抽样方法（蒙特卡洛方法）可以有效地产生高可能性微观状态，从而可以用来评估 S 的平衡特性。

我们引入一个"demon"来与系统 S 发生相互作用。作用方式是：令 demon 与 S 中某个随机选择的粒子进行相互作用，并试着随机改变该粒子的状态（对气体来说就是改变粒子的速度）；如果这个改变导致粒子能量减少，则执行这个改变，并将减少的能量传递给 demon；如果这个改变导致粒子能量增加，则仅当 demon 有足够能量传递给粒子时才执行这次改变。按照这种方式，每次产生新的微观状态时，系统 S 的能量加上 demon 的能量保持不变。

具体地，将 demon 加入 S（包含三个微观粒子）中后，宏观状态仍为四份能量。新系统"S+demon"的 demon 为 0 能量的状态共有 15 个，正对应于原始系统 S 的那 15 个状态。如果尝试改变一个微观状态使某个粒子减少一份能量，则将那份能量传递给 demon，这样就使原始系统变成了具有 3 份能量的系统，而 demon 具有 1 份能量。与这种情况对应的微观状态有 10 个，即(3,0,0)、(0,3,0)、(0,0,3)、(2,1,0)、(2,0,1)、(1,2,0)、(0,2,1)、(1,0,2)、(0,1,2)和(1,1,1)。由此可见，如果实施一系列的微观状态随机改变，将发现 demon 具有 1 份能量与具有 0 份能量的相对概率为 10/15 = 2/3。也就是说，当 demon 扰乱小系统 S 时，S 仍然处于原来的宏观能量的可能性更大，而不是处于某个较低能量。

同理，如果 demon 具有两份能量，则 S+demon 系统具有六个微观状态；如果 demon 具有三份能量，则组合系统具有三种微观状态；如果 demon 拥有全部四份能量，则组合系统只有一种微观状态。这几种情形对应的相对概率分别为 6/15、3/15 和 1/15。

一般地，对于一个宏观系统，当产生大量的微观状态改变之后，其中 demon 拥有能量 E 的微观状态，与 demon 拥有 0 能量的微观状态数目之比是随 E 的升高而呈指数形式下降的，具体公式为

$$\frac{p(E_\mathrm{d} = E)}{p(E_\mathrm{d} = 0)} = \mathrm{e}^{-E/kT}$$

式中，k 是玻尔兹曼常数；T 是宏观系统的温度。以小系统 S 为例，$p(E_\mathrm{d}=1) / p(E_\mathrm{d} = 0)$ 约为 2/3。

总之，计算物理学依据理论物理提供的物理原理和数学方程，针对实验物理提供的实验数据，进行数值计算或符号计算，从而为理论研究提供数据、帮助分析实验数据和模拟物理系统。

2.3.4 计算思维与化学

计算技术对公认的纯实验科学——化学也产生了巨大影响，化学的研究内容、研究方法甚至学科的结构和性质都发生了深刻变化，从而形成了计算化学（computational chemistry）这一交叉学科。计算化学的主要研究内容包括分子结构建模与图像显示、计算机分子模拟、计算量子化学、分子 CAD、化学数据库等，能够帮助化学家在原子分子水平上阐明化学问题的本质，在创造特殊性能的新材料、新物质方面发挥重大的作用。

化学在传统上一直被认为是一门实验科学，但随着计算机技术的应用，化学家成为大规模使用计算机的用户，化学科学的研究内容、方法乃至学科的结构和性质随之发生了深刻变化。计算化学是化学和计算机科学等学科相结合而形成的交叉学科，其研究内容是如何利用计算机来解决化学问题。计算化学这个术语早在 1970 年就出现了，并且

在 20 世纪 70 年代逐步形成了计算化学学科。因此，计算化学可以帮助实验化学家，或者挑战实验化学家找出全新的化学对象。

有些化学问题是无法用分析方法解决的，只能通过计算来解决。计算化学一般用于解决数学方法足够成熟从而能够在计算机上实现的问题。计算化学有两个用途：一个是通过计算来与化学实验互为印证、互为补充；另一个是通过计算预测迄今完全未知的分子或未观察到的化学现象，或者探索利用实验方法不能很好研究的反应机制。

计算化学的研究内容很多，以下简单介绍化学数据库和分子模拟（或分子建模），前者是关于化学信息表示、存储和查找的，后者是研究化学系统结构和运动的。

化学数据库是专门存储化学信息的数据库，其中的化学信息可以是化学结构、晶体结构、光谱、反应与合成、热物理等类型的数据。以化学结构数据为例，学过中学化学课程的人都知道，化学家通常用直线表示原子之间的化学键，利用化学键将若干原子连接在一起，形成分子结构的二维表示。这种表示对化学家来说是理想的、可视的，但对化学数据的计算机处理来说是很不合适的，尤其是对数据的存储和查找。为此，需要建立分子结构的计算机表示，如小分子可以用原子的列表或 XML 元素表示，而大分子（如蛋白质）可用氨基酸序列来表示。当今一些大的化学结构数据库存储了成百万的分子结构数据（存储量高达 TB 级），可以方便而高效地查找信息。

分子模拟利用计算机程序模拟化学系统的微观结构和运动，并用数值计算、统计方法等对系统的热力学、动力学等性质进行理论预测。宏观化学现象是无数个分子（原子）的集体行为，一般通过统计方法来研究。然而，化学统计力学通常仅适用于"理想系统"（如理想气体、完美晶体等），量子力学方法也不适用于动力学过程和有温度压力变化的系统。作为替代方法，分子模拟将原子、分子按照经典粒子处理，提供了化学系统的微观结构、运动过程以及与宏观性质相关的数据和直观图像，从而能够在更一般的情形下研究系统行为。分子模拟有两种主要方法，一是基于粒子运动的经典轨迹的分子动力学方法，一种是基于统计力学的蒙特卡洛方法。分子模拟技术不仅在计算化学中有用，还可用于药物设计和计算生物学中的分子系统（从小的化学系统到大的生物分子）。

计算化学内部还包括量子化学计算、化学人工智能、化学 CAD 和 CAI 等领域，可以解决识别化学结构与性质之间的相关性、化合物的有效合成、设计能够与其他分子按照特定方式进行反应的分子（如新药设计）等问题。解决问题过程中所用到的计算化学方法，有些是高度精确的，更多的则是近似的。计算化学的目标是使计算误差极小化，同时保证计算是可行的。

2.3.5　计算思维与经济学

社会经济系统是一类开放的复杂巨系统，随着计算机技术的发展，计算思维对经济学的研究也产生了一定的影响。

经济系统的复杂性表现在：经济系统中人的行为的复杂性；经济社会结构的复杂性；经济社会要素之间相互作用的复杂性；环境的限制和作用表现出的复杂性；认识论模式上的复杂性。

社会经济系统复杂性的根源主要来源于：高智能性和自适应性的自主主体；社会经济系统的非线性机制；社会经济系统的开放性；社会经济系统的层次结构性。

计算经济学（computational economics）是计算机科学与经济和管理科学相结合形成的交叉学科，其主要研究领域包括经济系统的计算模型、计算计量经济学、计算金融学等，目的是利用计算技术和数值方法来解决传统方法无法解决的问题。这里，特别考虑建模问题，简单介绍基于代理的计算经济学。

基于代理（agent-based）的模型是用于模拟自治个体的行为和相互作用的计算模型，目的是从整个系统的层面来评估这些个体相互作用所产生的效果。基于代理的计算经济学（agent-based computational economics，ACE）将经济过程建模为一个由相互作用的代理所构成的动态系统，并应用数值方法来模拟系统的运行。ACE 中的"代理"是指按照一定的规则行事并且相互作用的对象，可以表示个体（如一个人）、社会群体（如一家公司）、生物体（如农作物）或物理系统（如交通系统）。建模者要做的事情是为由多个相互作用的代理组成的系统提供初始条件，然后不加干涉地观察系统如何随时间而演化。系统中的代理完全通过相互作用来驱动系统向前发展，没有任何外部强加的平衡条件。

ACE 方法的一个应用领域是资产定价。计算模型涉及许多代理，每个代理可以从一组预测策略中选择特定策略去行事，如预测股票价格。根据预测的结果，会影响代理们的资产需求，而这又会影响股票价格。通过对模型的分析，可以获得有用的结果。例如，当代理改变预测策略时，经常会引发资产价格的大波动。又如，有经济学家认为 ACE 对理解最近的金融危机也可能是有用的方法。

总之，计算机科学的建模技术为计算经济学提供了非常有用的方法和工具。

习题 2

简答题

1．计算思维建立在什么原则之上？

2．应用计算思维解决问题的基本方法是什么？

3．请回顾在玩扑克牌时，抓牌过程中是如何整理顺序的。

4．假如玩猜数游戏：我心中想好一个 1~100 的自然数让你来猜，猜错的话我会告诉你太大或太小，直至你猜中。为了尽快猜中，你有什么好的方法？

5．下棋时是如何一次计算多步的？

6．举例说明计算机在专业领域中的应用。

7．利用计算思维的知识解决一个专业领域的问题。

第 3 章

Windows 10 操作系统

操作系统是计算机中最基本也是最重要的基础性系统软件，它是管理计算机硬件资源，控制其他程序运行并为用户提供交互操作界面的系统软件的集合。操作系统需要处理如管理与配置内存、决定系统资源供需的优先次序、控制输入设备与输出设备、操作网络与管理文件系统等基本事务。操作系统提供一个让用户与系统交互的操作界面。从计算机用户的角度来看，计算机操作系统能够为不同的用户提供各项服务；从程序员的角度来看，操作系统主要是指用户登录的界面或者接口；从设计人员的角度来看，操作系统是指各种不同模块和单元彼此之间的联系。随着计算机的发展，全新操作系统的设计及改良工作的关键所在就是对体系结构的优化设计。经过几十年来的发展，计算机的操作系统已经从最开始的简单控制循环体转变为较复杂的分布式操作系统，再加上计算机用户各种需求的多元化，计算机操作系统已经成为既复杂又庞大的计算机软件系统之一。本章主要介绍广泛应用的 Windows 10 操作系统，包括其安装、基本操作、文件管理、程序管理、系统管理及新特性等功能。

3.1   操作系统概述

3.1.1   操作系统的发展

1. 20 世纪 80 年代前的操作系统

20 世纪 60 年代早期，商用计算机制造商运用了批次处理系统，该系统可以将工作的建置、调度及执行序列化。但是，厂商为每一台不同型号的计算机安装了不同的操作系统，程序员为某台计算机而写的程序无法移植到其他计算机上执行，即使是同型号的计算机也不可以，因此造成工作烦琐，工作量极大。

1963 年，美国通用电气公司与贝尔实验室合作开发了以 PL/I 语言为基础建立的 Multics 系统，是激发 20 世纪 70 年代众多操作系统建立的灵感来源，特别是 UNIX 系统，为了实践平台移植能力，此操作系统用 C 语言进行了重写；另一个广为市场采用的小型计算机操作系统是 VMS。

1964 年，IBM 公司推出了一系列用途和价位都不同的大型计算机 IBM System/360，这一系列计算机都安装了代号为 OS/360 的操作系统。IBM 改变了不同计算机采用量身定做的操作系统的局面，让单一操作系统能够适用整个系列的产品，这也成为其能够在计算机领域取得成功的关键，而后出现的 IBM 大型系统就是在此系统上的升级。如今，在 IBM 计算机上仍然能够运行当年为 System/360 所写的应用程序。

2. 20 世纪 80 年代的操作系统

第一代微型计算机并不像大型计算机或小型计算机，其并没有装设操作系统的需求或能力；它只需要最基本的操作系统，通常这种操作系统是从 ROM 读取的，这种程序称为监视程序。

20 世纪 80 年代，计算机开始在家庭中普及。这时计算机的标配一般是 8 位处理器、64KB 内存、屏幕、键盘和低音质扬声器。常见的套装计算机是使用微处理器 6510（6502 芯片特别版）的 Commodore C64。此时的计算机没有操作系统，只是以 8KB 只读内存 BIOS 初始化彩色屏幕、键盘及软盘驱动和打印机。它能够用 BASIC 语言直接操作 BIOS，并依次写入程序，其中大部分程序都是游戏。此 BASIC 语言的解释器勉强可以看作计算机的操作系统，不过其没有内核或软件、硬件保护机制。此计算机上的游戏大多跳过 BIOS 层，直接控制硬件。

1980 年，微软公司开发了 MS-DOS，此操作系统可以直接让程序操作 BIOS 与文件系统。直到进入 80286 处理器的时代，才开始做基本的存储设备保护措施。MS-DOS 的架构并不足以满足所有需求，因此它只能执行一个程序，并且没有任何内存保护措施，如果想要同时执行两个程序，只能使用内存常驻（terminate-and-stay resident，TSR）的方式跳过 OS 而由程序自行处理多任务的部分。MS-DOS 对驱动程序的支持也不够完整，因此导致如音效设备必须由程序自行设置的状况，存在不兼容的情况，某些操作的效能较差等问题。许多应用程序跳过 MS-DOS 的服务程序，直接存取硬件设备以取得较好的效能。

20 世纪 80 年代也是操作系统 macOS 崛起的年代，此操作系统与麦金塔计算机捆绑在一起。此时施乐帕罗奥托研究中心的一位员工多米尼克·哈根（Dominik Hagen）拜访了苹果公司的史蒂夫·乔布斯（Steve Jobs），并且向他展示了此时施乐帕罗奥托研究中心研发的图形化用户界面。苹果公司打算向施乐帕罗奥托研究中心购买此研发技术，但最终没有成功。自此之后，苹果公司的管理层一致认为个人计算机的未来必定属于 GUI，由此开始发展自己的图形化操作系统。现在许多基本要件的图形化接口技术与规则（如下拉菜单、桌面图标、拖动式操作和双击等），都是由苹果公司奠定的基础。

3. 20 世纪 90 年代的操作系统

20 世纪 90 年代涌现了许多深刻影响未来个人计算机市场的操作系统。由于图形化用户界面日趋复杂，操作系统的能力也越来越复杂且巨大化，因此强韧且具有弹性的操作系统是迫切的需求。这个年代是许多套装类个人计算机操作系统互相竞争的年代。

20 世纪 80 年代，在市场中崛起的苹果计算机，由于旧系统的设计不良，其后续发展力量不足，苹果公司决定重新设计操作系统。经过许多失败的项目后，苹果公司于 1997 年推出了新的操作系统——macOS 测试版，而后推出的 macOS 正式版取得了巨大成功。

与此同时，另一个开源的操作系统——Linux 也逐渐兴起。Linux 内核是一个标准可移植操作系统接口（portable operating system interface，POSIX），其属于 UNIX 家族的一个分支。与 MS-DOS 相比，Linux 除了拥有较好的可移植性外（相较于 Linux，MS-DOS

只能运行在 Intel CPU 上），它也是一个分时多进程内核，具有良好的内存空间管理功能（普通的进程不能存取内核区域的内存）。在 Linux 中，若存取任何非自己的内存空间的进程，则只能通过系统调用来达成。Linux 中的一般进程处于使用者模式（user mode），而执行操作系统调用时会被切换成内核模式（kernel mode），所有的特殊指令只能在内核模式下执行，此措施让内核可以完美管理系统内部与外部设备，并且拒绝无权限的进程提出的请求。因此理论上任何应用程序执行时的错误，都不可能让系统崩溃。

1983 年，微软公司开始为 MS-DOS 构建一个图形化的操作系统应用程序，称为 Windows。早期 Windows 并不是一个操作系统，只是作为一个应用程序。其背景还是纯 MS-DOS 系统，这是因为当时的 BIOS 设计及 MS-DOS 的架构不完善。

1993 年 7 月 27 日，微软公司推出了 Windows NT 3.1，用于服务器和商业桌面操作系统，版本号的选择是为了匹配 Windows 3.1，这是微软当时最新版的 GUI，以表明它们拥有非常类似的用户界面方面的视觉效果。它可以运行在 Intel x86、美国数字设备公司（DEC）Alpha 和美普思科技公司（MIPS）R4000 的 CPU 上。

Windows NT 系统的架构为硬件层之上有一个由微内核直接接触的硬件抽象层，而不同的驱动程序以模块的形式挂载在内核上执行。因此微内核可以实现如输入输出、文件系统、网络、信息安全机制与虚拟内存等功能。系统服务层提供所有统一规格的函数调用库，可以统一所有副系统的操作方法。例如，尽管 POSIX 与 OS/2 对于同一件服务的名称与调用方法差异甚大，它们一样可以无差别地操作于系统服务层上。在系统服务层之上的副系统，全部都是使用者模式，因此可以避免使用者程序执行非法行动。

1995 年 8 月 24 日，微软公司推出了 Windows 95。Windows 95 是一个混合的 16 位/32 位 Windows 操作系统，其版本号为 4.0，开发代号为 Chicago。Windows 95 第一次抛弃了对前一代 16 位 x86 CPU 的支持，它要求使用英特尔公司的 80386 处理器或者在保护模式下运行于一个兼容的速度更快的处理器上。同时也是第一个特别捆绑了一个版本的 DOS 的视窗版本（Microsoft DOS 7.0）。它带来了更强大、更稳定、更实用的桌面 GUI，同时也结束了桌面操作系统之间的竞争。在发行的一两年内，它成为有史以来最成功的操作系统之一。

Windows 95 是微软公司之前独立的操作系统 MS-DOS 和视窗产品的直接后续版本。它以对 GUI 的重要的改进和底层工作为特征。这样，微软公司就可以保持由视窗 3.x 创建的 GUI 市场的统治地位，同时使非微软的产品可以提供对系统的底层操作服务。[技术上说，Windows GUI 可以在数字研究-磁盘操作系统（digital research-disk operating system，DR-DOS）上运行，也可以在个人计算机-磁盘操作系统（personal computer - disk operating system，PC-DOS）上运行，这个情况直到几年后才在法庭上被揭示，而此时其他一些主要的 DOS 市场的商家已经退出市场了。]

1998 年 6 月 25 日，微软公司发布了 Windows 98。Windows 98 是混合 16 位/32 位的 Windows 操作系统，其版本号为 4.1，开发代号为 Memphis。

首先，Windows 98 全面集成了 Internet 标准，以 Internet 技术统一并简化桌面，使用户能够更快捷、简易地查找及浏览存储在个人计算机及网络上的信息；其次，速度更快，稳定性更佳。通过提供全新自我维护和更新功能，Windows 98 可以免去用户的许多系统管理工作，使用户专注工作或游戏。Windows 98 在功能、安全等方面比 Windows 95 更为强大，对硬件配置要求比 Windows 2000 低，是继 DOS、Windows 3.X、Windows 95 之后应用最广泛的微机操作系统。

4. 21 世纪初期的操作系统

2000 年，微软公司推出了 Windows 2000，核心版本号为 Windows NT 5.0。Windows 2000 是 Windows NT 系列的 32 位 Windows 操作系统，早期被称为 Windows NT 5.0，于 2000 年 2 月 17 日正式发布英文版，3 月 20 日正式发布中文版。Windows 2000 是一个可中断的、图形化的面向商业环境的操作系统，为单一处理器或对称多处理器的 32 位 Intel x86 计算机设计。它是 Windows 家族的一个新的延伸，超越了对之前 Windows NT 的原来含义。2005 年 6 月 30 日，微软停止对 Windows 2000 的主流支持；2010 年 7 月 13 日停止扩展支持。

2001 年 8 月 24 日，微软公司发布了 Windows XP RTM 版本，核心版本号为 Windows NT 5.1。Windows XP 是微软公司研发的基于 x86、x64 架构的 PC 和平板电脑使用的操作系统，其名字中"XP"的意思来自英文中的"体验（experience）"。2014 年 4 月 8 日，微软终止对该系统的技术支持，但此后仍在一些重大计算机安全事件中对该系统发布了补丁。Windows XP 是迄今为止服务时间最长的计算机操作系统，但目前已经很难满足用户对触控、移动和应用等需求。

2005 年 7 月 22 日，微软公司宣布新系统的名字为 Windows Vista，核心版本号为 Windows NT 6.0。微软于 2006 年 11 月 2 日完成 GA 版本，向原始设备制造商（OEM）和企业用户发布。但由于用户对 Windows XP 广泛认可，使得 Windows Vista 同 Windows Me 一样沦为了过渡产品。

2009 年 10 月，微软公司推出了 Windows 7，核心版本号为 Windows NT 6.1。Windows 7 可供家庭及商业工作环境、笔记本计算机、平板电脑、多媒体中心等使用。Windows 7 先后推出了简易版、家庭普通版、家庭高级版、专业版、企业版等多个版本。Windows 7 的启动时间大幅缩减，增加了简洁的搜索和信息使用方式，改进了安全和功能合法性，使用 Aero 效果更显华丽和美观。

2012 年 10 月 26 日，微软正式推出 Windows 8。Windows 8 是由微软公司开发的具有革命性变化的操作系统。该系统旨在让人们的日常计算机操作更加简单和快捷，为人们提供高效易行的工作环境。Windows 8 支持个人计算机（x86 构架）及平板电脑（x86 构架或 ARM 构架）。Windows 8 大幅改变以往的操作逻辑，提供更佳的屏幕触控支持。新系统画面与操作方式变化极大，采用全新的美俏（Metro）风格用户界面，各种应用程序、快捷方式等能以动态方块的样式呈现在屏幕上，用户可自行将常用的浏览器、社交网络、游戏、操作界面融入。同样，Windows 8 也沦为了一个过渡产品。

2014 年 10 月 1 日，微软公司在旧金山召开新品发布会，对外展示了新一代 Windows 操作系统，将它命名为"Windows 10"，新系统的名称跳过了数字"9"。2015 年 1 月 21 日，微软在华盛顿发布新一代 Windows 系统，并表示向运行 Windows7、Windows 8.1 以及 Windows Phone 8.1 的所有设备提供，用户可以在 Windows 10 发布后的第一年享受免费升级服务。2 月 13 日，微软正式开启 Windows 10 手机预览版更新推送计划。3 月

18 日，微软中国官网正式推出了 Windows 10 中文介绍页面。4 月 22 日，微软推出了 Windows Hello 和微软 Passport 用户认证系统，微软又公布了名为"Device Guard"（设备卫士）的安全功能。4 月 29 日，微软宣布 Windows 10 将采用同一个应用商店，即可展示给 Windows 10 覆盖的所有设备用，同时支持 Android 和 iOS 程序。7 月 29 日，微软发布 Windows 10 正式版。随着笔记本计算机和平板电脑等移动设备的普及，Windows 10 系统被广大用户接受。

5. 现在的操作系统

现在的操作系统通常有一个实用绘图设备的 GUI，并附加如鼠标或触控面板等有别于键盘的输入设备。旧的 OS 或性能导向的服务器通常不会有如此亲切的界面，而是以命令行界面（command line interface，GLI）加上键盘为输入设备。以上两种界面其实都是所谓的"壳"，其功能为接受并处理用户的指令（如单击一个按钮，或在命令提示行上输入指令）。

选择要安装的操作系统通常与其硬件架构有很大关系，只有 Linux 几乎可在所有硬件架构上运行，而 Windows NT 仅移植到了 DEC Alpha 与 MIPS Magnum 上。20 世纪 90 年代早期，个人计算机的选择主要局限在 Windows 家族、UNIX 家族及 Linux 上。近几年，许多笔记本厂商因为种种原因，开始预装 Linux 系统。

随着网络信息安全越来越重要，开发我国自主知识产权的系统一直被重视。银河麒麟（Kylin）是由国防科技大学研制的开源服务器操作系统。此操作系统是国家高技术研究发展计划（863 计划）重大攻关科研项目，是具有中国自主知识产权的服务器操作系统。它有以下几个特点：高安全、高可靠、高可用、跨平台、中文化（具有强大的中文处理能力）。2019 年 5 月 17 日，华为操作系统团队开发了自主产权操作系统——华为鸿蒙系统（HUAWEI HarmonyOS）。2019 年 8 月 9 日，华为在东莞举行华为开发者大会，正式发布操作系统鸿蒙 OS。鸿蒙 OS 是一款"面向未来"的操作系统，一款基于微内核的面向全场景的分布式操作系统，现已适配智慧屏，未来它将适配手机、平板电脑、计算机、智能汽车、可穿戴设备等多终端设备。

大型机与嵌入式系统使用多样化的操作系统。在服务器方面，Linux、UNIX 和 Windows Server 占据了市场的大部分份额。在超级计算机方面，Linux 取代 UNIX 成为第一大操作系统，截至 2016 年 10 月，世界超级计算机 500 强排名中基于 Linux 的超级计算机占据了 301 个席位，比例高达 60%。超级计算机是指能够执行一般个人计算机无法处理的大量资料与高速运算的计算机，也被称为巨型机，多数形态都是计算集群，主要特点包含两个方面：极大的数据存储容量和极快的数据处理速度。超级计算机是 1929 年《纽约世界报》中最先报道的一个名词。世界上首台算得上真正的超级计算机，是在 1976 年由美国克雷公司推出的运算速度达每秒 2.5 亿次的超级计算机。在这方面的研制水平标志着一个国家的科学技术和工业发展的程度，体现着国家经济发展的实力。

根据最新超级计算机 500 强榜单显示，中国部署的超级计算机数量继续位列全球第一，TOP500 中中国客户部署了 226 台，占总体份额超过 45%；中国厂商联想、曙光、浪潮是全球前三的超算供应商，总交付 312 台，占 TOP500 份额超过 62%。目前，虽然我国超级计算机速度没有巨大优势，但是超级计算机总数是有优势的，这对未来的实体应用会产生很大的影响。

当前，全球的超级计算机正在进入 E 级计算时代，百亿亿次的"E 级超级计算机"被公认为"超级计算机界的下一顶皇冠"，核心技术研发成为关键。我国超级计算机在自主可控、持续性能等方面实现了较大突破。目前，我国的 E 级计算规划布局已经展开，有望在超级计算机领域再次领先世界。其中，"天河三号"是中国新一代百亿亿次超级计算机，已完成的原型机采用全自主创新，包括"飞腾"CPU、"天河"高速互联通信模块和"麒麟"操作系统等，已在大飞机、航天器、新型发动机、新型反应堆、电磁仿真、生物医药等诸多高端领域发挥作用。

3.1.2 操作系统的概念

操作系统是一种特殊的计算机系统软件，用于管理和控制计算机系统的软件及硬件资源，使它们充分高效地工作，并使用户方便、合理有效地利用这些资源的程序集合，是用户与计算机物理设备之间的接口，是各种应用软件赖以运行的基础，可以这么说，操作系统是计算机的灵魂。从图 3.1 可以看出，操作系统是最基本的系统软件，其他的所有软件都是建立在操作系统基础之上的。操作系统不仅管理着计算机内部的一切事务，还承担了计算机与用户交互的接洽工作，也就是说，操作系统身兼二职——"管家婆"和"接待员"。

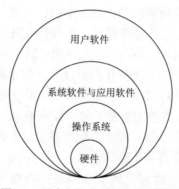

图 3.1　用户与操作系统之间的关系

"管家婆"是对计算机系统的软、硬件资源进行合理的调度与分配，改善资源的共享和利用状况，最大限度地发挥计算机系统的工作效率，即提高计算机系统在单位时间内处理任务的能力，这是操作系统的首要任务。它通过 CPU 管理、存储管理、设备管理和文件管理对计算机系统的软、硬件资源实施管理。

操作系统作为"接待员"，主要体现在通过友好的工作环境，改善用户与计算机的交互界面。如果没有这个接口软件，用户将面对一台只能识别由 0、1 组成的机器代码的裸机。有了这个"接待员"在前台服务，用户就可以采用一种易识别的方法同计算机打交道。不过用户与"接待员"之间的交互是以键盘为工具的字符命令方式，还是文字图形相结合的图形界面方式，取决于"接待员"本身提供的服务。

3.1.3　操作系统的功能与分类

1. 操作系统的功能

计算机系统中各种资源都有各自的特性，从资源管理的角度可以将操作系统的功能归纳为五大类：处理器管理、存储管理、设备管理、文件管理和作业管理。

（1）处理器管理

处理器是计算机系统中核心、重要的硬件资源。处理器管理或称处理器调度，是操作系统资源管理功能的一个重要内容。在一个允许多道程序同时执行的系统中，操作系统会根据一定的策略将服务器交替地分配给系统内等待运行的程序。一道等待运行的程序只有在获得了处理器后才能运行。一道程序在运行中若遇到某个事件，如启动外部设备而暂时不能继续运行下去，或一个外部事件的发生等，操作系统就要来处理相应的事件，将处理器重新分配。

在单道作业或单用户的情况下，处理器被一个作业或一个用户所独占，对处理器的管理十分简单；但在多道程序或多个用户的情况下，进入内存等待处理的作业通常有多个，要组织多个作业同时运行，需要依靠操作系统的统一管理和调度来保证多个作业的完成和最大限度地提高处理器的利用率。

（2）存储管理

存储器是计算机系统存放各种信息的主要场所，是系统的关键资源之一。能否合理而有效地使用存储器资源，将直接影响整个计算机系统的性能。操作系统的存储管理主要是内存的管理，其主要任务是进行内存的分配和回收、内存中程序和数据的保护，以及解决内存扩充问题，从而提高存储器的利用率，方便用户使用存储器。

内存分配：当有作业申请内存时，操作系统根据当时的内存使用情况分配内存或使申请内存的作业处于等待内存资源的状态，以保证系统及各用户程序的存储区互不冲突。

存储保护：系统中有多个程序在同时运行，这样就必须采用一定的措施，以保证一道程序的执行不会有意无意地破坏另一道程序，保证用户程序不会破坏系统程序。

内存扩充：通过采用覆盖、交换和虚拟存储等技术，为用户提供一个足够大的地址空间。

（3）设备管理

设备管理负责管理计算机的外部设备，如显示器、键盘、打印机等。要进行显示、打印、存取文件都必须启动相应的设备，这一工作比较烦琐。操作系统设备管理的主要任务是合理分配设备，保证设备方便、安全、高效地使用。这些工作交给系统后，给用户带来了极大的方便，用户无须知道设备的细节就可轻松地使用各种设备资源。

（4）文件管理

计算机中所有数据都是以文件的形式存储在磁盘上的，操作系统中负责文件管理的模块是文件系统。它的主要任务是解决文件在存储空间上的存放位置、存放方式、存储空间的分配与回收等有关文件操作的问题。此外，信息的共享、保密和保护也是文件系统所要解决的问题。文件系统具有以下几个特点：

1）友好的用户接口，用户只对文件进行操作，而不管文件结构和存放的物理位置。

2）对文件按名存取，对用户透明。

3）某些文件可以被多个用户或进程所共享。

文件系统大都使用磁盘、光盘等大容量存储器作为存储介质，因此可存储大量信息。文件管理是操作系统对软件资源的管理，其主要任务是对用户文件和系统文件进行各种管理，为用户提供友好的界面，实现对文件的按名存取，保证文件的安全性。

（5）作业管理

用户请求计算机系统完成的一个独立任务称为作业，作业管理主要完成作业的调度和作业的控制两项任务。一般来说，操作系统提供两种方式的接口为用户服务：一种用户接口是系统级的接口，即提供一级广义指令供用户组织和控制自己作业的运行；另一种用户接口是作业控制语言，用户使用它来书写控制作业执行的操作说明书，再将程序和数据交给计算机，操作系统按照说明书的要求控制作业的执行，不需要人为干预。

操作系统的作业管理将各用户提交的各个作业合理地组织安排，使作业快速、准确地完成。

2. 操作系统的分类

对操作系统有各种分类方法，最常用的方法是按照功能特征进行分类。按此方法可分为批处理系统、分时系统和实时系统。

1）批处理系统。将多个用户的作业按照一定的顺序进行排列后，统一交给计算机系统，由计算机自动地完成这些作业，无须用户干预，这样的系统称为批处理系统。在计算机运行过程中，基本上不允许用户与计算机之间发生交互作用，节省了人工操作的时间，从而使计算机的运行效率大大提高。批处理系统是一种提高 CPU 效率的有效方法，其缺点是不能人机交互工作。

2）分时系统。分时系统是指在系统的一台主机上连接多个终端，允许多个用户以分时方式共享这台主机的资源。用户能够进行人机对话和交互工作。

3）实时系统。实时系统是指系统能及时响应外部事件的请求，在规定的时间内完成对该事件的处理，并控制所有实时任务协调一致地运行。实时系统响应速度可靠性高，应用于要求响应快的系统中，如航天系统、银行管理系统等。

另外，操作系统按照用户数目可分为单用户操作系统、多用户操作系统、单机操作系统和多机操作系统。按照硬件结构可分为网络操作系统、分布式操作系统和多媒体操作系统。

1）单用户系统。单用户系统是指计算机系统每次只能由一个用户程序执行。单用户系统又有单任务与多任务之分。例如，CP/M、DOS 为单用户单任务系统；OS/2 和 Windows 为单用户多任务系统。

2）多用户系统。多用户系统是由一台主机挂接多个终端形成的，整个计算机系统可由多个用户共同使用，如 UNIX、XENIX、Linux 和 VMS。

3）单机系统。单机系统即计算机为单个 CPU，一个 CPU 为多个程序服务。大多数操作系统都为单机系统，如 DOS。

4）多机系统。多机系统是指一台计算机有多个 CPU，每个 CPU 可独立执行程序，完成各自的任务。各 CPU 之间可互相通信，一起共享系统中的各种资源，如 UNIX V4.2。

5）网络操作系统。计算机网络是指将地理上分散的独立的计算机通过通信设备和线路互连起来，实现信息交换、资源共享、相互操作的系统，如 Windows NT 和 Netware。

6）分布式系统。分布式操作系统将地理上分散的独立的计算机通过通信设备和线路互连起来，并使各台计算机均分负荷或每台计算机提供一种特定的功能，互相协作完成一个共同的任务。在分布式系统中，计算机无主次之分，各台计算机之间可交换信息，共享系统资源。

7）多媒体系统。多媒体操作系统将文字、图形、图像、声音、动画等集于一身，并对其进行加工、处理和管理。

3.1.4　主流操作系统简介

目前流行的操作系统主要有 Android、BSD、iOS、Linux、macOS X、Windows、Windows Phone 和 z/OS 等，除了 Windows 和 z/OS 等少数操作系统外，大部分操作系统都为类 UNIX 操作系统。

1. DOS 操作系统

DOS 最初是微软公司为 IBM-PC 开发的操作系统，它对硬件平台的要求很低，适用性较好，在 Windows 95 以前，DOS 是大多数人使用的操作系统。DOS 操作系统的单用户、单任务、字符界面并不被非计算机人员所推崇。

2. UNIX 操作系统

UNIX 操作系统是美国贝尔实验室的肯·汤普逊（Ken Thompson）和丹尼斯·里奇（Dennis Ritchie）于 1969 年在 DEC PDP-7 小型计算机上开发的一个分时操作系统。UNIX 为用户提供了一个分时系统以控制计算机的活动和资源，并且提供了一个交互、灵活的操作界面。UNIX 操作系统是一个强大的多用户、多任务，支持多种处理器架构的分时操作系统。

3. Linux 操作系统

Linux 操作系统是 UNIX 操作系统的一个克隆版本，也是一个多用户、多任务的操作系统，最初由芬兰人林纳斯·托瓦兹（Linux Torvalds）开发。它诞生于 1991 年 10 月 5 日（这是第一次正式向外公布的时间）。Linux 的源程序在 Internet 上公开发布后，借助 Internet 网络激发了全球计算机爱好者的开发热情，许多人下载该源程序后，按照自己的意愿完善了某一方面的功能，再发布到网上，经过全世界各地计算机爱好者的共同努力，Linux 成为全球最稳定的、最具有发展前景的操作系统。它的最大的特点在于它是一个开放源码的操作系统，其内核源代码可以自由传播。其特点如下：

1）具备多人多任务：这表示 Linux 可以在同一时段内服务许多人的个别需求。形象一点讲，你可以一边听铁达尼号的原声 CD，一边编辑文书，一边又在打印档案，还可以随时玩 X 版的俄罗斯方块。

2）支持多 CPU：这绝不是 NT 的专利，Linux 也支持这种硬件架构，代表着更快速的运算和革命性的算法即将成为时代的主流。

3）RAM 保护模式：程序之间不会互相干扰，保证系统能够长久运作无误。根据多人下载系统评价程序以测试 Linux 的执行效能，结果发现单单是配备 486CPU 的 PC，效能便足堪媲美升阳或是迪吉多的中级工作站了。

4）动态加载程序：当程序加载 RAM 执行时，Linux 仅将磁盘中相关程序模块加载，有效地提升了执行的速率和 RAM 的管理。

5）动态连接共享程序馆：这表示执行档的大小大量地减少，有助于节省磁盘空间。

6）支持多种档案系统：如 Minix、Xenix、System V 等著名的操作系统。

7）看得见 DOS：这是所谓的透明化，将 DOS 的档案系统视为特殊的远程档案系统，不需要任何特别的指令便可以灵活运用，就如同一个在 Linux 底下存在的目录一样。

4. macOS 操作系统

macOS 是一套运行于苹果 Macintosh 系列计算机上的操作系统，是基于 UNIX 内核的图形化操作系统，一般情况下在普通 PC 上无法安装。macOS 操作系统界面非常独特，突出了形象的图标和人机对话功能。

5. Windows 操作系统

Windows 操作系统是一款由美国微软公司开发的窗口化操作系统，它的出现使 PC 开始进入全新的图形用户界面操作模式，比起之前的指令操作系统，如 DOS 更为人性化。Windows 操作系统是目前世界上使用最广泛的操作系统。其中 Windows XP、Windows Vista 和 Windows 7 等是风靡全球的微机操作系统。目前，Windows 7 操作系统是计算机等级考试中指定的操作系统。

6. Android 操作系统

Android 是一种以 Linux 为基础的开放源代码操作系统，主要用于便携设备。Android 操作系统由安迪·鲁宾（Andy Rubin）开发，最初主要支持手机。2005 年由 Google 收购注资，并组建开放手机联盟开发改良，逐渐扩展到平板电脑及其他领域上。2011 年 Android 在全球的市场份额首次超过塞班（Symbian）系统，跃居全球第一。目前，Android 是全球智能手机操作系统的主流。

3.2　Windows 10 操作系统

Windows 10 操作系统是微软公司开发的应用于计算机和平板电脑的操作系统，其在安全性和易操作性上都有了极大的提升。Windows 10 除了针对云服务、智能移动设备、自然人机交互等新技术进行融合之外，还对固态硬盘、生物识别、高分辨率屏幕等硬件进行了优化完善和支持。

3.2.1　Windows 10 操作系统版本

Windows 10 一共包含七个版本，分别如下：

1. Windows 10 家庭版（Windows 10 Home）

其主要面向的是所有普通用户，它向笔记本计算机、台式计算机和变形设备提供了 Windows 10 的所有基本功能，可以满足个人（家庭）用户的使用需求。

家庭版中用全新的 Edge 浏览器作为传统 Internet Explorer 浏览器的替代者（同时也保留了 Internet Explorer 浏览器），负责所有的网页浏览任务。新的 Continuum 功能可以根据变形设备当前的工作模式自动对用户界面进行适配。除了提供照片、邮件、地图、日历、音乐和视频等基础功能之外，家庭版还增加了游戏性，其与 Xbox One 游戏机进行了整合，能够让个人（家庭）用户将家用游戏机串流到 PC 上进行操作。家庭版主要面向个人、家用，所以不能加入域（一般大公司或者企业会采用，集中管理批量的计算机，共享和管理资源非常高效），不能使用远程桌面，以及没有微软的虚拟机 Hyper-V，因为家用完全用不到。

2. Windows 10 专业版（Windows 10 pro）

其同样面向个人用户，但相比家庭版功能多出一些，如增加了磁盘加密技术（BitLocker）、组策略、不同用户和组的资源权限分配、计算机的共享配置；专业版可以支持 2TB 内存，而家庭版只支持 128GB；专业版支持远程桌面等。其可用于大屏平板电脑、笔记本计算机、个人平板二合一变形设备等桌面设备。

3. Windows 10 企业版（Windows 10 Enterprise）

其在专业版的基础上，增加了专门给大中型企业开发高级功能的需求，适合企业级用户使用，它所提供的高级功能可满足大企业的需要，帮助他们对抗日益增长的安全威胁。企业版具备 Windows Update for Business 功能，但又新增了一种名为长期服务分支（long term servicing branches，LTSB）的服务，可让企业拒绝功能性升级而只获得安全相关的升级。Windows 10 企业版只通过 VOL 渠道发布，普通消费者无直接购买渠道。

4. Windows 10 教育版（Windows 10 Education）

其主要基于企业版进行开发，专门提供给学校职工、管理人员、教师和学生使用。与企业版一样，Windows 10 教育版同样只通过 VOL 渠道发布，学校和学生可通过某种指定步骤从家庭版和高级版进行升级。

5. Windows 10 移动版（Windows 10 Mobile）

其主要面向小尺寸的触摸设备，如智能手机、平板电脑等移动设备。2019 年 12 月 10 日，微软公司因为移动版的市场份额占有量不足 1%，正式停止了对其更新支持，Windows 10 移动版用户将不能再收到微软公司提供的新的安全更新、非安全修补程序、免费的协助支持选项或联机技术内容更新。

6. Windows 10 企业移动版（Windows 10 Mobile Enterprise）

其主要面向使用智能手机和小尺寸平板的企业用户，提供最佳的操作体验。

7. Windows 10 物流版（Windows 10 IoT Core）

其主要针对低成本的物联网设备。

3.2.2　Windows 10 操作系统的配置要求和安装过程

1. Windows 10 操作系统的配置要求

微软公司发布新的操作系统时，提供给用户一个最低的硬件配置要求和推荐配置要求用来参考，用户在安装 Windows 10 操作系统的计算机硬件配置要求如表 3.1 所示。

表 3.1　硬件配置表

硬件名称	最低配置	推荐配置
处理器	1GHz 或更快（支持 PAE/NX 和 SSE2）	2GHz 或更快的处理器
内存	1GB（32 位版）	2GB 内存或更大内存空间
硬盘空间	至少 16GB	50GB 可用磁盘空间或更大磁盘空间
显示设备	分辨率为 1024×768 或分辨率更高的视频适配器和监视器	分辨率为 1600×900 的显示适配器和即插即用显示器
定位设备	键盘和鼠标或兼容的定位设备	键盘和鼠标或兼容的定位设备

2. Windows 10 操作系统的安装过程

随着台式计算机、笔记本计算机和平板电脑的普及，用户可根据自己的需要来选择操作系统进行安装。多数的计算机设备会预装 Windows 7 或者 Windows 10 等操作系统，已有 Windows 10 预装版本操作系统的用户须注意时常更新自己的计算机设备以保护操作系统的稳定性和安全性。

现今网络资源非常丰富，用户可以下载 Windows 10 操作系统进行安装。安装完成之后，推荐用户购买官方正版的激活码来激活操作系统，并保存激活密钥。

在开始安装新的 Windows 10 操作系统之前，一定要确保已经备份了计算机上的所有数据，完全安装将会格式化磁盘，这时计算机设备上所有的文件资料将会被清除。

本节主要介绍用闪速存储器（flash memory）来安装 Windows 10 操作系统，需要准备好个人所需的 Windows 10 镜像文件和闪速存储器，推荐选择闪速存储器容量在 8GB 以上。

1）在已有的操作系统下创建闪速存储器引导盘，并将准备好的 Windows 10 操作系统镜像文件复制到闪速存储器上。在计算机设备上接入闪速存储器，重新启动计算机选择闪速存储器启动模式。不同品牌的计算机，选择闪速存储器启动模式的方式也不同，例如，戴尔计算机重启后需要按 F2 键；惠普计算机重启后需要按 F10 键或 F1 键；联想计算机重启后需要按 F1 键或 F12 键；东芝计算机重启后需要按 F2 键或 F12 键。启动介质选择界面如图 3.2 所示。

选择启动后进入如图 3.3 界面，开始启动安装环境。

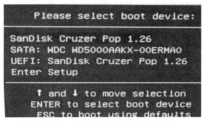

图 3.2　启动介质选择界面

图 3.3　安装开始界面

2）打开"Windows 安装程序"窗口，如图 3.4 所示。语言输入法保持默认设置，单击"下一步"按钮。

3）打开如图 3.5 所示的窗口，直接单击"现在安装"按钮。

图 3.4　"Windows 安装程序"窗口　　　　图 3.5　选择安装界面

4）打开"Windows 安装程序"对话框。这时会提示输入安装密钥，输入已经购买的正版安装密钥，单击"下一步"按钮。如果还没有购买安装密钥，可以单击"我没有产品密钥"按钮，待安装完成后再购买密钥，激活系统，如图 3.6 所示。

5）打开选择 Windows 10 操作系统版本的界面，如选择安装的是 Windows 10 专业版，单击"下一步"按钮，如图 3.7 所示。

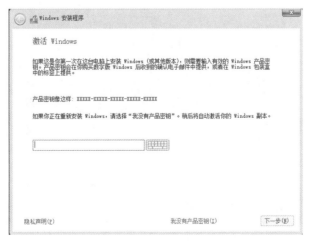

图 3.6　激活密钥界面

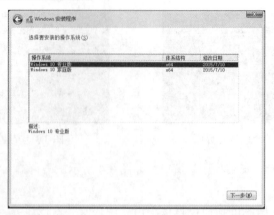

图 3.7　版本选择界面

6）打开如图 3.8 所示的"适用的声明和许可条款"界面，选择"我接受许可条款"复选框，单击"下一步"按钮。

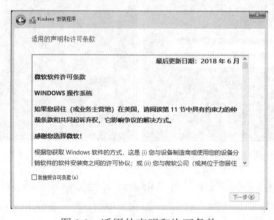

图 3.8　适用的声明和许可条款

打开选择安装界面，单击"自定义：仅安装 Windows（高级）"按钮，进行全新安装，如图 3.9 所示。

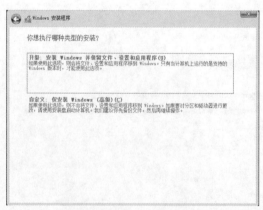

图 3.9　自定义安装界面

7）此时进入选择系统所在分区，也就是选择将操作系统安装在哪个磁盘上。例如，划分 50GB 的硬盘空间来安装系统，如图 3.10 所示，选择"分区 2"，先进行"格式化"，然后安装在分区 2 上。随着硬盘技术的发展，硬盘的容量也越来越大，所以用户可以根据需求自行分配安装系统的硬盘空间。

图 3.10　安装分区选择界面

打开如图 3.11 所示安装进度界面，开始执行 Windows 10 操作系统安装过程，此时不需要进行任何人工操作。

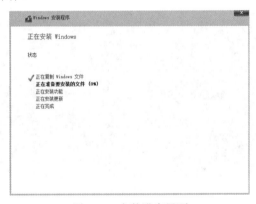

图 3.11　安装进度界面

8）安装过程中，系统会重启两次。Windows 10 操作系统安装完成后，打开如图 3.12 所示系统设置界面，国家地区、语言等内容根据需求选择，单击"下一步"按钮。

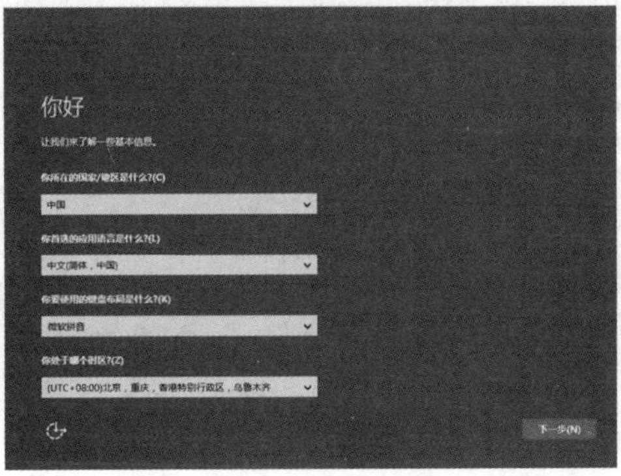

图 3.12　系统初始设置

打开"快速上手"界面，如图 3.13 所示。Windows 10 操作系统提供"快速上手"设置，可以让用户快速进行基本设置，建议用户直接单击"使用快速设置"按钮进入下一步操作。如果用户有特殊设置需求，可以单击左下角"自定义设置"按钮进行设置。

图 3.13　"快速上手"界面

9）打开"个性化设置"界面，如图 3.14 所示，如果已经有 Microsoft 账户，可以直接登录，如果没有 Microsoft 账户，单击"跳过此步骤"按钮即可。

图 3.14　"个性化设置"界面

如图 3.15 所示，进入创建账户界面，在此界面可以手动创建一个本地登录账户，根据个人习惯设置密码，单击"下一步"按钮。

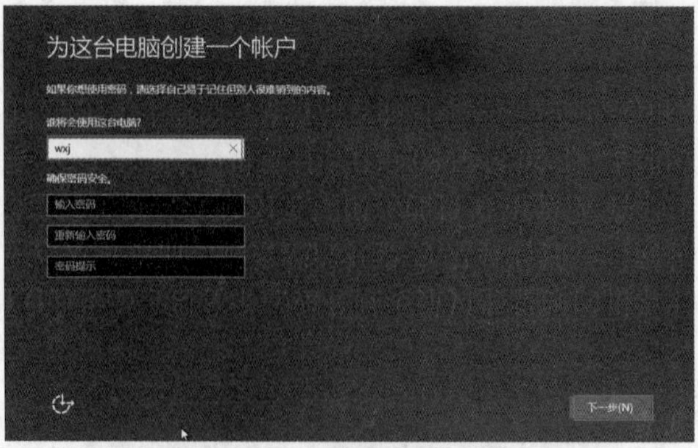

图 3.15　创建账户

　　此时继续等待系统进行配置过程，最终启动进入 Windows 10 操作系统界面后，表示安装成功，至此 Windows 10 操作系统的全新安装过程结束。

　　3. 安装小常识扩展

　　（1）硬盘分区
　　通常情况下，计算机的硬盘建议最少划分成三个分区：C 盘、D 盘和 E 盘。为什么我们使用计算机的时候，一般都是从 C 盘开始装系统，而没有从 A 盘和 B 盘开始呢？实际上，计算机本来是有 A 盘和 B 盘的，如图 3.16 所示，想了解它们，需要从 20 世纪刚刚普及计算机开始讲起。在 20 世纪 80 年代，计算机还在使用 DOS 系统，当时还没有现在使用的光盘、U 盘和移动硬盘这些便携的存储设备，在那个年代主流的存储设备是软盘。

图 3.16　软盘界面

　　软盘有两种规格，如图 3.17 所示，分别是 3.5 英寸软盘和 5.25 英寸软盘。因为它们的尺寸规格不一样，所以需要不同的软驱来读写数据，即 3.5 英寸软盘驱动器和 5.25 英寸软盘驱动器，为了读写时进行区分，便将 3.5 英寸软盘驱动器命名为 A 盘，将 5.25 英寸软盘驱动器命名为 B 盘。3.5 英寸软盘的容量仅有 1.44MB，5.25 英寸的软盘容量更小，仅有 1.2MB，而且容易损坏。随着用户对存储容量的增加，软盘这种小容量的存储介质就慢慢被淘汰了。现今，我们下载的无损音频文件大小都达到几十兆字节。容量达到 4GB 的光盘也慢慢快要离开人们的视野，市场上很多计算机都已经舍弃了光盘驱动器，取而代之的存储设备是容量在 32GB 甚至 128GB 的 U 盘和容量在 500GB 甚至 2TB 的机械移动硬盘。自 2020 年开始，随着技术的发展，NVME 移动固态硬盘因其读写速度的优势也受到更多用户的青睐。

图 3.17　软盘

　　本节介绍下常见的分区用途。
　　C 盘：称为系统盘，主要用来存放系统文件，即操作系统和应用软件中的操作系统部分。一般默认情况下系统文件都安装在 C 盘上。

D 盘：称为软件盘，主要用来存放应用软件的相关文件，如常用的 Office 办公软件和用户个人工作及娱乐所用到的相关应用软件等。用户在安装软件的时候，一般默认的安装路径是 C 盘，如果 C 盘分配的空间够大，并且为了追求速度使用固态硬盘作为 C 盘的时候，用户可以根据实际情况将部分软件安装到 C 盘。建议在安装的时候，将安装路径修改为 D 盘，因为随着用户使用计算机时间的增加，C 盘被占用的空间会越来越多，相对应的系统反应会越来越慢，所以安装应用软件的时候，需要用户根据实际情况来选择安装路径。

E 盘：除了操作系统和应用软件之外，用户常用的还有自己的各类文件，如照片、电影、音乐和各类资料文件等。这些文件一般单独存放在 E 盘下，方便日常读取使用。

除了上述三个分区之外，用户也可以根据自己的需要划分更多其他用途的分区。

（2）传统的 BIOS+MBR 和 UEFI+GPT

很多用户在安装系统的时候会因为选择传统的 BIOS+MBR 和 UEFI+GPT 哪种更好而感到迷惑，在此，对这两种搭配进行简单说明，以方便用户根据自己计算机的硬件配置来更好的安装操作系统。在做硬盘分区的时候，系统会询问用户是使用 MBR 来分区，还是选择 GPT 来分区。MBR 是在 1983 年 IBM PC DOS 2.0 中提出的，意思为"主引导记录"，GPT 是从 Windows 8 操作系统发布开始采用的。对于 Windows 系统来说，通俗地讲，MBR 是传统的老方式，GPT 是 Windows 系统的新标准，并且正逐渐取代 MBR。当然，GPT 并不是 Windows 专用的新标准，另有 Mac OS X、Linux 等其他操作系统也同样使用 GPT。用户可以在安装系统之前进入 BIOS 查看，如果计算机的硬件配置支持 UEFI，建议用户使用 UEFI+GPT 组合来安装 Windows 10 操作系统，如果不支持，就选择传统的 BIOS+MBR 来安装 Windows 10 操作系统。下面举例说明两者的区别。

MBR 最大支持 2TB 的磁盘，最多支持四个主分区，超过四个分区就要使用逻辑分区。在 MBR 磁盘上，分区和启动信息是保存在一起的，如果这些数据丢失，计算机将无法启动。GPT 能够使用大于 2.2TB 的磁盘，支持最大卷为 18EB（1EB=1048576TB），Windows 限定支持最多 128 个 GPT 分区，分区和启动信息在整个磁盘上保存多个副本，并可以对被破坏的这部分信息从磁盘的其他位置进行恢复。

UEFI 和 Legacy 是两种不同的引导方式：UEFI 是新式的 BIOS，Legacy 是传统 BIOS。在 UEFI 模式下安装的系统只能用 UEFI 模式引导，在 Legacy 模式下安装的系统只能在 Legacy 模式下进入系统。Legacy 模式支持磁盘分区为 MBR 结构，UEFI 只支持 64 位系统且磁盘分区必须为 GPT 结构。UEFI+GPT 开机启动相对传统的 BIOS+MBR 更快一些。

图 3.18 所示为传统的 BIOS 启动流程。

图 3.18　BIOS 启动流程

图 3.19 所示为 UEFI 启动流程。

图 3.19　UEFI 启动流程

3.2.3　Windows 10 操作系统的基本操作

安装好 Windows 10 操作系统之后，可以通过启动和关闭计算机来进行启动和关闭 Windows 10 操作系统。

1. Windows 10 系统的启动

日常使用计算机的时候，按电源键即可开启系统，系统会自动加载相关设置，显示登录界面时，用户输入自己设置的密码，按 Enter 键，系统会根据登录的用户加载其个人设置，最后屏幕会显示启动完毕后的系统桌面，如图 3.20 所示。

图 3.20　初次进入系统界面

2. Windows 10 系统的退出

1）当用户使用完毕，需要退出 Windows 10 操作系统时，首先保存好个人的工作文件及其他软件，打开"开始"菜单，如图 3.21 所示。

图 3.21　"开始"菜单

单击"电源"图标，打开如图 3.22 所示界面。单击"关机"按钮，操作系统首先会检查是否还有仍在运行中的任务，并提示用户是否进行保存。如果没有任务运行，则会保存用户个人设置，自动关闭主机电源。

图中除"关机"按钮外，还有"定时关机""注销""锁定""睡眠""重启"等按钮，其功能如下。

图 3.22   关机界面

① 定时关机：设置自选时间进行关机操作，设定好时间，如需每天都在此时间点关机，则选择"每天都执行此关机设置"命令，单击"立即启用"按钮即可生效。

② 注销：关闭程序并退出当前用户的操作环境，用户如果需要切换其他账户登录，可以选择注销当前账户，退回到最初的登录界面。

③ 锁定：当用户需要短时间离开计算机，不希望别人操作自己计算机的时候，可以单击"锁定"按钮对操作系统进行锁定。通过输入密码即可再次进入操作系统界面。

④ 睡眠：如果用户希望关闭计算机的同时保存打开的文件或者其他工作，并在重新开机后恢复这些已经打开的文件或者其他工作，可以单击"睡眠"按钮来实现此功能。系统的睡眠功能会将内存会话与数据同时保存于物理内存及硬盘上，关闭除内存外的绝大部分硬件设备的供电，进入低功耗运行状态。用户想要再进入系统时，只需要按键盘上的任意键或者晃动鼠标，即可让计算机从睡眠状态快速恢复进入 Windows 10 操作系统的锁屏桌面，此时按 Enter 键，系统会自动返回睡眠之前的桌面及运行的应用程序。

⑤ 重启：执行重启的操作是先关闭计算机，再自动开机。常常在用户进行系统更新或者安装某些软件后，需要进行重新启动计算机的操作。

2）按 Alt+F4 组合键关机。在关机前，保存并关闭所有打开的程序，然后按 Alt 键的同时按 F4 键，即可打开如图 3.23 所示关闭 Windows 对话框，可以在下拉菜单中选择需要进行的操作，单击"确定"按钮来执行操作。

3）右击屏幕左下角的微软徽标，在弹出的快捷菜单中选择"关机或注销"命令，在打开的级联菜单中选择相应的命令，如图 3.24 所示。

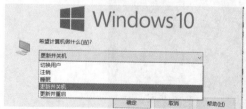

图 3.23   关闭 Windows 对话框

图 3.24   "关机或注销"级联菜单

4）计算机宕机时的关机。当计算机在使用的过程中，如果出现了蓝屏、花屏和死机等特殊情况，就不能够使用上面介绍的方法来保存文件或工作后关闭计算机了。在日常使用计算机进行工作时，要养成勤保存、多备份的操作习惯，避免工作进度的丢失。

发生这些特殊情况的时候，可以通过按主机箱上的重启按钮重新启动计算机，或者按住主机箱上的电源按钮 4 秒来强行关闭计算机。

5）通过滑动鼠标关机，同时按住键盘上的微软徽标和 R 两个按键，打开"运行"对话框，在"打开"文本框中输入"C:\Windows\System32\Slide To ShutDown.exe"，单击"确定"按钮，打开"滑动以关闭计算机"对话框，此时向下滑动鼠标滚轮即可关闭计算机，向上滑动则会取消本次操作。如果用户的计算机支持触屏操作，可以直接用手指在屏幕上向下滑动进行关机操作。

3.3　Windows 10 操作系统的界面

操作系统的图形交互界面给用户提供了良好的使用体验，用户可以直观地从操作系统提供的各种图形界面入手使用各种功能。常用到的界面有桌面、开始菜单、窗口等。

3.3.1　操作系统的桌面

桌面（desktop）是进入系统后屏幕的整个区域，如图 3.25 所示，桌面是 Windows 10 操作系统的工作平台，是组织和管理软件、硬件资源的一种有效方式。其正如现实生活中办公的办公桌桌面一样，用户可以将经常使用的工具和文件都摆放在桌面上。同样，也可以摆放常用的软件启动程序和一些文件，还可以对桌面上的对象进行内容和风格的自定义设置和重新组织。

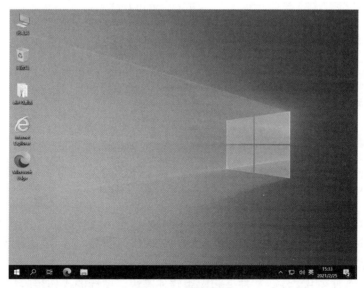

图 3.25　系统桌面

Windows 10 操作系统的桌面与以往操作系统桌面区域的分布基本一致。

刚安装的 Windows 10 操作系统的桌面上只有两个图标：回收站和此电脑。用户如果想要调出其他桌面图标，可以按照下面的操作步骤来实现。

在桌面空白处右击，在弹出的快捷菜单中选择"个性化"命令，如图 3.26 所示。

在弹出的"设置"窗口中选择"主题"命令，如图 3.27 所示，在右侧单击"桌面图标设置"按钮。

图 3.26 选择"个性化"命令

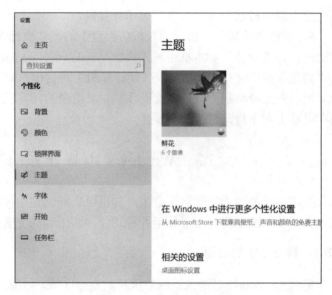

图 3.27 "设置主题"窗口

在打开的"桌面图标设置"对话框中提供了五个桌面图标：计算机、回收站、用户的文件、控制面板和网络，如图 3.28 所示。用户可以根据自己的使用习惯选择需要摆放在桌面上的桌面图标。

图 3.28 "桌面图标设置"对话框

除了系统提供的桌面图标之外，为了方便用户使用，还可以将文件、文件夹和应用软件的图标添加到桌面上，被添加的桌面图标称为快捷图标，与桌面图标最直观的区别就是快捷图标的左下方有一个小箭头图案。

在桌面上添加常用文件、文件夹和应用软件等快捷图标的操作步骤如下：

找到常用文件所在位置，右击，如图 3.29 所示，在弹出的快捷菜单中选择"发送到"命令，在级联菜单中选择"桌面快捷方式"命令即可。添加完成后，在后期使用时直接在桌面双击快捷图标即可转到目标文件夹或打开文件/应用软件。

删除桌面上多余的图标的操作步骤如下：

在桌面上选中不用的桌面图标，右击，在弹出的快捷菜单中选择"删除"命令，被删除的桌面图标就被移到桌面回收站里，只要不清空回收站，用户可以随时将删除的桌面图标还原；也可以选中要删除的桌面图标，按 Delete 键即可将图标删除。如果想彻底删除桌面图标，选中图标后，按 Shift+Delete 组合键，此时会弹出提示信息"你确定要永久删除此快捷方式吗？"，单击"是"按钮，即可永久删除桌面图标。此永久删除操作不可恢复，所以进行永久删除操作的时候需要谨慎。

图 3.29 "发送到"级联菜单

3.3.2 桌面图标的大小及排列设置

桌面图标的显示比例并不是固定不变的，用户可以根据自己的观看习惯调节其大小。首先在桌面空白处右击，在弹出的快捷菜单中选择"查看"命令，如图 3.30 所示，在打开的级联菜单中有"大图标"、"中等图标"和"小图标"三种供用户选择。用户也可以在按 Ctrl 键的同时滑动鼠标中间的滚轮来调节桌面图标的显示比例大小。

随着系统使用时间的增加，桌面上的图标会越来越多，用户可以通过移动图标或设置排列方式来分类桌面图标。在桌面空白区域右击，如图 3.31 所示，在弹出的快捷菜单中选择"排序方式"命令，在打开的级联菜单中有"名称"、"大小"、"项目类型"和"修改日期"四种分类排列方式可供用户选择。用户也可以根据自己的喜好通过鼠标左键对桌面图标进行单击拖动到相应位置，此时为了更自由的操作，还可以在图 3.30 的级联菜单中反选"自动排列图标"和"将图标和网格对齐"两个选项。

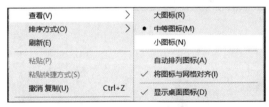

图 3.30 "查看"级联菜单

图 3.31 "排序方式"级联菜单

桌面最大的一个显示区域为壁纸区域，也就是整个屏幕的图片，相当于桌布，用户可以设置系统提供的桌面图片，也可以将自己喜欢的图片设置成桌面背景。在桌面空白处右击，在弹出的快捷菜单中选择"个性化"命令，弹出如图 3.32 所示的"设置-背景"窗口，在窗口的右侧"背景"功能区中可以选择系统提供的预设图片作为桌面背景，下方对应的下拉菜单中选择图片的显示方式，系统提供了"填充"、"适应"、"拉伸"、"平铺"、"居中"和"跨区"几种方式给用户进行选择设置。

用户也可以在计算机中找到自己喜欢的壁纸图片，双击，在图片区域右击，在弹出的快捷菜单中选择"设置为"命令，在级联菜单中选择"设置为背景"命令，就可以完成桌面背景的自定义设置，如图 3.33 所示。级联菜单中还提供了"设置为锁屏"命令，如果选择此命令，就会在启动系统后直接进入登录页面。

图 3.32 "设置-背景"窗口　　　　图 3.33 "设置为"级联菜单

3.3.3 设置屏幕分辨率

屏幕的分辨率是指屏幕上显示的文本和图像的清晰度，分辨率越高，文本和图像显示的越清楚，相对的文本和图像的尺寸越小，屏幕就可以容纳越多的文本和图像。近几年随着技术的提高，显示器给用户呈现的分辨率越来越高，家庭用户所使用的显示器分辨率基本达到了 2K 级别，一些用户使用的显示器分辨率甚至达到 4K 的超高清分辨率。

在桌面空白处右击，在弹出的快捷菜单中选择"显示设置"命令，打开"设置-显示"窗口，如图 3.34 所示，在"显示分辨率"下拉列表中可以对分辨率进行调节。当选择一个分辨率参数时，弹出提示信息"是否保留这些显示设置"，给用户 15 秒左右的时间考虑，如果觉得不合适，可以单击"恢复"按钮，恢复成原来的分辨率设置。

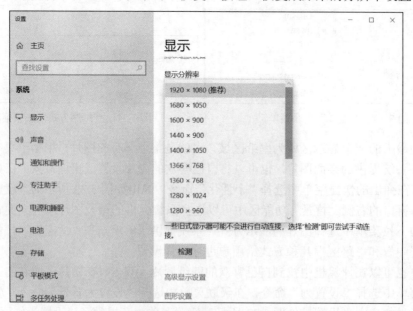

图 3.34 "设置-显示"窗口

3.3.4　任务栏各功能介绍

系统桌面除了桌面图标之外还有任务栏区域，如图 3.35 所示。

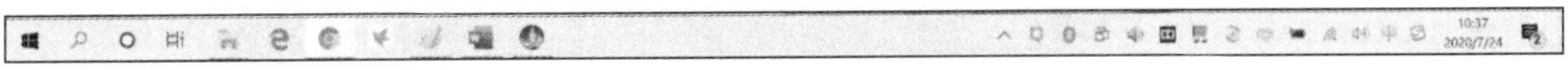

图 3.35　任务栏区域

任务栏区域的常用图标从左侧开始依次为"开始""搜索""微软小娜（Cortana）语音助手""任务视图"以及其他根据个人需要固定在任务栏的图标。从最右侧开始分别为"通知中心""日期与时间""输入法状态""声音""网络""电池"以及一些软件功能等。单击最右侧一个小区域块后系统会收起所有的窗口只显示桌面。

1."开始"菜单

"开始"菜单由位于屏幕左下角的微软徽标按钮启动，是操作计算机程序、文件夹和系统设置的主要菜单，方便用户启动各种程序和设置各种功能。

"开始"菜单的界面（图 3.21）可以纵向分成三个区域，从左至右依次为固定程序列表、常用程序列表和动态磁铁面板。

固定程序列表区域为系统的主要设置功能，单击左上方三条横杠按钮可以展开，展开后如图 3.36 所示。该区域包含如下功能。

①"菜单切换"：可以将风格切换为 Windows 7 操作系统的"开始"菜单风格；

②"账户"：可以进行用户账户的相关设置，锁定和注销操作；

③"文件资源管理器"：单击等同于打开"此电脑"操作；

④"设置"：单击等同于打开"控制面板"操作；

⑤"电源"：见关机操作。

常用程序列表区域可以找到计算机中所有安装过的程序菜单以及 Windows 10 操作系统附件和管理工具等，在其下方可以进行搜索操作。

动态磁铁面板里展示的是一些常用程序功能模块，相较于 Windows 7 操作系统，此面板的图形界面更易于选择操作。此区域中的"运行"和"控制面板"在后续的操作中会给用户提供极大的便利。在此先介绍"运行"（可以按键盘上的微软徽标+R 组合键来打开"运行"对话框，如图 3.37 所示）常用的命令行及功能，后面的小节中会重点讲述"控制面板"的功能。

图 3.36　固定程序列表区

在"打开"文本框中输入表 3.2 中的各项命令，单击"确定"按钮即可进行相关功能的实现。

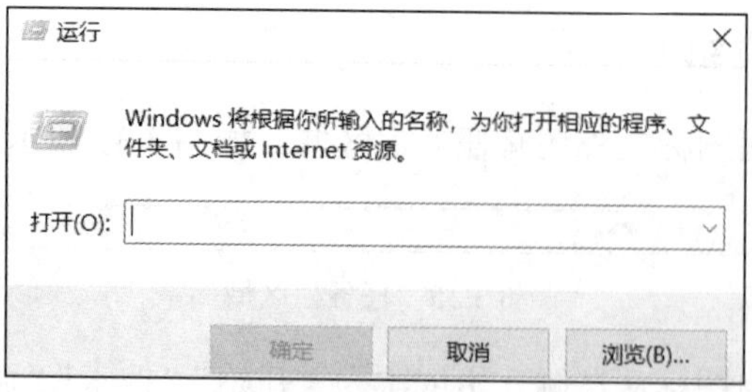

图 3.37 "运行"对话框

表 3.2 运行命令表

命令行	功能	组合键
explorer	打开文件资源管理器	微软徽标+E
osk	打开屏幕键盘	
cmd	命令提示符	
logoff	直接注销计算机	
control	打开控制面板	
calc	打开计算器	
taskmgr	打开任务管理器	Ctrl+Alt+Delete
msconfig	打开系统配置	
regedit	打开注册表编辑器	
gpedit.msc	打开本地组策略编辑器	

2. "搜索"菜单

任务栏区域的第二个图标为"搜索"功能,如图 3.38 所示,可以在此区域进行搜索,搜索前也可以在上方功能区选择相应的文件类型。

图 3.38 "搜索"窗口

3. Cortana 语音助手

任务栏区域的第三个图标为 Cortana 语音助手，是 Windows 10 操作系统相较于之前的操作系统新增加的私人语音助手。Cortana 语音助手可以说是微软在机器学习和人工智能领域的尝试。微软想实现的事情是，手机用户与"小娜"的智能交互，不是简单地基于存储式的问答，而是对话。它会记录用户的行为和使用习惯，利用云计算、搜索引擎和"非结构化数据"分析，读取和"学习"包括手机中的文本文件、电子邮件、图片、视频等数据，来理解用户的语义和语境，从而实现人机交互。用户可以看照片、放音乐、发邮件、浏览器搜索等，作为微软发布的全球第一款个人智能助理，Cortana 给用户带来更多的新奇体验，其界面如图 3.39 所示。

图 3.39　"Cortana 语音助手"界面

4. "任务视图"菜单

任务栏区域的"任务视图"功能是 Windows 10 操作系统新增的虚拟桌面软件，单机该按钮可以查看当前运行的多任务程序。通过虚拟桌面功能，用户可以为一台计算机创建多个桌面。

单击任务栏中的"任务视图"按钮，打开如图 3.40 所示的虚拟桌面操作界面。单击"新建桌面"按钮，即可创建一个新的桌面，系统会为其自动命名为"桌面 2"。在"桌面 1"操作界面，右击任意一个窗口图标，在弹出的快捷菜单中选择"移动至"命令，再单击"桌面 2"按钮，即可完成将"桌面 1"的内容移动到"桌面 2"上的操作。用户可以用这种方法来区分建立办公桌面和娱乐桌面，根据需要在两个桌面之间进行切换。

如果想要删除桌面，单击桌面右上角的"删除"按钮，删除选中的桌面。

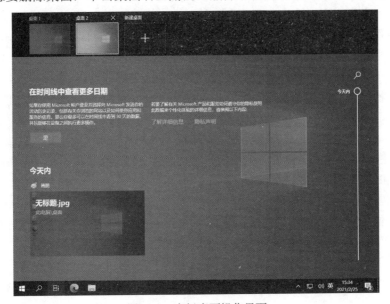

图 3.40　虚拟桌面操作界面

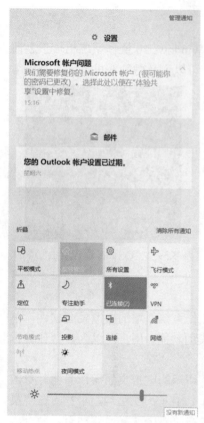

图 3.41　通知中心

5. 通知中心

任务栏区域右侧的相关功能比较常用的是"网络""声音""输入法""时间设置"等。这里主要介绍 Windows 10 操作系统的通知中心，如图 3.41 所示。用户可以自由开启或关闭通知。同时，与手机通知中心一样，在本系统的通知中心也有各种开关和快捷功能，如平板功能、打开便签等。

Windows 10 操作系统新增了一种使用模式——平板模式，用户可以在通知中心开启平板模式，它可以使用户的计算机像平板电脑那样使用，如果计算机支持触屏操作，则用户的体验效果更直观，以联想的 YOGA 系列计算机为例，可以直接将屏幕反转 360°变成平板，系统会自动识别进入平板模式，这时笔记本计算机就变成了平板电脑，可以进行触控操作。

3.3.5　Windows 10 操作系统的窗口

1. Windows 10 操作系统的窗口分布

窗口是 Windows 10 操作系统中用户界面的重要组成部分，微软公司将自己的操作系统统称为 Windows，也正是因为系统主要是使用了窗口界面的缘故。Windows 10 的每个程序几乎是在窗口中运行的，每个文件夹打开时都会出现相应的窗口。窗口就是一个矩形的显示框，是用户和产生该窗口的应用程序之间的交互可视界面。当用户开始运行一个应用程序时，应用程序创建并显示一个相应的窗口；用户可以对窗口中的对象做相应的操作，应用程序会根据命令做出对应的反应。Windows 允许同时在屏幕上显示多个窗口，每个窗口分别属于特定的应用程序或者文档，这样 Windows 就可以在同时运行多个应用程序的时候保证程序之间的显示互相不会发生冲突。用户可以通过关闭一个窗口来终止一个程序的运行。

Windows 每个窗口都有一些共同的功能模块。以最常用的"此电脑"窗口为例，其主要包括标题栏、菜单栏、工具栏、地址栏、导航窗格、状态栏、搜索栏、工作区和视图栏等，如图 3.42 所示。

（1）标题栏

标题栏位于窗口的顶部，与其上的文字代表当前窗口的名称，其两端分布有几个快捷操作按钮。左侧的计算机图标，可以通过双击它来关闭窗口。通过"属性"选项可以查看当前窗口的属性。通过"新建文件夹"选项可以在窗口新建一个文件夹。通过下拉箭头可自定义快速访问工具栏。右侧是"最小化"、"最大化"和"关闭"按钮。

图 3.42　"此电脑"窗口

（2）菜单栏和工具栏

如图 3.43 所示，菜单栏共有三大功能区：文件、计算机和查看。每个功能区下都有各自的工具栏。每个菜单栏和工具栏都有各自的功能，比较常用的就是"查看"。

图 3.43　菜单栏

查看功能主要提供窗口内各个文件和文件夹的显示方式，大小、排列以及隐藏项目显示等功能，用户能够根据自己的习惯来设置文件的查看方式。

（3）地址栏

地址栏主要显示当前窗口在计算机硬盘上的存储路径，也可以在地址栏中直接输入访问路径，单击"前往"按钮 → 或者按 Enter 键，可以直接快速地到达想要访问的位置。此外，用户也可以在地址栏中输入网址，系统会跳转到 IE 浏览器访问网页。

（4）导航窗格

导航窗格位于窗口的左侧，显示计算机中包含的文件的位置，如快速访问、OneDrive、此电脑、网络等。用户可以在这个区域快速访问相应的目录。

（5）状态栏

状态栏位于窗口的左下方，用以显示当前目录文件夹中的项目数量及选中对象的数量、容量等状态信息。

（6）搜索栏

用户可以在搜索栏中输入要查找信息的关键字，能够快速查找到当前目录中相关的文件和文件夹。

（7）工作区

工作区是窗口的核心区域，主要显示当前窗口的内容。

（8）视图栏

视图栏位于窗口的右下角，为用户提供在窗口中显示每一项的相关信息和使用大缩略图显示项两个功能，用户可以通过单击按钮来选择视图方式。

2. 窗口的常用操作

（1）打开与关闭窗口

作为窗口的基本操作，可以用以下几个常用操作来实现打开与关闭窗口。

在 Windows 操作系统中，双击文件图标，即可打开窗口，在"开始"菜单列表、桌面快捷方式、快速启动工具栏中都可以打开文件的窗口。另外，选中文件右击，在弹出的快捷菜单中选择"打开"命令，也可以打开文件窗口。

单击窗口右上角的"关闭"按钮可以关闭窗口；单击窗口左上角的计算机图标，在弹出的快捷菜单中选择"关闭"命令，即可关闭窗口；在标题栏右击，在弹出的快捷菜单中选择"关闭"命令，即可关闭窗口；在任务栏上选中要关闭的程序，右击，在弹出的快捷菜单中选择"关闭窗口"命令，即可关闭窗口；在当前窗口同时按 Alt+F4 组合键，即可关闭窗口。

（2）窗口的位置移动和大小调整

在 Windows 10 操作系统中，用户可以同时打开多个窗口，系统会将相同类型的窗口在任务栏叠加起来。多个窗口会出现重叠现象，先打开的窗口位于最底层。用户想要再返回找到之前打开的窗口，需要将鼠标指针移动到目标窗口的标题栏上，按住鼠标左键，将窗口拖动到用户需要放置的位置，松开鼠标左键，完成窗口的位置移动。用户如果想将两个窗口同时放在屏幕的左右两侧以便对比使用，可以先单击其中一个窗口的标题栏并拖动至屏幕最左边缘中间位置，松开鼠标左键，这时窗口就会自动占满屏幕的整个左半边区域。用同样的方法将另一个窗口拖动至右边缘中间位置，松开鼠标左键，目标窗口就会占满屏幕的整个右半边区域。

在 Windows 10 操作系统中，打开的窗口大小会保持上次关闭时的大小尺寸，用户也可以根据自己的使用习惯调整窗口的大小。在窗口的右上角位置，通过"最小化""最大化"来实现窗口收纳到任务栏上最小化和扩展到整个屏幕的最大化两种操作。当最大化时，原"最大化"按钮就会变成"向下还原"按钮，单击此按钮，窗口即可从整个屏幕最大化的状态还原到之前的大小比例。

用户也可以手动调整窗口大小，当窗口处于非最大化和最小化的状态时，用户可以将鼠标指针放置在窗口的外边缘位置，鼠标指针的图案会从指针变成两向箭头，这时，按住鼠标左键进行移动来调整窗口的大小，调整到合适大小之后松开鼠标左键即可。

（3）当前活动窗口的切换

日常工作中，用户能够同时打开多个窗口，往往需要在这些窗口之间来回切换，那么如何实现窗口的切换呢？

用户运行的程序在下方任务栏都有相对应的程序图标，将鼠标指针放在程序图标上，如图 3.44 所示，即可弹出打开软件的小预览窗口，单击该预览窗口就可以打开该窗口。

用户还可以用 Alt+Tab 组合键来实现在各个活动窗口间快速切换。如图 3.45 所示，弹出快捷窗格后，按住 Alt 键，通过按 Tab 键可以在窗格显示的程序间顺次切换以选择想用的程序，松开按键，即可将其打开。

图 3.44　预览窗口

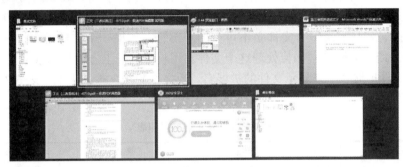

图 3.45　切换界面

在 Windows 10 操作系统中，用户通过键盘上的微软徽标+Tab 组合键或单击下方任务栏中的"任务视图"按钮，也可以调出当前桌面环境中所有窗口的缩略图，在需要切换的窗口上单击，即可快速切换至选中的窗口。

3.4　文件与文件夹

在 Windows 10 操作系统中，最小的数据组织单位是文件，文件可以用来存放文本、图像及数据等信息，用户日常使用计算机最主要的就是处理各种类型的文件。为了方便管理文件，用户可以将文件放在文件夹中。文件夹是微软公司自 Windows 95 操作系统开始提出的一种名称，是用来存放文件的容器。

3.4.1　文件和文件夹的概念

1. 文件

文件是 Windows 10 操作系统存取磁盘信息的基本单位，每个文件都是磁盘上存储的信息的集合，常见的信息包括文字、图片、音频、视频和一些应用程序等。在日常使用计算机的过程中，使用的应用程序会自动创建文件，用户也可以自己创建文件。图 3.46 所示是在文件夹中创建的一个演示文件，这个局部窗口中包含了几个信息。在工作区中的即为文件，可以看到它的名称、修改日期、类型和大小等。当前处于详细信息视图，可以在上方的查看功能区里的"布局"功能块来切换视图，系统提供了"超大图标"、"大图标"、"中图标"、"小图标"、"列表"、"详细信息"、"平铺"和"内容"几种选项，用户可以根据自己的使用习惯来选择布局模式。一般查看图片的时候会选择超大图标或者大图标，会显示图片的缩略图，用户可以不用打开图片文件只通过缩略图大致了解图片的一些内容信息。

图 3.46　文件

图 3.46 所示文件的名称为"文件.txt"，文件有自己唯一的名称，系统是通过文件的名称来对文件进行管理的。".txt"是文件的扩展名，是操作系统用来标记文件类型的一种机制。扩展名几乎是每个文件必不可少的一部分，如果一个文件没有扩展名，那么Windows 系统就无法判别如何处理这个文件。用户可以在上方"显示/隐藏"功能块中选择上"文件扩展名"来显示文件的扩展名，反之则隐藏文件扩展名。表 3.3 列出几种常见的文件扩展名。

表 3.3　文件扩展名对照表

扩展名	文件类型	扩展名	文件类型
.exe	可执行文件	.txt	记事本
.rar/.zip	压缩包	.rmvb/.avi/.mkv/.mp4	视频文件
.mp3/.flac/.wav/.aac	音频文件	.pdf	PDF 文档
.doc/.docx	Word 文档	.xls/.xlsx	Excel 工作表
.ppt/.pptx	PowerPoint 幻灯片	.gif/.jpg/.png	图形文件
.sys/.dll	系统文件	.bat	批处理文件

2. 文件夹

文件夹是用来组织和管理文件的一种数据结构，每个文件夹对应一块磁盘空间，提供了指向对应空间的地址，它没有扩展名，不需要用扩展名来标识。图 3.47 中的"hotfix"和"漏洞补丁目录"即为两个文件夹。

图 3.47　文件夹

3.4.2　文件和文件夹的常用操作

文件和文件夹的很多操作都是一样的，本节介绍一些常规的操作。

1. 文件和文件夹的创建

文件的创建方法有两种：使用应用软件自行创建以及使用"新建"命令进行创建。

文件夹最常见的创建方法为使用"新建"命令进行创建。

2. 文件和文件夹的命名

文件和文件夹的名称最长可输入 256 个字符（1 个汉字等于 2 个字符）；名称中字母不区分大小写，如"file"和"FILE"会被系统识别为同一个名称；输入名称时不能有以下字符：斜线（/、\）、竖线（|）、大于号和小于号（>、<）、冒号（:）、引号（""）、问号（？）、星号（*）；同一个文件夹中不能存在同名的文件、文件夹。

用户新建的文件和文件夹初始名称为"新建×××"，如新建的文本文档名称为"新建文本文档.txt"，新建的文件夹名称为"新建文件夹"。

用户可以通过以下几种方法来重命名文件或文件夹：右击需要重命名的文件或文件夹，在弹出的快捷菜单选择"重命名"命令，然后输入想要命名的名称，按 Enter 键；选择需要重命名的文件或文件夹，按 F2 键，输入新名称，按 Enter 键；单击需要重命名的文件或文件夹，等待 0.5 秒再单击一次，输入新名称，按 Enter 键。

3. 文件和文件夹的存放路径

文件和文件夹一般存放在计算机的硬盘或者管理员（Administrator）文件夹中。文件可以存放在计算机硬盘的任何位置，但为了便于管理，一般放在操作系统提供的文件夹中。

如图 3.48 所示，可以从各自窗口的地址栏看到"文件.txt"和"文件夹"的存储路径是相同的，均为"此电脑>LENOVO(D:)>360Downloads>Software"。其表示"文件夹"存放在"此电脑"中 D 盘下的 360Downloads 文件夹下的 Software 文件夹中。"文件.txt"也位于同一路径下。用户也可以通过右击"文件.txt"或者"文件夹"，在弹出的快捷菜单中选择"属性"命令来查看文件和文件夹的相关信息，其中的位置信息即为存放路径。

图 3.48　存放路径

如图 3.49 所示，通过文件和文件夹的属性列表框，可以了解其类型、位置、大小、占用空间、创建时间、修改时间及访问时间等信息。可以发现文件夹的属性列表框多出一个"包含："，显示在文件夹中有文件和子文件夹。上方还多出一个"共享"选项卡，用户可以在此设置文件夹在局域网的共享以及共享后局域网内其他用户的访问权限等，需要注意的是共享功能轻易不要开启。在下方"属性"区里，可以选择"隐藏"复选框，文件或文件夹就会被隐藏。可以通过查看功能区里"显示/隐藏"功能块里选择"隐藏的项目"命令，这样隐藏的文件或文件夹就会以半透明的状态显示出来，若反选就会再次隐藏。

4. 文件和文件夹的快捷菜单

图 3.50（a）为右击"文件.txt"后弹出的快捷菜单，图 3.50（b）为右击"文件夹"

后弹出的快捷菜单。

（a）文件属性   （b）文件夹属性

图 3.49　属性对比

（a）右击"文件"快捷菜单   （b）右击"文件夹"快捷菜单

图 3.50　快捷菜单对比

（1）打开

打开即为打开文件或文件夹，通常用双击来打开文件和文件夹。文件在快捷菜单中还可以选择打开方式。例如，右击一个音频文件，在弹出的快捷菜单中选择"打开方式"命令，在级联菜单中可以挑选自己喜欢的程序来打开这个音频文件，如图 3.51 所示。

图 3.51　音频文件的打开方式

用户也可以选择"选择其他应用"命令，在弹出的窗格中选中想用的程序，并选择窗格下方的"始终使用此应用打开.MP3 文件"复选框，单击"确定"按钮，如图 3.52 所示。这样，用户以后直接双击".mp3"类型的文件，始终是选定的应用打开这种扩展名的文件。

（2）剪切

将文件或文件夹从原路径剪切，用户打开想要放置他们的路径磁盘位置，右击粘贴即可完成移动。原路径不会保留文件或文件夹。如图 3.53 所示，右击图中"1"文件夹中的"2.txt"文件，在弹出的快捷菜单中选择"剪切"命令，可以看出文件"2.txt"变成了半透明状态。然后打开要存放的目标文件夹"2"，在空白处右击，在弹出的快捷菜单中选择"粘贴"命令。最终在"1"文件夹中只剩下"1.txt"文件，而"2"文件夹中多出一个剪切的"2.txt"文件，如图 3.54 所示。也可以用组合键来操作，剪切的组合键为 Ctrl+X，粘贴的组合键为 Ctrl+V。

图 3.52　选择程序

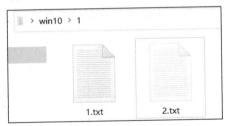

图 3.53　剪切状态

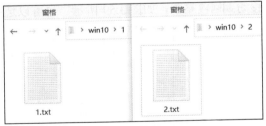

图 3.54　剪切后的状态

（3）复制

同剪切的操作类似，区别在于在原路径会保留文件或文件夹。在"1"文件夹中右击"2.txt"文件，可以发现没有像剪切时那样变成半透明状态，如图 3.55 所示。也可以用组合键来操作，复制的组合键为 Ctrl+C，粘贴的组合键为 Ctrl+V。

再打开"2"文件夹，在空白处右击，在弹出的快捷菜单中选择"粘贴"命令，可以发现，在原"1"文件夹中仍然存在"1.txt"和"2.txt"两个文件，而在"2"文件夹中多了一个复制过来的"2.txt"，如图 3.56 所示。

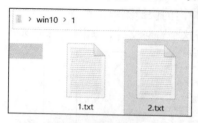

图 3.55　复制状态

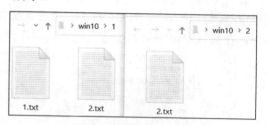

图 3.56　复制后状态

如果对"2.txt"复制完之后，直接在"1"文件夹的空白处右击，在弹出的快捷菜单中选择"粘贴"命令，因为同一文件夹内不能存在两个相同名称的文件，系统会自动修改文件名变成"2 - 副本.txt"，如图 3.57 所示。

（4）创建快捷方式

在原路径创建一个快捷方式，快捷方式图标的左下角会有一个如图 3.58 所示的小箭头。它只是指向路径文件，创建后可以将快捷文件方式粘贴到其他位置，方便以后打开此文件。

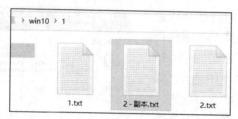

图 3.57　同一位置下的复制

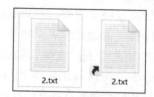

图 3.58　创建快捷方式

（5）删除

将文件或文件夹从原路径移动到回收站中，若不清空回收站，还可以进行还原操作。右击"2 - 副本.txt"，在弹出的快捷菜单中选择"删除"命令，则"2 - 副本.txt"就会被移动到回收站中，如图 3.59 所示。也可以选中文件，按 Delete 键实现删除操作。

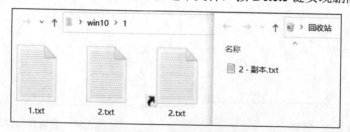

图 3.59　将文件删除至回收站

在回收站中的文件，可以通过"还原"命令将已删除的文件放回到原路径文件夹中，如图 3.60 所示。可以看到，右击回收站中的文件后弹出的快捷菜单与右击普通文件夹中的文件后弹出的快捷菜单是完全不同的。

回收站里有文件和没有文件时图标是不同的，如图 3.61 所示，可以很直观地从回收站的图标看出其内部是否有文件。

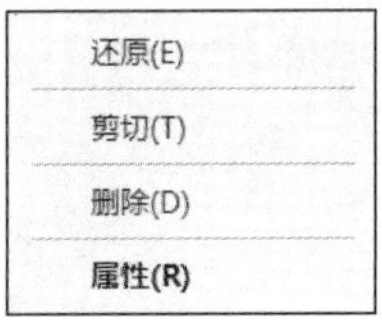

图 3.60　还原菜单　　　　　　　　　　图 3.61　回收站状态

（6）重命名

修改文件或文件夹的名称。右击文件，在弹出的快捷菜单中选择"重命名"命令，如图 3.62 所示，输入新名称，按 Enter 键或单击空白处即可完成文件的重命名。也可以通过按 F2 键来实现重命名操作。选中文件，按 F2 键，输入新名称，按 Enter 键或单击空白处即可。

（7）发送到

选择"发送到"命令，打开的级联菜单见图 3.29。其中"传真收件人"/"邮件收件人"/"蓝牙设备"可以将文件或文件夹通过传真/邮件/蓝牙等形式发送到用户自定义的目标；"桌面快捷方式"可以创建文件或文件夹的桌面快捷方式，方便以后直接在桌面打开，不需要再一步步单击到文件或文件夹所在路径；选择硬盘、U 盘等，可以将文件或文件

图 3.62　重命名状态

夹发送到网络映射的硬盘/机箱上外接的存储设备（U 盘、移动硬盘、存储卡等）；"压缩（zipped）文件夹"可以将文件或文件夹压缩成 ZIP 格式的压缩包。

3.5　附件功能

用户在日常工作中，常常会用到 Windows 附件里的一些功能。单击左下角微软徽标（即"开始"菜单），中间程序列表中选择"Windows 附件"命令，在打开的下拉列表中有画图、快速助手、远程桌面连接、截图工具、步骤记录器、计算器、System Tools 文件夹、Windows 传真和扫描、Windows Media Player、写字板等。日常比较常用的有画图、截图工具、计算器等。

3.5.1　画图

画图是一个简单的图像绘画程序，是微软 Windows 操作系统的预装软件之一。"画图"程序是一个位图编辑器，可以对各种位图格式的图画进行编辑，用户可以自己绘制图画，也可以对扫描的图片进行编辑修改，在编辑完成后，可以以 BMP、JPG、GIF 等格式存档，也可以发送到桌面或其他文档中。图 3.63 为"画图"窗口，上方为功能区，中间为绘图区域。菜单栏包括"文件"、"主页"和"查看"。

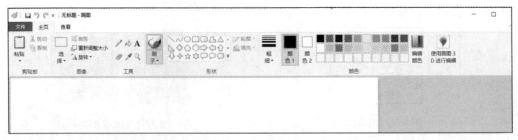

图 3.63   "画图"窗口

1. 文件

如图 3.64 所示,"文件"菜单主要包含以下功能。

（1）新建

用户可以建立一个全新的空白画图文件，在新文件中进行画图操作。

（2）打开

用户打开指定路径的画图文件，在已有的画图文件上进行画图修改。

（3）保存

可以将新建的画图文件进行保存，保存过程中需要选取保存路径。也可以将已存画图文件进行修改保存，保存时会覆盖原画图文件。

（4）另存为

"另存为"操作会保留原画图文件，将修改后的画图文件另存为新画图文件，可以转换文件格式为 PNG、JPEG、BMP、GIF 及其他格式。

（5）打印

打印当前画图文件，打印前可以根据用户需要进行页面的纸张、大小等设置，打印预览等。

2. 查看

如图 3.65 所示,"查看"菜单包含以下功能。

图 3.64   "文件"菜单

图 3.65   "查看"菜单

（1）缩放

对当前文件进行比例调节。

（2）显示或隐藏

设置标尺、网格线及状态栏是显示还是隐藏。

（3）显示

设置画图文件全屏显示及缩略图显示。

3. 主页

"主页"菜单中包括剪贴板、图像、工具、形状、粗细及颜色等功能。

（1）剪贴板

进行剪切、复制、粘贴操作。用户可以按 Print Screen 键用来截取整个计算机桌面，在画图中单击粘贴，这样就把截取的整个计算机桌面图片放在画图中显示。

（2）图像

"选择"功能可以对图片进行区域选择；"裁剪"功能可以对当前图片根据需要进行剪裁；单击"重新调整大小"按钮，打开"调整大小和扭曲"对话框，如图 3.66 所示。用户可以根据自己的需求来进行大小比例调整，其中"保持纵横比"可以保证长宽的比例不变。单击"旋转"按钮，打开下拉菜单，如图 3.67 所示，可以对图片进行"向右旋转 90 度"、"向左旋转 90 度"、"旋转 180 度"、"垂直翻转"和"水平翻转"等操作。

（3）工具

可以根据图表来选择工具，如图 3.68 所示。图中的图标依次为铅笔：用选定的线宽画一个任意形状的线条；水桶：用颜色填充，单击画布上的某个区域可使用前景色对其进行填充，或者右击可以使用背景色对其进行填充；A：在图片上添加文本框用来进行添加文字；橡皮擦：用来擦除鼠标在图片中单击的部分；滴管：颜色选取器，可以从图片中选取颜色并将其用于绘制图片；放大镜：用来放大鼠标在图片中的部分区域。用户在绘图时，可以根据自己的需要单击不同的工具来绘制、修改图片。

单击"工具"区刷子按钮，可以在下拉菜单中选择如图 3.69 所示显示的不同笔触进行绘画。

图 3.66 "调整大小和   图 3.67 "旋转"   图 3.68 工具   图 3.69 "刷子"菜单
     扭曲"对话框   菜单

（4）形状

用户可以在该功能区选择需要的形状进行绘制。例如，在图 3.70 中选择的五角星形状，在绘制的时候按住鼠标左键可以进行大小的拉伸，后期也可以通过虚线框调节大小。

图 3.70　形状及绘图示范

1）轮廓，图片中五角星的黑线部分就是轮廓，用户可以在下拉菜单中选择需要的笔来绘制轮廓，如图 3.71 所示。

2）填充，图片中五角星轮廓内的区域为填充区域，用户可以对其进行颜色填充，如图 3.72 所示用红色为五角星形进行了颜色填充。同轮廓一样，用户也可以在下拉菜单里选择需要的笔来填充内部区域。

（5）粗细

如图 3.73 所示，用户可以在这里调节所使用工具绘制时线条的宽度。

图 3.71　轮廓　　　　　　　图 3.72　填充　　　　　　图 3.73　粗细

（6）颜色

这里有两种颜色：颜色 1 为前景色，用户可以使用鼠标左键来绘制；颜色 2 为背景色，用户可以使用鼠标右键来进行绘制。右侧为颜色调节区，可以对颜色 1 和颜色 2 进行预先的设定，如图 3.74 所示。如果色盘中没有想用的颜色，可以单击右侧"编辑颜色"按钮，在打开的"编辑颜色"对话框中选择想用的颜色加入色盘，如图 3.75 所示。

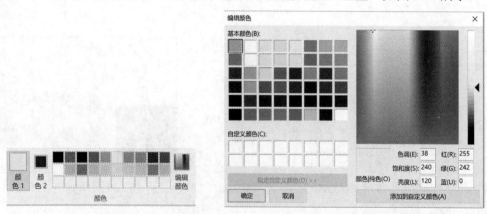

图 3.74　颜色　　　　　　　　　图 3.75　"编辑颜色"对话框

3.5.2　截图工具

系统提供了很全面的截图功能，方便用户在日常使用中进行截图操作。

截图工具窗口如图 3.76 所示，包括新建、模式、延迟、选项等菜单。

图 3.76　截图

（1）新建

可以单击"新建"按钮来进行截图操作，单击后整个计算机屏幕变成半透明的白色，按住鼠标左键作为截取区域的起始位置，拖动以进行截图操作，松开左键完成截图，在弹出的"截图工具"窗口中选择"文件"菜单中的"另存为"命令，选择保存路径进行保存。"工具"菜单还提供了笔、荧光笔和橡皮擦等选项，可对图片进行基础的修改。

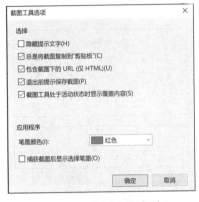

图 3.77　截图工具选项

（2）模式

用户进行截图前可以选定截图模式，分为任意格式截图、矩形截图和窗口截图三种模式。

（3）延迟

用户进行截图前可以设定延迟几秒进行截取，系统提供了无延迟（立即截图）、1 秒、2 秒、3 秒、4 秒、5 秒几个时长来进行设定。

（4）选项

单击"选项"按钮，打开"截图工具选项"对话框，如图 3.77 所示，用户可以在对话框中根据需要来设定这些功能。

3.5.3　计算器

除了附件中提供的画图和截图两个工具，用户还常常要用到 Windows 10 操作系统提供的计算器。打开方式有如下两种，如图 3.78 所示。

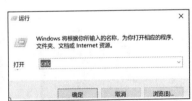

图 3.78　计算器的打开方式

➢ 单击桌面左下角"开始"菜单，单击 Calculator 图标，打开计算器。

➢ 按微软徽标+R 组合键，在"运行"对话框中输入"calc"，单击"确定"按钮，打开计算器。

Windows 10 操作系统提供了标准、科学、程序员和日期计算四种类型的计算器。还可以作为转换器使用，也提供了五种类型：货币、体积、长度、重量和质量。用户可以通过计算器窗口左上角的三道杠图标来进行类型选择。

1. 标准计算器

标准计算器如图 3.79 所示，系统默认情况下，计算器的初始模式是标准型，可以进行日常工作中加、减、乘、除等常用的基本运算。

2. 科学计算器

科学计算器如图 3.80 所示，当标准计算器中的功能不足以解决用户的计算问题时，就需要用到科学计算器，如多次方、三角函数运算等。

图 3.79　标准计算器　　　　　　　　　　图 3.80　科学计算器

3. 程序员计算器

程序员计算器如图 3.81 所示，方便用户进行二进制、八进制、十进制和十六进制之间的转换，还可以实现与、或、非等逻辑运算。

4. 日期计算器

日期计算器如图 3.82 所示，方便用户进行自起始日期至结束日期之间的差异的运算。例如，输入起始日期及结束日期，计算中间间隔多少天数。

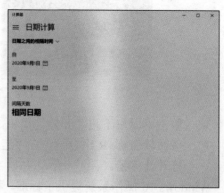

图 3.81　程序员计算器　　　　　　　　　　图 3.82　日期计算器

5. 货币转换器

货币转换器如图 3.83 所示，可以进行货币之间的数值转换。需要注意的是，此计算器需要联网获取实时汇率，根据实时汇率来对各种货币进行换算。

6. 体积转换器

体积转换器如图 3.84 所示，可以进行体积单位之间的转换，提供的单位有毫升、升、立方厘米、立方米、茶匙（美制）、汤匙（美制）、液盎司（美制）、杯（美制）和品脱（美制）等。

图 3.83　货币转换器　　　　　　　　　　图 3.84　体积转换器

7. 长度转换器

长度转换器如图 3.85 所示，可以进行长度之间的转换，提供的单位有毫米、厘米、米、公里、英寸、英尺、码、英里、海里等。

8. 重量和质量转换器

重量和质量转换器如图 3.86 所示，可以进行重量和质量之间的转换，内设的单位有克、公吨、盎司、磅、英石、短吨（美制）和长吨（英制）。

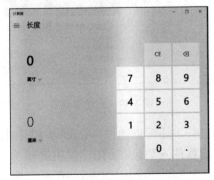 

图 3.85　长度转换器　　　　　　　　　　图 3.86　重量和质量转换器

3.6 应 用 程 序

　　用户在安装操作系统后，常常会根据自己的需要和喜好安装第三方应用程序。常用的软件有浏览器软件、社交聊天软件、影音娱乐软件、办公软件、杀毒软件和图像处理软件等。

3.6.1 软件的下载

　　Windows 10 操作系统提供了应用商店，方便用户下载软件的安装包。在"开始"菜单中选择"应用商店"命令，打开"应用商店"窗口，如图 3.87 所示。

图 3.87 "应用商店"窗口

　　在应用商店的右上角搜索栏中输入需要下载软件的名称，如输入"浏览器"，可以看到共有 191 个应用，如图 3.88 所示。如果没有需要的，可以单击"显示全部"来寻找所需要的软件。如图 3.89 所示，选中"Chrometic Browser"选项，单击"获取"按钮，即可下载安装包。

图 3.88 搜索结果

图 3.89 应用下载界面

　　用户除了可以在应用商店中下载软件的安装包外，还可以通过 Windows 10 操作系统内置的浏览器打开搜索引擎来查找并下载所需的软件安装包。单击计算机屏幕下方任务栏中的"Microsoft Edge"浏览器，在地址栏中输入 www.baidu.com，在百度搜索引擎的搜索栏中输入所需软件的名称，在搜索结果中选择安全的网站来下载软件安装包，如图 3.90 所示。此时需要注意，百度的搜索结果会在每条结果后有所提示，有"广告"

字样的是百度搜索引擎的广告用户，它会将其作为首推网站。如果知道所需软件的官方网址，也可以直接在浏览器中输入官方网址并前往下载软件安装包。

图 3.90　百度搜索页面

3.6.2　常用软件介绍

1. 浏览器软件

浏览器是一种方便用户在万维网或者局域网上浏览网页上的文字、图像、视频及其他信息的软件，也可以让用户与这些信息文件进行交互操作。用户可安装多个浏览器来交替使用，因为每个浏览器都有其特点，不同的用户有不同的使用风格，多尝试几种以便选择适合自己的浏览器。

① Chrome 浏览器：目前世界上占浏览器份额最多的浏览器，深受开发者喜爱。

② Firefox 浏览器：开源，网络安全工作者常用的浏览器。

③ Yandex 浏览器：响应快，自带屏蔽广告功能。

④ Vivaldi 浏览器：简约风，界面美感十足。

⑤ Safari 浏览器：随着苹果产品的风靡，这款浏览器也随之被广大用户所接受。

⑥ Edge 浏览器：IE 浏览器的接代者，Windows 10 操作系统内置的浏览器。

⑦ QQ 浏览器：腾讯旗下的浏览器软件，在 QQ 等软件的支持下被广泛应用。

⑧ 360 浏览器：360 安全中心产品，独创沙箱技术，安全性及兼容性受到广大用户的认可。

2. 社交聊天软件

随着计算机及网络的普及，除了上网冲浪外，网络社交聊天也随之风靡。从 20 世纪的"轻舞飞扬"，到如今的网红直播，社交聊天软件经历了从文字交流到语音、视频交流的转变，成为学习、娱乐和工作不可缺少的交流工具。工作会议、买卖交易、授课面试等都已经能够在社交聊天软件中进行。

① Skype：早年在合资企业中应用最广泛的即时通信软件，可以拨打国际国内电话。

② QQ：腾讯公司推出的聊天软件，拥有庞大的用户数量，特有 QQ 群功能，支持

多人同时在线编辑文档。

③ 微博及博客：早期著名的是美国的 twitter 和 blogger，在国内早期比较热门的是校内网，随后其地位被微博所取代，用户可以在微博上即时发布一些图片及文字来表达即时的心情，其中新浪微博最为活跃。时至今日，新浪微博依旧是热点信息的交流平台。

④ 微信：随着智能手机的普及，微信作为一款实时发送语音的软件逐渐取代了电话和短信业务，其朋友圈和微信支付功能更是深受广大用户的喜爱。

⑤ 抖音：一款音乐创意短视频社交软件，上线的短短几年就吸引了众多用户，甚至催生了多种以其或类似软件作为平台的新职业。

3. 办公软件

常用的办公软件有微软公司推出的 Office 办公组件，金山公司推出的 WPS 软件，苹果公司推出的 pages/numbers/keynote 等。其中具有代表性的是 Office 办公组件，其主要包括 Word、Excel、PowerPoint 和 Access 等，能够全面满足用户日常工作中涉及文档的编辑和排版，表格的制作、排序和计算，演示文稿的设计和演示，以及简单的数据库建立和管理等工作。

4. 杀毒软件

随着计算机在日常生活和工作中的普及，人们的很多个人资料和工作数据等都保存于计算机硬盘中，相应产生的网络信息安全问题也随之越来越被重视。Windows 10 操作系统为用户提供自带的 Defender 杀毒软件。一般情况下，用户普遍选择安装第三方杀毒软件。

火绒安全：个人用户版是免费的，企业用户需要付费使用。火绒是一款杀防一体的安全软件，能够准确地分析出病毒、木马、流氓软件的攻击行为，为各种安全软件的病毒库升级和防御程序的更新提供帮助。火绒当前被广泛使用的功能是拦截广告弹窗。

360 杀毒：360 杀毒是 360 安全中心出品的一款免费的云安全杀毒软件。它创新性地整合了五大领先查杀引擎，包括国际知名的 BitDefender 病毒查杀引擎、Avira（小红伞）病毒查杀引擎、360 云查杀引擎、360 主动防御引擎以及 360 第二代 QVM 人工智能引擎。360 杀毒具有查杀率高、资源占用少、升级迅速等优点。零广告、零打扰、零胁迫，一键扫描，快速、全面地诊断系统安全状况和健康程度，并进行精准修复，带来安全、专业、有效、新颖的查杀防护体验。

卡巴斯基：卡巴斯基反病毒软件是世界上拥有尖端科技的杀毒软件之一，为个人用户、企业网络提供反病毒、防黑客和反垃圾邮件产品。著名的卡巴斯基安全软件，主要针对家庭及个人用户，能够彻底保护用户计算机不受各类互联网威胁的侵害。

3.6.3 程序的相关操作

1. 安装及相关设置

本节以"360 安全卫士"为例来演示程序从下载到安装及管理的相关操作。

（1）下载安装包

360 官方网站如图 3.91 所示，在快速下载区域，单击"安全卫士"下方的下载按钮，此时在浏览器的下方会弹出询问提示框，如图 3.92 所示。

图 3.91　官方网站

图 3.92　询问提示框

（2）运行安装包

用户可以单击"运行"按钮，浏览器会直接进行下载并打开软件安装包准备安装。此时操作系统为了安全会再次询问用户是否安装此应用，如图 3.93 所示。为了方便后期使用，也可以单击"保存"按钮，在打开的下拉菜单中选择"另存为"命令，在打开的对话框中选择想要放置安装包的磁盘位置，同时为了方便后期使用，也可以修改文件的保存名称。浏览器下载完成后会在下边缘弹出提示框，如图 3.94 所示。

图 3.93　"用户账户控制"对话框

图 3.94　下载完成询问提示框

（3）安装路径及相关设置

对于信任的软件，可以直接单击"是"按钮，随后会弹出软件安装的一些设置，如安装路径等。

用户根据自己的习惯选择路径，如图 3.95 中所示的默认路径为"C:\Program Files

(x86)\360\360Safe",也就是安装在 C 盘 Program Files（x86）文件夹下的"360"文件夹下的"360Safe"文件夹中。单击"同意并安装"按钮,此后软件开始安装。经过读取进度条的等待后,很多软件还会对自己公司的其他软件进行推荐安装,如图 3.96 推荐的"360 安全浏览器"。

图 3.95　安装路径窗口

图 3.96　推荐窗口

用户可以根据自己的需求来选择是否安装,往往很多软件会将推荐的软件放在界面不显眼的地方并默认选择安装,此时需要用户在安装软件的过程中仔细查看每一步的提示。

软件安装完毕,单击"打开卫士"按钮,在此操作系统上首次打开新安装的"360 安全卫士"界面,如图 3.97 所示。

图 3.97　360 安全卫士主界面

通过该界面可以看到,"360 安全卫士"给用户提供了如下日常生活及工作中使用计算机常用的几种功能。

① 我的电脑:计算机的日常监测。

② 木马查杀:分为快速查杀和全盘查杀,基本满足个人用户的查杀需求。

③ 电脑清理:帮助用户清理一些软件产生的临时文件和长期不用的非重要文件。

④ 系统修复:针对当前系统安装补丁及更新文件。

⑤ 优化加速:帮助用户设定随系统开机的软件启动与否,清理并释放内存以达到加速。

⑥ 功能大全:提供一些计算机出现问题时的解决建议。

⑦ 软件管家:对当前操作系统上安装的软件进行管理,也可以在此下载安装所需软件。

（4）软件的启动设置

为了合理地管理软件，用户可以设定软件是否随着系统的启动而打开。按组合键微软徽标+R，打开"运行"对话框，输入"MSconfig"并运行，打开"系统配置"对话框，如图 3.98 所示。

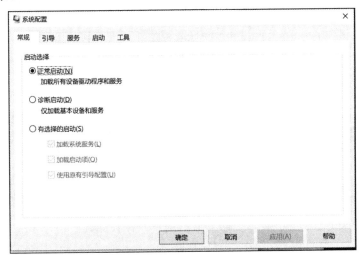

图 3.98　"系统配置"对话框

在"系统配置"对话框中，可以看到常规、引导、服务、启动和工具几大功能。单击"启动"选项卡中的"打开任务管理器"按钮（图 3.99），打开如图 3.100 所示对话框，在程序列表里找到相应的程序，在"状态"一列中右击，修改为"已禁用"，这样软件就不会随着系统的启动而打开。如果想让软件在系统启动后自动打开，则修改为"已启用"。

图 3.99　启动

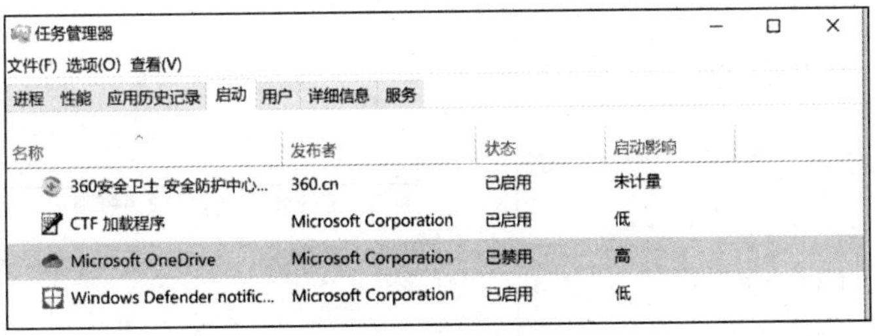

图 3.100　启动管理

软件使用过程中，会有提示需要更新的时候，用户可以根据需要按照提示信息来更新软件版本。

2. 卸载

当用户需要重新安装软件或者需要卸载软件时，可以按照如下步骤进行操作。单击"开始"菜单"设置"图标，打开"设置"窗口，如图 3.101 所示。

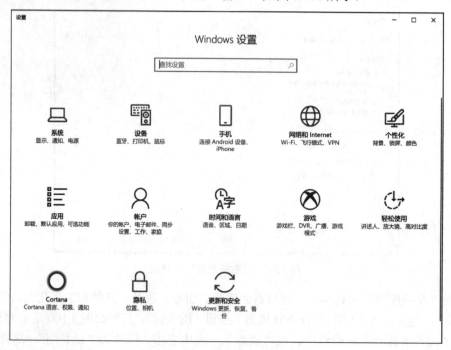

图 3.101   "设置"窗口

单击"应用"图标，打开"应用和功能"窗口，如图 3.102 所示，可以在这里看到计算机上安装的所有应用。找到需要卸载的软件，以"360 安全卫士"为例，单击"360安全卫士"图标，弹出"修改"和"卸载"按钮，如图 3.103 所示。

图 3.102   "应用和功能"窗口   图 3.103   卸载

单击"卸载"按钮，弹出提示信息"此应用及其相关的信息将被卸载"，继续单击"卸载"按钮。

　　打开"用户账户控制"对话框，如图 3.104 所示。继续单击"是"按钮，开始卸载"360 安全卫士"。如果单击"否"按钮，则会退出卸载进程。

　　如图 3.105 所示，在打开的对话框中继续单击"我要卸载"按钮。

图 3.104　"用户账户控制"对话框

图 3.105　360 卸载对话框

　　弹出信息提示框，如图 3.106 所示，单击"是"按钮。需要注意，现在部分软件的卸载按钮设计得很隐蔽，用户在单击之前一定要仔细查看。

　　在等待卸载读取进度条的时候，用户可以自行判断是否想填写调查问卷，如图 3.107 所示，便于软件公司后期对软件进行改进。

图 3.106　再次确认

图 3.107　调查窗口

　　如图 3.108 所示，单击"卸载完成"按钮，完成对"360 安全卫士"的卸载操作。如图 3.109 所示，软件还会提示用户对在使用软件的过程中产生的文件是保留还是删除，如果用户以后不会再用此软件，则可以删除相关设置，以释放更多空间；如果用户以后还可能会再用到此软件，则可以保留相关设置，在重新安装的时候，选择相同路径，保留之前的个性化设置，可节省很多对软件的设置操作。

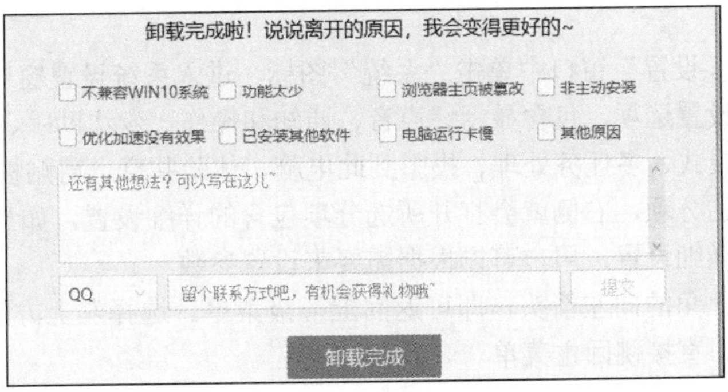

图 3.108　卸载完成

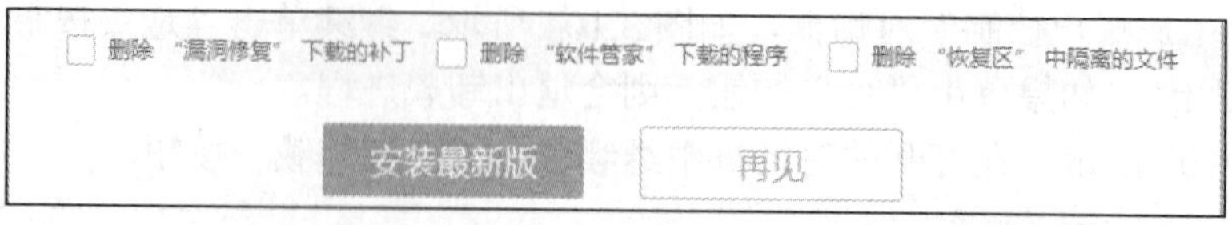

□ 删除 "漏洞修复" 下载的补丁　　□ 删除 "软件管家" 下载的程序　　□ 删除 "恢复区" 中隔离的文件

安装最新版　　　　再见

图 3.109　卸载完成

用户如果是卸载其他软件，也可以通过 "360 安全卫士" 的 "软件管家" 功能来实现。为了更简单快捷地管理计算机，用户可以通过 "360 安全卫士" 提供的各种功能来维护计算机系统。"360 安全卫士" 软件所提供的各种功能多数是 Windows 10 操作系统自带的各种设置，也就是 "控制面板" 功能。

3.7　Windows 设置

Windows 设置，也就是 Windows 之前版本中的 "控制面板" 功能，其提供了整个 Windows 10 操作系统的各方面功能设置，具体包括如下内容。

① 系统：包含显示、通知、电源等。

② 设备：蓝牙、打印机、鼠标等。

③ 手机：链接 Android 设备、iPhone 等。

④ 网络和 Internet：Wi-Fi、飞行模式、VPN 等。

⑤ 个性化：背景、锁屏、颜色等。

⑥ 应用：卸载、默认应用、可选功能等。

⑦ 账户：你的账户、电子邮件、同步设置、工作、家庭等。

⑧ 时间和语言：语音、区域、日期等。

⑨ 游戏：游戏栏、DVR、广播、游戏模式等。

⑩ 轻松使用：讲述人、放大镜、高对比度等。

⑪ Cortana：Cortana 语言、权限、通知等。

⑫ 隐私：位置、相机等。

⑬ 更新和安全：Windows 更新、恢复、备份等。

本节主要介绍几种常用的功能设置。

3.7.1　系统

在 "Windows 设置" 窗口中单击 "系统" 图标，进入系统设置窗口，如图 3.110 所示，左侧为分项设置选项，包含显示、声音、通知和操作、专注助手、电源和睡眠、电池、存储、平板模式、多任务处理、投影到此电脑、体验共享、剪贴板、远程桌面及关于等。选择左侧的分项，右侧就会打开所选分项包含的详细设置，如当前默认为显示，右侧即为显示的详细设置，用户可以根据需要来设置参数。

单击窗格左上角的向左箭头，即可返回上一级菜单。选择左上方的 "主页"（即小房子图标）命令，直接跳回主菜单。

1. 显示

在"显示"窗口中可以设置显示输出设备的一些参数,如"颜色"区的"夜间模式",可以在此设置为夜间模式来减少屏幕发出的蓝光,单击"夜间模式设置"按钮,进入"夜间模式设置"窗口,如图 3.111 所示,可以设置夜间模式的强度及预设开启夜间模式的时间。

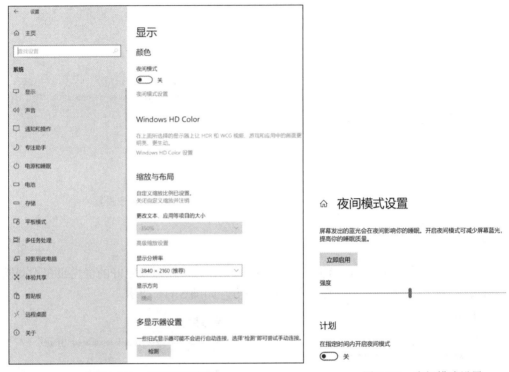

图 3.110　系统设置窗口　　　　　　图 3.111　夜间模式设置

在"显示"窗口中可以设置文本、应用等项目的显示大小,如老人使用的计算机,可以增加显示比例。还可以设置显示的分辨率,系统会在推荐的显示比例后方标注(推荐),如 3840×2160(推荐)即为系统推荐的显示分辨率。还可以设置显示方向,程序员有时候需要将第二个显示器设置为竖立显示,可以在此进行设置。最下方还有高级显示设置,单击此按钮,打开"高级显示设置"窗口,如图 3.112 所示。

2. 声音

"声音"窗口如图 3.113 所示,可以在此设置计算机的声音经由哪个设备输出,主音量的大小,管理声音设备。还可以设置经由哪个设备输入,测试麦克风等一些声音输入及输出的相关功能。

3. 通知

在"通知和操作"窗口中,用户可以设置通知中心的一些细节,如编辑控制中心的显示项目等,如图 3.114 所示。

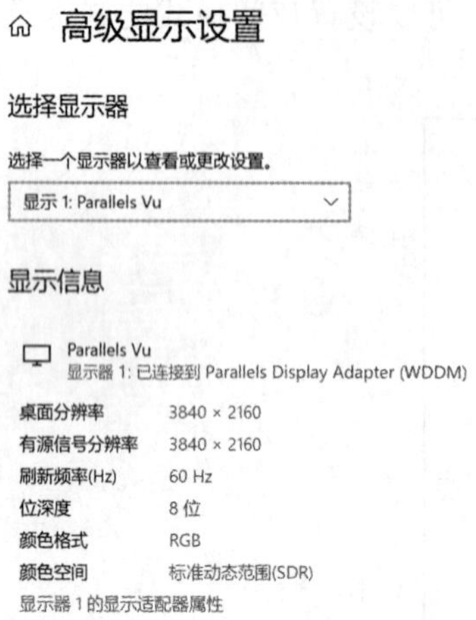

输出

选择输出设备

扬声器 (Parallels Audio Controller) ∨

某些应用可以设置为使用与此处选择的声音设备不同的声音设备，请在高级声音选项中自定义应用音量和设备。

设备属性

主音量

🔊 ————————————— 24

⚠ 疑难解答

管理声音设备

⌂ 高级显示设置

选择显示器

选择一个显示器以查看或更改设置。

显示 1: Parallels Vu ∨

显示信息

🖥 Parallels Vu
显示器 1: 已连接到 Parallels Display Adapter (WDDM)

桌面分辨率　　　　3840 × 2160
有源信号分辨率　　3840 × 2160
刷新频率(Hz)　　　60 Hz
位深度　　　　　　8 位
颜色格式　　　　　RGB
颜色空间　　　　　标准动态范围(SDR)
显示器 1 的显示适配器属性

输入

选择输入设备

麦克风 (Parallels Audio Controller) ∨

某些应用可以设置为使用与此处选择的声音设备不同的声音设备，请在高级声音选项中自定义应用音量和设备。

设备属性

测试麦克风

🎤

⚠ 疑难解答

管理声音设备

图 3.112　高级显示设置 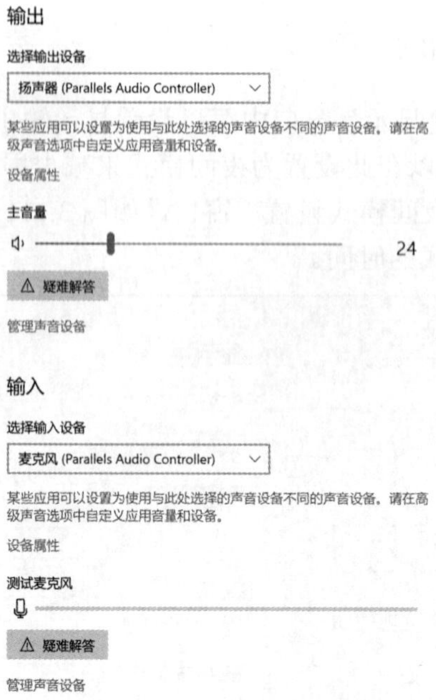　　　　　　　图 3.113　声音设置

4. 专注助手

在"专注助手"窗口中，当用户进行不同的工作时，按照设定好的优先级在不同模式下自行判断是否显示，以免打扰用户的专注度，如图 3.115 所示。

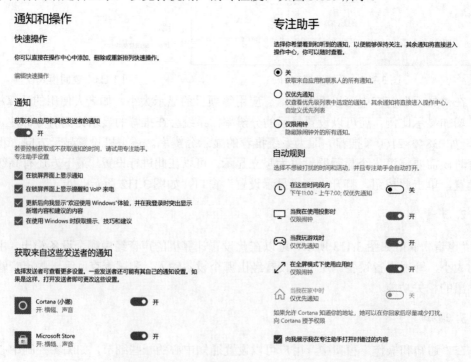

图 3.114　通知和操作　　　　　　　　　图 3.115　专注助手

5. 电源和睡眠

在"电源和睡眠"窗口中,计算机可以根据用户设定的时间来进行关闭屏幕或进入睡眠模式,如图 3.116 所示。

在"电池"窗口中,用户可以查看电池的状态和不同电量下是否进行相应的节电及降低屏幕亮度等操作,如图 3.117 所示。

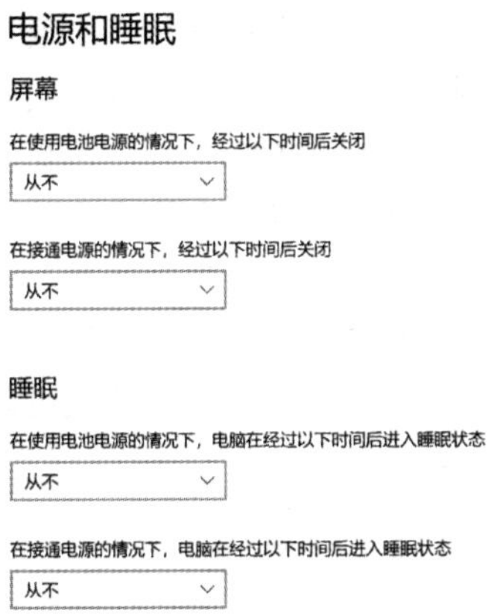

图 3.116　电源和睡眠 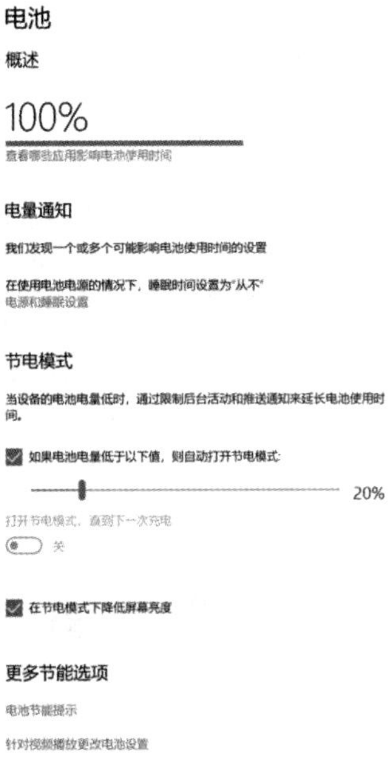　　　　　　　　　图 3.117　电池

3.7.2　设备

在"Windows 设置"窗口中单击"设备"图标,打开设备设置窗口,如图 3.118 所示,

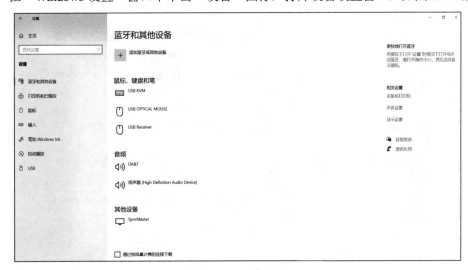

图 3.118　设备设置

左侧菜单包括蓝牙和其他设备、打印机和扫描仪、鼠标、输入、笔和 Windows Ink、自动播放、USB 等。

1. 蓝牙和其他设备

蓝牙技术是基于低成本的近距离无线连接技术，一般在 10 米以内。随着无线设备的普及，蓝牙得到广泛的应用，它不需要像以往的无线设备那样连接一个接收器来使用。蓝牙耳机、蓝牙鼠标、蓝牙键盘等深受广大用户的喜爱。用户可以在此来添加蓝牙或其他设备，也可以管理已经连接的设备。

2. 打印机和扫描仪

"打印机和扫描仪"列表如图 3.119 所示，用户可以在此添加打印机和扫描仪设备，

图 3.119　打印机和扫描仪

并对其进行管理。对于日常办公的用户常常需要连接打印机和扫描仪来打印文件及扫描文件，现在很多打印机都集成了扫描功能，打印机是计算机输出设备的一种，常见操作是将用户处理的文档及表格等打印在纸张等介质上。按照工作方式分为针式打印机、喷墨式打印机和激光打印机。

扫描仪是计算机输入设备的一种，是一种捕获影像的计算机外设。它可以将文件、影像等转换为计算机可以显示、编辑、存储和输出的数字格式。

3. 鼠标

在"鼠标"列表中可以设置鼠标按键的主按钮在左侧按钮对调，鼠标滚轮的滚动操作，鼠标指针悬停在非活动窗口上方时是否对其滚动等。单击"其他鼠标选项"按钮，打开"鼠标 属性"对话框来进行详细的设置，如图 3.120 所示。

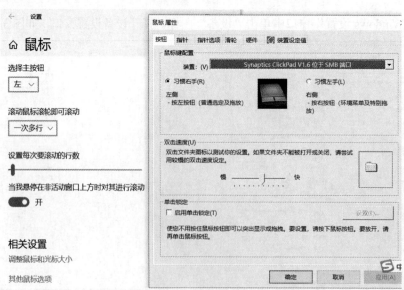

图 3.120　鼠标设置

在"鼠标 属性"对话框中，用户可以根据自己的使用习惯设定鼠标键配置、双击速度、指针移动速度及其他相关选项，滑轮、硬件等一些日常操作中的鼠标细节设置，使用户能够更方便地操控鼠标。

4. 输入

"输入"列表如图 3.121 所示，可以辅助用户在输入时的自动拼写提醒、纠错以及输入时的文本建议和快捷操作等，提高用户输入的准确度和快捷度。

3.7.3　网络和 Internet

网络的设置包括状态、以太网、拨号、VPN、飞行模式、数据使用量、代理等。对于普通用户来说，常用的是状态、以太网。拨号功能可在路由器里实现，VPN 和代理这些高级功能对于一般网络用户来说并不常用。

1. 状态

"状态"列表中显示当前网络所处的状态，如图 3.122 所示。用户常用的是 Windows 防火墙、网络和共享中心。

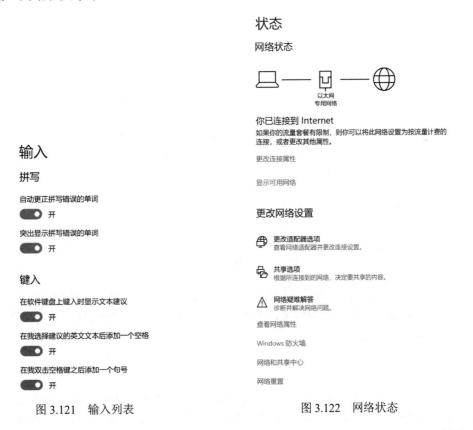

图 3.121　输入列表　　　　　　　　图 3.122　网络状态

单击"网络和共享中心"按钮，打开"网络和共享中心"窗口，如图 3.123 所示。单击"以太网"按钮，打开如图 3.124 所示的"以太网 状态"对话框，单击"属性"按钮，打开"以太网 属性"对话框，在"此连接使用下列项目"列表框中选中"Internet 协议版本 4（TCP/IPv4）"复选框，设置 IP。

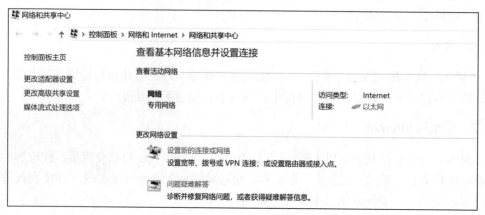

图 3.123　网络和共享中心

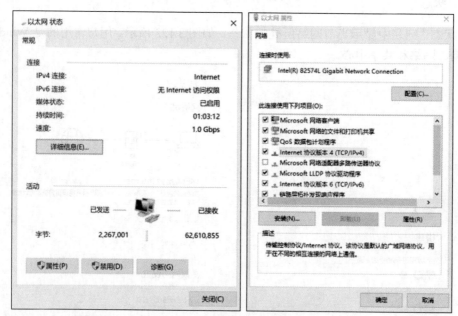

图 3.124　以太网状态及属性

2019 年 11 月 26 日，全球 43 亿个 IPv4 地址已经分配完毕，当前 IPv6 还只是小范围的进行部署实验，在不久的将来，IPv6 将会普及使用，其地址数量可以为全世界的每一粒沙子编写一个地址。

2. Windows 防火墙

在"状态"菜单中单击"Windows 防火墙"按钮，打开"Windows 安全中心"窗口，包括病毒和威胁防护、账户保护、防火墙和网络保护、应用和浏览器控制、设备安全性、设备性能和运行状况以及家庭选项等功能选项。用户可根据需求，选择相应的功能来开启和关闭保护功能。为了安全，不建议初级用户在此进行操作。如果误操作，可以单击

"还原设置"按钮。

3. WLAN 和移动热点

无线网络覆盖极其广泛的今天，我们几乎可以在任何地方享受无线网络带来的便利。用户可以通过 WLAN 来管理计算机连接的无线网络，也可以通过移动热点将计算机已经连接上的网络通过无线方式共享给其他设备使用。如同手机上的移动热点功能一样，可以在移动热点界面选择共享网络的方式、名称、密码及频率。

3.7.4　时间和语言

"时间和语言"菜单包含"日期和时间"、"区域"、"语言"和"语音"功能，用户可以在此设置操作系统的日期和时间、默认输入法等。

1. 日期和时间

如图 3.125 所示，在此窗口用户可以手动设置操作系统的时间，也可以让操作系统在联网时自动同步时间服务器上的时间。建议选择系统自动同步，连接网络后单击"立即同步"按钮，系统就会自动同步网络时间。

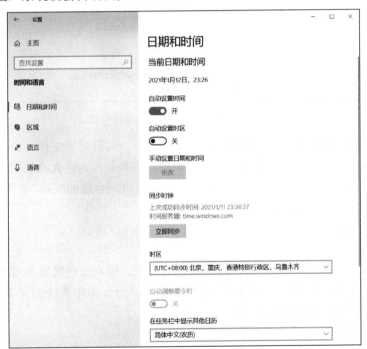

图 3.125　日期和时间设置

2. 语言

在此窗口用户可以设置操作系统显示的语言，也可以通过"首选语言"来设置应用和网站用何种语言进行显示。还可以通过"拼写、输入和键盘设置"来根据个人习惯设置相关的操作选项。

3.7.5　账户

Windows 10 支持本地账户和 Microsoft 账户登录。在登录选项里可以设置多种样式的验证方式，部分验证功能需要硬件的支持。如图 3.126 所示，有人脸识别、指纹识别、PIN 码、物理安全密钥、密码、图片密码等。用户还可以设置动态锁，如带蓝牙手环、智能手表等。当与计算机配对的设备超出连接范围则会锁定计算机。

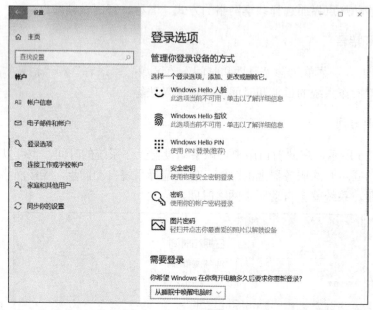

图 3.126　"登录选项"窗口

当使用 Microsoft 账户或工作账户时，可以同步一些设置和文件，这样可以轻松地获取所有设备上的内容，实现联动。还可以设置家庭功能，为家人添加用户，让每个成员都有自己的登录信息和桌面，也可以限制儿童只能访问合适的网站，使用合适的应用，玩合适的游戏，并且设置时间限制。

3.7.6　更新和安全

Windows 操作系统并不是一次安装就一劳永逸的，微软公司时常会发布一些漏洞补丁及一些功能更新，需要用户根据情况选择更新，以保证操作系统的安全和稳定运行。"Windows 更新"窗口如图 3.127 所示。

1. 更新

日常使用过程中，用户的计算机多数时候处于联网状态，系统会自动下载并安全更新补丁，安装后会提示用户重新启动计算机以使补丁生效。往往系统后台自动更新会占用网速和硬件资源，建议用户可以关闭自动更新或者设定更新时间。用户可以根据自己的实际使用情况来设定更新的相关设置，如暂定几天更新，更新时间范围，还可以查看更新历史记录。在"高级选项"中可以更详细地设置更新的相关选项。

图 3.127　"Windows 更新"窗口

2. 备份

用户可以将自己使用的操作系统及相关文件备份到其他驱动器中,这样当原始文件丢失、受损或者被删除时,就可以使用备份文件来将其还原。

3. 恢复

可以让用户在计算机未正常运行时重置计算机,重置前可以让用户选择保留个人文件或删除个人文件,然后重新安装 Windows 操作系统。也可以根据情况回退到 Windows 10 的上一个版本。

3.8　注册表和管理器

3.8.1　注册表

1. 认识注册表

注册表是 Windows 中的一个重要的数据库,用于存储系统和应用程序的设置信息。早在 Windows 3.0 推出 OLE 技术的时候,注册表就已经出现。随后推出的 Windows NT 是第一个从系统级别广泛使用注册表的操作系统。但是,从 Windows 95 操作系统开始,注册表才真正成为 Windows 用户经常接触的内容,并在其后的操作系统中继续沿用至今。注册表包含计算机运行过程中所需的重要参数,包括每个计算机用户的配置文件、有关系统硬件、已安装的程序和属性设置等许多信息。Windows 在运行过程中一直引用注册表中的这些信息,因此如果注册表遭到破坏,会导致系统无法工作,严重时会使系统瘫痪。

注册表是一种层次数据库,由五个根键组成,每个根键下又由若干子键组成,子键下还可包含子键,最底层的子键包含一个或多个键值,键值包含名称、类型、数据三项内容,键值记录着某个项目的配置信息。五个根键的配置信息如下。

1)HKEY_CLASSES_ROOT:应用程序启动配置信息。

2)HKEY_CURRENT_USER:当前登录用户配置信息。

3)HKEY_LOCAL_MACHINE:硬件及其驱动程序配置信息。

4)HKEY_USERS:所有登录用户配置信息。

5)HKEY_CURRENT_CONFIG:系统硬件配置信息。

2. 注册表的打开

使用 Windows 10 操作系统提供的注册表编辑器(regedit.exe),可以打开注册表进行编辑,以实现注册表的修改,具体操作步骤如下:

1)按微软徽标+R 组合键,打开"运行"对话框。

2)在"打开"文本框中输入 regedit。

3)按 Enter 键或单击"确定"按钮,打开"注册表编辑器"窗口,如图 3.128 所示。

图 3.128 "注册表编辑器"窗口

3. 注册表的备份与恢复

注册表的备份是将 Windows 10 操作系统正常时的注册表文件制作副本保存于其他位置。注册表的恢复就是用备份的注册表文件覆盖损坏的注册表文件。

注册表备份的操作步骤如下:

1)打开"注册表编辑器"窗口。

2)选择"文件"菜单中的"导出"命令,打开"导出注册表文件"对话框。

3)选择保存位置,输入保存的注册表文件名(系统默认扩展名为.reg)。

注册表恢复的步骤如下:

1)打开"注册表编辑器"窗口。

2)选择"文件"菜单中的"导入"命令,打开"导入注册表文件"对话框。

3)选择备份的注册表保存的位置,选择备份的注册表文件名,然后单击"打开"按钮,开始注册表文件恢复的导入。

在导入的过程中,将出现一个信息框,显示导入文件的速度。

4. 注册表的修改

注册表编辑器与其他应用程序的编辑方式有所不同，在注册表编辑器中没有"撤销"功能，对注册表进行的任何修改都将"立即"发生，所以在对注册表做任何修改之前一定要备份注册表，因为对注册表的错误修改可能导致系统瘫痪。

下面是一个注册表的修改举例——修改注册所有者和注册组织信息。如果用户购买的机器已预装了 Windows 10 操作系统，可能会发现某些程序坚持把类似某公司用户的一些名称作为用户名称，无论怎样注册，似乎都删除不了这个名字，这个问题在注册表编辑器的帮助下能将其根除，具体操作步骤如下：

1）打开"注册表编辑器"窗口。

2）在注册表编辑器的左窗格中，打开 HKEY_LOCAL_MACHINE→SOFTWARE→Microsoft→Windows NT→CurrentVersion 文件夹，如图 3.129 所示。

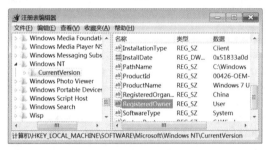

图 3.129　打开要修改的项目

3）在右窗格中选择"RegisteredOwner"选项，打开"编辑字符串"对话框，如图 3.130 所示。

图 3.130　"编辑字符串"对话框

4）在"数值数据"文本框中输入新的键值（所有者新名称），然后单击"确定"按钮。

5）返回注册表编辑器，选择"RegisteredOrganization"选项，打开"编辑字符串"对话框。

6）在"数值数据"文本框中输入公司的新名称，单击"确定"按钮即可。

3.8.2　管理器

1. 任务管理器

任务管理器提供了有关计算机性能的详细信息，用户可以通过任务管理器查看

Windows 10 操作系统实时运行的任务。

（1）打开方式

用户可以通过以下几种方式打开任务管理器。

1）在桌面底端任务栏右击，在弹出的快捷菜单中选择"任务管理器"命令，打开"任务管理器"窗口，如图 3.131 所示。

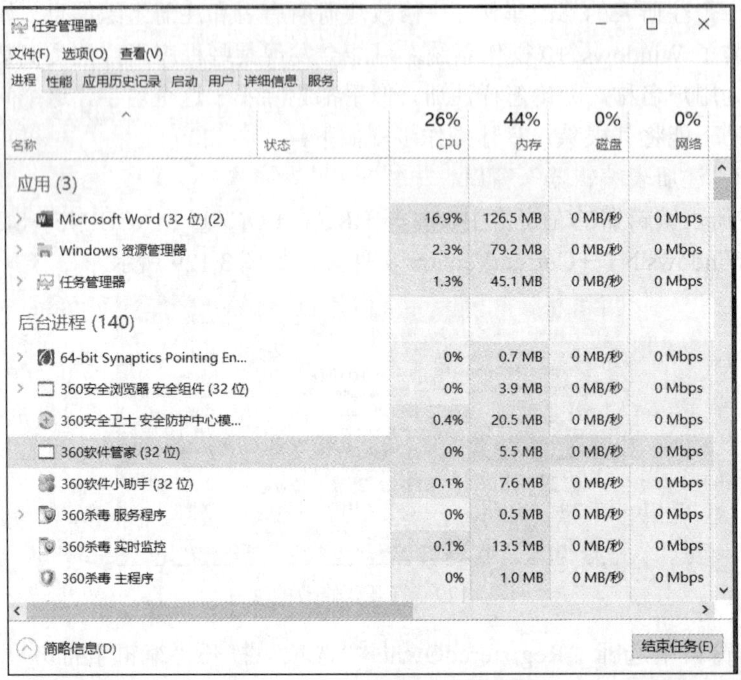

图 3.131   "任务管理器"窗口

2）按 Ctrl+Alt+Delete 组合键，在弹出的快捷菜单中选择"任务管理器"命令。

3）用微软徽标+R 组合键打开"运行"对话框，在"打开"文本框中输入"taskmgr.exe"，单击"确定"按钮。

4）右击"开始"按钮，在弹出的快捷菜单中选择"任务管理器"命令。

（2）主菜单功能

任务管理器上方三个主菜单分别为"文件"、"选项"和"查看"。

1）文件。在"文件"菜单中可以运行新任务，单击后会打开"新建任务"对话框，如图 3.132 所示，用户可以单击"浏览"按钮，找到需要运行任务的应用程序所在路径来打开新任务。如果需要以系统管理员身份来创建，则可以选中"以系统管理权限创建此任务。"复选框。

2）选项。"选项"下拉列表如图 3.133（a）所示，用户可以选择"置于顶层"命令，将任务管理器窗口置顶，也可以通过"设置默认选项卡"来设置打开"任务管理器"首先呈现哪种信息给用户。

3）查看。"查看"下拉列表如图 3.133（b）所示，用户可以调节实时信息的更新速度，还可以根据需要来选择是否将任务按照类型分组展示，以及任务的全部展开和折叠展示。

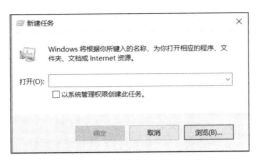

图 3.132　"新建任务"对话框

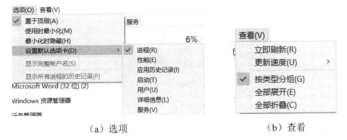

（a）选项　　　　　　　　　　（b）查看

图 3.133　"选项"和"查看"下拉列表

在"任务管理器"窗口的下方有"简略信息"和"结束任务"两个按钮。当单击"简略信息"按钮时，任务管理器只会展示当前使用应用的名称。单击"结束任务"按钮，即可强行结束选取的任务。一般某些程序长时间处于无响应状态的时候，用这个功能来强制关闭任务。选中一些系统任务时，"结束任务"按钮也会变成重新启动。

（3）选项卡介绍

任务管理器处于详细信息状态时，会给用户展现"进程"、"性能"、"应用历史记录"、"启动"、"用户"、"详细信息"和"服务"等几个界面，用户可以通过单击标签来切换显示窗口。

1）"进程"选项卡如图 3.134 所示，为用户展示当前运行的应用、后台进程和 Windows 进程等，提供各个任务的名称、状态以及其对 CPU、内存、磁盘、网络、GPU、电源使用情况和电源使用情况趋势等分析数据。用户可以通过单击相应的硬件名称来对任务使用该硬件的高低进行排序，如单击 CPU 按钮，可以查看哪个任务占用 CPU 最高，各个任务占用 CPU 会由高到低进行实时排序，再次单击 CPU 按钮，就会变成由低到高进行实时排序。用户可以根据需要，右击选中任务来结束任务进程。

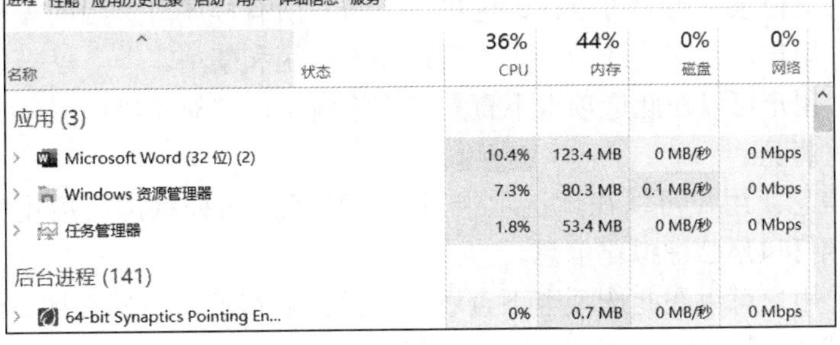

进程 性能 应用历史记录 启动 用户 详细信息 服务		36%	44%	0%	0%
名称	状态	CPU	内存	磁盘	网络
应用 (3)					
> Ⓦ Microsoft Word (32 位) (2)		10.4%	123.4 MB	0 MB/秒	0 Mbps
> 🖥 Windows 资源管理器		7.3%	80.3 MB	0.1 MB/秒	0 Mbps
> 📊 任务管理器		1.8%	53.4 MB	0 MB/秒	0 Mbps
后台进程 (141)					
> 🖥 64-bit Synaptics Pointing En...		0%	0.7 MB	0 MB/秒	0 Mbps

图 3.134　"进程"选项卡

2）"性能"选项卡如图 3.135 所示。用户在此界面可以查看 CPU、内存、磁盘、以太网、GPU 等实时数据，如 CPU 界面中为用户展示 CPU 的型号、利用率、速度、当前进程、线程、句柄和正常运行时间等数据。

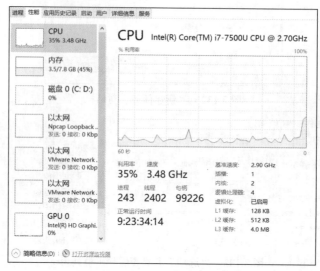

图 3.135　性能

单击"打开资源监视器"链接，打开"资源监视器"窗口，如图 3.136 所示，可以对 CPU、内存、磁盘和网络进行监听。

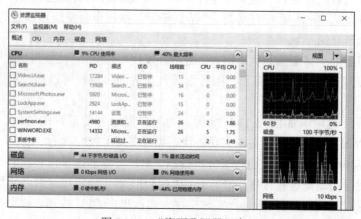

图 3.136　"资源监视器"窗口

3）应用历史记录：用户可以在此选项卡下查看所有程序对资源的短期使用情况。

4）启动：用户可以在此选项卡下设置程序的启用和禁用。

5）用户：用户可以在此选项卡下查看操作系统下用户对 CPU、内存、磁盘、网络和 GPU 的占用情况。

6）详细信息：用户可以在此选项卡下查看任务的所处状态、应用的用户名以及 CPU、内存占用和 UAC 虚拟化信息。

7）服务：用户可以在此选项卡下查看服务的开启情况、所属描述、组等信息。单击"打开服务"按钮，即可对操作系统的所有服务进行管理。

2. 文件资源管理器

文件资源管理器是 Windows 操作系统提供的文件资源管理工具,可以通过文件资源管理器查看计算机上的所有文件资源,能够清晰、直观地对计算机上所有的文件和文件夹进行管理。

(1)文件资源管理器的启动

"文件资源管理器"窗口如图 3.137 所示。启动资源管理器常用的方法有如下四种。

1)右击"开始"按钮,在弹出的快捷菜单中选择"文件资源管理器"命令。

2)双击桌面"此电脑"图标。

3)在下方任务栏的左边,如果有文件资源管理器图标 ,可以通过单击打开;也可以右击图标,在展开的列表中选择"文件资源管理器"命令。

4)使用微软徽标+E 组合键。

图 3.137 "文件资源管理器"窗口

(2)文件资源管理器的组成

"文件资源管理器"窗口可分为左、右两个窗格:左侧是列表区,右侧是目录栏窗格,用于显示当前文件夹下的子文件夹或文件目录列表。

从图 3.137 中可见,左侧的列表中,整个计算机的资源被划分为五大类:"快速访问"、"此电脑"、"库"、"控制面板"和"网络",这与 Windows XP 及 Vista 系统有很大的不同,所有的改变都是为了让用户更好地组织、管理及应用资源,为用户带来更高效的操作。例如,在"快速访问"中可以查看最近打开的文件和系统功能,方便再次使用;在"网络"中,可以直接在此快速组织和访问网络资源。此外,更加强大的则是"库"功能,它将各个不同位置的文件资源组织成一个个虚拟的"仓库",极大地提高了用户的使用效率。

将鼠标指针移动到左右两个窗格的分隔条上,当指针变为双向箭头时拖动分隔条可以改变左右窗格的大小。

（3）地址栏

在 Windows 10 窗口地址栏中，不仅可以知道当前打开的文件夹名称，还可以在地址栏中输入本地硬盘的地址或网络地址，直接打开相应内容。

在 Windows 10 的地址栏中增加了地址栏按钮功能，该功能将当前位置整个路径上的所有文件夹都显示为可以单击的按钮。例如，在窗口中打开"C:\Windows\System32"文件夹，如图 3.138 所示，当把鼠标移动到这个路径上之后会发现，其实整个路径中每一步都可以单独单击选中，其后的黑色右箭头单击后都会弹出一个列表框，列出与该文件夹同级的其他文件夹。因此，通过使用地址栏按钮，可以进入该路径上的任何一个文件夹。

如果需要复制当前的地址，只要在地址栏右侧空白处单击，即可让地址栏以传统的方式显示。

图 3.138　"文件资源管理器"窗口地址栏

3. 设备管理器

设备管理器是 Windows 提供给用户管理计算机上硬件设备的工具，用户可以使用设备管理器来查看和更改设备属性、更新设备驱动程序、配置设备功能和卸载设备。

（1）打开方式

"设备管理器"窗口如图 3.139 所示，用户可以用以下几种方法启动设备管理器。

1）在"此电脑"上右击，在弹出的快捷菜单选择"属性"命令，在打开的"设置-系统"窗口中单击"设备管理器"按钮。

2）用微软徽标+R 组合键启动"运行"程序，输入"devmgmt.msc"，单击"确定"按钮。

3）在"此电脑"上右击，在弹出的快捷菜单中选择"管理"命令，在打开的"计算机管理"窗口中选择"设备管理器"选项。

4）右击"开始"按钮，在弹出的快捷菜单中选择"设备管理器"命令。

（2）主要功能

通过"设备管理器"窗口，用户可以查看计算机的硬件是否正常工作、更改硬件配置、处理设备相应的驱动程序、更改设备的高级设置和属性、启用/禁用/卸载设备、扫描检测硬件改动等。窗口中的图标上如果出现一些符号，则代表那个硬件有问题。例如，出现红色的叉号，表示该设备处于停用状态，右击，在弹出的快捷菜单中选择"启用"命令，即可更改设备状态；出现黄色的问号，则表示该设备未能被操作系统识别；出现黄色的感叹号，则表示该设备尚未安装驱动程序或者其驱动程序安装不正确。

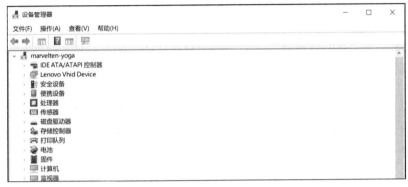

图 3.139　"设备管理器"窗口

4. 磁盘管理

磁盘管理是 Windows 操作系统中管理磁盘的工具，用户可以通过磁盘管理来设置新的驱动器、将卷扩展到同一驱动器上尚未成为卷的一部分的空间、收缩分区用以扩展相邻分区、更改驱动器号或分配新的驱动器号等。

（1）打开方式

"磁盘管理"窗口如图 3.140 所示，用户可以通过以下几种方式打开磁盘管理。

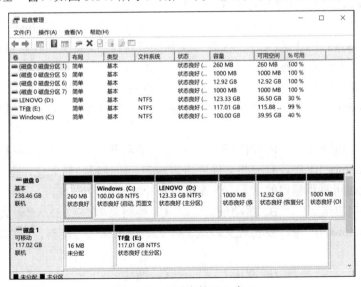

图 3.140　"磁盘管理"窗口

1）右击"开始"按钮，在弹出的快捷菜单中选择"磁盘管理"命令。

2）在"此电脑"上右击，在弹出的快捷菜单中选择"管理"命令，在打开的"计算机管理"窗口中选择"磁盘管理"选项。

（2）主要功能

1）可扩展固件接口（extensible firmware interface，EFI）系统分区，新式计算机用它来启动（引导）用户的计算机和操作系统。

2）Windows 操作系统驱动器(C:)，是安装 Windows 的位置，通常是用户放置剩余应用和文件的位置。

3）恢复分区，是存储特殊工具以帮助用户在启动出错或遇到其他严重问题时恢复Windows 的地方。

尽管磁盘管理中可能将 EFI 系统分区和恢复分区状态显示为 100%空闲，用户也不要去对其进行更改，因为实际上这些分区通常都非常满，系统在其中存储着用户计算机正常运行所需的重要文件，所以让它们独自完成它们的工作，启动你的计算机，帮助系统从问题中恢复过来。

习题 3

一、选择题

1. 人们通常所说的 Windows 10 是一种（　　　）。
   A. CPU 型号　　　　　B. 应用软件　　　　C. 操作系统　　　　D. 硬件系统
2. 下列操作系统中，不属于 Windows 操作系统家族的是（　　　）。
   A. DOS　　　　　　　B. Windows XP　　　C. Windows 7　　　　D. Windows 10
3. Windows 操作系统家族是由（　　　）公司开发的。
   A. Sun　　　　　　　B. 联想　　　　　　C. Microsoft　　　　D. Novell
4. 在 Windows 中，回收站中的文件或文件夹被还原后，将从回收站移动到（　　　）。
   A. 一个专门存放还原文件的文件夹中　　　B. 桌面上
   C. 原先的位置　　　　　　　　　　　　　D. 任何一个文件夹下
5. 在 Windows 10 中，如果想同时改变窗口的高度和宽度，可以通过拖动（　　　）来实现。
   A. 窗口边框　　　　　B. 窗口角　　　　　C. 滚动条　　　　　D. 菜单栏
6. 在 Windows 10 中，有一些文件的内容较多，即使窗口最大化，也无法在屏幕上全部显示，此时可利用窗口的（　　　）来阅读整个文件的内容。
   A. 窗口边框　　　　　B. 滚动条　　　　　C. 控制菜单　　　　D. "最大化"按钮
7. 在 Windows 10 中，要实现文件或文件夹的快速移动与复制，可以通过（　　　）鼠标来完成。
   A. 单击　　　　　　　B. 双击　　　　　　C. 拖动　　　　　　D. 移动
8. 在 Windows 10 中，（　　　）不属于可选的图标排列方式。
   A. 按项目类型　　　　B. 按名称　　　　　C. 按属性　　　　　D. 按大小
9. 用鼠标拖动窗口的（　　　），可以移动整个窗口。

A. 工具栏　　　　　 B. 标题栏　　　　　 C. 菜单栏　　　　　 D. 工作区

10. 在 Windows 10 的菜单中，有的菜单选项显示为灰色，表示该菜单项（　　　）。

    A. 暂时不能使用　　　　　　　　　 B. 还有子菜单

    C. 将弹出一个对话框　　　　　　　 D. 是无效菜单项

11. Windows 10 的"回收站"是（　　　）

    A. 存放重要的系统文件的容器　　　 B. 存放打开文件的容器

    C. 存放已删除文件的容器　　　　　 D. 存放长期不使用的文件的容器

12. 下列关于回收站的说法中，正确的是（　　　）。

    A. 暂存所有被删除的对象

    B. 回收站的内容不可以恢复

    C. 清空回收站后，仍可用命令方式恢复

    D. 回收站的内容不占硬盘空间

13. 在 Windows 10 环境下，粘贴的组合键是（　　　）。

    A. Ctrl+A　　　　 B. Ctrl+X　　　　 C. Ctrl+C　　　　 D. Ctrl+V

14. 在 Windows 10 环境下，全选的组合键是（　　　）。

    A. Ctrl+A　　　　 B. Ctrl+X　　　　 C. Ctrl+C　　　　 D. Ctrl+V

15. 在 Windows 10 环境下，复制的组合键是（　　　）。

    A. Ctrl+A　　　　 B. Ctrl+X　　　　 C. Ctrl+C　　　　 D. Ctrl+V

16. 在 Windows 10 环境下，剪切的组合键是（　　　）。

    A. Ctrl+A　　　　 B. Ctrl+X　　　　 C. Ctrl+C　　　　 D. Ctrl+V

17. 在 Windows 10 环境下，在几个任务之间切换使用的组合键是（　　　）。

    A. Alt+Tab　　　　 B. Ctrl+Tab　　　　 C. Shift+Tab　　　　 D. Space+Tab

18. 在 Windows 10 环境下，按 Alt+F4 组合键，可以（　　　）窗口。

    A. 关闭　　　　　 B. 最大化　　　　　 C. 最小化　　　　　 D. 打开

19. 在 Windows 10 窗口中，要删除一组连续的文件，可以用（　　　）键辅助操作。

    A. Alt　　　　　　 B. Ctrl　　　　　　 C. Shift　　　　　　 D. Enter

20. 在 Windows 10 窗口中，要删除一组不连续的文件，可以用（　　　）键辅助操作。

    A. Alt　　　　　　 B. Ctrl　　　　　　 C. Shift　　　　　　 D. Enter

21. 在桌面的任务栏中，显示的是（　　　）。

    A. 所有已经打开的窗口图标

    B. 不含窗口最小化的所有被打开的窗口的图标

    C. 当前窗口的图标

    D. 除当前窗口外的所有已经打开窗口的图标

22. 在 Windows 10 系统下，安全关闭计算机的正确操作是（　　　）。

    A. 直接按主机面板上的电源按钮

    B. 先关闭显示器，再按主机面板上的电源按钮

    C. 在"开始"菜单中单击"关机"按钮

    D. 先按主机面板上的电源按钮，再关闭显示器

23. 记事本文档的扩展名是（　　　）。

A. .ppt　　　　　B. .txt　　　　　　　　C. .xls　　　　　D. .doc

24. Windows 应用程序窗口，不能实现的操作是（　　）。

A. 最小化　　　　B. 最大化　　　　　C. 移动　　　　D. 旋转

25. 在 Windows 10 中，菜单栏位于窗口的（　　）。

A. 最顶端　　　　B. 标题栏的下面　　C. 最底端　　　D. 以上都不是

26. 文件的类型可以根据（　　）来识别。

A. 文件大小　　　B. 文件的用途　　　C. 文件的扩展名　D. 文件的名称

27. 使用"画图"程序绘制的图片默认的扩展名是（　　）。

A. .bmp　　　　　B. .exe　　　　　　C. .jpg　　　　D. .avi

28. 在 Windows 10 中，要设置屏幕保护程序，可以使用"Windows 设置"中的（　　）。

A. "系统"　　　　　　　　　　　　B. "设备"

C. "个性化"　　　　　　　　　　　D. "网络和 Internet"

29. 在 Windows 10 中，文件"ABCD.doc.exe.txt"的扩展名是（　　）。

A. ABCD　　　　　B. .doc　　　　　　C. .exe　　　　D. .txt

30. 在 Windows 10 中"Windows 设置"的"账户"中不可以进行的操作是（　　）。

A. 添加/删除账户　　　　　　　　　B. 修改账户的口令

C. 修改账户的头像　　　　　　　　　D. 修改账户的桌面设置

二、判断题

1. 文本文件的扩展名是.txt。（　　）

2. 在 Windows 10 中，可以使用 F2 键实现修改文件名称。（　　）

3. 在 Windows 10 中，任务栏上存放的是当前窗口的图标。（　　）

4. Windows 10 可以同时运行多个应用程序。（　　）

5. 在 Windows 10 中，对话框的大小不能改变。（　　）

6. 在 Windows 10 中，不同的文件夹里可以有两个相同名称的文件。（　　）

7. 在搜索框中输入"A"，表示要查找以字母 A 开头的所有文件。（　　）

8. 选择"文件"菜单中的"退出"命令，将关闭当前窗口。（　　）

9. Windows 10 是多任务、多用户的操作系统。（　　）

10. Ctrl+S 组合键可以实现对文档的保存。（　　）

三、简答题

1. 在 Windows 10 中，关闭一个应用程序有哪几种方法？

2. 在 Windows 10 中，修改文件或文件夹名称有哪几种方法？

3. 在 Windows 10 中，选中连续的文件或文件夹，应如何操作？选中不连续的文件或文件夹，应如何操作？

4. 在 Windows 10 中，卸载某一个应用程序，应如何操作？

5. 在 Windows 中，一个应用程序处于"无响应"状态，如果强行关闭它，则应如何操作？

第4章

文字处理软件 Word 2016

Microsoft Office 2016 是微软公司于 2015 年推出的集成式办公软件，包括 Word、Excel、PowerPoint、OneNote、Outlook、Skype、Project、Visio 及 Publisher 等组件和服务。本章主要介绍文字处理软件 Word 2016 的基本功能及操作方法。

4.1 Word 2016 概述

文字处理软件 Word 2016 是 Office 2016 的核心程序，具有强大的文档管理、编辑排版、表格处理和图形处理等功能。作为 Word 2013 的升级版，Word 2016 拥有更加美观的界面和更加强大的功能，同时，更具人性化和智能化，是提高办公效率和办公质量的重要工具。

4.1.1 Word 2016 的安装、启动和退出

本节简要介绍 Word 2016 安装、启动与退出的方法。

1. Word 2016 的安装

Word 2016 是 Office 2016 套装软件的一部分，需要通过安装 Office 2016 软件来安装 Word 2016。首先，下载 Office 2016 安装程序，双击 setup.exe，按照安装向导的提示进行操作，完成软件的安装。接着，下载 Office 2016 激活工具 KMS，将 Office 2016 激活。

2. Word 2016 的启动

启动 Word 2016 的常用方法有以下三种。

（1）利用"开始"菜单

单击屏幕左下角"开始"按钮，打开"开始"菜单，在菜单中选择"Word 2016"命令，单击即可启动 Word 2016。

（2）利用快捷方式

桌面上如果有"Word 2016"的快捷方式图标或已经编辑好的 Word 2016 文档，直接双击也可启动 Word 2016。

（3）利用"搜索"功能

在系统桌面任务栏的搜索框中，输入"Word 2016"，在窗口中会显示查找到的应用名称，单击"Word"即可启动 Word 2016。

3. Word 2016 的退出

退出 Word 2016 的常用方法有以下四种。
1）选择"文件"菜单中的"关闭"命令。
2）单击窗口右上角的"关闭"按钮 ✕ 。
3）右击任务栏上的 Word 文档图标，在快捷菜单中选择"关闭窗口"命令。
4）在当前文档为工作窗口的情况下，使用 Alt+F4 组合键。

4.1.2 Word 2016 的窗口组成

启动 Word 2016，进入 Word 界面，可以看到如图 4.1 所示的窗口，它主要由标题栏、快速访问工具栏、"文件"菜单、功能区、文本编辑区和状态栏等几部分构成。

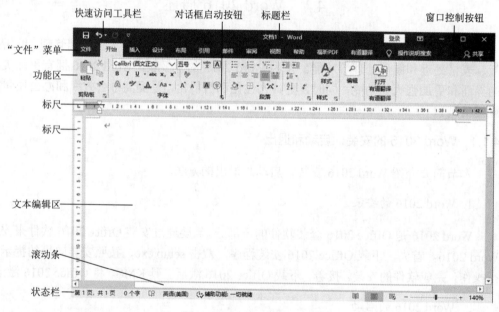

图 4.1　Word 2016 窗口

1. 标题栏

标题栏位于窗口顶端，显示当前文档名称及应用程序名称，如示例打开的文档名称为"文档 1 - Word"。双击标题栏可实现窗口最大化或者还原。

2. 窗口控制按钮

标题栏的最右侧是窗口控制按钮，分别是"功能区显示选项"按钮 ▭ ，"最小化"按钮 ▬ ，"最大化/还原"按钮 ▭ 和"关闭"按钮 ✕ ，分别实现显示/隐藏功能区和选项卡、Word 窗口最小化、窗口最大化/还原小窗口状态、关闭 Word 的功能。

3．快速访问工具栏

快速访问工具栏位于标题栏左侧，包含一组独立的命令按钮，使用这些按钮，能够快速实现一些常用操作。快速访问工具栏默认包含"保存""撤销""恢复"等常用命令按钮，用户也可以根据需要自定义快速访问工具栏。具体操作步骤如下。

1）单击快速访问工具栏右侧的自定义快速访问工具栏按钮 ，弹出"自定义快速访问工具栏"快捷菜单，如图 4.2 所示。在打开的菜单中选择"其他命令"命令，打开"Word 选项"对话框，如图 4.3 所示。

2）在左侧列表中选择"快速访问工具栏"命令，在右侧"从下列位置选择命令"列表框中选择要添加的命令类别。

3）在命令列表中，选中要添加的命令，单击"添加"按钮，要添加的命令按钮就会出现在右侧"自定义快速访问工具栏"的命令列表中，单击"删除"按钮则可以将已添加的命令按钮删除。此外，通过单击右侧的"上移"按钮 和"下移"按钮 ，还可以调整命令按钮的显示顺序。

4）单击"确定"按钮，即可完成添加。

图 4.2　"自定义快速访问工具栏"快捷菜单

图 4.3　"Word 选项"对话框

4. "文件"菜单

"文件"菜单位于快速访问工具栏的下方。单击"文件"菜单，打开文档窗口，如图 4.4 所示。该窗口分为三个区域：左侧区域为命令列表，包括"信息"、"新建"、"打开"、"保存"、"另存为"、"打印"、"共享"、"导出"、"关闭"、"账户"和"选项"命令。在左侧区域选择某个命令后，中间区域将显示该类命令的可用的按钮。在中间区域选择某个命令后，右侧区域将显示其下级命令或操作选项。

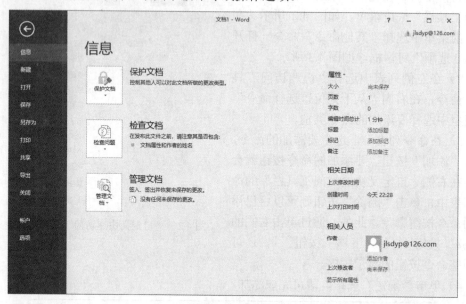

图 4.4　文档窗口

5. 功能区

功能区是自 Word 2007 之后的版本具有的特色，是一个由多个选项卡构成的带状区域，包含用户使用 Office 软件时需要的所有功能。功能区位于"文件"菜单的右侧，包括"开始"、"插入"、"设计"、"布局"、"引用"、"邮件"、"审阅"、"视图"和"帮助"九个默认选项卡，为了使屏幕简洁，一些选项卡仅在需要时才显示，如"格式"选项卡、"布局"选项卡等，同时，为了方便查找和使用，每个选项卡中的命令也根据功能进行分组归纳。

（1）"开始"选项卡

"开始"选项卡是用户常用的选项卡，包括剪贴板、字体、段落、样式和编辑五个组，主要用于对文档进行文字编辑和格式设置。

（2）"插入"选项卡

"插入"选项卡包括页面、表格、插图、应用程序、媒体、链接、批注、页眉和页脚、文本和符号九个组，主要用于向文档中插入各种元素。

（3）"设计"选项卡

"设计"选项卡包括文档格式和页面背景两个组，主要用于文档的格式和背景设置。

（4）"布局"选项卡

"布局"选项卡包括页面设置、稿纸、段落和排列四个组，主要用于设置文档页面样式。

（5）"引用"选项卡

"引用"选项卡包括目录、脚注、信息检索、引文与书目、题注、索引和引文目录七个组，主要实现向文档中插入目录、脚注和题注等功能。

（6）"邮件"选项卡

"邮件"选项卡包括创建、开始邮件合并、编写和插入域、预览结果和完成五个组，主要完成邮件合并的操作。

（7）"审阅"选项卡

"审阅"选项卡包括校对、辅助功能、语言、中文简繁转换、批注、修订、更改、比较、保护和墨迹十个组，主要完成文档的校对和修订等操作，适用多人协作处理长文档。

（8）"视图"选项卡

"视图"选项卡包括视图、页面移动、显示、缩放、窗口和宏六个组，主要用于设置窗口的视图类型、文档显示比例、进行多窗口操作等。

（9）"帮助"选项卡

"帮助"选项卡包括帮助组，可用于反馈和显示培训内容。

功能区选项卡和命令默认为显示状态，为方便查阅 Word 文档，并使界面显示更多的文档内容，可根据需要将功能区选项卡和命令暂时隐藏，隐藏或显示功能区和命令有以下两种方法。

方法 1　单击功能区右下角的"折叠功能区"按钮︿，即可将功能区隐藏。

显示功能区：单击"功能区显示选项"按钮▦，弹出如图 4.5 所示的菜单，单击"显示选项卡和命令"按钮，即可显示功能区。

方法 2　右击功能区中的任意一个按钮，弹出如图 4.6 所示的快捷菜单，选择"折叠功能区"命令，即可将功能区隐藏。

显示功能区：右击功能区中的任意一个选项卡，在弹出的快捷菜单中选择"折叠功能区"命令，取消选择其前面的"√"标志，功能区即可重新显示。

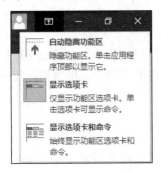

图 4.5　功能区显示选项菜单

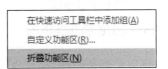

图 4.6　折叠功能区快捷菜单

6. 对话框启动按钮

如图 4.1 所示，在功能区某些组的右下角有对话框启动按钮，单击此按钮可以启动该组对应的对话框或任务窗格，可对该组功能进行更详细的设置。例如，单击"字体"组的对话框启动按钮，可打开"字体"对话框，单击"剪贴板"组的对话框启动按钮，可打开"剪贴板"窗格。

7. 文本编辑区

文本编辑区是用户主要的工作区域，可以完成文本、数字、符号、表格、图形或其他类型对象的输入工作，以及对文档进行编辑排版和格式设置等操作。文本编辑区有两个基本元素。

1）插入点：文本编辑区中闪烁的光标称为插入点。它指示当前位置是文档中插入文字、符号、表格和图形等的开始位置。

2）段落标记：是一个段落结束的标记，同时也包含了段落格式的有关信息。

8. 状态栏

状态栏位于 Word 窗口底部，状态栏左侧显示当前文档的页码和总页数、文档总字数、拼写和语法检查以及使用的语言等编辑信息 第5页，共50页　33789个字　中文(中国)　。

状态栏右侧为视图切换快捷方式，单击相应按钮可以在阅读视图、页面视图和 Web 版式视图之间进行切换。

拖动状态栏最右侧的显示比例滑块 ── + 140% 可以调整文档窗口的显示比例。

右击状态栏可以打开"自定义状态栏"菜单，自行定义状态栏的显示内容。

9. 滚动条

滚动条分为水平滚动条和垂直滚动条，分别位于文本编辑区的底部和右侧。当工作界面不能完全显示时，可调节垂直或水平滚动条，使工作界面上、下、左、右移动，查看或操作整个工作界面。

10. 标尺

标尺是一个可选择的栏目，分为水平标尺和垂直标尺两种，用水平标尺可以调整页面的左右边距、改变段落缩进、设置制表位、改变表格的列宽等。用垂直标尺可以调整页面的上下边距、表格的行高等。

4.1.3　Word 2016 的文档视图

文档视图是指文档的显示方式。Word 2016 提供了五种视图模式，包括阅读视图、页面视图、Web 版式视图、大纲和草稿。用户可以在"视图"选项卡"视图"组选择需要的文档视图模式，如图 4.7 所示，也可以在 Word 2016 文档编辑窗口的右下方单击视图按钮，选择需要的视图模式。

图 4.7　"视图"组

1. 阅读视图

阅读视图是一种专门用来阅读文档的视图。它以图书的样式显示文档,"文件"选项卡、功能区等窗口元素均被隐藏起来。在阅读视图中,页面左下角显示当前屏数和文档能够显示的总屏数,单击视图左侧的上一屏按钮 和右侧的下一屏按钮 ,可进行屏幕显示的切换。在"工具"选项卡中选择相应的选项,可对文档进行查找和翻译,如图 4.8 所示。在"视图"选项卡中选择相应的选项,可对列宽,页面颜色和布局等进行设置,如图 4.9 所示。按 Esc 键即可退出阅读视图界面,回到页面视图模式。

图 4.8　"工具"选项卡

图 4.9　"视图"选项卡

2. 页面视图

页面视图是 Word 的默认视图,在页面视图下,文档按照与实际打印效果接近的方式显示。在页面视图下可以编辑页眉、页脚、文本和图形对象,并可进行分栏设置等操作。

3. Web 版式视图

Web 版式视图以网页的形式显示文档,文本以适应窗口的大小自动换行,可以完整地显示所编辑文档的网页效果。Web 版式视图适用发送电子邮件和创建网页。

4. 大纲

大纲适合层次较多的文档,如具有多重标题的文档。大纲将所有的标题分级显示,层次分明。大纲广泛用于长文档的快速浏览和设置。

图 4.10　"帮助"窗格

5. 草稿

草稿适合创作和浏览文本，在该视图模式下可以进行文字的输入、编辑，也可设置字符和段落格式。草稿简化了页面的布局，不显示页边距、页眉、页脚、背景和图形等对象，仅显示标题和正文，更易于编辑和阅读文档。

4.1.4　Word 2016 的帮助功能

为了方便用户学习使用 Word，及时为用户提供解决问题的方法，Word 2016 提供了强大而高效的帮助服务，用户可以在学习和使用软件的过程中，随时对疑难问题进行查询。

可以按 F1 键启动 Word 的帮助功能，或在"帮助"选项卡"帮助"组中单击"帮助"按钮，在窗口右侧弹出"帮助"窗格，如图 4.10 所示。在搜索文本框中输入查询的关键字后单击"搜索"按钮，窗口将列出与之有关的搜索结果。

4.2　文档的基本操作

文档的基本操作主要包括新建文档、打开文档、输入文本、保存文档和关闭文档等。

4.2.1　新建文档

启动 Word 2016，系统会自动创建一个名称为"文档 1"的空白文档，标题栏上显示"文档 1- Word"。在 Word 中允许用户同时编辑多个文档，而不必关闭当前的文档。如果需要再次新建一个空白文档，可以采用以下几种方法。

1. 利用"文件"菜单新建文档

在 Word 2016 窗口中，选择"文件"菜单"新建"命令，打开"新建"窗口，如图 4.11 所示。在该窗口中，选择需要创建的文档类型，这里选择"空白文档"，直接双击"空白文档"，或右击"空白文档"并单击"创建"按钮，Word 便会创建一个新的空白文档，系统也会自动赋予新文档一个名称。

2. 利用快速访问工具栏的"新建"按钮创建文档

单击快速访问工具栏中的"新建"按钮，可以创建一个新的空白文档。

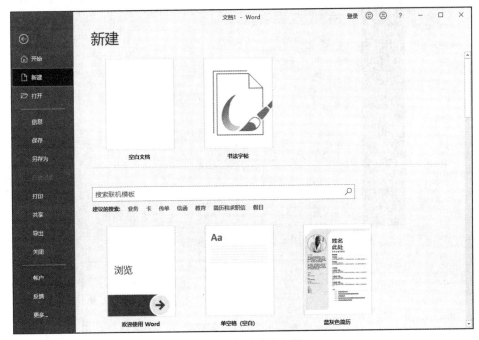

图 4.11　新建空白文档

3. 使用组合键创建文档

按 Ctrl+N 组合键，也可以创建一个新的空白文档。

除了空白文档外，用户还可以使用模板创建比较专业的 Word 文档。因为 Word 2016 中不仅有空白文档模板，还内置了多种文档模板，如书法字帖模板、简历模板和快照日历模板等。除本地模板外，用户还可以通过联机搜索，在互联网上寻找并下载模板，借助这些模板，用户可以创建比较专业的 Word 文档。

4.2.2　打开文档

1. 打开已有的 Word 文档

对已有的 Word 文档进行编辑前，需要先打开文档。

通过以下三种方法，启动"打开"窗口，如图 4.12 所示。

1）单击快速访问工具栏中的"打开"按钮 📂。

2）选择"文件"菜单"打开"命令。

3）按 Ctrl+O 组合键。

"打开"窗口中，在左侧区域选择"打开"命令，当在中间区域选择"最近"命令时，在右侧区域显示最近一段时间内打开的文档，可通过单击该文档直接打开，也可在左侧区域选择"浏览"命令，打开如图 4.13 所示的"打开"对话框，选择驱动器、目录和文件类型，找到要打开的文件名，单击"打开"按钮。文档的内容将显示在文档编辑区内。

图 4.12　"打开"窗口

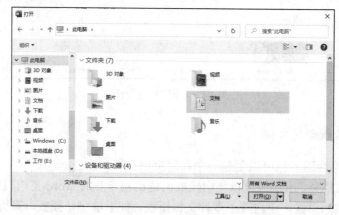

图 4.13　"打开"对话框

2. 打开并转换非 Word 文档

Word 2016 可以打开、编辑非 Word 文档，如文本文件（.txt 文件）、网页文件、WPS 文件等文件类型，并且将它们转换成 Word 文档。打开和转换的方法如下：

1）选择"文件"菜单"打开"命令，打开"打开"窗口，选择"浏览"命令，打开"打开"对话框，指定文件所在的盘符和路径。

2）在文件类型下拉列表中选择非 Word 文档的类型，或选择"所有文件"选项，相应类型的文件名等文件信息将显示在窗口中。

3）选择非 Word 文档，将其打开。

4）在"文件"菜单中选择"另存为"命令，打开"另存为"窗口，单击"浏览"图标，打开"另存为"对话框。

5）设置"保存类型"为 Word 文档类型。

6）单击"保存"按钮，被转换的文件将显示在 Word 2016 的编辑区内。

4.2.3　输入文本

在 Word 2016 中，用户可以输入文字、各种符号和当前日期、时间等内容。

1. 插入点的移动

当新建一个 Word 文档后，在文档起始处会有一个不断闪烁的竖线，这就是插入点（俗称光标）。它所在的位置就是新的文字、符号或对象插入的位置。在文本的输入和编辑过程中，可通过单击，将插入点定位到文档中的任意位置，也可以使用方向键、辅助键移动插入点，具体操作如表 4.1 所示。

表 4.1　常用的光标控制键

类别	光标控制键	作用
水平	←、→	向左、右移动一个字或字符
	Ctrl+ ←、Ctrl+ →	向左、右移动一个词
	Home、End	到当前行首、行尾
垂直	↑、↓	向上、下移动一行
	Ctrl+↑、Ctrl+↓	到上、下段落的开始位置
	Page Up、Page Down	向上、下移动一页
文档	Ctrl+Home、Ctrl+End	到文档的首、尾

2. 输入文字

输入文字前首先要选择输入法，可以用以下方法切换不同的输入法：
1）单击任务栏中的"语言栏"按钮，选取使用的输入法。
2）用 Ctrl+Shift 组合键可以在英文和各种中文输入法之间进行切换。
3）用 Ctrl+Space 组合键可以快速切换中/英文输入法。
当用户输入文字时，插入点依次向后移动，到达右边界后，接下来输入的文本会随光标的移动而自动转至下一行。当要结束一个段落时，按 Enter 键换行。
另外，在输入文档时还应注意两种工作状态，即"改写"和"插入"状态。按 Insert 键可切换"改写"与"插入"状态，在"插入"状态下，新输入的文本在光标处插入，原有内容依次右移。再次按下 Insert 键，工作状态即为"改写"状态，在该状态下，输入的文本将覆盖光标右侧的原有内容。

3. 插入特殊字符

在 Word 文档中经常要插入特殊的字符，如运算符号、单位符号和数字序号等。具体插入方法如下：在 Word 文档中定位插入点的位置，单击"插入"选项卡"符号"组"符号"按钮，一些常用符号会在此列出，如果能找到需要的符号，单击选中即可。如果没有所需符号，选择"其他符号"命令，打开"符号"对话框，如图 4.14 所示，从中选取符号，单击"插入"按钮。另外，也可以在插入点处右击，在出现的快捷菜单中选择"插入符号"命令，也可打开"符号"对话框。

4. 输入当前日期和时间

Word 提供了多种格式的日期和时间，在文档中插入日期和时间的具体操作步骤如下。

1）单击"插入"选项卡"文本"组"日期与时间"按钮，打开"日期和时间"对话框，如图 4.15 所示。

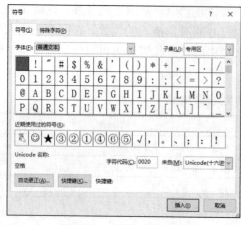

图 4.14　"符号"对话框　　　　图 4.15　"日期和时间"对话框

2）在"日期和时间"对话框中，单击所需格式的日期和时间，再单击"确定"按钮，当前的日期和时间以所选的格式插入文档的插入点上。

5. 插入其他文档的内容

Word 允许将其他文档的内容插入当前文档。利用这种功能可以将几个文档组合成一个文档。插入其他文档中文字内容的操作步骤如下。

1）设定插入点的位置。

2）单击"插入"选项卡"文本"组"对象"下拉按钮，在弹出的下拉列表中选择"文件中的文字"命令，打开"插入文件"对话框，如图 4.16 所示。

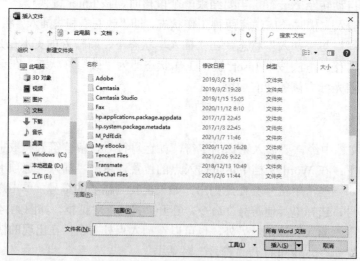

图 4.16　"插入文件"对话框

3）选择插入文档所在的路径和文件类型，选择插入的文件名。

4）单击"插入"按钮，被选文档内容便插入当前文档。

在 Word 中还可以创建或插入非文本类型的文档，操作步骤如下：

1）设定插入点的位置。

2）单击"插入"选项卡"文本"组"对象"下拉按钮，在弹出的下拉列表中选择"对象"命令，打开"对象"对话框，如图 4.17 所示，列表中显示的是 Word 2016 所支持的 Office 组件对象。

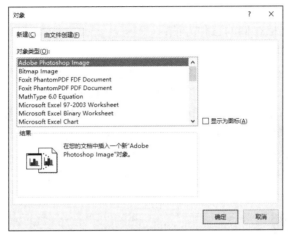

图 4.17　"对象"对话框

3）选择某一对象类型后，在文档中将插入该对象的编辑窗口，以"Microsoft Excel 97-2003 Worksheet"为例，图 4.18 中显示 Excel 工作窗口插入当前文档，可对此工作表进行编辑，双击此对象以外的任意区域即可停止对象的编辑状态，对象以图片的形式存在于文档中，双击该对象可再次打开该对象的原始程序，并对其进行编辑。

图 4.18　插入 Excel 对象的效果

4.2.4　文档的存储与保护

完成文本的输入编辑工作后，需要将文档存储在磁盘上，一些重要文档还需要设置口令对文档进行保护。

1. 文档的存储

在编辑文档时，正在编辑的文档在内存中，如果不及时保存，有可能造成数据的丢失。有经验的用户会每隔一段时间（如 10 分钟）做一次存档操作，以免在断电等意外事故发生时，未存盘的文档内容丢失。默认情况下，使用 Word 2016 编辑的文档扩展名为.docx。下面介绍文档存储的三种方法：

（1）保存新建文档

1）单击快速访问工具栏上的"保存"按钮📄，或选择"文件"菜单"保存"命令，或按 Ctrl+S 组合键，打开"另存为"窗口，如图 4.19 所示。

2）在中间区域单击"最近"图标时，在右侧区域显示最近一段时间保存文件的位置，可快速选择；也可在中间区域选择"浏览"命令，打开如图 4.20 所示的"另存为"对话框，选择驱动器和目录，输入文件名，确定文件扩展名，单击"保存"按钮。若在中间区域选择"添加位置"命令，还可将 Word 文档保存到云端。存盘后并不关闭文档窗口，文档依然处在编辑状态。

图 4.19　"另存为"窗口

图 4.20　"另存为"对话框

（2）保存已有的文档

如果当前编辑的文档是打开的已有文档，那么单击快速访问工具栏上的"保存"按钮🔲，或选择"文件"菜单"保存"命令，或按 Ctrl+S 组合键，文档在原来的位置以原文件名存盘，不会出现"另存为"窗口。存盘后并不关闭文档窗口，文档继续处于编辑状态。

（3）以其他新文件名存盘

如果当前编辑的文档是已有的文档，文件名是 F1.docx，现在想要既保留原来的 F1.docx 文档，又要将修改后的文档以 F2.docx 存盘，则操作步骤如下：

1）选择"文件"菜单"另存为"命令，打开"另存为"窗口。

2）在中间区域单击"浏览"图标，打开"另存为"对话框，选择驱动器和目录，输入 F2.docx，单击"保存"按钮，则当前编辑的文档以新的文件名 F2.docx 存盘。存盘后 F1.docx 关闭，F2.docx 处在编辑状态。

（4）将 Word 2016 文档保存为 Word 2003 文档

在 Word 2016 中编辑的 Word 文档，如果希望其能够在低版本 Word 2003 窗口中打开并编辑，则需要将 Word 2016 文档保存为 Word 2003 文档，具体操作步骤如下：

1）打开 Word 2016 文档，选择"文件"菜单"另存为"命令，打开"另存为"对话框。

2）在中间区域单击"浏览"图标，打开"另存为"对话框，选择保存位置并输入文件名，在"保存类型"列表中，选择"Word 97-2003 文档"选项，如图 4.21 所示。

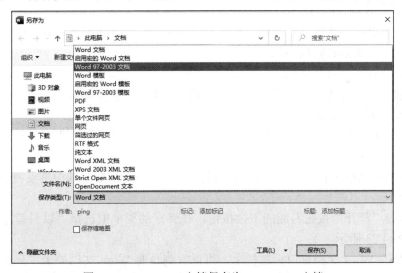

图 4.21 Word 2016 文档保存为 Word 2003 文档

（5）自动保存文档

Word 具有自动保存文档的功能，默认情况下，每隔 10 分钟自动保存一次文档，用户可以根据实际情况设置自动保存时间间隔，具体操作步骤如下：

1）选择"文件"菜单"选项"命令，打开"Word 选项"对话框，如图 4.22 所示。

2）选择左侧列表中的"保存"命令，在右侧窗口中，选中"保存自动恢复信息时间间隔"复选框，并在微调框中输入合适的数值，单击"确定"按钮完成设置。

图 4.22 "Word 选项"对话框

2. 文档的保护

为了保护某些重要的文档，可以将其以只读方式打开，或为其设置密码。打开方式不同，对文件使用的权限也不同。

（1）以只读方式打开文档

以只读方式打开的文档，限制用户对原始 Word 文档的编辑和修改，从而有效保护文档的原始内容，具体操作步骤如下：

1）单击快速访问工具栏中的"打开"按钮，或选择"文件"菜单"打开"命令，打开"打开"窗口。

2）在中间区域选择"浏览"命令，打开"打开"对话框，选中需要打开的 Word 文档。

3）单击"打开"按钮右侧的下拉按钮，在弹出的菜单中选择"以只读方式打开"命令，如图 4.23 所示。

在打开的 Word 文档窗口标题栏上，可以看到当前 Word 文档处于"只读"方式。以只读方式打开的文档允许用户进行"另存为"操作，从而将当前以只读方式打开的文档另存为一份可以编辑的 Word 文档。

（2）为文档设置保护密码

为了阻止他人打开或修改 Word 文档，可以为文档设置密码。注意，设置密码后如果不能正确输入密码，则不能打开文件，所以要牢记密码。为文件设置密码的操作步骤如下：

1）选择"文件"菜单"信息"命令，打开"信息"窗口，选择"保护文档"中的

"用密码进行加密"命令。

2）打开"加密文档"对话框，如图 4.24 所示，在文本框中输入密码，单击"确定"按钮，会出现"确认密码"对话框。

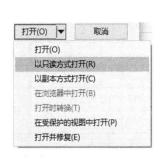

图 4.23　只读方式打开文档　　　　　　图 4.24　"加密文档"对话框

3）在"确认密码"对话框中，将刚刚输入的密码再重新输入一次，进行密码的确认。

4.2.5　关闭文档

完成文档编辑之后，可以用下列几种方法关闭文档窗口：

1）双击窗口标题栏左上角的空白区域，文档窗口被关闭。

2）单击窗口标题左上角的空白区域，在弹出的快捷菜单中选择"关闭"命令。

3）单击窗口右上角的"关闭"按钮✕，文档窗口被关闭。

4）选择"文件"菜单"关闭"命令。

5）使用 Alt+F4 组合键，可将当前活动窗口关闭。

如果要关闭的文档尚未保存，则弹出保存文档提示框，以提醒用户是否需要保存当前文档。

4.3　文档的编辑

编辑文档是 Word 提供的基本功能，对文档的内容进行编辑，主要包括文本的选定、插入、复制、移动以及撤销与恢复等操作。

4.3.1　选定文本

Word 中的许多操作遵循"先选定后执行"的操作原则，即在执行操作之前，必须指明操作的对象，然后才能执行具体的操作。因此，对文本进行复制、删除等操作前要先选定文本。

1. 使用鼠标选定文本

用鼠标选定文本的操作是"拖动"，即按住鼠标左键拖过所要选定的所有文字。"拖动"可以选定任意数量的文字，被选中的部分呈深色背景。使用鼠标选定文本的多种方法如表 4.2 所示。

表 4.2　使用鼠标选择文本

选择对象	操作
任意字符	按住鼠标左键，拖过要选择的字符
字或单词	双击该字或单词
一行字符	单击该行左侧的文本选定区
多行字符	在字符左侧的文本选定区中拖动
句子	按住 Ctrl 键，并单击句子中的任何位置
段落	双击段落左侧的文本选定区，或者三击段落中的任何位置
多个段落	在文本选定区拖动鼠标
整个文档	三击文本选定区，或按 Ctrl+A 组合键
连续字符	在字符的开始处单击，然后按住 Shift 键单击结束位置
矩形区域	按住 Alt 键并拖动鼠标

2. 使用键盘选定文本

首先将光标置于要选定文本的开始位置，再使用下面的组合键选取。

1）Shift+↑：选定光标所在位置向上一行的文本。

2）Shift+↓：选定光标所在位置向下一行的文本。

3）Shift+→：选定当前行右侧的文本。

4）Shift+←：选定当前行左侧的文本。

5）Ctrl+A：选定整篇文档。

4.3.2　文本的插入、复制与粘贴

1. 插入文本

在编辑文档的过程中经常要插入文本，如果插入的文本是已存在的独立文档，在插入状态下，直接插入文本即可。如果要插入的文本是非独立文档，在插入点直接输入文本即可。

2. 复制与粘贴文本

在文本输入的过程中，如果输入的内容在文档中已经存在，可以直接复制已存在的内容，而不必重新输入。复制文本后，需要将复制的内容粘贴到新位置。Word 2016 的粘贴选项比以往的版本要丰富得多，如在同一文档内粘贴，用户可以选择"保留源格式"、"合并格式"或"只保留文本"三种粘贴选项，可以满足不同的需求。

1）如果复制的文本距离粘贴位置较近，可以通过拖动鼠标的方法来复制文本，具体操作步骤如下：

① 选定复制的文本。

② 按住 Ctrl 键，同时用鼠标将选定的文本拖动到复制的位置，然后松开鼠标左键

即可实现复制。

2）如果复制的文本距离粘贴位置较远，需要使用"复制"命令，具体操作步骤如下：

① 选定需要复制的文本。

② 单击"开始"选项卡"剪贴板"组"复制"按钮，或按 Ctrl+C 组合键。

③ 将光标移动到插入文本的位置，单击"开始"选项卡"剪贴板"组"粘贴"按钮，或按 Ctrl+V 组合键，完成复制。

"复制"命令将要复制的文本复制到剪贴板中，因此在"复制"一次之后可以多次地粘贴。

4.3.3　剪贴板

剪贴板是 Windows 应用程序可以共享的一块公共信息区域，其功能强大，剪贴板不仅可以保存文本信息，还可以保存图形、图像和表格等。Office 2016 的剪贴板对原有版本的剪贴板进行了扩展，其功能更加强大，使用起来更加方便。

单击"开始"选项卡"剪贴板"组右下角的对话框启动器按钮，在窗口左侧打开"剪贴板"任务窗格，如图 4.25 所示。

当进行了复制和剪切操作后，其内容会被放入剪贴板，并依次显示在"剪贴板"任务窗格中，最多可存放 24 条复制或剪切的内容如果超出了这个数目，最前面的对象将从剪贴板中被删除。在"剪贴板"任务窗格中单击所要粘贴的对象图标，该对象就会被粘贴到光标所在位置。

在"剪贴板"任务窗格中，可执行下列操作。

1）若清空一个项目，则将指针指向要删除的项目，其右侧即显示下拉按钮，单击该按钮，在弹出的下拉列表中选择"删除"命令；若要清空所有项目，则单击窗格顶部的"全部清空"按钮。

2）单击"剪贴板"任务窗格底部的选项按钮，可设置所需的命令选项。

① 自动显示 Office 剪贴板。当复制项目时，自动显示"剪贴板"任务窗格。

② 按 Ctrl+C 组合键两次后显示 Office 剪贴板。

③ 收集而不显示 Office 剪贴板。自动将项目复制到剪贴板中，而不显示"剪贴板"任务窗格。

④ 在任务栏上显示 Office 剪贴板的图标。当剪贴板处于活动状态时，在系统任务栏的状态区域显示"剪贴板"图标。

⑤ 复制时在任务栏附近显示状态。当将项目复制到剪贴板时，显示所收集项目的信息。

在粘贴时，右击，在弹出的快捷菜单中选择"粘贴选项"命令，该命令中包括"保留原格式"、"合并格式"、"图片"和"只保留文本"四个按钮，如图 4.26 所示，可根据粘贴的实际需要进行选择。

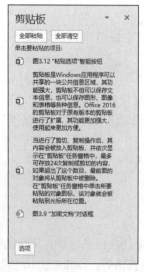

图 4.25　"剪贴板"任务窗格　　　　图 4.26　"粘贴选项"选项

4.3.4　移动与删除文本

1. 移动文本

在编辑文档时，有时需要将一段已有的文本移动到另外一个位置。

当要移动的文本距离新位置较近时，可以通过拖动鼠标的方法来移动文本，具体操作步骤如下：

1）选定移动的文本。

2）将鼠标指针移到所选文本上，拖动文本到新的位置，松开鼠标左键即可实现移动。

当移动的文本距离粘贴位置较远时，需要使用"剪切"命令，具体操作步骤如下：

1）选定需要移动的文本。

2）单击"开始"选项卡"剪贴板"组"剪切"按钮，或按 Ctrl+X 组合键。

3）将光标移动到插入文本的新位置，单击"开始"选项卡"剪贴板"组"粘贴"按钮，或按 Ctrl+V 组合键，完成移动。

"剪切"命令是将要移动的文本剪切到剪贴板中，因此，在"剪切"一次之后也可以多次地粘贴。

2. 删除文本

编辑文档时，可以按 Backspace 键删除光标左侧的文本，按 Delete 键删除光标右侧的文本。当要删除大段文字时，需要先选定删除的文本，然后按 Delete 键或 Backspace 键进行删除操作。

4.3.5　撤销与恢复操作

Word 可以记录用户所做的操作，在文档的编辑过程中，如果出现了误操作，可以使用撤销和恢复功能，撤销以前的操作，或恢复前面的撤销。

1. 撤销操作

撤销的操作方法如下：单击快速访问工具栏中的"撤销"按钮，或按 Ctrl+Z 组合键，即可撤销上一次的操作。如果单击"撤销"按钮右侧的下拉按钮，可以从弹出的下拉列表中选择要撤销的多次操作。

2. 恢复操作

当使用"撤销"命令撤销了某个操作时，可以使用"恢复"命令恢复刚做的撤销操作。恢复操作的方法如下：单击快速访问工具栏上的"恢复"按钮，可以恢复上一次的撤销操作。如果撤销操作执行过多次，可通过多次单击"恢复"按钮进行恢复。

4.3.6　文本的查找与替换

用户在编辑文档时，经常需要查找某些内容，或者将多处相同的字或词替换成其他内容，这些工作如果人工逐字逐句进行查找或替换，不仅费时费力，还可能出现遗漏，用 Word 2016 提供的查找和替换功能，可以很方便地完成这些工作。Word 的查找与替换功能还可以查找和替换指定格式、段落标记、图形之类的特定项，以及使用通配符进行查找等。

1. 查找文本

查找文本功能可以帮助用户找到要查找的文本以及该文本所在的位置。查找文本的具体操作步骤如下：

1）单击"开始"选项卡"编辑"组"查找"按钮，或按 Ctrl+F 组合键，打开"导航"窗格，如图 4.27 所示。

2）在搜索文本框中输入需要查找的文字，单击搜索按钮，导航窗格将显示所有包含该文字的页面片段。

3）在文档编辑区，查找到的匹配文字以黄色底纹标识。

图 4.27　"导航"窗格

2. 替换文本

替换文本功能是用新文本替换文档中的指定文本。例如，用"Word 2016"替换"Word"，具体操作步骤如下：

1）单击"开始"选项卡"编辑"组"替换"按钮，或按 Ctrl+H 组合键，打开"查找和替换"对话框的"替换"选项卡，如图 4.28 所示。

2）在"查找内容"文本框中输入要查找的文本，如"Word"。

3）在"替换为"文本框中输入替换的文本，如"Word 2016"。

4）如果需要设置更多选项，可单击"更多"按钮，然后设置所需的选项。

5）单击"查找下一处"按钮，Word 开始查找要替换的文本，找到后会选中该文本并反白显示。如果替换，可以单击"替换"按钮；如果不想替换，可以单击"查找下一处"按钮继续查找。如果单击"全部替换"按钮，Word 将自动替换所有需要替换的文本。

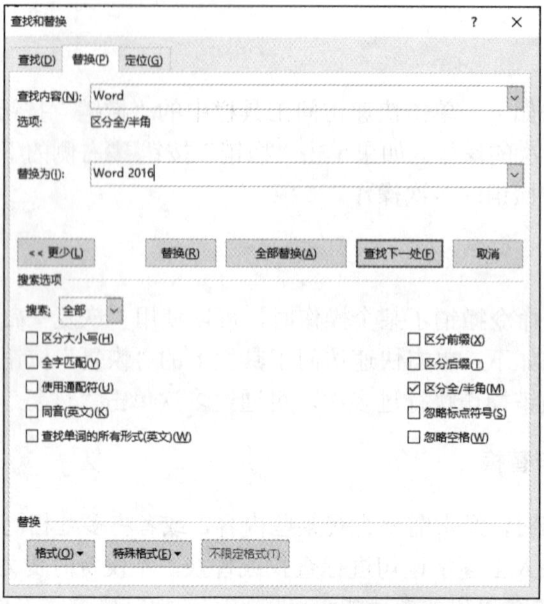

图 4.28　"查找和替换"对话框

按 Esc 键或单击"取消"按钮，则可以取消正在进行的查找和替换操作，并关闭此对话框。

4.3.7　多窗口操作

在文档的编辑过程中，用户可能需要在多个文档之间进行交替操作。例如，在两个文档之间进行复制和粘贴的操作，这就需要在具体操作之前将所涉及的两个文档分别打开。下面介绍多窗口的基本操作。

1. 多个文档的窗口切换

在 Word 中可以同时打开多个文档，每个文档会在系统的任务栏上有一个最小化图标。多个文档窗口之间的切换方法如下：在任务栏上单击相应的最小化图标；或单击"视图"选项卡"窗口"组"切换窗口"按钮，在打开的文件列表中单击所需的文件名；也可以在当前激活的窗口中，按 Ctrl+Shift+F6 组合键将当前激活窗口切换到"窗口"菜单文件名列表中的下一个文档，并且可按照窗口文档标号顺序切换。

2. 排列窗口

Word 可以同时显示多个文档窗口，这样用户可以在不同文档之间切换，可提高工作效率。若在窗口中同时显示多个文档，则可以单击"视图"选项卡"窗口"组"全部重排"按钮 ，这样就会将所有打开的且未被最小化的文档显示在屏幕上，每个文档存在于一个小窗口中，标题栏高亮显示的文档处于激活状态。如果需要在各文档之间切换，则单击所需文档的任意位置即可。

Word 2016 具有多个文档窗口并排查看的功能，通过并排查看的方式，可以很方便地对多个文档进行编辑和比较，具体操作步骤如下：

1）打开要并排比较的其中一篇文档。

2）单击"视图"选项卡"窗口"组"并排查看"
按钮，如果此时仅打开了两个文档，当前窗口的文档
会与另一篇打开的文档进行比较，如果打开了多个文
档，这时就会打开一个如图 4.29 所示的"并排比较"
对话框。

3）用户可从中选择需要并排比较的文档，然后单击
"确定"按钮即可将当前窗口的文档与所选择的文档进
行并排比较。打开并排比较文档的同时，会有"同步滚
动"和"重置窗口位置"按钮供用户使用。

图 4.29　"并排比较"对话框

4）当并排比较结束时，再次单击"并排比较"按钮，退出此状态。

4.3.8　拼写和语法检查

Word 的拼写和语法检查功能可以检查英文拼写和语法错误，拼写和语法检查的工
作原理是读取文档中的每一个单词，与已有的词典库中的所有单词比较，若相同，就认
为该单词是正确的；若不相同，则显示词典库中相似的单词，供用户选择。如果是新单
词，则可添加到词典库；如果是人名、地名、缩写，则可忽略。

如果文章中某个单词拼写错误，Word 就会在这个单词下面用红色的波浪线标出；
如果有语法错误，Word 会在出错的地方用蓝色的波浪线标出。Word 同时还会给出修改
建议。目前，字处理软件对英文拼写检查的正确性较高，对中文校对作用不大。

改正拼写错误和语法错误操作步骤如下：

1）右击被标为错误的单词"Intenet"，弹出更正拼写错误的快捷菜单，如图 4.30
所示，在其中，Word 给出了修改建议；或单击状态栏下面的 按钮，打开如图 4.31
所示的"拼写检查"对话框，选择所给出的更正项中的"Internet"，单击"更改"按
钮即可修复错误。

图 4.30　更正拼写错误的快捷菜单

图 4.31　"拼写检查"对话框

2）文字下面有蓝色的波浪线时，表示有语法错误。右击有语法错误的语句，弹出更正语法错误快捷菜单，如图 4.32 所示。在快捷菜单中选择"语法"命令，弹出如图 4.33 所示的"语法"任务窗格，其中指出了语法错误的位置及可能的原因，可选择"忽略"错误提示，或对语法进行修改。

图 4.32　更正语法错误的快捷菜单　　　　图 4.33　"语法"任务窗格

如果拼写错误或语法错误的文字下方没有看到红色或蓝色波浪线，说明 Word 的"自动拼写和语法检查"功能被关闭了。可以选择"文件"菜单"选项"命令，打开"Word选项"对话框，选择"校对"命令，在该对话框右侧窗格的"在 Word 中更正拼写和语法时"列表框中选择"键入时检查拼写"和"键入时标记语法错误"复选框，如图 4.34 所示，然后单击"确定"按钮。这样就可以在有错误的文字下方以不同颜色的波浪线标出，提示用户修改。

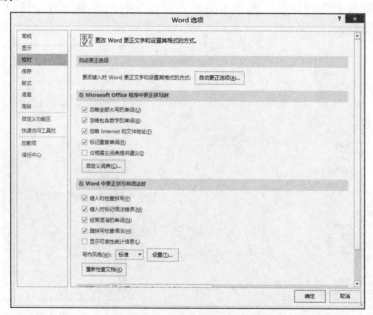

图 4.34　检查拼写和语法错误

4.3.9　插入符号

在 Word 2016 文档中输入符号和输入普通文本不同，有些输入法带有一些特殊符号，Word 的符号样式库提供了更多的符号供文档编辑使用。

在 Word 2016 中插入符号的具体操作步骤如下：

1）将光标置于插入符号的位置，单击"插入"选项卡"符号"组"符号"按钮，如图 4.35 所示。

2）单击"其他符号"按钮，打开"符号"对话框，如图 4.36 所示，在"符号"选项卡下的列表框中选择要插入的符号，单击"插入"按钮。

3）若要插入特殊字符，也可打开"符号"对话框，切换至"特殊字符"选项卡，如图 4.37 所示，选择要插入的符号，单击"插入"按钮。

图 4.35　"符号"列表

图 4.36　"符号"对话框——"符号"选项卡

图 4.37　"符号"对话框——"特殊字符"选项卡

4.4　文档的格式化

制作精美、专业的文档，需要有恰当的格式设置。因此，在文本输入完成后，需要对文档的格式进行设置。格式的设置包括字体、字形、字号以及段落的缩进、间距等。

4.4.1　字符格式化

字符格式化主要是对字体、字号、加粗、倾斜、下划线、边框、底纹和颜色等进行设置。

1. 利用浮动工具栏进行设置

在 Word 2016 中，当文字被选中时，在其右侧会显示一个微型、半透明的工具栏，称为浮动工具栏，如图 4.38 所示。该工具栏中包含了常用的设置字体、字号、字形、颜色和格式刷等命令，将鼠标指针移动到浮动工具栏上时，这些命令完全显示，进而可以方便地设置字符的格式。

2. 利用"开始"选项卡"字体"组进行设置

设置字符格式,除了利用浮动工具栏以外,还可以利用"开始"选项卡"字体"组中的按钮进行设置,如图4.39所示。

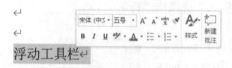

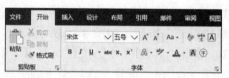

图4.38　浮动工具栏　　　　　　　　　　图4.39　"字体"组

具体操作步骤如下:

1)选定需要设置格式的文本。

2)单击"开始"选项卡"字体"组上的相应按钮,完成字体、字号、加粗、倾斜、颜色、带圈文字、拼音、删除线、上标和下标等设置。

3. 利用"字体"对话框进行设置

可以使用"字体"对话框中的相应选项对字符格式进行统一设置,具体操作步骤如下:

1)选定需要设置的文本。

2)单击"字体"组右下角的对话框启动器按钮 ,或右击所选文字,在弹出的快捷菜单中选择"字体"命令,打开"字体"对话框,如图4.40所示。

3)在"字体"选项卡中可以对选中文本的中文字体、西文字体、字号、字形、颜色、上标、下标、下划线、着重号、字母大小写等进行设置。

4)在"高级"选项卡中,可以对选中文本的字符间距、字符缩放比例和字符位置进行设置,如图4.41所示。

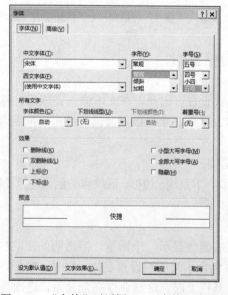

图4.40　"字体"对话框——"字体"选项卡　　　图4.41　"字体"对话框——"高级"选项卡

5）单击"确定"按钮完成字符格式设置。

4.4.2　段落格式化

在 Word 文档中，段落是指两个段落标记（即回车符）之间的文本内容。构成一个段落的内容可以是一个字、一句话、一个表格，也可以是一个图形。段落可以作为一个独立的排版单位，设置相应的格式。段落格式设置主要包括对齐方式、缩进、行间距和段间距等。在设置段落格式时，首先将光标定位在需要设置段落中的任意位置，再进行设置操作。

1. 段落对齐方式

在 Word 中，段落的对齐方式有五种，分别是左对齐 ≣ 、居中对齐 ≣ 、右对齐 ≣ 、两端对齐 ≣ 和分散对齐 ▤ 。可单击"开始"选项卡"段落"组中的相应按钮进行设置，如图 4.42 所示。也可以单击"段落"组右下角的对话框启动器按钮 ⌐ ，打开"段落"对话框，如图 4.43 所示。在"缩进和间距"选项卡"常规"栏中的"对齐方式"下拉列表框中选择所需的对齐方式。

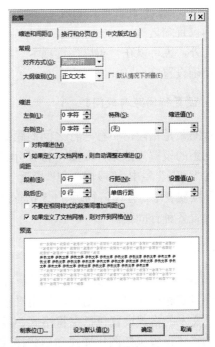

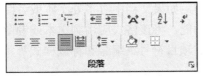

图 4.42　"开始"选项卡——"段落"组　　　图 4.43　"段落"对话框

2. 段落缩进

段落缩进是调整段落与页面边界之间的距离。段落缩进有四种形式，分别是首行缩进、悬挂缩进、左缩进和右缩进。首行缩进是设置段落的第一行第一个字的起始位置，悬挂缩进是设置段落中除首行以外的其他行的起始位置，左缩进是设置整个段落左边界的缩进位置，右缩进是设置整个段落右边界的缩进位置。

段落缩进可以使用标尺和"段落"对话框中的相关选项进行设置。

（1）使用标尺设置段落缩进

在 Word 窗口中，显示或隐藏水平标尺，可以选择"视图"选项卡"显示"组"标尺"复选框。在水平标尺上有几个与段落缩进有关的游标，分别为左缩进、悬挂缩进、首行缩进和右缩进，如图 4.44 所示。根据需要用鼠标指针移动相应的游标即可完成缩进设置，如果需要精确缩进，可在拖动鼠标指针的同时按住 Alt 键，此时水平标尺上会出现刻度。

图 4.44　水平标尺

（2）使用"段落"对话框的相关选项设置段落缩进

在图 4.43 所示的"段落"对话框中，选择"缩进和间距"选项卡，在"缩进"栏中，"左侧"微调框用于精确设置左端缩进量，"右侧"微调框用于精确设置右端缩进量。在"特殊"下拉列表框中有"无""首行""悬挂"三个选项，"无"选项用于取消缩进设置，"首行"选项用于设置首行缩进，"悬挂"选项用于设置悬挂缩进；"缩进值"微调框用于精确设置缩进量。

另外，也可以在"布局"选项卡"段落"组中使用缩进微调按钮实现左缩进和右缩进的精确设置。

3. 设置行间距与段间距

行间距是指段落中行与行之间的距离，段间距是指段落与段落之间的距离。行间距和段间距的设置方法是：在图 4.43 所示的"段落"对话框中，选择"缩进和间距"选项卡，在"间距"栏中，"段前"和"段后"两个微调框用于设置段前间距和段后间距，"行距"下拉列表中，有单倍行距、1.5 倍行距、2 倍行距、最小值、固定值、多倍行距选项，用来设置各种行间距。

4.4.3　格式刷

Word 2016 中，格式同文字一样是可以复制的，如果文档中有多处文本或者图形图像需要设置相同的格式，则可以使用"格式刷"功能，将该格式应用到文本或者图形图像上。文本的格式设置包括字符格式、段落格式、项目符号、编号和标题样式等，图形图像的格式设置包括图片样式和形状样式等。

使用格式刷的具体操作步骤如下：

1）选定要复制格式的文本或者图形图像，若是文本可将光标置于该文本中的任意位置。

2）单击"开始"选项卡"剪贴板"组"格式刷"按钮 🖌，此时鼠标指针变为刷子形状。

3）如果复制的格式应用到目标对象，则可以利用刷形鼠标指针选定目标对象，再次释放鼠标后，即完成目标对象格式的设置操作。

如果复制格式到多个目标对象上，则需要双击"格式刷"按钮 🖌，锁定格式刷状态，然后逐个选定目标对象应用格式，全部对象设置完成后，再次单击"格式刷"按钮 🖌或按 Esc 键，结束格式复制。

4.4.4 项目符号和编号

在编辑文档时，为了使文档条理清晰，经常使用项目符号和编号。

1. 添加项目符号和编号

Word 2016 提供了两种为文档插入项目符号和编号的方法。
第一种方法的具体操作步骤如下：
1）选定需要添加项目符号或编号的段落文本。
2）单击"开始"选项卡"段落"组"项目符号"按钮 或"编号"按钮 ，可以实现项目符号或编号的插入。
第二种方法的具体操作步骤如下：
1）选定需要添加项目符号或编号的段落文本。
2）在选定文本的右侧会显示一个微型、半透明的浮动工具栏，如图 4.38 所示，单击其中的"项目符号"按钮 或"编号"按钮 ，即可以实现项目符号或编号的插入。

2. 更改项目符号和编号

对已经设置项目符号或编号的段落，若需要更改项目符号或编号，具体操作步骤如下：
1）选定需要更改项目符号或编号的段落文本。
2）单击"项目符号"按钮或"编号"按钮右侧的下拉按钮，在打开的列表中选择需要的项目符号或编号类型，如果找不到所需的项目符号或编号，则可选择"定义新项目符号"命令，打开"定义新项目符号"对话框，如图 4.45 所示，或选择"定义新编号格式"命令，打开"定义新编号格式"对话框，如图 4.46 所示。

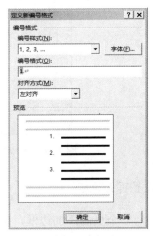

图 4.45 "定义新项目符号"对话框　　　　图 4.46 "定义新编号格式"对话框

3. 删除项目符号及编号

如果文档中的项目符号及编号不再使用，可以删除项目符号或编号，具体操作步骤如下：

1）选择需要删除项目符号或编号的段落文本。

2）单击"项目符号"按钮或"编号"按钮，项目符号或编号即被删除。

4.4.5 边框和底纹

在 Word 中，可以为文档中的各元素添加边框和底纹，起到强调和突出的作用。

1. 设置文本边框

设置文本边框的操作步骤如下：

1）选定要添加边框的段落或文字。

2）单击"开始"选项卡"段落"组"下框线"按钮▦⁻右侧的下拉按钮，打开下拉列表，选择"边框和底纹"命令，打开"边框和底纹"对话框，如图 4.47 所示。

3）在"边框"选项卡中，从"设置"栏中的"无"、"方框"、"阴影"、"三维"和"自定义"五种类型中选择需要的边框类型。

4）从"样式"列表中选择边框线的线型。

5）从"颜色"下拉列表中选择边框线的颜色。

6）从"宽度"下拉列表中选择边框框线的线宽。

7）在"应用于"下拉列表中选择效果应用于文字或段落。

8）在"预览"窗格中可以预览设置后的效果。

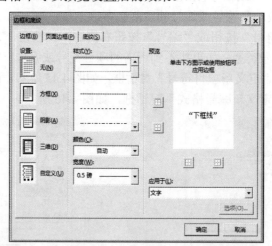

图 4.47　"边框和底纹"对话框——"边框"选项卡

2. 设置页面边框

如果为整个页面添加边框，可以在"边框和底纹"对话框中，打开"页面边框"选项卡，其设置方法与设置文本边框相类似，只是多了一个"艺术型"下拉列表，用来设置具有艺术效果的边框。

3. 设置底纹

如果设置文本底纹，必须先选定文字；如果设置段落底纹，光标必须置于该段落内的任意位置。可以在"边框和底纹"对话框中选择"底纹"选项卡,如图 4.48 所示。在该选项卡中包含"填充"栏和"图案"栏,分别用来设置底纹颜色和底纹样式。在"应用于"下拉列表中选择效果应用于文字或段落。

图 4.48　"边框和底纹"对话框——"底纹"选项卡

4.4.6　首字下沉

在 Word 中,可以将段落的第一个字符设置成一个大的下沉字符,以达到引人注目的效果,具体操作步骤如下:

1)将光标定位于要设置首字下沉的段落中。

2)单击"插入"选项卡"文本"组"首字下沉"按钮 ,选择"首字下沉选项"命令,打开"首字下沉"对话框,如图 4.49 所示。

3)在"位置"栏中单击"下沉"按钮,并在选项中设置字体、下沉的行数和距离正文的位置。

4)设置完成后单击"确定"按钮,首字下沉效果如图 4.50 所示。

图 4.49　"首字下沉"对话框

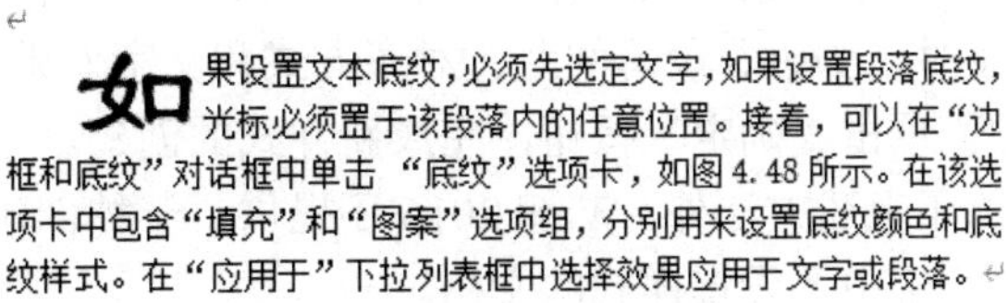

如果设置文本底纹,必须先选定文字,如果设置段落底纹,光标必须置于该段落内的任意位置。接着,可以在"边框和底纹"对话框中单击"底纹"选项卡,如图 4.48 所示。在该选项卡中包含"填充"和"图案"选项组,分别用来设置底纹颜色和底纹样式。在"应用于"下拉列表框中选择效果应用于文字或段落。

图 4.50　首字下沉效果

4.4.7 样式

在 Word 中，样式是字符格式和段落格式的集合。样式为文档的格式化提供了极大的方便，在文档中使用重复格式时，只需为该格式定义一个样式，然后在需要使用该格式的地方，应用一次样式就可以了，无须一遍遍的重复设置。

1. 新建样式

Word 自带了许多内置的样式，可以根据需要在“开始”选项卡“样式”组中选择适当的样式。如果没有满足需要的，可以新建样式，具体操作步骤如下：

1）单击“样式”组右下角的对话框启动器按钮，打开“样式”窗格，如图 4.51 所示。

2）单击对话框底部的“新建样式”按钮，打开“根据格式化创建新样式”对话框，如图 4.52 所示。

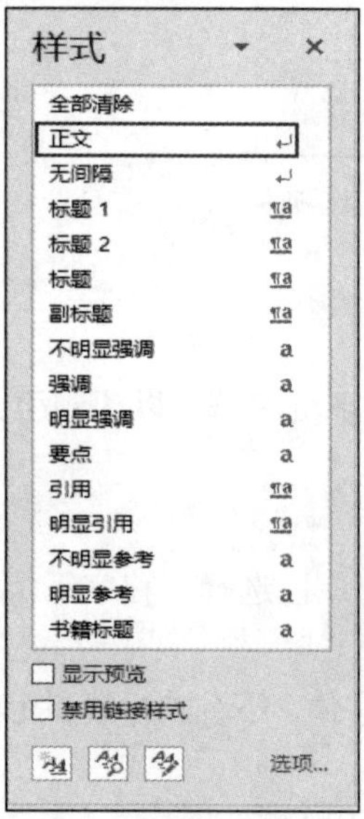

图 4.51 “样式”窗格

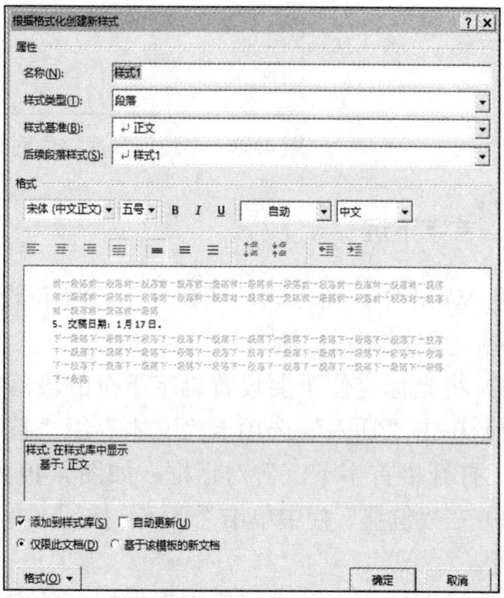

图 4.52 “根据格式化创建新样式”对话框

3）在“名称”文本框中输入新建样式的名称，在“样式类型”下拉列表中选择需要的样式类型，在“样式基准”下拉列表中选择某一种内置样式作为新建样式的基准样式，在“后续段落样式”下拉列表中选择应用于后续段落的样式。

4）单击对话框左下角的“格式”按钮，在弹出的快捷菜单中根据实际需要设置字体、字号、颜色、段落间距、对齐方式和文字效果等字符格式和段落格式。

5）单击“确定”按钮，完成新样式的创建。

除了上述方法外，Word 2016 还提供了一种创建新样式的方法，具体操作步骤如下：

1）选中要设置样式的文档。

2）利用“开始”选项卡“字体”组和“段落”组中的命令对选中的文档进行字体、字号、颜色、段落间距和对齐方式等字符格式和段落格式等设置。

3）单击选中文档右侧的浮动工具栏中的"样式"按钮 ，在打开的列表中选择"创建样式"命令，打开"根据格式化创建新样式"对话框，如图 4.53 所示，在"名称"文本框中输入新样式的名称，在"段落样式预览"窗格里可以看到新样式预览效果，单击"确定"按钮完成设置。在该对话框中单击"修改"按钮，打开图 4.52 所示的对话框，对样式进行详细修改。

图 4.53　"根据格式化创建新样式"对话框

2. 修改样式

对某种样式的效果不满意，可以对其进行修改，具体操作步骤如下：

1）单击"样式"组右下角的对话框启动器按钮 ，打开"样式"窗格，如图 4.51 所示。

2）单击窗格底部的"管理样式"按钮 ，打开"管理样式"对话框，如图 4.54 所示。

3）在"编辑"选项卡中，选择要编辑的样式，单击"修改"按钮，进行修改。

4）修改完成后，单击"确定"按钮。

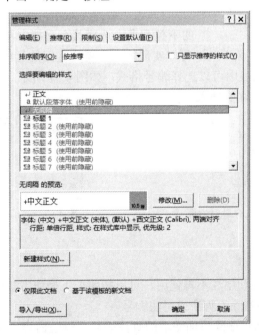

图 4.54　"管理样式"对话框

4.4.8　脚注和尾注

Word 中的脚注和尾注主要用于为文档中的文本提供解释，脚注多用于对文档内容进行注释说明，尾注多用于说明引用的文献。

1. 插入脚注和尾注

插入脚注和尾注的方法主要有两种。第一种方法的具体操作步骤如下：

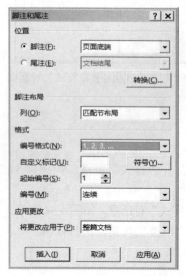

图 4.55　"脚注和尾注"对话框

1）打开要编辑的 Word 文档。

2）将光标移动到需要插入脚注或尾注的文字之后。

3）单击"引用"选项卡"脚注"组"插入脚注"按钮 AB¹，或"插入尾注"按钮，在插入点文字的右上方会显示脚注和尾注的编号，默认情况下脚注添加在插入点所在页面的底端，尾注添加在整个文档的结尾处，在脚注或尾注的内容区可以进行文本内容和格式的编辑。

第二种方法的具体操作步骤如下：

1）将光标移动到需要插入脚注或尾注的文字之后。

2）单击"引用"选项卡"脚注"组右下角的对话框启动器按钮，打开"脚注和尾注"对话框，如图 4.55 所示。

3）在"位置"组中，可以在"脚注"或"尾注"的下拉列表中选择其在文档中显示的位置，单击"转换"按钮，打开"转换注释"对话框，可以实现脚注和尾注之间的互相转换，如图 4.56 所示。在"编号格式"下拉列表中可以选择编号格式，如图 4.57 所示，设置完成后，单击"插入"按钮完成脚注或尾注的插入。

图 4.56　"转换注释"对话框

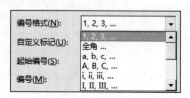

图 4.57　"编号格式"下拉列表

2. 删除脚注和尾注

如果文档中的脚注和尾注不再使用，可以按照如下操作方法删除脚注或尾注：

1）选中文档中要删除的脚注或尾注编号。

2）按 Delete 键即可删除页面底端的脚注编号、脚注内容，以及文档结尾的尾注编号和尾注内容。

4.4.9　目录

对于编写的书籍、论文或长篇的文档等，一般都会有目录，便于读者阅读。利用 Word 2016 的编制目录功能，可以动态记录文档的改变，自动生成目录。

要生成目录，需要对文档的各级标题进行格式化，可以在"段落"对话框设置各级标题的"大纲级别"，或者利用"开始"选项卡"样式"组中的相应命令进行统一的格式化。"样式"组中"标题 1"的大纲级别为 1 级,"标题 2"为 2 级,"标题 3"为 3 级等。所以,使用自定义的样式生成目录,必须对"大纲级别"进行设置,这是自动生成目录的关键所在。

1. 从预置样式中创建目录

完成各级标题样式的设置后,即可创建目录,具体操作步骤如下:

1)将光标定位在准备生成文档目录的位置。

2)单击"引用"选项卡"目录"组"目录"按钮,打开"目录"下拉列表,如图 4.58 所示。

3)在下拉列表中选择一种预置的目录样式。

2. 创建自定义目录

如果 Word 预置的目录样式无法满足需求,则可以创建自定义目录,并且可以将自定义目录保存为在"目录"下拉列表中显示的预置样式。

若需要将一篇文档中的三级标题均收入目录,操作步骤如下:

1)设定三级标题的样式:分别选定属于第一级标题的内容,单击"开始"选项卡"段落"组右下角的对话框启动器按钮 ,在打开的"段落"对话框的"大纲级别"下拉列表中选择"1 级";再分别选定属于第二级标题的内容,在"大纲级别"下拉列表中选择"2 级";依此类推。

2)将光标定位在准备生成目录的位置。

3)单击"引用"选项卡"目录"组"目录"下拉按钮,在打开的下拉列表中选择"自定义目录"命令,打开"目录"对话框,如图 4.59 所示。

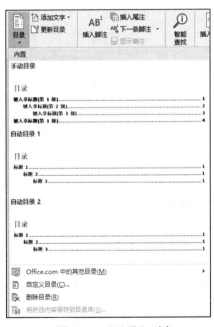

图 4.58　"目录"列表

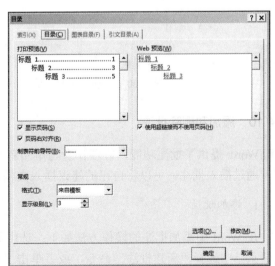

图 4.59　"目录"对话框

4）在"格式"下拉列表中选择目录格式，在"打印预览"中可以看到目录的效果；确定目录中是否"显示页码"及是否"页码右对齐"；在"显示级别"中设置目录包含的标题级别，如设置"3"，可以在目录中显示三级标题；在"制表符前导符"下拉列表中可以选择目录中的标题名称与页码之间的分隔符样式。

5）单击"修改"按钮，可以对目录的字符格式和段落格式等进行重新定义。

6）设置完成后单击"确定"按钮，返回文本编辑区，如图 4.60 所示，这时会看到 Word 自动生成的文档目录，它是一个整体文本，用户可以改变目录的排版格式，如调整字号、段间距和制表位等。

3．更新目录

在添加、删除、移动或编辑正文内容之后，需要更新目录。更新目录的方法是将光标定位于目录中，右击，在弹出的快捷菜单中选择"更新域"命令，或者单击"引用"选项卡"目录"组"更新目录"按钮，打开"更新目录"对话框，如图 4.61 所示。其中"只更新页码"选项表示仅更新现有目录项的页码，不影响目录项的增加和修改；"更新整个目录"选项表示将重新建立整个目录。

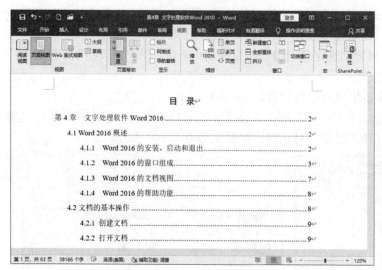

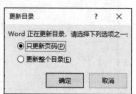

图 4.60　自动生成的目录　　　　　图 4.61　"更新目录"对话框

4.4.10　添加和删除批注

Word 提供了批注功能，方便作者与审阅者对文档的沟通，审阅者在修改他人文档时，通过插入批注，可以将自己的建议插入文档，以供作者参考。

1．添加批注

在 Word 中添加批注的操作方法如下：选中需要添加批注的文本，右击，在弹出的快捷菜单中选择"新建批注"命令，或者单击"审阅"选项卡"批注"组"新建批注"按钮 ，文档右侧显示添加批注文本框，在其中输入批注的内容即可，如图 4.62 所示。

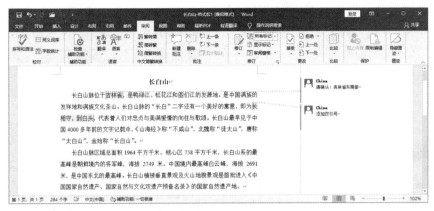

图 4.62　添加批注

2. 删除批注

删除批注的操作方法如下：选择需要删除的批注，右击，在弹出的快捷菜单中选择"删除批注"命令，或者单击"审阅"选项卡"批注"组"删除"下拉按钮，在打开的下拉列表中选择"删除"命令，则当前批注会被删除。如果在下拉列表中选择"删除文档中的所有批注"命令，则当前文档中的所有批注将被删除。

4.4.11　修订文档

在 Word 中，修订是一种模式，会在原文中保留修改的痕迹，并不会对原文档进行实质性的删减，可以方便原作者查看修订的具体内容。修订文档的具体操作步骤如下：

1）打开要修订的 Word 文档，将光标放置到需要添加修订的位置。

2）单击"审阅"选项卡"修订"组"修订"按钮，打开修订状态。

3）对打开的文档内容进行编辑，修改后的内容会以修订的形式显示，文档中要删除的内容，修订会以删除线标记，文档中后插入的内容，修订会以单下划线标记显示，如图 4.63 所示。

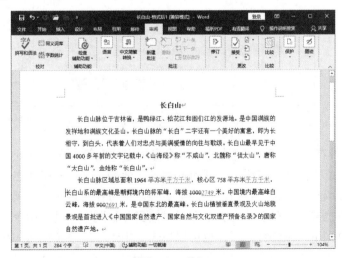

图 4.63　修订

4）单击"修订"组右下角的对话框启动器按钮 ，打开"修订选项"对话框，如图 4.64 所示，单击"高级选项"按钮，打开"高级修订选项"对话框，如图 4.65 所示。

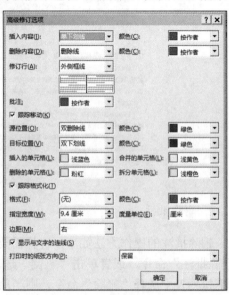

图 4.64　"修订选项"对话框　　　　图 4.65　"高级修订选项"对话框

5）在"高级修订选项"对话框中，可以设置文档中修订内容的标记方式，如将文档中的标记设置为双下划线，可以在"插入内容"下拉列表中选择"双下划线"选项；使修订行标记显示在行的右侧，可以在"修订行"下拉列表中选择"右侧框线"选项，完成设置后单击"确定"按钮。在"高级修订选项"对话框中，还可以设置批注框的颜色，方法是在"批注"下拉列表中选择颜色。

6）在"修订"组中单击"显示标记"按钮，在打开的下拉列表中选择"批注框"命令，在打开的级联菜单中选择相应的命令，可以使批注内容在批注框中显示，如图 4.66 所示。

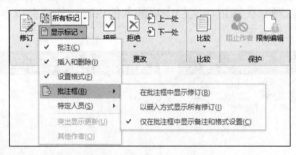

图 4.66　"显示标记"列表

7）当审阅带有修订内容的文档时，可将光标定位在第一条修订处，在"更改"组中单击"接受"或"拒绝"按钮，修订内容才真正变为正文，其格式也与正文相同。可通过"上一条"或"下一条"按钮进行快速定位。也可在"审阅"选项卡"更改"组中单击"接受"下拉按钮，在下拉列表中选择"接受并移到下一处"命令，则将接受本处的修订，并定位到下一条修订；同样也可以单击"拒绝"的下拉按钮，在下拉列表中选择"拒绝并移到下一处"命令，则将拒绝本处的修订，并定位到下一条修订。

4.5　表　　格

在日常生活中，经常用到各种表格，如课程表、履历表等。表格是以行和列的形式组织信息，其结构严谨，效果直观，而且信息量很大。Word 2016 提供了强大的制作和编辑表格的功能，可以运用表格来组织数据，将各种复杂的信息简明、概要地表达出来。

4.5.1　表格的创建

表格由水平的行和垂直的列组成，行与列交叉形成的方框称为单元格。Word 2016 提供了多种创建表格的方法。

1. 插入简单表格

使用鼠标插入简单表格的方法如下：

1）将光标定位到需要添加表格的位置。

2）单击"插入"选项卡"表格"组"表格"按钮，将鼠标指针指向网格，并向右下方拖动鼠标，此时在网格顶部的提示栏中显示选定表格的行数和列数，并在文档中显示预插入的表格，如图 4.67 所示，当达到所需的行数和列数后释放鼠标即可。

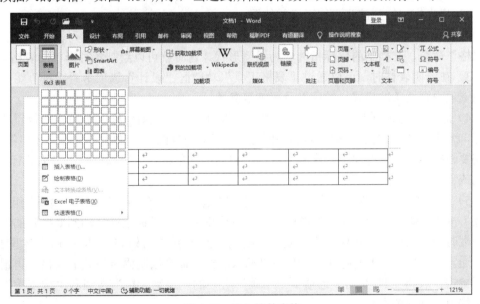

图 4.67　插入简单表格

此方法可插入一个基本表格，创建的表格是固定的格式，也就是单元格的高度和宽度是相等的，这种简单的表格在实际应用中比较常见。对于一些复杂的不固定格式的表格，可以使用 Word 提供的其他方法创建。

2. 利用插入表格对话框创建表格

1）将光标定位到需要添加表格的位置。

图 4.68　"插入表格"对话框

2）单击"插入"选项卡"表格"组"表格"按钮，在打开的下拉列表中选择"插入表格"命令，打开"插入表格"对话框，如图 4.68 所示。在"表格尺寸"组中，可以设置表格的行数和列数；可使用"'自动调整'操作"栏中的相应选项调整表格的大小。在"'自动调整'操作"栏中，如果选中"固定列宽"单选按钮，则可以设置表格的固定列宽尺寸；如果选中"根据内容调整表格"单选按钮，则单元格宽度会根据输入的内容自动调整；如果选中"根据窗口调整表格"单选按钮，则所插入的表格将充满当前页面的宽度。选中"为新表格记忆此尺寸"复选框，再次创建表格时将使用当前尺寸。设置完成，单击"确定"按钮。

3. 绘制表格

如果需要创建含有不同大小的行和列的表格，则可以使用光标绘制。Word 2016 提供了强大的绘制表格功能，可以像使用铅笔一样随意绘制复杂的、特殊格式的表格。绘制表格的具体操作步骤如下：

1）将光标定位到需要添加表格的位置。

2）单击"插入"选项卡"表格"组"表格"按钮，在打开的下拉列表中选择"绘制表格"命令，文档中的鼠标指针变为铅笔形状，这时就可以绘制各种形状的表格。

3）在绘制表格时，可以通过"表格工具"功能区"设计"选项卡"边框"组中的相应选项设置线条的样式、颜色以及粗细等参数。

4）绘制外围边框的方法是：在文本区，按鼠标左键拖动鼠标，到适当的位置释放鼠标，就可绘制一个矩形，即表格的外围边框。然后在外围框内绘制表格的各行和各列，在需要画线位置按鼠标左键，横向、纵向或斜向拖动鼠标，就可以绘制出表格的行线、列线或斜线。

5）当需要擦除不必要的框线时，可以单击"表格工具-布局"选项卡"绘画"组"橡皮擦"按钮，此时鼠标指针变为橡皮形状，将橡皮形状的鼠标指针移动到要擦除的框线的一端时按下鼠标左键，然后拖动鼠标到框线的另一端并释放鼠标，即可删除该框线。

通常，使用 Word 表格时，会利用"插入表格"命令绘制固定格式的表格，再根据需要单击"表格工具-布局"选项卡"绘画"组中的"绘制表格"按钮和"橡皮擦"按钮来修改已创建的表格。

4. 插入 Excel 表格

Word 2016 可以直接插入 Excel 电子表格，具体的操作步骤如下：

1）将光标定位到需要添加表格的位置。

2）单击"插入"选项卡"表格"组"表格"按钮，在打开的列表中选择"Excel 电子表格"选项，可以在当前文档中插入 Excel 电子表格，如图 4.69 所示，可以向表中输入数据和处理数据，对数据的处理就像在 Excel 中一样方便。

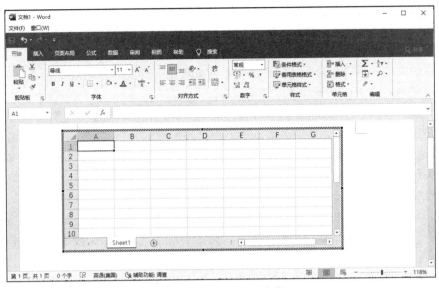

图 4.69　插入 Excel 表格

5. 插入快速表格

Word 2016 可以直接插入带有样式的快速表格，具体的操作步骤如下：

1）将光标定位到需要添加表格的位置。

2）单击"插入"选项卡"表格"组"表格"按钮，在打开的下拉列表中选择"快速表格"命令，弹出如图 4.70 所示的列表，其中包括"内置"类型、"带副标题"类型、"矩阵"类型和"日历"类型等，这些表格均带有边框和底纹格式，可实现带样式表格的快速插入。若改变表格的样式，可在"表格工具-设计"选项卡的"表格样式"组中选择所需样式。

4.5.2　数据的输入

1. 在表格中输入文本

表格创建之后，需要在表格中输入内容。在表格中输入内容是以单元格为单位的，也就是需要将内容输入单元格，

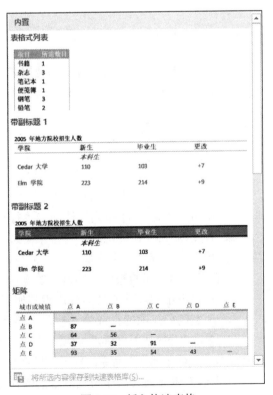

图 4.70　插入快速表格

每完成一个单元格的输入，可以通过按 Tab 键，或者单击，或者用键盘上的方向键，使插入点移到下一个单元格。当插入点到达表格中最后一个单元格时，再按 Tab 键，Word

会为此表格自动添加一个空白行。

2. 表格中文本的选定

表格中文本的编辑与排版，同普通文本的处理是一样的。首先需要选定文本，在表格中选定文本的方法有以下几种：

1）拖动鼠标选定单元格区域：与选择文本一样，在需要选择的起始单元格按下鼠标左键并拖动，拖过的单元格就会被选中，在选定所有内容之后释放鼠标即可完成选定。

2）选定单元格：将鼠标指针移动到单元格左侧，鼠标指针变成指向右上角的实心黑色箭头形状时，单击就可以选定当前单元格，这时如果按下鼠标左键并拖动则可以选定多个连续的单元格。

3）选定一行单元格：将鼠标指针移动到表格左侧的行首位置，鼠标指针变成指向右上角的白色空心箭头形状时，单击就可以选定当前行，这时如果按下鼠标并拖动则可以选定多行。

4）选定一列单元格：将鼠标指针移动到表格上侧的列上方，鼠标指针变成指向下端的黑色实心箭头形状时，单击就可以选定当前列，这时如果按下鼠标左键并拖动则可以选定多列。

5）选定整个表格：将鼠标指针移动到表格左上角的控制柄⊞上，单击就可以选定整个表格。

4.5.3 表格的编辑

建立好的表格，在使用时经常需要对表格结构进行修改，如插入单元格或删除单元格、插入行或插入列、拆分单元格或合并单元格等操作。本小节介绍如何对表格结构进行编辑。

1. 插入和删除行与列

1）在表格中插入行的具体操作步骤如下：

① 选定需要插入的行，选定的行数和要添加的行数相同。

② 单击"表格工具-布局"选项卡"行和列"组"在上方插入"按钮或"在下方插入"按钮，或右击，在弹出的快捷菜单中选择"插入"命令，在打开的级联菜单中选择"在上方插入行"或"在下方插入行"命令，即可完成行的插入操作。

在表格中插入列的操作与插入行的操作方法基本相同。

2）在表格中删除行的具体操作步骤如下：

① 选定需要删除的行或将光标置于该行的任意单元格中。

② 单击"表格工具-布局"选项卡"行和列"组"删除"按钮，或右击，然后在快捷菜单中选择"删除单元格"命令，打开"删除单元格"对话框，选中"删除整行"单选按钮。

在表格中删除列的操作与删除行的操作方法基本相同。

2. 插入和删除单元格

在表格中插入单元格的具体操作步骤如下：

1）选定要插入单元格的位置。

2）单击"表格工具-布局"选项卡"行和列"组右下角的对话框启动器按钮⬚，打开"插入单元格"对话框，如图 4.71 所示。

3）在该对话框中选择一种操作方式。

4）完成选择插入方式后，单击"确定"按钮就可以插入单元格。

要删除单元格，可以先选定单元格，然后单击"表格工具-布局"选项卡"行和列"组"删除"按钮，在下拉列表中选择"删除单元格"命令，打开"删除单元格"对话框，如图 4.72 所示。在其中选择一种删除方式，单击"确定"按钮即可。

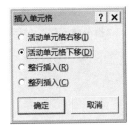 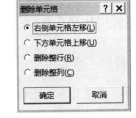

图 4.71 "插入单元格"对话框 　　　图 4.72 "删除单元格"对话框

3. 调整表格的行高和列宽

在 Word 2016 文档表格中，用户可以精确设置行的高度和列的宽度，具体方法有两种：第一种方法是在表格中将光标定位在需要设置高度的行或需要设置宽度的列，在"表格工具-布局"选项卡"单元格大小"组中"高度"或"宽度"文本框中输入数值；第二种方法是使用鼠标调整，将鼠标指针置于要调整的行或列的边框上，当鼠标指针变为双向箭头形状时拖动鼠标，到达所需位置时释放鼠标即可实现行高或列宽的调整。

4. 自动调整表格

通过上面的方法调整表格的行高或列宽之后，可能会出现表格的行高或列宽不一致的情况，这时可以使用 Word 提供的自动调整功能重新设置，操作方法是：选定要调整的表格或表格的若干行、列或单元格，在"表格工具-布局"选项卡"单元格大小"组中单击"自动调整"按钮，打开如图 4.73 所示的下拉列表，列表中有三条命令，"根据内容自动调整表格"、"根据窗口自动调整表格"和"固定列宽"，用户可以根据自己的需求，选择相应的命令，完成自动调整。

5. 合并和拆分单元格

在 Word 2016 中，可以将表格中两个或两个以上的单元格合并成一个单元格，或将一个单元格拆分为若干个单元格，以便使制作的表格更符合用户的需求。

1）合并单元格：首先选择需要合并的多个单元格，单击"表格工具-布局"选项卡"合并"组"合并单元格"按钮，或选中要合并的单元格，右击，在弹出的快捷菜单中选择"合并单元格"命令。

2）拆分单元格：将光标置于要拆分的单元格中，单击"表格工具-布局"选项卡"合并"组"拆分单元格"按钮，也可以在需要拆分的单元格内右击，在弹出的快捷菜单中选择"拆分单元格"命令，打开如图 4.74 所示的"拆分单元格"对话框，指定拆分行数和列数，单击"确定"按钮。

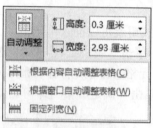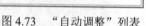

图 4.73　"自动调整"列表　　　图 4.74　"拆分单元格"对话框

6. 文本与表格的互换

在 Word 中可以实现文本与表格的相互转换。

（1）将文本转换成表格

将文本转换成表格的操作步骤如下：

1）插入分隔符，用分隔符标识转换为表格时新行或新列的起始位置。例如，使用逗号或制表符指示将文本分成列的位置；使用段落标记指示要开始新行的位置。

2）选定要转换的文本。

3）单击"插入"选项卡"表格"组"表格"按钮，在打开的下拉列表中选择"文本转换成表格"命令，打开"将文字转换成表格"对话框，如图 4.75 所示。

4）在"文字分隔位置"栏中选择在文本中使用的分隔符；在"列数"文本框中输入列数，如果未看到预期的列数，则可能是文本中的一行或多行缺少分隔符。

5）单击"确定"按钮，即可将选定的文本转换成表格。

（2）将表格转换成文本

将表格转换成文本的操作步骤如下：

1）选择要转换成文本的行或表格。

2）选择"表格工具-布局"选项卡"数据"组"转换为文本"命令，打开"表格转换成文本"对话框，如图 4.76 所示。

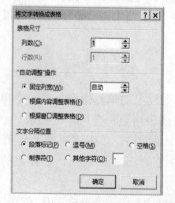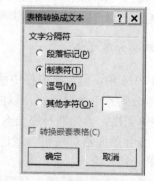

图 4.75　"将文字转换成表格"对话框　　图 4.76　"表格转换成文本"对话框

3）在"文字分隔符"栏中选择用于代替列边界的分隔符，表格各行用段落标记分隔。

4）单击"确定"按钮，即可将选定的表格转换成文本。

从网页上复制的对象常因网页布局而将表格一起复制，可利用此方法将其转换为文本。

7. 多页重复显示表格标题

如果表格太长，超过了一页，可以指定标题，使表格的标题出现在每一页的表格上方。选中表格的第一行，单击"表格工具-布局"选项卡"数据"组"重复标题行"按钮，选中的第一行就变成了标题。如果在"页面视图"下跳转到第二页，在第二页的表格中也会出现表格的标题行。

8. 表格文本的对齐方式

可以将表格中每个单元格的内容分别看作一个小文本，对选定的一个或多个单元格设置文本的对齐方式。单击"表格工具-布局"选项卡"对齐方式"组中的相应按钮，选择单元格内文本的对齐方式，如图 4.77 所示。还可以在"对齐方式"组中单击"单元格边距"按钮，打开"表格选项"对话框，如图 4.78 所示，在其中设置单元格内部的边距。

图 4.77　单元格对齐方式按钮

图 4.78　"表格选项"对话框

4.5.4　表格的格式化

创建好的表格还可以进一步设置格式，使表格更加美观。表格的格式设置与段落的格式设置相似，可以设置底纹和边框，还可以自动套用已有格式来修饰表格。

单击"表格工具-布局"选项卡"表"组中的"属性"按钮，或者在表格中右击，在弹出的快捷菜单中选择"表格属性"命令，打开"表格属性"对话框，如图 4.79 所示，在该对话框的底部，单击"边框和底纹"按钮，打开"边框和底纹"对话框，在其中对表格的边框和底纹进行设置。

还可以选择"表格工具-设计"选项卡"表格样式"组中的快速样式，完成底纹的设置。另外，也可在"设计"选项卡的"边框"组中选择相应选项，完成对表格边框的设置。

图 4.79　"表格属性"对话框

4.6　图　　形

Word 2016 不仅是一个强大的文字处理软件，同时还具有很强的图形处理功能，在文档中插入图片、形状、艺术字、图表和 SmartArt 图形等对象，可使文档丰富。在 Word 2016 中，不仅可以插入本地计算机中的图片，还可以直接插入网络中的图片。本节主要介绍在 Word 文档中插入和编辑各类图形对象，以及图文混排等操作。

4.6.1　插入图形

1. 插入图片

插入本地硬盘图片文件的具体操作步骤如下：

1）打开 Word 文档，将光标定位于要插入图片的位置。

2）单击"插入"选项卡"插图"组"图片"按钮，在打开的下拉列表中选择"此设备"命令，打开"插入图片"对话框，如图 4.80 所示。

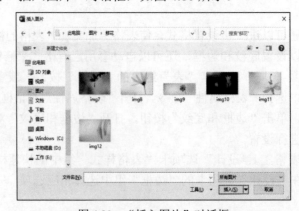

图 4.80　"插入图片"对话框

　　3）在查找范围列表中选择图片所在的文件夹，选择需要插入的图片文件，单击"插入"按钮，即可将图片插入到文档中指定的位置，效果如图 4.81 所示。

　　2. 插入联机图片

　　插入网络中的图片文件的具体操作步骤如下：

　　1）打开 Word 文档，将光标定位于要插入图片的位置。

图 4.81　插入图片效果图

　　2）单击"插入"选项卡"插图"组"联机图片"按钮，打开"插入图片"对话框，如图 4.82 所示。

　　3）在"必应图像搜索"文本框中输入要查找的图片名称，单击搜索按钮 ，在窗格的列表中将显示在网络中查到的符合条件的图像，如图 4.83 所示。选中所需的图片，单击"插入"按钮，即可将图片插入文档指定的位置。如果按住 Ctrl 键并单击多张图片，可将选中的多张图片全部插入文档。

图 4.82　"插入图片"对话框　　　　　　　图 4.83　搜索图片

3. 插入屏幕截图

Word 2016 可以将已经打开的窗口截图插入当前 Word 文档。具体操作步骤如下：

1）打开 Word 文档，将光标定位于要插入屏幕截图的位置。

2）单击"插入"选项卡"插图"组"屏幕截图"下拉按钮，在"可用的视窗"列表中显示所有已打开的应用程序窗口，如图 4.84 所示，在其中选择需要插入的窗口，该窗口的截图将被插入文档，效果图如图 4.85 所示。

图 4.84　"可用的视窗"列表　　　　　图 4.85　插入屏幕截图效果图

Word 2016 也可将特定窗口的一部分作为截图插入文档，方法是保留特定窗口为非最小化状态，在图 4.84 所示的列表中，单击左下角的"屏幕剪辑"按钮，当前文档的编辑窗口将最小化，屏幕将灰色显示，拖动鼠标选出需要截取的屏幕区域，松开鼠标返回文档窗口，刚才截取的画面将自动插入文档。

4.6.2　编辑图片

图片插入文档之后，还可对图片进行编辑，如调整图片的大小、颜色、位置和环绕方式等。

在编辑图片时，需要启动"图片工具"功能区中的"格式"选项卡，方法是在文档中单击之前插入的图片，在功能区会显示"格式"选项卡，如图 4.86 所示。

图 4.86　"图片工具-格式"选项卡

"图片工具-格式"选项卡中各功能组介绍如下。

1. "调整"组中的常用命令

1）"删除背景"：使用删除背景功能可以轻松去除图片的背景，以强调或突出图片的主题，或删除杂乱的细节。单击"删除背景"按钮后，系统会自动切换至"背景消除"选项卡，在图片中有颜色的部分表示要删除的背景部分，如果 4.87 所示，删除背景后的图片如图 4.88 所示。对于边缘复杂的图片，可以单击"标记要保留的区域"按钮，在光标呈铅笔形以后，利用绘图方式标记需要保留的背景区域，绘制完成，单击"关闭"组中的"保留更改"按钮。

2）"校正"：单击"校正"下拉按钮，可对图片进行锐化/柔化、亮度/对比度等的调整。

3）"颜色"：单击"颜色"下拉按钮，可对图片的颜色/饱和度、色调和透明色等进行调整，也可对图片重新着色。

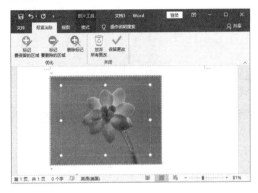
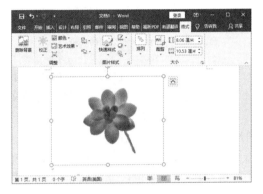

图 4.87　"背景消除"选项卡　　　　　　　　　图 4.88　效果图

4）"艺术效果"：可以为图片设置艺术效果，这些艺术效果包括铅笔素描、影印、玻璃和马赛克等多种效果。"艺术效果"列表如图 4.89 所示，设置"铅笔灰度"效果图如图 4.90 所示。

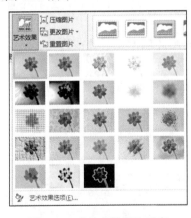
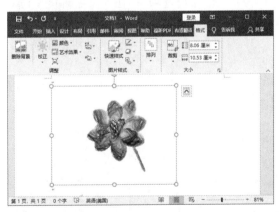

图 4.89　"艺术效果"列表　　　　　　　　　图 4.90　"铅笔灰度"效果图

5）"压缩图片"：Word 2016 可对文档中的图片进行压缩，这样可以有效减小图片的大小，同时也会有效减小文档占用的存储空间。

6）"更改图片"：将文档中的图片更改为其他图片。

7）"重置图片"：重置图片，恢复为原始图像。

2.　"图片样式"组中的常用命令

1）"快速样式"列表：可在列表框中单击样式按钮，快速设置图片样式。

2）"图片边框"：可设置图片边框的有无、颜色、粗细与样式等。

3）"图片效果"：可设置图片的阴影、映像、发光、柔化边缘、棱台和三维旋转等效果来增强图片效果。

4）"图片版式"：可以将所选的图形、图片转换为 SmartArt 图形，可以轻松地排列、添加标题并调整图片的大小等。

5）"设置图片格式"任务窗格：单击"图片样式"组右下角的对话框启动器按钮▣，或右击图片，在弹出的快捷菜单中选择"设置图片格式"命令，打开"设置图片格式"窗格，如图 4.91 所示，可设置图片的阴影、映像、发光、柔化边缘和艺术效果等。

3. "排列"组中的常用命令

1）"位置"：可设置图片在页面上显示的位置。

2）"环绕文字"：可以更改图片周围文字的环绕方式，如图 4.92 所示。

① "嵌入型"：默认方式，图片相当于文本中的一个字符，在图片周围会出现空白。图片随文本移动，无法固定位置。

② "四周型"：文字沿着图像边框环绕。

③ "紧密型环绕"：文字紧密环绕在图片或形状边缘。

④ "穿越型环绕"：在文字中间，与文字没有间距。

⑤ "上下型环绕"：可让图像单独位于一行。

⑥ "衬于文字下方"：可在图像上显示文字。

⑦ "衬于文字上方"：可在文字上显示图像。

⑧ "其他布局选项"：在"文字环绕"选项卡下更改文字环绕的位置，或者设置文字与图像之间的距离。

3）"上移一层/下移一层"：针对多张图片，可以利用此项调整层叠图片在文档中的位置。

4）"选择窗格"：在 Word 中使用多个图片后，可对图片进行命名，更好的选择和使用图片，如图 4.93 所示。

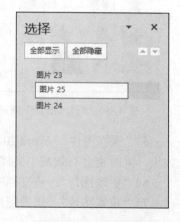

图 4.91　"设置图片格式"窗格　　图 4.92　"环绕文字"下拉列表　　图 4.93　"选择"窗格

5）"对齐"：可设置多张图片的对齐效果，如左对齐、底端对齐，或设置网格线等，如图 4.94 所示。

　　6）"组合"：可将多张已选中图片组合为一个形状。当需要拆开组合时，可选择"取消组合"命令。

　　7）"旋转"：可在"旋转"下拉列表中选择旋转方式，如图 4.95 所示。也可将鼠标指针放置在图片框顶部的控制柄上 ，拖动鼠标完成对图片的旋转。

　　4. "大小"组中常用命令的介绍

　　1）"裁剪"：可以对所选图片进行裁剪，将不需要的内容删除，"裁剪"下拉列表如图 4.96 所示，或将所选图形裁剪成不同的形状，如裁剪为"云朵"的效果图如图 4.97 所示。

　　2）"高度"：更改形状或图片的高度。

　　3）"宽度"：更改形状或图片的宽度。

图 4.94　"对齐"下拉列表

图 4.95　"旋转"下拉列表

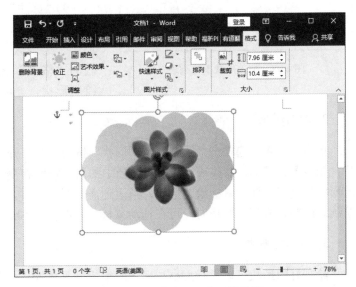

图 4.96　"裁剪"下拉列表

图 4.97　裁剪为"云朵"效果图

4）"大小"对话框：单击"大小"组右下角的对话框启动器按钮，打开"布局"对话框，可对图片的高度、宽度、旋转和缩放等进行设置。

4.6.3 绘制形状

Word 2016 提供了丰富的自选图形，用户可以轻松地在文档中绘制需要的形状。

单击"插入"选项卡"插图"组"形状"下拉按钮，打开如图 4.98 所示的下拉列表。

1. "形状"下拉列表各选项简介

1）"最近使用的形状"：此项列出了文档中最近使用的形状。

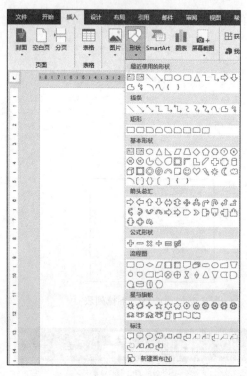

图 4.98　插入形状下拉列表

2）"线条"：此项列出了线条形状，包括直线、曲线和带箭头的线条等。

3）"矩形"：此项列出了矩形形状，包括直角矩形和圆角矩形等。

4）"基本形状"：此项列出了一些常用形状，包括文本框、竖排文本框、圆形、三角形、菱形、心形、笑脸和括号等。

5）"箭头总汇"：此项列出了各种箭头形状。

6）"公式形状"：此项列出了各种公式形状，包括加、减、乘、除等。

7）"流程图"：此项列出了各种流程图形状。

8）"星与旗帜"：此项列出了各种星形与旗帜形状。

9）"标注"：此项列出了各种标注形状。

10）"新建画布"：此项可在文档中添加一个绘图区，并进入"绘图工具"功能区的"格式"选项卡中，可在新建画布中绘制形状。

2. 绘制形状

单击"插入"选项卡"插图"组"形状"按钮，在打开的下拉列表中选择需要的形状，如线条、矩形、箭头或标注等，文档中的鼠标指针将变为十字形，按下鼠标左键确定形状的起点，拖动鼠标绘制形状，当达到需要的尺寸时，释放鼠标左键，完成形状的绘制。绘制正方形或圆形时，可在拖动鼠标的同时按住 Shift 键。

3. 形状的编辑

绘制好的形状可以进行大小与样式的编辑，具体操作步骤如下：

1）选定形状：与对文本操作一样，对绘制好的形状进行编辑，首先选定形状。选定形状的方法是将鼠标指针移动到该形状上单击，此时形状周围会出现 8 个控制点，表明此形状已被选定。

如果需要选定多个形状，可以先按 Ctrl 键，然后依次单击多个形状，使每个形状的四周都出现控制点。

如果想要取消选择，按 Esc 键，或在选定形状以外的任意位置单击。

2）设置形状样式：绘制好的形状可以填充颜色、设置轮廓和立体效果，可以使形状更具美感。

设置形状样式的操作步骤如下：选定形状，选择"绘图工具-格式"选项卡，可在快速样式列表中直接选择快速样式；单击"形状填充"按钮，打开如图 4.99 所示的下拉列表，对所选形状填充某种颜色，或者填充渐变色、图片或纹理等；单击"形状轮廓"按钮，打开如图 4.100 所示的下拉列表，可设置所选形状的轮廓颜色、粗细和线条等；单击"形状效果"按钮，打开如图 4.101 所示的下拉列表，可设置所选形状的阴影、映像、发光和棱台等。添加以上形状样式的效果图如图 4.102 所示。

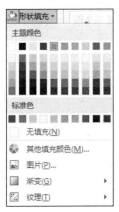　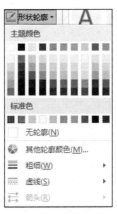　

图 4.99　"形状填充"列表　　图 4.100　"形状轮廓"列表　　图 4.101　"形状效果"列表

图 4.102　"形状样式"效果图

4. 添加文本

Word 2016 可以在形状上添加文字，具体操作步骤如下：

1）选定形状，右击，在弹出的快捷菜单中选择"添加文字"命令，形状的中心位置会出现闪烁的光标。

2）输入文本。

3）在"绘图工具-格式"选项卡的"字体"组中，可以设置文字方向和对齐方式等。

在形状中添加文字后的效果图如图 4.103 所示。

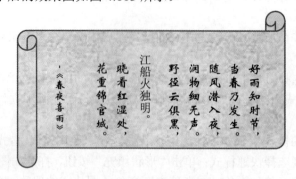

图 4.103　形状添加文字效果图

4.6.4　添加文本框

文本框是一种可移动、可调节大小的文字或图形容器。使用文本框，可以在一页上设置多个文字块。Word 将文本框看作特殊的图形对象，它可以被放置于文档中的任何位置，其主要功能是创建特殊文本。

1. 插入文本框

插入文本框的具体操作步骤如下：

1）单击"插入"选项卡"插图"组"形状"按钮，在打开的下拉列表中单击"基本形状"中的"文本框"或"竖排文本框"按钮。

2）在文档的适当位置按住鼠标左键并拖动鼠标，绘制文本框。

3）调整文本框的大小并将其拖动到合适位置。

4）单击文本框内部的空白处，在光标闪烁处输入文本。

5）单击文本框以外的地方，退出文本框。

2. 设置文本框格式

在 Word 中文本框是作为图形处理的，用户可以通过与设置图形格式相同的方式对文本框的格式进行设置，包括填充颜色、设置边框、改变大小与旋转角度，以及调整位置等。

设置文本框格式的方法是：选定文本框后，在"绘图工具"功能区"格式"选项卡的"形状样式"组中，设置文本框的填充、边框和立体效果。或者右击文本框，在弹出的快捷菜单中选择"设置形状格式"命令。

4.6.5　制作艺术字

在报纸和杂志上，常常会看到各种各样的特殊文字，这些文字给文章增添了强烈的视觉冲击效果。使用 Word 2016 可以创建具有艺术效果的文字，甚至可以将文本扭曲成各种各样的形状，或设置为具有三维轮廓的效果。这就是 Word 提供的艺术字功能，对艺术字的编辑、格式化、排版与图形类似。

1．添加艺术字

添加艺术字的具体操作步骤如下：

1）单击"插入"选项卡"文本"组"艺术字"按钮，在打开的下拉列表中选择一种艺术字样式，如图 4.104 所示。

2）在文档光标位置将出现艺术字占位符，在其中输入文本。

2．设置艺术字

插入艺术字之后，可对艺术字进行修改、编辑或格式化，操作方法是：单击选中需要设置的艺术字，选择"绘图工具"功能区"格式"选项卡"艺术字样式"组中的各项命令。

1）"快速样式"：可对选中的艺术字样式进行更改。

2）"文本填充"：可对选中的艺术字的内部颜色进行更改，或设置渐变色等。

3）"文本轮廓"：可对选中的艺术字设置文本轮廓的颜色、宽度和线型等。

4）"文本效果"：可对文本应用外观效果，如阴影、发光、映像、柔化边缘、棱台和三维旋转等。

编辑后的"艺术字"效果图如图 4.105 所示。

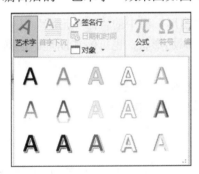

WORD 2016

图 4.104   "艺术字"样式列表   图 4.105   "艺术字"效果图

4.6.6 插入 SmartArt 图形

SmartArt 图形是信息和观点的视觉表示形式。通过从多种不同布局中进行选择来创建 SmartArt 图形，从而快速、轻松、有效地传达信息。

1．创建 SmartArt 图形

创建 SmartArt 图形的具体操作步骤如下：

1）单击"插入"选项卡"插图"组"SmartArt"按钮，打开"选择 SmartArt 图形"对话框。

2）选择所需的类型和布局，如选择"层次结构"和"水平层次结构"，如图 4.106 所示，单击"确定"按钮。

3）单击"文本"窗格中的"文本"占位符，然后输入文本，如图 4.107 所示。

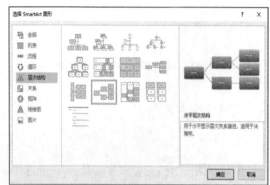

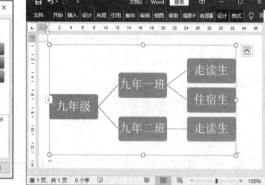

图 4.106　"选择 SmartArt 图形"对话框　　　　图 4.107　输入文本信息

2. 在 SmartArt 图形中添加或删除形状

当 SmartArt 图形中已添加的布局形状无法满足需要时，可以添加或删除形状，在
SmartArt 图形中添加形状的步骤如下：

1）单击要向其中添加另一个形状的 SmartArt 图形。

2）单击最接近新形状添加位置的现有形状。

3）单击"SmartArt 工具-设计"选项卡"创建图形"组中的"添加形状"按钮，在
打开的下拉列表中选择在后面、前面、上方或下方添加形状，也可添加助理。根据需要
在图形中添加多个不同级别的形状并添加文本。

在 SmartArt 图形中删除形状的方法是：单击要删除的形状，按 Delete 键。若要删
除整个 SmartArt 图形，则选择 SmartArt 图形的边框，然后按 Delete 键。

3. SmartArt 图形版式和层次结构的调整

可以改变 SmartArt 图形的类型和布局，具体的方法是：选择"SmartArt 工具-设计"
选项卡"版式"组中的快速版式列表中的版式，或者单击"其他布局"按钮，再次打开
如图 4.106 所示的"选择 SmartArt 图形"对话框，重新在"层次结构"列表中选择层次
结构，版式如图 4.108 所示。另外，若改变某一形状在 SmartArt 图形中的位置，可通过
单击"SmartArt 工具-设计"选项卡"创建图形"组中的"升级"、"降级"、"上移"和"下
移"按钮实现。

4. SmartArt 图形样式和颜色的更改

Word 默认的 SmartArt 图形样式是蓝底白字，可通过为图形设置样式和更改颜色等，
对 SmartArt 图形进行美化。操作步骤如下：

1）单击 SmartArt 图形。

2）单击"SmartArt 工具-设计"选项卡"SmartArt 样式"组中的"更改颜色"按钮，
在下拉列表中选择颜色。

3）单击"SmartArt 工具-设计"选项卡"SmartArt 样式"组中的"快速样式"按钮，

改变 SmartArt 图形的样式。

改变颜色和样式后的效果图如图 4.109 所示。

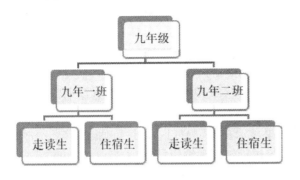
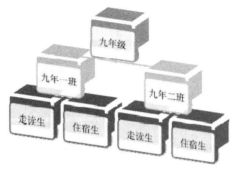

图 4.108 改变版式　　　　　　图 4.109 改变颜色和样式

4.6.7 插入公式

1. 插入公式

在编辑与数学、物理和化学等学科相关的文档时，经常需要输入各种公式，创建公式的方法是：单击"插入"选项卡"符号"组"公式"下拉按钮，打开如图 4.110 所示的下拉列表，可选择其中的常规或内置公式，如选择"二次公式"，完成公式的快速输入。在输入公式后，还可根据需要对公式进行编辑，方法是：选中公式，选择"公式工具"功能区"设计"选项卡中的各个符号和结构，对已有公式进行编辑。

如果常规和内置的公式不能满足需要，可单击"公式"按钮 π 创建新的空白公式对象。此时会显示一个带有占位符的公式框架，在"公式工具-设计"选项卡中，选择适当的结构，在结构所包含的占位符虚框内输入构成公式的符号或数字，如图 4.111 所示。

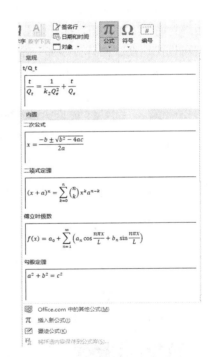

图 4.110 "插入公式"列表

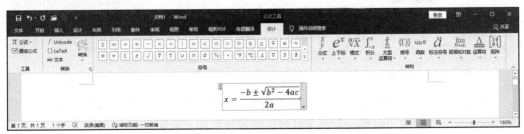

图 4.111 "公式工具"功能区"设计"选项卡

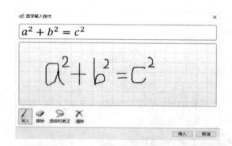

图 4.112　"数学输入控件"对话框

2. 墨迹公式

Word 2016 新增了"墨迹公式",可以通过触摸设备或鼠标输入公式,具体方法是:在图 4.110 的列表下方,选择"墨迹公式"命令,打开如图 4.112 所示的"数学输入控件"对话框,在对话框的黄色区域,按下鼠标左键并拖动书写符号,墨迹公式将自动识别内容为数学符号和公式,并将结果显示在预览窗口中,还可通过窗口下方的"擦除"和"选择与更正"按钮,对公式内容进行修改和编辑。

4.6.8　制作封面

Word 2016 可为文档制作封面,具体操作步骤如下:单击"插入"选项卡"页面"组"封面"下拉按钮,打开内置封面列表,如图 4.113 所示。在其中选择一种内置封面,就可以快速在文档首页添加一个含有文本框和图片等对象的专业文档封面。可以对封面中的"标题"、"作者"和"摘要"等文本占位符进行编辑,也可以修改封面上的图片。制作的封面效果图如图 4.114 所示。

图 4.113　内置封面列表

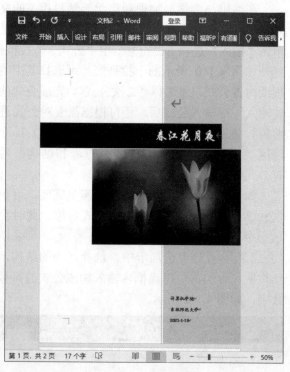

图 4.114　封面效果图

选择内置封面列表下的"Office.com 中的其他封面"命令,可以在线下载和添加新的封面。选择"删除当前封面"命令可以删除所添加的封面。

4.6.9　插入图表

Word 2016 中插入图表的具体操作步骤如下：

1）单击"插入"选项卡"插图"组"图表"按钮，打开"插入图表"对话框，如图 4.115 所示，在对话框中选择合适的图表类型。

2）在文档中插入一个图表，并自动打开 Excel 工作表，可在 Excel 工作表窗口中编辑图表中的数据，在编辑数据过程中，该数据将同步显示在图表的数据区中，效果图如图 4.116 所示。

图 4.115　"插入图表"对话框

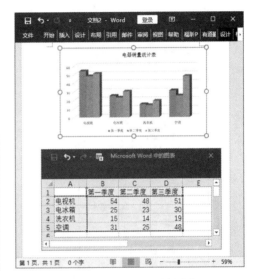

图 4.116　插入图表效果图

4.7　页面设置和打印

在文档的内容和格式编辑完成后，为了使文档页面更加美观，可以根据需求对文档的页面进行布局，如设置文字方向、页边距、装订线位置、纸张大小和稿纸页面等，并且可将文档打印输出。

4.7.1　页面设置

页边距是页面边缘的空白区域，是文本与纸张边缘的距离。一般情况下，为了使页面更为美观，可以根据需求对页边距进行设置。还可在页边距可打印区域内插入文本和图形。

通过在页边距库中选择某个 Word 预定义设置，或者通过创建自定义页边距，都可以方便的更改页边距。

1. 设置纸张大小

设置文档纸张大小的具体操作步骤如下：单击"布局"选项卡"页面设置"组"纸

张大小"按钮，打开如图 4.117 所示的下拉列表，可选择预置尺寸的纸张大小，也可在菜单的最下方，选择"其他纸张大小"命令，打开"页面设置"对话框，在"纸张"选项卡"纸张大小"栏中选择纸张的大小，或输入纸张的宽度值和高度值，如图 4.118 所示。

图 4.117　纸张大小下拉列表

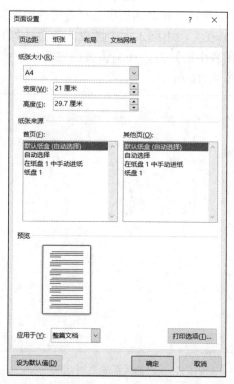

图 4.118　"页面设置"对话框——"纸张"选项卡

2. 设置纸张方向

纸张默认的使用方向是纵向，改变纸张方向的操作步骤如下：单击"布局"选项卡"页面设置"组"纸张方向"下拉按钮，在打开的下拉列表中选择"纵向"或"横向"命令。

3. 设置页边距

页边距是文本与纸张边界之间的距离，分为上、下、左、右四类。设置页边距的操作步骤如下：

1）单击"布局"选项卡"页面设置"组"页边距"按钮，打开如图 4.119 所示的下拉列表，可选择预置尺寸的页边距，也可在列表的最下方选择"自定义页边距"选项，打开"页面设置"对话框，在"页边距"选项卡"页边距"栏中输入上、下、左和右边距的值，如图 4.120 所示。

2）在"页面设置"对话框的"页边距"选项卡中，也可以确定装订线的位置和预留尺寸，还可设置纸张方向。

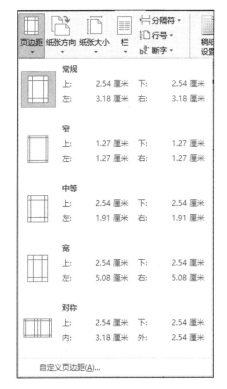

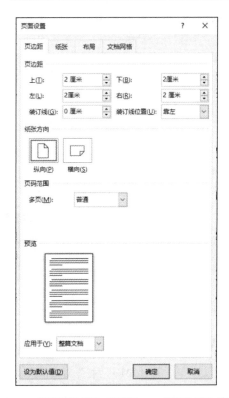

图 4.119　"页边距"预置尺寸　　　　图 4.120　"页面设置"对话框——"页边距"选项卡

4.7.2　分栏和分隔符

1. 分栏

日常生活中，经常在报刊中看到多栏排版的文章，这使版面更生动，更具可读性。使用 Word 提供的分栏工具，同样可以达到这样的效果，操作步骤如下：选择需要分栏的段落，单击"布局"选项卡"页面设置"组"栏"按钮，在打开的下拉列表中直接选择快速分栏，也可在列表的最下方选择"更多栏"命令，打开"栏"对话框，如图 4.121 所示，在"栏"对话框中可以指定要使用的栏数、栏宽、栏与栏的间距以及是否在两栏之间加分隔线等。在进行设置的同时，预览框中将显示分栏效果。

2. 分隔符

Word 提供的分隔符有分页符和分节符。

（1）分页符

当确定了页面大小和页边距以后，页面上每行文本的字数和每页能容纳的文本的行数就会确定下来，这时 Word 能够自动计算分页的位置，并自动插入分页符。但是有时在一页未写满时，希望重新开始新的一页，就需要进行人工分页。在文档中插入人工分页符的方法有如下两种：

1）定位光标，单击"布局"选项卡"页面设置"组"分隔符"按钮，在打开的下拉列表中选择"分页符"命令，即可完成人工分页操作，如图 4.122 所示。

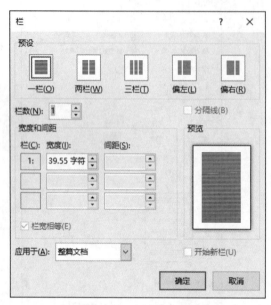

图 4.121　"栏"对话框

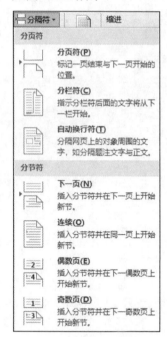

图 4.122　"分隔符"下拉列表

2）单击"插入"选项卡"页面"组"分页"按钮，在光标位置插入分页符标记。当要删除分页符时，将光标定位在分页符处，按 Delete 键即可。

（2）分节符

在一篇长文档中，有时需要分很多章节，各章节之间可能有许多不同之处。例如，页边距不同、页眉/页脚不同，分栏的栏数不同，甚至页面大小和纸张方向不同。如果对文档中的某部分内容有特殊的要求，可以使用插入分节符的方法。

在文档中插入分节符，首先定位光标，单击"布局"选项卡"页面设置"组"分隔符"按钮，打开的下拉列表中有四个分节符选项，如图 4.122 所示，用户可以根据需要选择一种分节符。

1）下一页：分节符后的文档从新的一页开始显示。

2）连续：分节符后的文档与分节符前的文档在同一页面显示，一般选择该选项。

3）偶数页：分节符后的文档从下一个偶数页开始显示。

4）奇数页：分节符后的文档从下一个奇数页开始显示。

分节后将不同的节作为一个整体处理，可以为节单独设置页面、页边距、页眉/页脚和分栏等。

分节符属于非打印字符，由虚点双线构成，如图 4.123 所示。分节符的显示或隐藏可通过单击"开始"选项卡"段落"组"显示/隐藏编辑标记"按钮 实现。当要删除分节符时，将光标定位在分节符处，按 Delete 键即可。

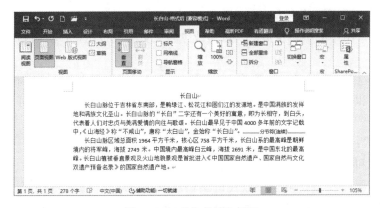

图 4.123　"分节符"标记

4.7.3　设置文档网格

文档网格主要用于设置每页显示的行数、每行显示的字数以及文字的排版方向等。设置文档网格的操作步骤如下：

1）选定要设置网格的文档或其中一部分。

2）单击"布局"选项卡"页面设置"组右下角对话框启动器按钮，打开"页面设置"对话框的"文档网格"选项卡，如图 4.124 所示。

3）在"网格"栏中有"无网格"、"只指定行网格"、"指定行和字符网格"和"文字对齐字符网格"四个单选按钮，根据需要进行选择。设置每页中行数和每行中的字数。

4）单击对话框右下角的"绘图网格"按钮，打开"绘图网格"对话框，在该对话框中选中"在屏幕上显示网格线"复选框。

5）在"预览"栏中的"应用于"下拉列表中选取"整篇文档"或"插入点之后"选项。

6）单击"确定"按钮。

4.7.4　页眉/页脚

页眉是文档中每个页面的顶部区域,页脚是页面最下方的部分,页眉和页脚常用于显示文档的附加信息,如文档标题、作者姓名、日期、页码、章节的名称和公司徽标等内容,用户可以根据自己的需要添加页眉和页脚。设置页眉和页脚的具体操作步骤如下：

1）单击"插入"选项卡"页眉和页脚"组中的"页眉"或"页脚"下拉按钮。

2）单击内置栏中要添加到文档中的页眉或页脚,或选择下拉列表最下方的"编辑页眉"或"编辑页脚"命令。在页眉或页脚占位

图 4.124　"页面设置"对话框——"文档网格"选项卡

符区域输入页眉或页脚的内容,在"页眉和页脚工具"功能区的"设计"选项卡中,通过单击"导航"组中的"转至页眉"按钮或"转至页脚"按钮,在页眉和页脚区域进行切换。

3)若要返回文档正文,选择"设计"选项卡"关闭"组"关闭页眉和页脚"命令。

在"页眉和页脚工具"功能区的"设计"选项卡的"插入"组,还可以插入以下内容,如图 4.125 所示。

1)"页码":用于在文档中插入页码,内容详见 4.7.5 节。

2)"日期和时间":将当前的系统日期或时间插入页眉或页脚。

3)"文档部件":插入可重复使用的文档片段,包括域和文档属性等。

图 4.125 　"页眉和页脚工具-设计"选项卡

页眉和页脚属于页面设置的一项内容。在"页眉和页脚工具-设计"选项卡"选项"组中,选中"奇偶页不同"和"首页不同"两个复选框,或者单击"布局"选项卡"页面设置"组右下角对话框启动器按钮 🔲,打开"页面设置"对话框,在"布局"选项卡的"页眉和页脚"栏中,选中"奇偶页不同"和"首页不同"复选框。如果选中这两个复选框,则奇数页和偶数页的页眉和页脚,以及首页的页眉和页脚都可以不同。例如,在一本书中经常是偶数页页眉上写书名,奇数页页眉上写章节名,首页不添加页眉内容等。

在页面上添加页眉和页脚之后,如果需要修改或删除,可以在页眉或页脚上双击,将原来的页眉和页脚激活,就可以对页眉或页脚的内容进行修改和删除了。

4.7.5　插入页码

在文档中插入页码的具体操作步骤如下:

1)单击"插入"选项卡"页眉和页脚"组"页码"下拉按钮,在下拉列表中选择"设置页码格式"命令。

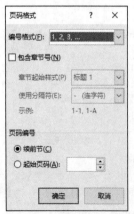

2)打开"页码格式"对话框,如图 4.126 所示,设置页码编号格式和页码起始编号。

3)再次单击"页码"下拉按钮,在下拉列表中选择将页码添加到页面的顶端或底端,以及设置页码的页边距等属性。

4.7.6　打印

在完成了文档的内容输入、格式设置和页面设置后,可通过打印机打印输出文档。打印文档的操作步骤如下:

1)选择"文件"菜单"打印"命令,打开"打印"窗口,如图 4.127 所示。

图 4.126 　"页码格式"对话框

图 4.127 "打印"窗口

2）在已安装的打印机列表中，指定工作打印机。

3）在"份数"微调框中，可以输入要打印的份数。

4）在"设置"组中，单击"打印所有页"的下拉按钮，在打开的下拉列表中选择"打印所有页"命令，打印范围为全部文档内容；选择"打印当前页面"选项，打印光标所在的当前页内容；选择"打印自定义范围"选项，打印自定义的页面内容。例如，在"面数"文本框中输入"1-3"，则打印第 1 页至第 3 页的内容，如果输入"3，5，10-15"，则打印第 3 页、第 5 页，第 10 页至第 15 页的内容。

5）在"设置"栏中，单击"单面打印"下拉按钮，可设置纸张单面打印或双面打印。

6）在"设置"栏中，打开"对照"下拉按钮，可设置当文档打印多份时，按份打钱或按张打印。

7）在"设置"栏中，打开"纵向"下拉按钮，可设置横向或纵向打印。

8）在"设置"栏中，打开"A4"下拉按钮，可设置纸张大小。

9）在"设置"栏中，打开"正常边距"的下拉按钮，可设置页边距。

10）在"设置"栏中，打开"每版打印页数"的下拉按钮，可设置一版打印的页数。

在"打印"窗口的右侧，是打印预览窗口，不同的打印设置会在该窗口中看到预览效果。

习题 4

一、选择题

1. 在 Word 的编辑状态，使光标快速移动到文档尾的操作是（　　）。

A．按 Page Up 键　　　　　　　　　　　　B．按 Alt+End 组合键

C．按 Ctrl+End 组合键　　　　　　　　　　D．按 Page Down 键

2．在 Word 中，（　　）用于控制文档内容在屏幕上显示的大小。

A．全屏显示　　　　B．显示比例　　　　C．缩放显示　　　　D．页面显示

3．在 Word 中提供（　　）专门用于编排数学公式。

A．公式编辑器　　　B．计算编辑器　　　C．文本编辑器　　　D．符号编辑器

4．将字符串"Excel"替换为"excel"，只有当选中（　　）时才能实现。

A．区分大小写　　　B．区分全半角　　　C．全字匹配　　　　D．模式匹配

5．保存 Word 文档的组合键是（　　）。

A．Ctrl+O　　　　　　　　　　　　　　　B．Ctrl+S

C．Ctrl+N　　　　　　　　　　　　　　　D．Ctrl+C

6．在 Word 中，打开文档 ABC.docx，修改后另存为 ABD.docx，则文档 ABC.docx（　　）。

A．被文档 ABD 覆盖　　　　　　　　　　　B．被修改未关闭

C．被修改并关闭　　　　　　　　　　　　D．未修改被关闭

7．在 Word 编辑状态下，若调整段落的左右边界，则用（　　）方法最为直观、快捷。

A．格式栏　　　　　　　　　　　　　　　B．格式菜单

C．拖动标尺上的缩进标记　　　　　　　　D．常用工具栏

8．下列关于页眉/页脚的叙述中，不正确的是（　　）。

A．在文档中所有的页眉/页脚只能设置为相同

B．可以对页眉/页脚进行字体格式化的设置

C．页眉/页脚是一种文档标志

D．可以将文件名称、页码等信息设置为页眉/页脚

9．在"打印"窗口中自定义打印范围是"4-16，23，40"表示打印的是（　　）。

A．第 4 页，第 16 页，第 23 页，第 40 页

B．第 4～16 页，第 23～40 页

C．第 4～16 页，第 23 页，第 40 页

D．以上都不是

10．以只读方式打开 Word 文档，做了某些修改后保存时，应使用"文件"菜单中的（　　）命令。

A．"保存"　　　　　　　　　　　　　　　B．"全部保存"

C．"另存为"　　　　　　　　　　　　　　D．"关闭"

11．在同一文档中进行不同的页面设置，必须用（　　）操作。

A．分节　　　　　　　　　　　　　　　　B．分栏

C．采用不同的显示方式　　　　　　　　　D．分页

12．Word 文档中，选中文本块后，如果（　　）拖动鼠标到需要处可实现文本块的复制。

A．按 Ctrl 键　　　　　　　　　　　　　　B．按 Shift 键

C．按 Alt 键　　　　　　　　　　　　D．无须按键

13．按（　　）键之后，可删除光标位置前一个字符。

A．Insert　　　　　　B．Alt　　　　　　C．Backspace　　　　　D．Delete

14．在 Word 编辑状态下，文档窗口显示水平标尺，则当前的视图方式为（　　）。

A．草稿视图或页面视图　　　　　　　　B．页面视图或大纲视图

C．阅读版式视图　　　　　　　　　　　D．Web 版式视图和大纲视图

15．下列叙述中，不正确的是（　　）。

A．页眉和页脚内容由用户输入

B．页眉和页脚可以是页码或文字

C．页眉由用户输入，页脚只能是页码

D．页眉和页脚放在每面的顶部和底部的描述性内容

16．Word 中的"格式刷"按钮可用于复制文本或段落的格式，若将选中的文本或段落格式重复应用多次，应该（　　）。

A．单击"格式刷"按钮　　　　　　　　B．双击"格式刷"按钮

C．右击"格式刷"按钮　　　　　　　　D．拖动"格式刷"按钮

17．Word 文档中段落首行空两个字符可通过（　　）进行设置。

A．首行缩进　　　　B．悬挂缩进　　　　C．右缩进　　　　D．左缩进

18．若将文档中一部分选定文字的字体、字形、字号、颜色等各项同时进行设置，应使用（　　）。

A．"字体"对话框　　　　　　　　　　　B．"段落"对话框

C．"边框和底纹"对话框　　　　　　　　D．"查找和替换"对话框

19．如果将 Word 编辑的文档用 Word 2003 打开，下列叙述中正确的是（　　）。

A．另存为"Word 97-2003 文档"

B．另存为"Word 文档"

C．将文档直接保存即可

D．用 Word 编辑保存的文件不可以用 Word 2003 打开

20．若在 Word 文档中插入数学公式，则可利用（　　）。

A．"工具"菜单中的"选项"命令

B．"编辑"组中的"粘贴"按钮

C．"插入"选项卡"符号"组中的"公式"

D．"文件"菜单中的"打开"命令

21．在 Word 中，若在窗口中看到文档在打印机上打印出来的结果，编辑时应采用（　　）方式。

A．草稿　　　　　　　　　　　　　　　B．Web 版式视图

C．大纲　　　　　　　　　　　　　　　D．页面视图

22．在 Word "剪贴板"组中的"剪切"按钮和"复制"按钮呈浅灰色不能被选择，则表示（　　）。

A．选中的内容是页眉或页脚

B．选中的文档内容太长，剪贴板放不下

C. 剪贴板已满，没有空间了

D. 在文档中没有选中信息

23. 在 Word 编辑状态下，仅有一个窗口编辑文档 wd.docx，单击"视图"选项卡 "窗口"组中的"拆分"按钮后（ ）。

A. 又为 wd.docx 文档打开了一个新窗口

B. wd.docx 文档的旧窗口被关闭，打开了一个新窗口

C. wd.docx 仍是一个窗口，但窗口被分成上下两部分，仅上部分显示该文档

D. wd.docx 文档仍是一个窗口，但窗口被分成上下两部分，两部分分别显示该文档

24. 在 Word 编辑状态下，光标在文档中，没有对文档进行任何选取，设置 2 倍行距后，结果将是（ ）。

A. 全部文档没有任何改变

B. 全部文档按 2 倍行距格式化

C. 光标所在段落按 2 倍行距格式化

D. 光标所在行按 2 倍行距格式化

25. 在 Word 文档中，若创建项目符号，则（ ）。

A. 不需要选择文本就可以创建项目符号

B. 以段为单位创建项目符号

C. 以节为单位创建项目符号

D. 以选中的文本为单位创建项目符号

26. 在 Word 中，下列关于设置保护密码的叙述正确的是（ ）。

A. 在设置保护密码后，每次打开该文档时都要输入密码

B. 在设置保护密码后，每次修改该文档时都要输入密码

C. 设置保护密码后，不能通过"保存"命令保存密码

D. 保护密码是不可以取消的

27. 下列关于 Word 中项目符号的叙述中，不正确的是（ ）。

A. 符号可以改变　　　　　　　B. 项目符号只能是阿拉伯数字

C. 项目符号可增强文档的可读性　　D. $、@都可定义为项目符号

28. 下列关于 Word 中样式和格式的叙述中，正确的是（ ）。

A. 样式是格式的集合

B. 格式是样式的集合

C. 格式和样式没有关系

D. 格式中有几个样式，样式中也有几个格式

29. 在 Word 中，下列叙述不正确的是（ ）。

A. 要生成文档目录，首先为每一级标题使用相应的样式

B. 生成文档目录，在设置好每级标题的样式后，通过单击"引用"选项卡"目录"组中的"目录"下拉按钮实现

C. "目录"对话框中可以设置不显示页码

D. "目录"对话框中不能设置制表符前导符

30．一位同学正在撰写毕业论文，要求只用 A4 规格的纸输出，在打印预览中，发现最后一页只有一行，她想将这一行提到上一页，较好的办法是（　　）。

A．改变纸张大小　　　　　　　　B．增大页边距

C．减小页边距　　　　　　　　　D．把页面方向改为横向

31．在 Word 编辑状态下，选择整个表格，再选择"删除行"命令，则（　　）。

A．整个表格被删除　　　　　　　B．表格中的一行被删除

C．表格中的一列被删除　　　　　D．表格中没有被删除的内容

32．下列关于 Word 文本框的叙述中，正确的是（　　）。

A．Word 中提供了横排和竖排两种类型的文本框

B．在文本框中不可以插入图片

C．在文本框中不可以使用项目符号

D．通过改变文本框的文字方向不可以实现横排和竖排的转换

33．在 Word 中，可以实现选中表格一行的操作是（　　）。

A．按 Alt+Enter 组合键

B．按 Alt 键再鼠标拖动

C．单击"表格工具-布局"选项卡"表"组中"选择"下拉按钮，在打开的下拉列表中选择"选择表格"命令

D．单击"表格工具-布局"选项卡"表"组中的"选择"下拉按钮，在打开的下拉列表框中选择"选择行"命令

34．在 Word 图形编辑状态下，选择"椭圆"形状后，按（　　）键的同时拖动鼠标，可以画出圆形。

A．Ctrl　　　　　B．Shift　　　　　C．Alt　　　　　D．Ctrl+Alt

35．设置打印纸张大小时，应当使用的命令是（　　）。

A．"文件"菜单"打印"命令中的"页面设置"选项

B．"视图"选项卡中的"工具栏"选项

C．"文件"菜单"打印预览"命令

D．"视图"选项卡中的"页面"选项

36．需要在 Word 文档中设置页码，应使用的选项卡是（　　）。

A．"文件"　　　B．"插入"　　　C．"页面布局"　D．"引用"

37．在 Word 中，下列关于表格自动套用格式用法的叙述，正确的是（　　）。

A．只能直接用自动套用格式生成表格

B．可在生成新表时使用自动套用格式或插入表格的基础上使用自动套用格式

C．每种自动套用的格式已经固定，不能对其进行任何形式的更改

D．在套用一种格式后，不能再更改为其他格式

38．在 Word 中，用 SmartArt 工具创建的图形（　　）。

A．可以更改颜色　　　　　　　　B．不能更改图形的布局

C．不能更改样式　　　　　　　　D．只能整体设置效果

39．艺术字对象实际上是（　　）。

A．文字对象　　　　　　　　　　B．图形对象

C．链接对象　　　　　　　　D．既是文字对象，又是图形对象

40．如果在奇偶页中插入不同的页眉/页脚，首先应在（　　）中设置奇偶页不同。

A．"视图"选项卡中的"页眉和页脚"组

B．"插入"选项卡中的"页眉和页脚"组

C．"布局"选项卡中"页面设置"组

D．"文件"菜单中的"选项"命令

二、判断题

1．在 Word 中，当光标位于表格的最后一个单元格时，按 Tab 键会自动增加空表行。

（　　）

2．如果编辑的文件是新建的文件，则不管是选择"文件"菜单中的"保存"命令或是"另存为"命令，都会打开"另存为"对话框。（　　）

3．在 Word 中选中一个段落，在选中段落中双击，即可选中整个文档。（　　）

4．在 Word 文档中，红色的波浪下划线表示可能有拼写错误。（　　）

5．在页面视图中可以看到页眉和页脚。（　　）

6．在 Word 中字号最大的是初号。（　　）

7．在 Word 表格中，不能改变表格线的粗细。（　　）

8．样式是多个格式命令的集合。（　　）

9．在 Word 中，可以同时打开多个文档，但只有一个文档窗口是当前活动窗口。

（　　）

10．在 Word 窗口中可以显示或隐藏标尺。（　　）

11．在 Word 中只能创建扩展名为 ".docx" 的文档。（　　）

12．在 Word 文档中，可以插入并编辑 Excel 工作表。（　　）

13．在 Word 中，为了将光标快速定位于文档开头处，可用 Ctrl+Page Up 组合键。

（　　）

14．在 Word 中，图片周围不能环绕文字，只能单独在文档中占据几行位置。

（　　）

15．格式刷既能复制字体格式，又能复制段落格式。（　　）

16．默认状态下，Word 会选择横向为页面方向，并以 A4 纸张打印文档。

（　　）

17．在 Word 中，页边距是文字与纸张边界之间的距离，分为上、下、左、右共四类。（　　）

18．在 Word 中可以统计文档的字数。（　　）

19．在 Word 中，文档的首页可以不设置页码。（　　）

20．在 Word 的"页面设置"对话框中，可以设置每页的行数和每行的字符数。

（　　）

三、操作题

1．福娃是北京 2008 年第 29 届奥运会吉祥物，其色彩与灵感来源于奥林匹克五环、

来源于中国辽阔的山川大地、江河湖海和人们喜爱的动物。每个娃娃都有一个朗朗上口的名字：贝贝、晶晶、欢欢、迎迎和妮妮，在中国，叠音名字是对孩子表达喜爱的一种传统方式。当把五个娃娃的名字连在一起，你会读出北京对世界的盛情邀请"北京欢迎您"。

　　贝贝传递的祝福是繁荣。

　　晶晶是一只憨态可掬的大熊猫，无论走到哪里都会带给人们欢乐。

　　欢欢是福娃中的大哥哥。他是一个火娃娃，象征奥林匹克圣火。

　　迎迎是一只机敏灵活、驰骋如飞的藏羚羊，他来自中国辽阔的西部大地，将健康的美好祝福传向世界。

　　妮妮来自天空，是一只展翅飞翔的燕子，其造型创意来自北京传统的沙燕风筝。

　　将上面文字做如下设置：

　　1）将内容复制到打开的 Word 文档中。

　　2）各段首行缩进 2 个字符，1.5 倍行距，宋体，小五号字，两端对齐，左右各缩进 2 字符。

　　3）为第二至六段添加项目符号★，并添加 1 磅单实线红色边框。

　　4）将第一段文字设置首字下沉，下沉行数为 2。

　　2. 四平市位于吉林省西南部，地处东北亚区域的中心地带，是吉林、黑龙江及内蒙古东部地区通向沿海口岸和环渤海经济圈最近的城市，是东北地区重要交通枢纽和物流节点城市，军事上的战略要地，有"英雄城"和"东方马德里"之称，历史悠久，工农业基础雄厚。

　　四平市为吉林省第三大城市，位于东北中部、吉林省的西南部，辽宁省与吉林省的交界处。东依大黑山，西接辽河平原，北邻长春，南近沈阳，以京哈铁路为界，东部属丘陵地区，西部为松辽平原的一部分，地势稍有起伏。

　　四平地区按自然气候区划处于北温带，属于东部季风区中温带湿润区，大陆性季风气候明显，四季分明，春季干燥多大风，夏季湿热多雨，秋季温和凉爽，冬季漫长寒冷。

　　将上面文字做如下设置：

　　1）将内容复制到打开的 Word 文档中。将文本中所有的"市"替换为浅蓝色的"City"。

　　2）在文本的最前面插入一行标题"四平概况"，设置为"标题 1"样式并居中。

　　3）将正文各段文字设置为楷体、五号，行距 18 磅，每段首行缩进 2 字符。

　　4）将正文第一段文字设置首字下沉，下沉行数为 3。

　　3. 利用 SmartArt 图形工具绘制如图 4.128 所示的图，具体要求如下：

　　1）在文档中插入 SmartArt 图形，图形为"关系"中的"聚合射线"。

　　2）输入 SmartArt 图形中各部分的文字（第一学期、第二学期、第三学期、第四学期）。

　　3）更改 SmartArt 图形的颜色为"彩色-强调文字颜色"。

　　4）设置 SmartArt 图形的 SmartArt 样式为"三维"组中的"优雅"。

图 4.128　操作题 3

第5章

电子表格软件 Excel 2016

Excel 2016 是目前主流的电子表格制作和数据处理软件，具有功能强大、操作简便及安全稳定等特点，作为微软公司推出的 Office 办公组件之一，其应用涵盖了办公自动化的诸多领域，包括统计、财会、管理和销售等。本章主要介绍 Excel 2016 的基本操作、数据的输入与编辑、工作表的格式化、公式和函数的使用、数据的管理以及图表的创建与编辑等。

5.1 Excel 2016 入门

本节主要介绍 Excel 2016 的启动和退出、工作界面和相关的基本概念，通过本节的学习，读者可以熟悉 Excel 2016 的工作界面，掌握基本操作方法，为以后的学习打下良好的基础。

5.1.1 Excel 2016 的启动和退出

1. Excel 2016 的启动

启动 Excel 2016 通常有以下三种方法。

（1）在"开始"菜单中启动

单击"开始"按钮 ■，打开"开始"菜单，如图 5.1 所示，在"所有程序列表"中单击"Excel 2016"图标，即可启动 Excel 2016，也可以在右侧的应用程序磁贴列表中单

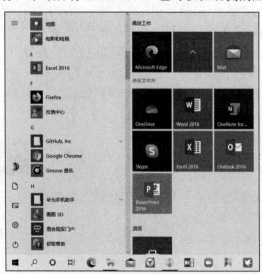

图 5.1 Excel 的"开始"菜单

击 Excel 2016 的图标进行快速启动。

（2）用快捷图标启动

这是启动 Excel 2016 快捷的方法，使用该方法的前提是桌面上有 Excel 2016 的快捷图标。启动 Windows 操作系统后，在桌面上双击"Excel 2016"快捷图标，即可启动 Excel 2016。

（3）通过已有工作簿启动

双击使用 Excel 2016 创建的工作簿文件，也可启动 Excel 2016 并打开该工作簿。

2. Excel 2016 的退出

退出 Excel 的方法与退出其他 Office 组件类似，用户可以根据需要选择适合、快捷的方式，常用方法如下。

1）选择"文件"菜单中的"关闭"命令。

2）单击 Excel 2016 标题栏右上角的"关闭"按钮。

3）右击任务栏中 Excel 的图标，在弹出的快捷菜单中选择"关闭窗口"命令。

4）在当前编辑窗口为活动窗口的情况下，直接按 Alt+F4 组合键。

5.1.2　Excel 2016 的工作界面

Excel 2016 的工作界面与其他 Office 组件的工作界面相似，主要由快速访问工具栏、标题栏、功能选项卡、功能区、编辑栏、工作表标签、状态栏、工作表编辑区、名称框等部分组成，如图 5.2 所示。

图 5.2　Excel 2016 工作界面

1）标题栏：位于 Excel 2016 工作界面的最顶端，包括文档名称、功能区显示选项按钮（可对功能选项卡和命令区进行显示和隐藏操作）以及右侧的"最小化"、"最大化"和"关闭"按钮组。

2）快速访问工具栏：默认位置在标题栏的左边，可以设置在功能区下方显示。快速访问工具栏体现一个"快"字，可放置一些常用的命令，如新建、保存和撤销等。可以添加或删除快速访问工具栏中的命令项。

3）功能选项卡：Excel 2016默认包含"开始"、"插入"、"页面布局"、"公式"、"数据"、"审阅"和"视图"共七个功能选项卡，单击任一选项卡可打开对应的功能区，单击其他选项卡可切换到相应的选项卡，每个选项卡中分别包含了相应的功能集合。

4）名称框：用来显示当前单元格（或区域）的地址或名称。

5）编辑栏：主要用于输入和编辑单元格或表格中的数据或公式。

6）工作表编辑区：工作表编辑区占据了整个窗口大部分区域，也是用户在 Excel 操作时最主要的工作区域。

7）工作表标签：工作簿底端的工作表标签用于显示工作表的名称，单击工作表标签将激活相应工作表。

8）状态栏：位于文档窗口的最底部，用于显示所执行的相关命令、工具栏按钮、正在进行的操作或插入点所在位置等信息。

5.1.3　Excel 的基本概念

1. 工作簿和工作表

工作簿是指在 Excel 系统中用来存储和处理工作数据的文件，是 Excel 存储数据的基本单位。默认情况下，一个新建工作簿文件包含一个名称为 Sheet1 的工作表。根据需要，可以增加工作表的个数，也可以删除已有工作表，但一个工作簿文件至少包含一个工作表。工作表的名称以标签形式显示在工作簿窗口的底部，单击标签可以进行工作表切换。工作表是由若干的行和列所构成的表格，每一个行和列坐标所组成的矩形格称为单元格。

2. 单元格与单元格区域

单元格是组成工作表的最小单位。工作表中每一个行列交叉处即为一个单元格。在单元格内可以输入并保存由文本、数字和公式等组成的数据。

每个单元格地址由所在的列号和行号标识，以指明单元格在工作表中所处的位置，如 A2 单元格，表示该单元格位于表中第 A 列、第 2 行。由于一个工作簿可以有多个工作表，为了区分不同工作表的单元格，可在单元格地址前加上工作表名进行区别，如 Sheet3!B3 表示该单元格为 Sheet3 工作表中的 B3 单元格。

单元格区域是指由两个对角（左上角和右下角）单元格表示的多个单元格。例如，单元格区域 A1:C2 表示 A1、A2、B1、B2、C1 和 C2 六个单元格所构成的区域。

5.2　Excel 2016 工作簿的操作

本节主要介绍在 Excel 2016 中如何新建工作簿文件、打开工作簿文件、保存工作簿文件和关闭工作簿文件等基本操作。

5.2.1　工作簿文件的建立

1. 新建空白工作簿

通过"开始"菜单或双击桌面的快捷图标启动 Excel 2016 后，选择"空白工作簿"

或按 Ctrl+N 组合键，默认创建一个名称为"工作簿 1.xlsx"的文件。如果用户需要自己重新创建工作簿，则可以选择"文件"菜单中的"新建"命令，单击"空白工作簿"按钮，即可新建一个空白工作簿。

2. 使用模板建立工作簿

Excel 2016 提供了很多精美的模板，模板是有样式和内容的文件，用户可以根据需要，找到一款适合的模板，然后在此基础上快速新建一个工作簿。具体操作步骤如下。

1）选择"文件"菜单中的"新建"命令，打开"新建"窗口，如图 5.3 所示。

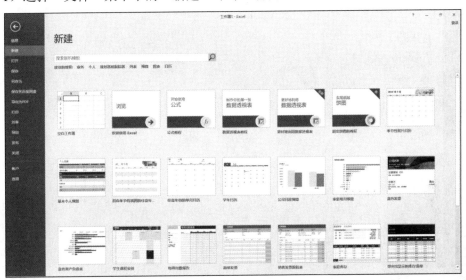

图 5.3　新建工作簿

2）在窗口中双击一个需要的模板，如"基本个人预算"，在此工作簿中自动包含两个工作表，其工作表标签分别为"汇总"和"支出"，如图 5.4 所示。

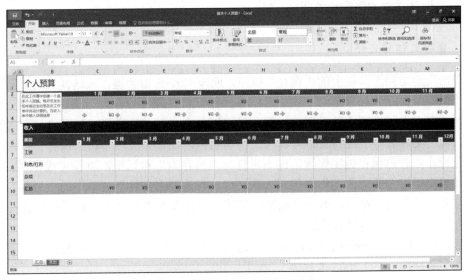

图 5.4　"基本个人预算"工作簿

3）根据实际需要进行修改，保存。

5.2.2 工作簿文件的打开

选择"文件"菜单中的"打开"命令或按 Ctrl+O 组合键，打开"打开"窗口，如图 5.5 所示。其中显示了最近编辑过的工作簿，若是打开最近使用过的工作簿，只需单击相应文件即可；若想打开计算机中保存的工作簿，则需单击"浏览"按钮，在打开的"打开"对话框中选择需要打开的工作簿，单击"打开"按钮，即可打开所选择的 Excel 工作簿。

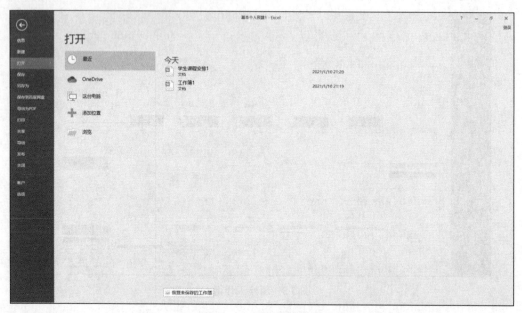

图 5.5　打开工作簿文件

5.2.3 工作簿文件的保存和关闭

1. 保存工作簿文件

单击快速访问工具栏上的"保存"按钮，或按 Ctrl+S 组合键，或选择"文件"菜单中的"保存"命令。如果是第一次进行保存操作，将打开"另存为"菜单，如图 5.6 所示。在该窗口中可设置文件的保存位置，还可以单击"浏览"图标，打开"另存为"对话框，在"文件名"下拉列表中可输入工作簿名称，设置完成后单击"保存"按钮，完成保存操作；若已保存过工作簿，则不再打开"另存为"对话框，直接完成保存。

如果需要将编辑过的工作簿保存为新文件，可选择"文件"菜单中的"另存为"命令，打开"另存为"窗口，单击"浏览"按钮，在打开的"另存为"对话框中选择所需的保存方式进行工作簿的保存。

提示：若需要在 Excel 2003 以及之前的版本中编辑这个文件，保存的时候需要选择文件类型为"Excel 97-2003 工作簿"。

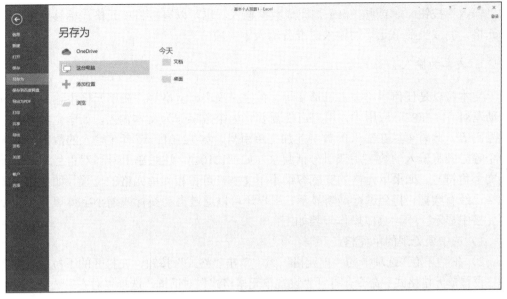

图 5.6　保存工作簿文件

2. 关闭工作簿文件

当使用多个工作簿进行工作时,可以将使用完毕的工作簿关闭,这样不但可以节约内存空间,还可以避免文件打开太多引起的混乱。

首先对工作簿的修改进行保存,然后选择"文件"菜单中的"关闭"命令,即可将工作簿关闭。

提示:如果没有对修改后的工作簿进行保存,就执行了关闭命令,弹出显示保存更改提示框,如图 5.7 所示。提示框中提示用户是否对修改后的文件进行保存,单击"保存"按钮则保存对文件的修改并关闭文件;单击"不保存"按钮则关闭文件而不保存对文件的修改。

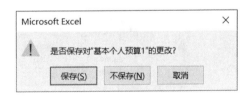

图 5.7　保存更改提示框

5.3　数据的输入与编辑

本节主要介绍在工作表中输入和编辑数据,其中包括输入一般数据、自动填充、编辑数据和数据有效性等。

5.3.1　输入一般数据

Excel 2016 中有多种数据类型,如文本、数字、日期和时间等。输入数据时首先选择输入数据的单元格,然后在单元格中输入数据。输入的内容同时出现在活动单元格和编辑栏上。如果输入过程中出现错误,可以在确认前按 Backspace 键,删除光标前的字符,或单击数据编辑栏中的"取消"按钮 ×,删除单元格中的内容。单击数据编辑栏中的"输入"按钮 ✓，或按 Enter 键完成数据输入，也可以直接将单元格光标移到下一个单元格，完成当前单元格的输入，准备输入下一项。

1. 文本的输入

文本可以是任何字符串，包括字母、数字、汉字、空格等。在单元格中输入文本时自动左对齐。在实际应用中，用户可能需要将一个数字作为文本输入，如学生学号、电话号码等，此时可以在输入的数字前加上单引号，如'12101；或者在输入的数字前加上一个等号并将输入的数字用双引号括起来，如="12101"，注意单引号和双引号均要求是英文半角符号。如果单元格的宽度容纳不下文本，可占相邻单元格的位置，如果相邻单元格已经有数据，将会进行截断显示。用户还可以通过自动换行或缩小字体填充在一个单元格中显示文本，具体操作步骤如下：

1）选中要处理的单元格。

2）在"开始"选项卡的"单元格"组中单击"格式"按钮，在打开的下拉列表中选择"设置单元格格式"命令，打开"设置单元格格式"对话框，选择"对齐"选项卡，如图 5.8 所示。

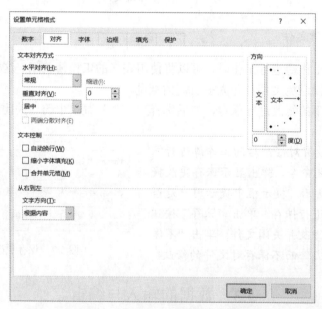

图 5.8　"设置单元格格式"对话框

3）在"文本控制"栏中选中"自动换行"复选框，文本可以显示在多行；选中"缩小字体填充"复选框，文本自动缩小字体，单元格能够容纳输入的文本。

若在单元格中另起一行输入数据，只需在按住 Alt 键的同时再按 Enter 键，将输入一个换行符。

2. 数字的输入

在工作表中有效的数字包括数字字符 0～9 和一些特殊的数学字符，如"+"、"–"、"（）"、","、"$"、"%"和"."等，这些字符的功能见表 5.1。在默认状态下，输入单元格的数字将自动右对齐。单元格内默认显示八个字符，也就是说，只显示 8 位数值，如果输入的数值多于 8 位，就用科学计数法来表示，如 1234567891234，表示为 1.23E+12。当单元格中放不下这个数字时，就用若干个"#"号代替。

表 5.1　数字输入允许的字符及功能

字符	功能
0～9	阿拉伯数字的任意组合
+	表示正数，与 E 在一起时表示指数，如 2.14E+4
−	表示负数，如-456.78
( )	表示负数，如（213）表示-213
,	千位分隔符，如 123，568，000
/	表示代分数，如 3 1/2 表示三又二分之一，注意数字 3 和 1 之间用空格符分隔
/ /	表示日期分隔符，如 2013/4/30 表示 2013 年 4 月 30 日
$	表示金额，如$200 表示 200 美元
%	表示百分比，如 97%
.	表示小数点
E 和 e	科学记数法中指数表示符号，如 2.14E+04 表示 21400
:	时间分隔符，如 12:30 表示 12 点 30 分

3. 同时在多个单元格中输入相同数据

同时在多个单元格中输入相同数据具体操作步骤如下：

1）按住并拖动鼠标选中要输入相同数据的单元格。

2）使用键盘在活动单元格中输入数据。

3）同时按 Ctrl 键和 Enter 键，即可在所选中的多个单元格中输入相同的数据，如图 5.9 所示。

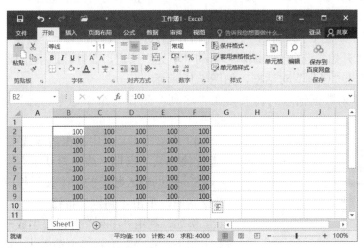

图 5.9　在多个单元格中输入相同数据

5.3.2　填充数据

可以使用自动填充输入如"星期一"到"星期日"、"一月"到"十二月"这样有规律的数据。如果用户需要在相邻单元格中输入相同或有规律的一些数据，则可以使用自动填充的方法。

1. 填充柄填充

自动填充功能是通过填充柄来实现的。填充柄是指位于当前选定区域右下角的一个小黑方块。将鼠标指针移到填充柄时，指针的形状就变为黑十字。利用填充柄自动填充数据，具体操作步骤如下：

1）单击选中填充区域中的第一个单元格，然后在此单元格中输入序列起始值或者公式，如在第一个单元格中输入文字"一月"。

2）拖动区域中所选单元格右下角的填充柄。

3）释放鼠标左键，即可完成自动填充，如图 5.10 所示。

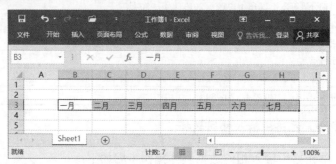

图 5.10　用填充柄自动填充数据

2. 序列填充

序列是指被排在一行或一列的对象，每个元素前后有一定的顺序，或是等差序列，或是等比序列等，序列填充的具体操作步骤如下：

1）选中需要输入序列的第一个单元格并输入序列数据的第一个数据。

2）单击"开始"选项卡"编辑"组的"填充"按钮，在打开的下拉列表中选择"序列"命令，打开"序列"对话框，如图 5.11 所示。

3）根据序列数据输入的需要，在"序列产生在"组中选中"行"或"列"单选按钮。

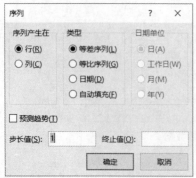

图 5.11　"序列"对话框

4）在"类型"组中根据需要选中"等差序列"、"等比序列"、"日期"或"自动填充"单选按钮。

5）根据输入数据的类型设置相应的其他选项，设置完毕，单击"确定"按钮。

例如，利用"序列"对话框生成一个等比序列，操作如下：在 A2 单元格中输入 1，选中 A2，单击"开始"选项卡中"编辑"组的"填充"按钮，在打开的下拉列表中选择"序列"命令，打开"序列"对话框，分别选中"行"、"等比序列"单选按钮，在"步长值"文本框中输入 5，在"终止值"文本框中输入 10000，再单击"确定"按钮。这样就可以生成了一个 1∶5 的等比序列，如图 5.12 所示。

图 5.12　生成的等比序列

3. 自定义填充

对于经常使用的特殊数据系列，用户可以通过自定义序列功能，将其定义为一个序列。当使用自动填充功能时，可以将这些数据快速输入工作表。

具体操作步骤如下：

1）选择"文件"菜单中的"选项"命令，打开"Excel 选项"对话框。

2）在对话框中选择"高级"选项，在打开的列表中单击"编辑自定义列表"按钮，打开"自定义序列"对话框，如图 5.13 所示。

图 5.13　"自定义序列"对话框

3）在"输入序列"列表框中分别输入自定义的序列，每输入完一项，按 Enter 键。如果一行输入多项，项与项之间用逗号分隔。

4）输入完成后，单击"添加"按钮，将其添加到左侧"自定义序列"列表框中。

5）单击"确定"按钮，返回"Excel 选项"对话框。

6）单击"确定"按钮，完成自定义序列设置。

5.3.3 编辑数据

1. 修改数据

在输入数据的过程中难免会出错，因此需要学习如何修改数据。

1）无论在输入之中还是在输入之后，发现输入错误，可双击该单元格。这时在单元格中出现插入光标，在编辑栏中同时显示单元格的内容。将插入光标移到要修改的字符右侧。

2）使用 Backspace 键，或选中编辑栏中要修改的内容，将其删除，再重新输入正确的内容。

3）如果整个单元格的内容都要删除，可以选中此单元格，然后输入新的内容，原来的内容将被新内容取代。

2. 删除数据

删除单元格中的内容，首先选中要删除内容的单元格，然后按 Delete 键，或在选中的内容上右击，在弹出的快捷菜单中选择"清除内容"命令，即可将所选单元格中的内容删除。

3. 查找和替换

当编辑一个比较大的工作表时，使用 Excel 中的查找和替换功能可以迅速、准确地查找和替换所要编辑的数据或文本。

查找文本或数据，具体操作步骤如下：

1）单击"开始"选项卡"编辑"组中的"查找和选择"按钮，在打开的下拉列表中选择"查找"命令，打开"查找和替换"对话框，选择"查找"选项卡，如图 5.14 所示；单击"选项"按钮，打开如图 5.15 所示的带选项的查找对话框；在"查找内容"文本框中输入查找的内容，然后在搜索方式和搜索范围选项下设置查找条件。

① 范围：单击"范围"下拉按钮，在显示的列表中可以选择在"工作簿"或在"工作表"中查找数据。

② 搜索：单击"搜索"下拉按钮，在显示的列表中选择"按列"选项，查找将沿列向下进行；选择"按行"选项，查找将按行向右进行。

③ 查找范围：单击"查找范围"下拉按钮，在显示的列表中可以选择查找数据的范围。

图 5.14　"查找和替换"对话框——查找　　图 5.15　带选项的"查找和替换"对话框——查找

2）设置完成后，单击"查找下一个"按钮，即可在工作表中进行查找，查找到的数据所在的单元格将被选中。

替换对象具体操作步骤如下：

1）单击"开始"选项卡的"编辑"组中的"查找和选择"按钮，在打开的下拉列表中选择"替换"命令，打开"查找和替换"对话框，选择"替换"选项卡，如图 5.16 所示；单击"选项"按钮，打开带选项的替换对话框，如图 5.17 所示。

图 5.16　"查找和替换"对话框——替换　　图 5.17　带选项的"查找和替换"对话框——替换

2）在"查找内容"文本框中输入要查找的内容，然后在"替换为"文本框中输入要替换的内容。

3）单击"全部替换"按钮，工作表中所有与查找内容相同的数据将被全部替换；如果只需要将部分查找的内容进行替换，则可以单击"查找下一个"按钮，查找到需要替换的对象后，单击"替换"按钮即可将其替换。

5.3.4　数据的有效性

在 Excel 的使用中，为了避免在输入数据时出现错误，可以通过在单元格中设置数据有效性来进行相关的控制，从而提高数据输入的准确性。具体操作步骤如下：

1）打开"学生成绩表"工作簿，选择 D3:F10 区域。

2）单击"数据"选项卡"数据工具"组中的"数据验证"按钮，在打开的下拉菜单中选择"数据验证"命令，打开"数据验证"对话框，如图 5.18 所示。

3）单击"允许"组中的下拉按钮，选择"整数"选项。

4）根据需要选中"忽略空值"复选框，在"数据"组中选择"介于"选项，在"最小值"文本框中输入"0"，在"最大值"文本框中输入"100"，如图 5.19 所示。

图 5.18　"数据验证"对话框　　　　　　图 5.19　"设置"配置

5）"输入信息"选项卡中的选项可自行设置，作为用户输入数据的信息提示，如图 5.20 所示；"出错警告"选项卡中的选项可自行设置，当用户输入错误数据时给予提示，如图 5.21 所示。

6）单击"确定"按钮，返回工作表，如果输入错误，将弹出错误信息提示框，如图 5.22 所示。

图 5.20　"输入信息"选项卡

图 5.21　"出错警告"对话框

图 5.22　错误信息提示框

5.4　Excel 2016 工作表的操作

在 Excel 2016 中，工作簿相当于文件夹，工作表则是存放在文件夹里的表格文件。本节主要介绍在工作簿中建立与管理工作表，包括建立工作表以及工作表的各种编辑操作等。

5.4.1　选择和切换工作表

1. 选择工作表

选择工作表是一项非常基础的操作，包括选择一张工作表、选择连续的多张工作表、选择不连续的多张工作表和选择所有工作表等。通常情况下，选择工作表有下列几种情况。

1）选择一张工作表：单击相应的工作表标签，即可选择该工作表。

2）选择连续的多张工作表：在选择一张工作表后按 Shift 键，再选择不相邻的另一张工作表，即可同时选择这两张工作表之间的所有工作表。被选择的工作表呈白底显示。

3）选择不连续的多张工作表：选择一张工作表后按 Ctrl 键，再依次单击其他工作表标签，即可同时选择所单击的工作表。

4）选择全部工作表：在工作表标签的任意位置右击，在弹出的快捷菜单中选择"选定全部工作表"命令，可选择所有的工作表，如图 5.23 所示。

图 5.23　"选定全部工作表"命令

2. 切换工作表

一个工作簿中可以包含多个工作表，这些工作表不可能在屏幕中同时显示，所以在使用工作簿中的其他工作表时，必须进行切换。

如果切换的工作表标签已经显示在工作簿窗口底端，则单击工作表标签即可从当前工作表切换到所选工作表。

在一个工作簿中可以容纳多张工作表，由于屏幕长度的限制，这些工作表的标签名称不可能完全显示在工作簿底端，可能有一些被遮盖了，可以使用工作表标签进行切换。单击以下按钮，可以将需要的工作表标签显示出来，然后单击工作表标签，即可将其切换到当前状态。

：单击此按钮，工作表标签将向右移动一个，配合 Ctrl 键+单击，可滚动到第一个工作表；右击，将弹出"激活"快捷菜单，可查看所有工作表。

：单击此按钮，工作表标签将向左移动一个，配合 Ctrl 键+单击，可滚动到最后一个工作表；右击，将弹出"激活"快捷菜单，可查看所有工作表。

：单击工作表标签列表左侧的此按钮，可以将紧邻当前显示的工作表标签列表的左侧工作表显示出来；单击工作表标签列表右侧的此按钮，可以将紧邻当前显示的工作表标签列表的右侧工作表显示出来。

5.4.2　插入和删除工作表

1. 插入工作表

在默认状态下，一个工作簿中只包含一个工作表。根据实际需要，用户可在工作簿中插入工作表。插入工作表的方法有以下两种。

1）通过按钮插入：在打开工作簿的工作表标签右侧单击"新建工作表"按钮，即可插入一张空白的工作表。

2）通过对话框插入：在工作表名称上右击，在弹出的快捷菜单中选择"插入"命令，打开"插入"对话框，在"常用"选项卡的列表框中选择"工作表"命令，表示插入一张空白工作表，也可以在"电子表格方案"选项卡中选择一种表格样式，单击"确定"按钮，插入一张带格式的工作表。

2. 删除工作表

当工作簿中的某张工作表作废或多余时，可以将其删除。具体操作步骤如下：在工作表标签上右击，在弹出的快捷菜单中选择"删除"命令，将其删除。如果工作表中有数据，删除工作表时将打开如图 5.24 所示提示框，单击"删除"按钮，确认删除。

图 5.24　"删除"提示框

5.4.3　移动和复制工作表

1. 移动工作表

在工作中，经常需要在一个工作簿或不同工作簿之间移动工作表。

图 5.25　"移动或复制工作表"对话框

1）在同一个工作簿中移动工作表，具体操作步骤如下：在工作簿底端工作表标签上右击，在弹出的快捷菜单中选择"移动或复制工作表"命令，打开"移动或复制工作表"对话框，如图 5.25 所示；在"下列选定工作表之前"列表框中，选择工作表要移动的位置，然后单击"确定"按钮。

2）在不同工作簿之间移动工作表，具体操作步骤如下：

① 将工作表要移动到的目标工作簿打开。

② 在源工作簿底端工作表标签上右击，在弹出的快捷菜单中选择"移动或复制工作表"命令，打开"移动或复制工作表"对话框。

③ 单击"工作簿"下拉按钮，在列表中选择工作表要移动到的目标工作簿，然后在"下列选定工作表之前"列表框中，选择工作表放置的位置。

④ 设置完成后，单击"确定"按钮。

2. 复制工作表

复制工作表可以在同一个工作簿中，也可以在不同工作簿之间进行，具体的操作步骤如下：在进行上述移动工作表的操作时，在如图 5.25 所示的"移动或复制工作表"对话框中选中"建立副本"复选框，即可实现对工作表的复制。

复制工作表时需要注意如下两点：

1）在一个工作簿中，按住鼠标左键并拖动一个工作表标签，然后在想要移动到的目标位置松开鼠标左键，即可将工作表移动到此位置；按住 Ctrl 键的同时拖动工作表标签，可以将所选工作表复制到松开鼠标左键的目标位置。

2）如果使用鼠标在两个工作簿之间复制和移动工作表，首先单击"视图"选项卡"窗口"组的"全部重排"按钮，在打开的"重排窗口"对话框中选中"平铺"单选按钮，使源工作簿和目标工作簿并列显示在屏幕当中；然后按照上述鼠标拖动方法即可将源工作簿中的工作表复制或移动到目标工作簿中。

5.4.4　重命名工作表

在系统默认状态下，工作簿中的工作表标签是以 Sheet1、Sheet2、Sheet3……命名的，对工作表进行重命名，可以帮助用户快速了解工作表内容，便于查找和分类。重命名工作表的方法主要有以下两种：

1）双击工作表标签，此时工作表标签呈可编辑状态，输入新的名称后按 Enter 键。

2）在工作表标签上右击，在弹出的快捷菜单中选择"重命名"命令，工作表标签呈可编辑状态，输入新的名称后按 Enter 键。

5.5　工作表的格式化

本节主要介绍工作表的行、列和单元格的基本操作，以及单元格格式的设置，包括调节行高和列宽、数据的显示、文字的格式化、边框的设置、图案和颜色填充以及套用表格格式等。

5.5.1　单元格的操作

1. 选取单元格或单元格区域

在执行绝大部分命令之前，必须选定要对其进行操作的单元格或单元格区域。单元格选取是电子表格的常用操作，主要包括选取单元格、选取多个连续单元格以及选取多个不连续单元格等，选取方法如表 5.2 所示。

表 5.2　选取单元格及单元格区域的方法

选取区域	操作方法
单元格	单击该单元格
整行（列）	单击工作表相应的行号（列号）
整张工作表	单击工作表左上角行列交叉按钮
相邻行（列）	指针拖过相邻的行号（列号）
不相邻行（列）	选定第一行（列）后，按住 Ctrl 键，再选择其他行（列）
相邻单元格区域	单击区域左上角单元格，拖至右下角（或按 shift 键再单击右下角单元格）
不相邻单元格区域	选定第一个区域后，按 Ctrl 键，再选择其他区域

如果要取消选定区域，只需单击工作表内任意一个单元格。

2. 复制或移动单元格

在 Excel 2016 中，可以对空白单元格或输入数据后的单元格进行复制和移动操作，将其复制或移动到其他位置或其他的工作表中。

方法 1：

1）在工作表中选择要复制或移动的单元格。

2）在"开始"选项卡的"剪贴板"组中，执行以下操作之一：

复制选定区域，单击"复制"按钮，或在选中的单元格上右击，在弹出的快捷菜单中选择"复制"命令，或者按 Ctrl+C 组合键。

移动选定区域，单击"剪切"按钮，或在选中的单元格上右击，在弹出的快捷菜单中选择"剪切"命令，或者按 Ctrl+X 组合键。

3）选择粘贴区域左上角的单元格。

4）单击"开始"选项卡"剪贴板"组的"粘贴"按钮，或在选中的单元格上右击，在弹出的快捷菜单中选择"粘贴"命令，或者按 Ctrl+V 组合键。

方法 2：

1）选中要复制或移动的单元格（可以是一个或多个单元格）。

2）将鼠标指针移到选中单元格的光标框上，此时鼠标指针将变为箭头形状。

3）按住鼠标左键的同时按 Ctrl 键并拖动到目标位置，即可实现复制操作。按住鼠标左键并拖动到目标位置，即可实现移动操作。

3. 插入单元格

具体操作步骤如下：

1）选定需要插入单元格的位置，使之成为活动单元格。

2）单击"开始"选项卡"单元格"组中的"插入"按钮，在打开的下拉列表中选择"插入单元格"命令，或右击，在弹出的快捷菜单中选择"插入"命令，打开"插入"对话框，如图 5.26 所示。

3）选择单元格插入的方式，单击"确定"按钮。插入后，原有单元格做相应移动。

4. 删除单元格

删除单元格具体操作步骤如下：

1）单击选中要删除的单元格或单元格区域。

2）单击"开始"选项卡"单元格"组中的"删除"按钮，在打开的下拉列表中选择"删除单元格"命令，或在所选的单元格上右击，在弹出的快捷菜单中选择"删除"命令，打开"删除"对话框，如图 5.27 所示。

图 5.26　"插入"对话框　　　图 5.27　"删除"对话框

3）在"删除"对话框中，根据需要进行如下选择：

若选择"右侧单元格左移"单选按钮，则所选单元格删除后，右侧单元格向左移动。

若选择"下方单元格上移"单选按钮，则所选单元格删除后，下面单元格向上移动。

若选择"整行"单选按钮，则删除选定单元格所在的整行。

若选择"整列"单选按钮，则删除选定单元格所在的整列。

4）单击"确定"按钮即可删除所选单元格。

5.5.2　行和列的操作

1. 复制或移动行和列

当复制或移动行和列时，Excel 2016 会复制或移动其中包含的所有数据，包括公式及其结果值、批注、单元格格式和隐藏的单元格。具体操作步骤如下：

1）在工作表中选择要复制或移动的行或列。

2）在"开始"选项卡的"剪贴板"组中，执行以下操作之一：

若复制行或列，单击"复制"按钮，或在选中的行或列上右击，在弹出的快捷菜单中选择"复制"命令，或者按 Ctrl+C 组合键。

若移动行或列，单击"剪切"按钮，或在选中的行或列上右击，在弹出的快捷菜单中选择"剪切"命令，或者按 Ctrl+X 组合键。

3）右击目标位置下方或右侧的行或列，然后执行以下操作之一：

当复制行或列时，选择快捷菜单中的"插入复制单元格"命令。

当移动行或列时，选择快捷菜单中的"插入剪切单元格"命令。

注：如果不是选择快捷菜单中的命令，而是单击"开始"选项卡"剪贴板"组的"粘贴"按钮或按 Ctrl+V 键，那么复制或移动后，目标单元格的内容将全部被替换。

2．插入行和列

插入行和列的具体操作步骤如下：

1）在工作表中单击选择一个行号，插入的行将位于所选行的上一行。

2）单击"开始"选项卡"单元格"组中的"插入"按钮，在打开的下拉列表中选择"插入工作表行"命令，或右击，在弹出的快捷菜单中选择"插入"命令，即可将一个空白的行插入到指定位置。插入后，原有行中的内容依次下移一行。

向工作表中插入空白列的步骤同插入空白行的步骤相似，插入的列位于所选列的左侧。

3．删除行和列

删除行和列的具体操作步骤如下：

1）单击选择工作表中需要删除的行或列。

2）单击"开始"选项卡"单元格"组中的"删除"按钮，打开下拉列表。

3）选择"删除工作表行"或"删除工作表列"命令，或在所选的行、列上右击，在弹出的快捷菜单中选择"删除"命令，选定的行或列及其内容即可被删除。

4．调整行高和列宽

工作表建立时，所有单元格具有相同的宽度和高度。在输入工作表内容的过程中，由于各种文字和数据大小不同、长短各异，经常要调节列的宽度或行的高度，以达到数据完整清楚、表格整齐美观的效果。

图 5.28　"格式"下拉列表

调整行高和列宽有以下两种方法。

（1）使用鼠标拖动调整

将鼠标指针移动到工作表两个行序号之间，此时鼠标指针变为十字形且带有上下箭头状态。按住鼠标左键不放，向上或向下拖动，就会缩小或增加行高。松开鼠标左键，行高调整完毕。调整列宽的方法相同。

（2）使用"单元格"组中的"格式"按钮调整

选定要调整列宽或行高的相关列或行，单击"开始"选项卡"单元格"组的"格式"按钮右侧的下拉按钮，打开下拉列表，如图 5.28 所示，选择"列宽"或"行高"命令，打开"列宽"或"行高"对话框，在对话框中输入设定的数值，然后单击"确定"按钮。

5.5.3　设置单元格格式

1．设置数字格式

在工作表中有各种各样的数据，它们大多以数字形式保存，如数字、日期、时间等，由于代表的意义不同，其显示格式也不同。设置数字格式有以下两种方法。

（1）用数字格式的各种按钮设置

选定需要设置数字格式的单元格或单元格区域，单击"开始"选项卡"数字"组的"常规"按钮右侧的下拉按钮，打开"常规"下拉列表，如图 5.29 所示，根据需要选择相应的命令即可。

（2）用"设置单元格格式"对话框的数字选项设置

选定需要设置数字格式的单元格或单元格区域，单击"开始"选项卡"单元格"组的"格式"按钮右侧的下拉按钮，在打开的下拉列表中选择"设置单元格格式"命令，打开"设置单元格格式"对话框，如图 5.30 所示，在"数字"选项卡"分类"组中根据需要设置相应的选项，设置完成，单击"确定"按钮。

图 5.29　"常规"下拉列表　　　　图 5.30　"设置单元格格式"对话框

"数字"选项卡"分类"组中选项及其含义如下。

常规：是 Excel 的默认格式，数字可显示为整数、小数等，但格式不包含任何特定的数字格式。

数值：用于一般数字的表示。可以选择是否使用逗号分隔千位，选择负数的表现形式。

货币：用于表示一般货币数值，使用逗号分隔千位。可以设置小数位数、选择货币符号以及如何显示负数。

会计专用：会计格式可以对一列数值进行小数点对齐。

日期/时间：可以选择不同的日期/时间格式。

百分比：将单元格中的数值乘以 100，以百分数形式显示。

分数：可以从九种格式中选择一种来表示分数。

科学计数：用指数符号 E 表示，可以设置 E 左边显示的小数位数，也就是精度。

文本：用于显示的内容与输入的内容完全一致。

特殊：用于跟踪数据列标及数据库的值。

自定义：以现有格式为基础，生成自定义的数字格式。

2. 设置字体

设置字体有以下两种方法。

1）在"开始"选项卡"字体"组中，单击相应按钮，打开设置修饰文字的下拉列表，如图 5.31 所示，根据需要进行相应设置。

2）在如图 5.30 所示的"设置单元格格式"对话框中选择"字体"选项卡，根据需要设置相应的选项。

为工作表中的文字设置不同的字体、字形和字号，设置各种颜色以及下划线等，这些操作与在 Word 中的操作一样。

3. 设置对齐格式

在工作表中输入数据，默认情况下是文字左对齐，数字右对齐，文本和数字都在单元格下边框水平对齐。

选定需要改变对齐方式的单元格或单元格区域，单击"开始"选项卡"对齐方式"组中相应的按钮进行设置，如图 5.32 所示。水平方向有左对齐、右对齐、居中对齐；垂直方向有靠上对齐、靠下对齐和居中对齐等。

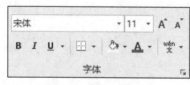

图 5.31　"字体"组

图 5.32　"对齐方式"组

在"对齐方式"组中单击"方向"下拉按钮 ，打开下拉列表，选择某一选项，可将文本设置成各种旋转效果。

"合并单元格"是将多个单元格合并为一个单元格，用来存放长数据。当多个单元格都包含数据时，合并后只保留左上角单元格的数据。一般常与"水平对齐"下拉列表中的"居中"选项合用，用于标题的显示。在"对齐方式"组中单击"合并后居中"下拉按钮 ，选择单元格的合并形式或取消单元格的合并。

另外，在如图 5.30 所示的"设置单元格格式"对话框中选择"对齐"选项卡，也可以进行上述设置。

4. 设置边框线

默认情况下，Excel 2016 的表格线都是统一的淡虚线，在打印预览时看不见表格线，如果需要可以进行专门的设置。具体操作步骤如下：

1）选定需要设置单元格边框的单元格区域，右击，在弹出的快捷菜单中选择"设置单元格格式"命令，或者单击"开始"选项卡"单元格"组中的"格式"按钮，打开"格式"下拉列表，选择"设置单元格格式"命令，打开"设置单元格格式"对话框，选择"边框"选项卡，如图 5.33 所示。

2）在"样式"列表框中选择一种线型，单击"外边框"按钮，即可设置表格的外边框；单击"内部"按钮，即可设置表格的内部连线；也可以单击"边框"组中的 8 个边框按钮，设置需要的边框。

3）在"颜色"下拉列表中可以设置边框的颜色。

4）设置完成，单击"确定"按钮。

5. 设置背景

设置合适的图案可以使工作表显得更为生动活泼、错落有致。

（1）设置单元格背景色

选定需要设置的单元格区域，右击，在弹出的快捷菜单中选择"设置单元格格式"命令，或者单击"开始"选项卡"单元格"组中的"格式"按钮，打开"格式"下拉列表，选择"设置单元格格式"命令，打开"设置单元格格式"对话框，选择"填充"选项卡，如图 5.34 所示。

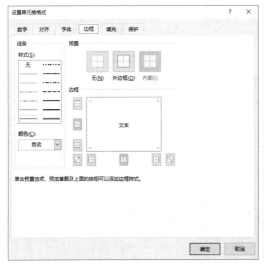

图 5.33　"边框"选项卡

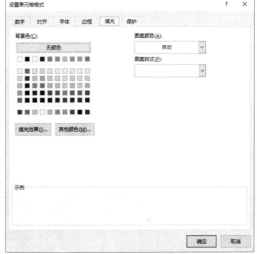

图 5.34　"填充"选项卡

在"背景色"组中选择一种颜色，或者单击"其他颜色"按钮，从打开的对话框中选择一种颜色。也可以单击"填充效果"按钮，打开"填充效果"对话框，设置不同的填充效果，设置完成，单击"确定"按钮，返回"填充"选项卡。

（2）设置单元格背景图案

在如图 5.34 所示的"填充"选项卡中，单击"图案样式"下拉按钮，在打开的下拉列表中选择一种图案样式；单击"图案颜色"下拉按钮，在打开的下拉列表中选择一种图案颜色。设置完成，单击"确定"按钮，所选的单元格可设置为所需的背景图案。

6. 条件格式

使用条件格式显示数据是指设置单元格中的数据在满足预定条件时的显示方式。例如，将给定的"学生成绩"工作表中成绩低于 60 分的显示为"浅红填充色深红色文本"。具体操作步骤如下：

1）选择要使用条件格式化显示的单元格区域。

2）单击"开始"选项卡"样式"组中的"条件格式"按钮，打开"条件格式"下拉列表，如图 5.35 所示。

3）选择"突出显示单元格规则"命令，在打开的级联菜单中选择"小于"命令，打开"小于"对话框中，在文本框中输入"60"，"设置为"选择"浅红填充色深红色文本"，如图 5.36 所示，然后单击"确定"按钮。条件格式设置的效果图如图 5.37 所示。

图 5.35 "条件格式"下拉列表　　　　图 5.36 "小于"对话框

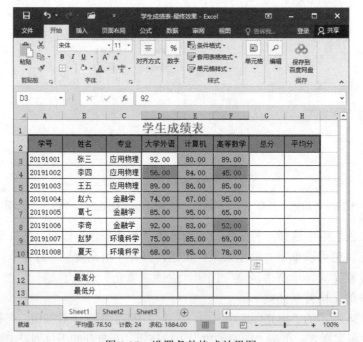

图 5.37 设置条件格式效果图

需要注意的是，利用条件格式设置的格式，在"字体"格式中是不能修改和删除的，如果修改和删除设置的条件格式，只能在设置"条件格式"下拉列表中选择"清除规则"或"管理规则"选项。

7. 自动套用格式

自动套用格式是指一整套可以迅速应用于某一数据区域的内置格式和设置的集合，

包括如字体大小、图案和对齐方式等诸多设置信息。通过自动套用格式功能，可以迅速构建带有特定格式的表格。Excel 2016 提供了多种可供选择的工作表格式。

设置自动套用格式，具体操作步骤如下：

1）选定需要应用自动套用格式的单元格区域。

2）单击"开始"选项卡"样式"组的"套用表格格式"按钮，打开"套用表格格式"下拉列表，如图 5.38 所示。

3）在示例列表中，根据需要选择一种格式，选定的单元格区域按照选择的表格格式进行设置。

8. 格式的复制和删除

（1）复制格式

复制格式是指对选定对象所用的格式进行复制。具体操作步骤如下：选中有相应格式的单元格作为样板单元格；单击"开始"选项卡"剪贴板"组的"格式刷"按钮，鼠标指针变成刷子形状；用刷子形指针选中目标区域，即完成格式复制。

如果需要将选定的格式复制多次，可双击"格式刷"按钮，复制完成后，再次单击"格式刷"按钮或按 Esc 键。

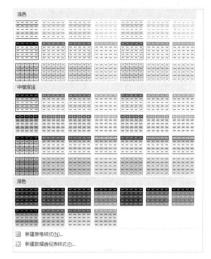

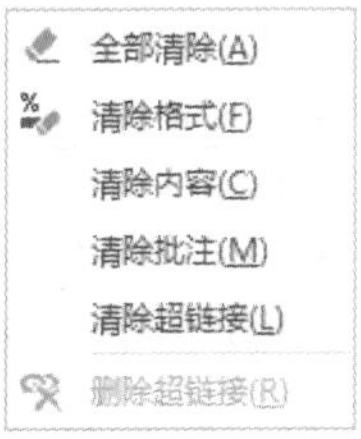

图 5.38　"套用表格格式"下拉列表

（2）删除格式

删除单元格中已设置的格式，具体操作步骤如下：选取要删除格式的单元格区域；单击"开始"选项卡"编辑"组的"清除"按钮，打开"清除"下拉列表，如图 5.39 所示；选择"清除格式"命令，即可将应用的格式删除。格式被删除后，单元格中的数据仍以常规格式表示，即文字左对齐，数字右对齐。

图 5.39　"清除"下拉列表

5.6　公式和函数

在 Excel 2016 中，除了可以对表格进行一般的数据处理（如数据编辑、格式设置等）之外，还可以在单元格中输入公式或直接使用系统提供的函数对单元格中的数据进行数值计算。本节主要介绍公式和函数的应用。

5.6.1　公式的使用

在 Excel 中，公式是以"="开头，其后由一个或多个单元格地址、数值和数学运算符等构成的表达式。在编辑栏中可编辑公式，计算的结果将显示在单元格内。在工作表中可以使用公式进行表格数据的加、减、乘、除等各种运算。例如，计算单元格 A1、B1 和 C1 中数据的和，可以在 A1、B1、C1 之外的单元格中输入公式"=A1+B1+C1"。

1. 运算符号

表 5.3 列出了基本的运算符号和对应的运算法则（假定 A1、B1 和 C1 三个单元格的数据分别为 1000、500、300）。

表 5.3　运算符号和运算法则

类型	运算符	运算符含义	样本公式	运算结果
算术运算符	+	加法运算	=A1+B1	1500
	−	减法运算或负数	=A1−B1	500
	*	乘法	=A1*2	2000
	/	除法	=A1/2	500
	^	乘幂	=A1^2	1000000
	%	百分比	=A1%	10
关系运算符	=	等于	=A1=B1	FALSE
	>	大于	=A1>B1	TRUE
	<	小于	=A1<B1	FALSE
	>=	大于或等于	=A1>=B1	TRUE
	<=	小于或等于	=A1<=B1	FALSE
	<>	不相等	=A1<>B1	TRUE
文本运算符	&	把多个文本组合成一个文本	="a"&"b"	ab
引用运算符	:	区域运算符，引用相邻的单元格区域	A1:B2	引用四个单元格：A1、A2、B1 和 B2
	,	联合运算符，引用不相邻的多个单元格区域	A1:B2, C3, E6	引用六个单元格：A1、A2、B1、B2、C3 和 E6
	（空格）	交叉运算符，引用选定的多个单元格的交叉区域	A1:B3 B2:C4	引用两个单元格：B2 和 B3
其他	()	括号，可以改变运算优先级	=(A1+B1+C1)/3	600

2. 输入公式

（1）在单元格中直接输入

具体操作步骤如下。

1）直接输入法：选中或双击需要输入的单元格，如 E2，在该单元格内输入"="号，在"="号后输入"C2*D2"，按 Enter 键，如图 5.40 所示。

2）间接输入法：选中或双击需要输入的单元格，如 E3，在该单元格内输入"="号，在"="号后，单击 C3 单元格，然后输入"*"，再单击 D3 单元格，按 Enter 键或单击符号"√"号即可。

（2）在多个单元格中输入

为了提高工作效率，不需要每个单元格都输入公式，可以利用快捷的方法：复制、粘贴法和填充公式法。具体操作步骤如下。

1）复制、粘贴法：选择 E2 单元格，右击，在弹出的快捷菜单中选择"复制"命令（也可用 Ctrl+C 组合键），选择 E3:E4 区域，右击，在弹出的快捷菜单中单击"粘贴"列表中的"粘贴"按钮（也可用 Ctrl+V 组合键）。

2）填充公式法：选择 E2 单元格，将鼠标移到 E2 单元格右下角，当出现十字形时，按住鼠标左键，拖动到 E4 单元格的位置，然后松开，如图 5.41 所示。

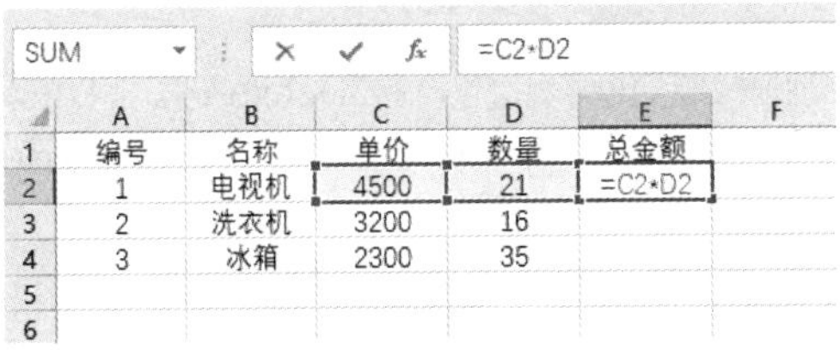

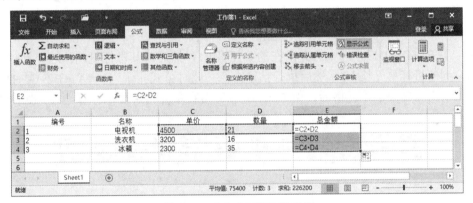

图 5.40　直接输入 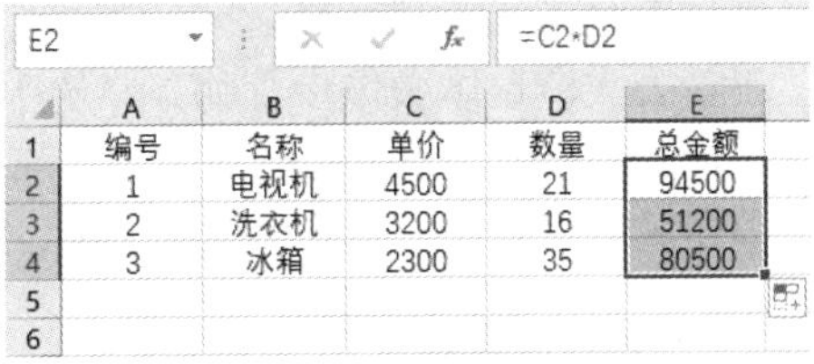　　　　　　　　　　　　图 5.41　填充公式

3. 显示和隐藏公式

在单元格中输入公式后，显示在单元格中的不是所输入的公式，而是使用此公式计算单元格数据的结果。如果用户需要查看单元格数据计算所使用的公式，可以根据如下方法进行操作。

单击"公式"选项卡"公式审核"组中的"显示公式"按钮，即将工作表单元格中的公式显示出来，如图 5.42 所示。

图 5.42　"公式审核"选项组

隐藏公式，显示计算结果，具体操作步骤如下：

再次单击"公式"选项卡"公式审核"组中的"显示公式"按钮，即可将单元格中的公式隐藏，显示计算结果。

此外，按键盘上的 Ctrl+`键，可以在显示公式和显示计算结果之间切换。将计算结果选中，所使用的计算公式将自动显示在数据编辑栏的文本框中。

4. 编辑公式

将公式输入单元格后，它就相当于一个普通的数据，可以对它进行与普通数据相同的各种编辑操作。

修改公式，具体操作步骤如下：

1）选中要修改公式的单元格。

2）在数据编辑栏的文本框中，将输入光标定位到公式要修改的位置或按 F2 键，进入数据的编辑模式，然后就可以对公式进行必要的修改。

3）公式修改完毕后，单击数据编辑栏上的"输入"按钮 ✓ ，或按 Enter 键，即可将修改后的公式输入单元格。

删除公式，具体操作步骤如下：选中要删除公式的单元格，按 Delete 键。也可以单击"开始"选项卡"编辑"组中的"清除"按钮，在打开的下拉菜单中选择"清除内容"命令，即可将所选单元格中的公式清除。

5.6.2　公式中的引用

通常在公式中使用单元格引用来代替单元格中的具体值，可以引用一个单元格、一个单元格区域或是引用另一个工作表、工作簿的单元格及区域。Excel 提供三种不同的引用类型：相对引用、绝对引用和混合引用。在实际应用中，可根据数据的关系决定采用哪种引用类型。

1. 相对引用

相对引用是指将一个单元格中的公式复制并粘贴到另一个单元格，引用单元格的地址随着单元格位置的变化而变化，公式将自动变化为适用这一单元格的形式。默认的情况下，公式引用都是相对引用。直接用单元格的列标、行号作为引用，如 C4、D4。

使用相对引用公式的方法计算单元格数据，具体操作如下：源单元格 E1 中的公式为"=A1+B1+C1+D1"，选中公式所在的单元格 E1，然后对其进行复制；选择复制公式要粘贴到的目标单元格 E2，然后执行粘贴命令，此时公式显示为"=A2+B2+C2+D2"。将公式引用到需要的单元格后，按 Enter 键，即可在单元格中显示计算结果，如图 5.43 所示。

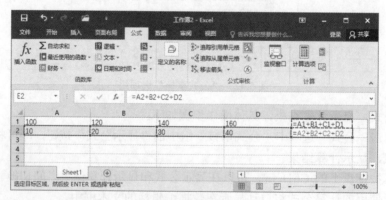

图 5.43　相对引用公式

2. 绝对引用

绝对引用是指引用单元格的地址是固定地址，它不随着单元格位置的变化而变化，即公式复制到新位置后不改变公式的单元格引用。绝对引用的单元格中，列、行号前都有$符号。

使用绝对引用公式的方法计算单元格数据，具体操作步骤如下：在源单元格 E1 中的公式为"=$A$1+$B$1+$C$1+$D$1"，选中公式所在的单元格 E1，然后对其进行复制；选择复制公式要粘贴到的目标单元格 E2，执行粘贴命令，此时公式显示仍然为"=$A$1+$B$1+$C$1+$D$1"，如图 5.44 所示。

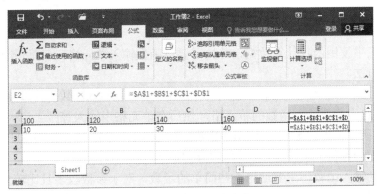

图 5.44　绝对引用公式

3. 混合引用

混合引用是指在一个公式中既有相对引用又有绝对引用。混合引用有两种情况，若列号前有"$"符号，而行号前没有"$"符号，被引用的单元格列的位置是绝对的，行的位置是相对的；反之，列的位置是相对的，行的位置是绝对的。

使用混合引用公式的方法计算单元格数据，具体操作步骤如下：源单元格 E1 中的公式为"=$A$2+$B1+C$1+$D$2"，选中公式所在的单元格 E1，然后对其进行复制；选择复制公式要粘贴到的目标单元格 F2，执行粘贴命令，此时公式显示为"=$A$2+$B2+C$1+$D$2"，如图 5.45 所示。

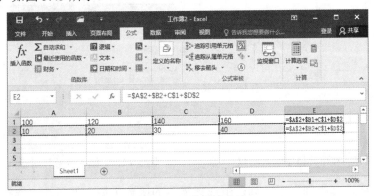

图 5.45　混合引用公式

5.6.3　函数的使用

Excel 中的函数是一些预先定义好的公式，主要用于处理简单的四则运算不能处理的算法，能快速地计算数据的结果，每个函数都有特定的功能与用途，其名称必须唯一且不区分大小写。Excel 提供了大量的可以单独使用或与其他公式和函数结合使用的函数，如求和、取平均值、取最大值等。函数是公式的一部分，一个公式中可以包含一个函数，也可包含多个函数，书写函数时必须以"="号开头。

函数的一般结构为：函数名(参数 1,参数 2,...)。其中，参数可以是常量、逻辑值、单元格、单元格区域、数组、已定义的名称或其他函数等。

1. 输入和使用函数

在工作表中使用函数计算数据，首先需要将函数输入单元格。下面介绍两种函数输入单元格的方法。

1）在单元格中输入函数与输入公式的方法相同。手动输入函数的具体操作步骤如下：

① 首先选中需要输入函数的单元格，然后在单元格中输入等号"="。

② 输入所要使用的函数。例如，在所选单元格 B7 中输入函数"=SUM(B3:B6)"，计算工作表中一月份的工资总额，如图 5.46 所示。

使用手动输入函数，主要适用一些简单的函数，对于参数较多且比较复杂的函数，建议用户使用粘贴函数来输入。使用这种输入函数的方法，可以避免在输入函数的过程中出现错误。

2）使用粘贴函数输入，具体操作步骤如下：

① 选择需要输入函数的单元格。

② 单击"公式"选项卡"函数库"组中的"插入函数"按钮，打开如图 5.47 所示的"插入函数"对话框。

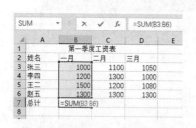

图 5.46   在单元格中输入函数

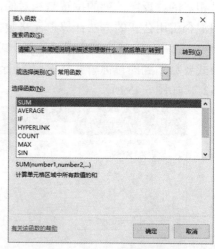

图 5.47   "插入函数"对话框

③ 在"或选择类别"下拉列表中选择需要的函数类型，然后在"选择函数"列表中选择需要使用的函数（这里选择常用函数）。

④ 单击"确定"按钮，打开如图 5.48 所示的"函数参数"对话框。

⑤ 在"函数参数"对话框中，设置函数所需的参数，可以直接输入参数，如输入 C3:C6；也可以单击 Number1 右边的按钮，选择要进行计算的 4 个单元格：C3、C4、C5 和 C6。如果还有参与运算的单元格，可以继续在 Number2 中输入要进行计算的单元格名称。

⑥ 单击"确定"按钮，所选函数被填入所选单元格，如图 5.49 所示。

图 5.48　"函数参数"对话框　　　　　　　图 5.49　粘贴函数

在实际的表格数据计算工作中，使用系统所提供的函数只能满足一些简单的数据运算。有时为了进行一个复杂的数据运算，需要将函数和公式组合起来使用。具体操作步骤如下：单击选中要输入公式和函数的单元格，首先输入需要使用的公式，然后将光标（插入点）移动到需要输入函数的位置，输入插入公式的函数。

2. 显示计算结果

将函数输入工作表单元格后，按 Enter 键即可得出函数的计算结果。如果单元格中显示的依然是所输入的函数，那么可以根据以下方法显示函数的计算结果：单击"公式"选项卡"公式审核"组中的"显示公式"按钮，"显示公式"按钮退出突出显示，即可将计算结果显示在单元格中。

另外，按 Ctrl+` 组合键，可以在显示函数和显示计算结果之间切换。

3. 使用自动求和

在实际操作中，常用的数据运算是加法求和。Excel 2016 为了使表格数据求和运算更方便，设置了数据的自动求和功能，即"公式"选项卡中的"自动求和"按钮 Σ。实际上，Σ 按钮代表一个 SUM 函数，利用这个函数可以将一个复杂的累加公式转化为一个简单的公式。例如，可以将公式"=B1+B2+B3+B4+B5"，转化为"=SUM(B1:B5)"。

使用自动求和功能，对表格中的行或列相邻数据进行求和，具体操作步骤如下：

1）选中参与运算的数据所在的行列单元格区域。

2）单击"公式"选项卡"自动求和"按钮 Σ，此时数据求和结果将出现在相应的单元格中。

例如，如果求和的数据是同一列数据，则求和结果将出现在此列最后一个数据下面的那个空白单元格中；如果用户需要将数据的求和结果放置到一个指定的单元格中，而不是系统默认的单元格，可以按照下列步骤进行操作：

1）选中求和计算结果数字要放置的单元格。

2）单击"公式"选项卡中的"自动求和"按钮 Σ。

3）选择要进行求和的单元格数据。

4）再次单击“公式”选项卡中的“自动求和”按钮Σ。

对多个选定区域的数据进行汇总求和，具体操作步骤如下：

1）选中计算结果要放置的单元格。

2）单击“公式”选项卡中的“自动求和”按钮。

3）按 Ctrl 键，选择要汇总求和的多个单元格区域。

4）再次单击“公式”选项卡中的“自动求和”按钮，即可将所选单元格区域的数据之和计算出来，并显示在指定的单元格中。

5.6.4 常用函数

为便于计算、统计、汇总和数据处理，Excel 提供了如下主要函数。

（1）条件函数 IF(logical_test, [value_if_true], [value_if_false])

主要功能：判断是否满足某个条件，如果满足，则返回一个值，如果不满足则返回另一个值。

参数说明：logical_test 代表逻辑判断表达式；value_if_true 表示当判断条件为逻辑“真（true）”时的显示内容，如果忽略，则返回 true；value_if_false 表示当判断条件为逻辑“假（false）”时的显示内容，如果忽略，则返回 false。

例如，在单元格中输入公式“=IF(5>3,"A","B")”，按 Enter 键，单元格中的内容为“"A"”。

（2）求和函数 SUM(number1,[number2],...)

主要功能：计算单元格区域中所有数值的和。

参数说明：number1,number2,…代表需要计算的值，可以是具体的数值、引用的单元格（区域）、逻辑值等。

例如，在 E5 单元格中输入公式“=SUM(E2:E4)”，按 Enter 键，E5 单元格的内容如图 5.50 所示。

（3）排名函数 RANK(number,ref,order)

主要功能：返回某数值在一列数值中相对于其他数值的大小排名。

参数说明：number 代表需要排序的数值；ref 代表排序数值所处的单元格区域；order 代表排序方式参数（如果为“0”或者忽略，则按降序排名，如果为非“0”值，则按升序排名）。

例如，在 H3 单元格中输入公式“=RANK(G3,$G$3:$G$10,0)”，按 Enter 键，H3 单元格显示学生的成绩排名，如图 5.51 所示。

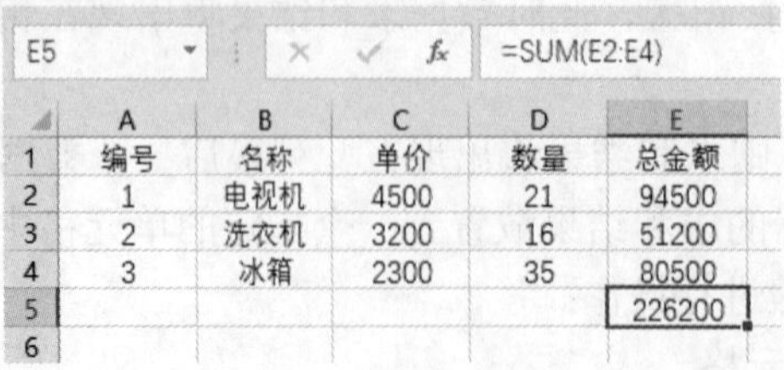
E5 =SUM(E2:E4)

	A	B	C	D	E
1	编号	名称	单价	数量	总金额
2	1	电视机	4500	21	94500
3	2	洗衣机	3200	16	51200
4	3	冰箱	2300	35	80500
5					226200
6					

图 5.50 SUM 函数应用

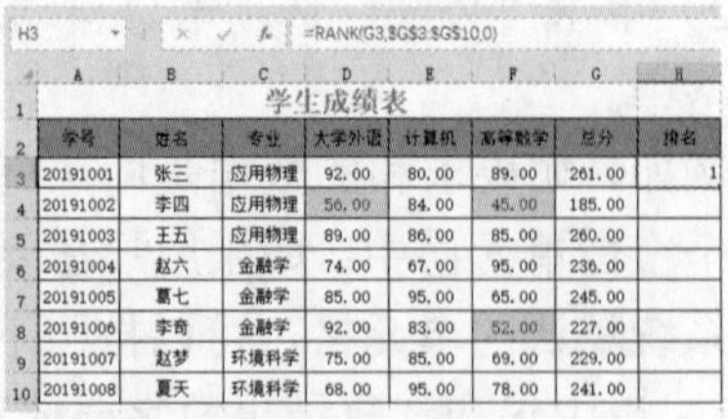
H3 =RANK(G3,$G$3:$G$10,0)

学生成绩表

学号	姓名	专业	大学外语	计算机	高等数学	总分	排名
20191001	张三	应用物理	92.00	80.00	89.00	261.00	1
20191002	李四	应用物理	56.00	84.00	45.00	185.00	
20191003	王五	应用物理	89.00	86.00	85.00	260.00	
20191004	赵六	金融学	74.00	67.00	95.00	236.00	
20191005	葛七	金融学	85.00	95.00	65.00	245.00	
20191006	李奇	金融学	92.00	83.00	52.00	227.00	
20191007	赵梦	环境科学	75.00	85.00	69.00	229.00	
20191008	夏天	环境科学	68.00	95.00	78.00	241.00	

图 5.51 RANK 函数的应用

注意：在上述公式中，number 参数采用相对引用形式，ref 参数采用绝对引用形式（增加了一个“$”符号），这样设置后，选中 H3 单元格，将鼠标移至该单元格右下角，成十字形时，按住左键向下拖动，即可将上述公式快速复制到 H 列下面的单元格中，完成其他同学成绩的排名统计。

（4）最大值函数 MAX(number1,number2,…)

主要功能：返回一组数值中的最大值，忽略逻辑值及文本。

参数说明：number1, number2,…代表需要求最大值的数值或引用单元格（区域），参数不超过 30 个。

例如，在 D11 单元格中输入公式“=MAX(D3:D10)”，按 Enter 键，单元格显示大学外语的最高分，如图 5.52 所示。

（5）最小值函数 MIN(number1,number2,…)

主要功能：求出一组数中的最小值。

参数说明：number1,number2,…代表需要求最小值的数值或引用单元格（区域）。

（6）平均值函数 AVERAGE(number1,number2,…)

主要功能：返回其参数的算术平均值。

参数说明：参数可以是数值或包含数值的名称、数组或引用。

例如，在 H3 单元格中输入公式“=AVERAGE(D3:F3)”，按 Enter 键，H3 单元格显示学生的平均分，如图 5.53 所示。

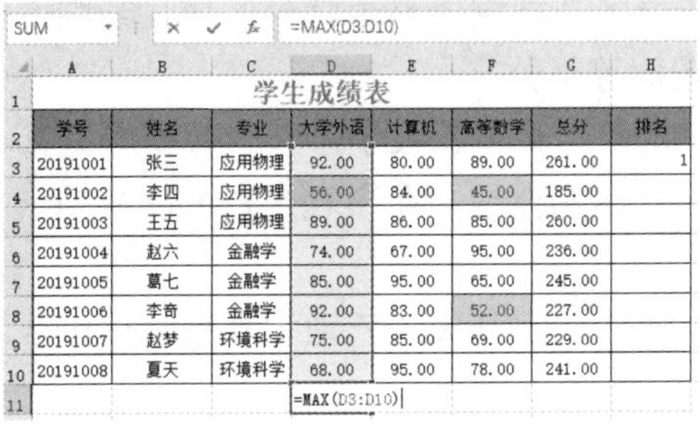

SUM　=MAX(D3:D10)

学号	姓名	专业	大学外语	计算机	高等数学	总分	排名
20191001	张三	应用物理	92.00	80.00	89.00	261.00	1
20191002	李四	应用物理	56.00	84.00	45.00	185.00	
20191003	王五	应用物理	89.00	86.00	85.00	260.00	
20191004	赵六	金融学	74.00	67.00	95.00	236.00	
20191005	葛七	金融学	85.00	95.00	65.00	245.00	
20191006	李奇	金融学	92.00	83.00	52.00	227.00	
20191007	赵梦	环境科学	75.00	85.00	69.00	229.00	
20191008	夏天	环境科学	68.00	95.00	78.00	241.00	
			=MAX(D3:D10)				

图 5.52　MAX 函数的应用

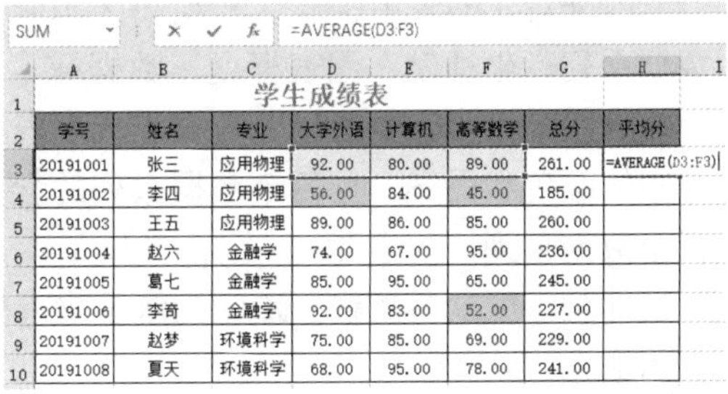

SUM　=AVERAGE(D3:F3)

学号	姓名	专业	大学外语	计算机	高等数学	总分	平均分
20191001	张三	应用物理	92.00	80.00	89.00	261.00	=AVERAGE(D3:F3)
20191002	李四	应用物理	56.00	84.00	45.00	185.00	
20191003	王五	应用物理	89.00	86.00	85.00	260.00	
20191004	赵六	金融学	74.00	67.00	95.00	236.00	
20191005	葛七	金融学	85.00	95.00	65.00	245.00	
20191006	李奇	金融学	92.00	83.00	52.00	227.00	
20191007	赵梦	环境科学	75.00	85.00	69.00	229.00	
20191008	夏天	环境科学	68.00	95.00	78.00	241.00	

图 5.53　AVERAGE 函数的应用

（7）绝对值函数 ABS(number)

主要功能：求出相应数字的绝对值。

参数说明：number 代表需要求绝对值的数值或引用的单元格。

例如，如果在单元格中输入公式“=ABS(−8.5)”，按 Enter 键，则单元格中显示的内容是 8.5。

（8）当前日期和时间函数 NOW( )

主要功能：给出当前系统日期和时间。

参数说明：该函数不需要参数。

例如，输入公式“=NOW( )”，按 Enter 键，即刻显示当前系统日期和时间。如果系统日期和时间发生了改变，只要按 F9 键，即可让其随之改变。

（9）天数函数 DAY(serial_number)

主要功能：求出指定日期或引用单元格中的日期的天数。

参数说明：serial_number 代表指定的日期或引用的单元格。

例如，输入公式"=DAY("2021-1-16")"，按 Enter 键，显示结果为 16。

（10）当前日期函数 TODAY()

主要功能：给出系统日期。

参数说明：该函数不需要参数。

例如，输入公式"=TODAY()"，按 Enter 键，即可显示系统日期。如果系统日期发生了改变，只要按 F9 键，即可让其随之改变。

5.7　图　　表

图表为数字、数据提供了直观的、图形化的表示。根据表格中的数据生成图表后，可以更清楚地查看数据情况，使重要信息突出显示，让图表更具阅读性。本节主要介绍图表的概念、创建、编辑及修饰等操作。

5.7.1　图表的概念

图表是 Excel 中非常重要的一种数据分析工具，Excel 为用户提供了种类丰富的图表类型，包括柱形图、条形图、折线图和饼图等。不同类型的图表，其适用情况有所不同。

一般来说，图表由图表区和绘图区构成，图表区是指图表整个背景区域，绘图区包括数据系列、坐标轴、图表标题、数据标签和图例等部分。

数据系列：图表中的相关数据点代表表格中的行、列。图表中每一个数据系列都具有不同的颜色和图案，且各个数据系列的含义通过图例体现。在图表中，可以绘制一个或多个数据系列。

坐标轴：度量参考线。X 轴为水平坐标轴，通常表示分类，Y 轴为垂直坐标轴，通常表示数据。

图表标题：图表名称，一般自动与坐标轴或图表顶部居中对齐。

数据标签：为数据标记附加信息的标签，通常代表表格中某单元格的数据点或值。

图例：表示图表的数据系列，通常有多少数据系列，就有多少图例色块，其颜色或图案与数据系列相对应。

5.7.2　创建图表

在 Excel 2016 中创建图表的方式有两种，一种是嵌入式图表，是将图表创建在工作表中，作为工作表的一部分；另外一种为单独式图表，是将图表创建在单独的空白工作表中。用这两种方式创建图表的最大区别是第二种方式创建的图表可以单独打印。不论是哪种方式的图表，其依据都是工作表中的数据源，当工作表中的数据源改变时，图表也将做相应的变动。

1. 嵌入式图表

以图 5.54 所示表格中的数据作为数据源，建立嵌入式图表，具体操作步骤如下：

1）在表格中将需要建立图表的数据源选中，如选择表格 A2 到 D7 区域的数据为图表的数据源。

2）单击“插入”选项卡“图表”组中的“推荐的图表”按钮，打开“插入图表”对话框，如图 5.55 所示。

3）在“推荐的图表”选项卡中提供了适合当前数据的图表类型，在“所有图表”选项卡中显示的是可以使用的所有图表，选择所需的图表类型后，单击“确定”按钮，即可在工作表中创建图表。

	A	B	C	D
1	产品销售表			
2	名称	单价	数量	金额
3	洗衣机	4200	2	8400
4	电视机	6300	2	12600
5	吸尘器	1200	5	6000
6	照相机	3800	3	11400
7	冰箱	5400	2	10800
8	合计			49200

图 5.54　表格数据源

4）新创建的图表将插入当前工作表，如图 5.56 所示。

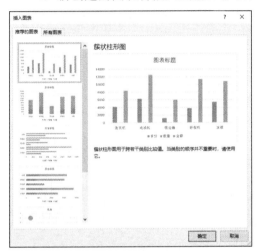

图 5.55　“插入图表”对话框

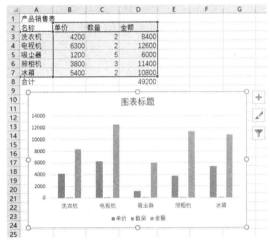

图 5.56　嵌入式图表

此外，当图表嵌入工作表后，图表处于选中状态时，它所代表的数据单元格将显示不同的颜色，这样有利于观察图表数据。图表嵌入工作表后，可以根据需要对其进行适当的缩放和位置调整。

2. 创建单独放置的图表

以图 5.54 所示表格中的数据作为数据源，创建单独放置在空白工作表的图表，具体操作步骤如下：

1）选择表格 A2 到 D7 区域的数据作为创建图表的数据源。

2）先创建嵌入式图表，如图 5.56 所示。

3）插入图表之后，将会在“图表工具”功能区增加相关的两个选项卡：设计和格式，如图 5.57 所示。

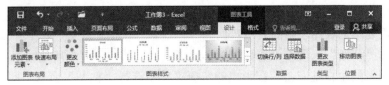

图 5.57　“图表工具”相关选项卡

4）单击"设计"选项卡"位置"组中的"移动图表"按钮，打开如图 5.58 所示的"移动图表"对话框。

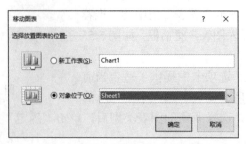

图 5.58 "移动图表"对话框

5）选中"新工作表"单选按钮，输入新的工作表名，然后单击"确定"按钮，将创建单独放置的图表，如图 5.59 所示。

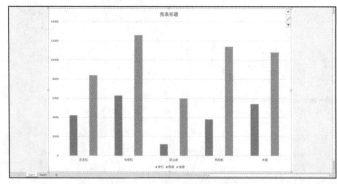

图 5.59 单独放置的图表

5.7.3 编辑图表

在图表创建完成后，如果认为没能达到预定要求，则可根据需要对图表进行一些必要的编辑和修改。

1. 图表的移动和大小调整

在默认情况下，图表将被插入编辑区中心位置，需要对图表位置和大小进行调整。选择图表，将鼠标指针移动到图表中，按住鼠标左键不放可拖动调整其位置；将鼠标指针移动到图表 4 个角上，按住鼠标左键拖动可调整图表的大小。

2. 图表数据的添加和删除

图表创建完成后，通常需要向图表中添加数据和删除图表中已有的数据。

1）向图表中添加数据，具体操作步骤如下：

① 将需要添加到图表中的表格数据选中。

② 单击"开始"选项卡"剪贴板"组的"复制"按钮，复制所选数据。

③ 在图表的空白处右击，在弹出的快捷菜单中选择"粘贴"命令，即可将所选数

据源粘贴到图表中。

2）删除图表中的某一组数据，具体操作步骤如下：

① 选中图表，右击图表中要删除的数据系列。

② 在弹出的快捷菜单中选择"删除"命令，即可将所选数据系列从图表中删除。

3）可以在"选择数据源"对话框中进行数据的添加、编辑和删除等操作，具体操作步骤如下：

① 选中要修改的图表，单击"图表工具-设计"选项卡"数据"组中的"选择数据"按钮，打开"选择数据源"对话框，如图 5.60 所示。

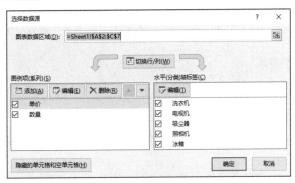

图 5.60 "选择数据源"对话框

② 单击"添加"按钮，选择需要添加的数据，将数据加入图表；选择需要删除的数据列，单击"删除"按钮，可以实现数据删除。

③ 选择需要调整显示位置的数据列，然后单击右边的向上三角按钮▲或者向下三角按钮▼，调节数据列的位置。

4）删除图表。选中图表，然后按 Delete 键，即可将图表删除。

3. 更改图表

图表创建完成后，通常需要更改图表的类型、位置（插入位置）和所代表的数据源。

1）更改图表的类型，具体操作步骤如下：

① 选中需要更改类型的图表。

② 单击"图表工具-设计"选项卡"类型"组中的"更改图表类型"按钮，打开"更改图表类型"对话框，选择一种满意的图表类型。

③ 单击"确定"按钮，即可将所选图表类型应用于图表。

2）更改图表的位置，具体操作步骤如下：

这里所说的更改图表位置，是在工作表之间进行的而不是在一个工作表中调整图表位置。通过这种图表位置的更改，可以对"嵌入式图表"和"单独式图表"进行相互转换。

① 选中需要更改位置的图表。

② 单击"设计"选项卡"位置"组中的"移动图表"按钮，打开"移动图表"对话框。

③ 在"移动图表"对话框中根据需要修改图表的位置，单击"确定"按钮，即可

将图表调整到所设置的位置。

3）更改图表的数据源，具体操作步骤如下：

① 选中要进行更改数据源的图表。

② 单击"图表工具-设计"选项卡"数据"组中的"选择数据"按钮，打开"选择数据源"对话框。

③ 在"图表数据区域"文本框中更改图表数据源的区域。

④ 单击"确定"按钮，图表将根据所更改的数据源区域进行相应的改动。

5.7.4　修饰图表

图表插入工作表后，为了使图表更美观，可以对图表文字、颜色、图案进行编辑和设置。

1. 设置图表文字格式

设置图表文字格式具体操作步骤如下：

1）将需要格式化字体的图表选中。

2）在图表的空白处右击，在弹出的快捷菜单中选择"字体"命令，打开"字体"对话框。

3）"字体"对话框中的"字体"和"字符间距"两个选项卡，如图 5.61 所示。

4）对图表中的文字进行字体、字体样式、字号大小、字符间距以及效果和颜色等设置。

5）设置完毕后，单击"确定"按钮，即可将所做设置应用于所选图表的文字。

2. 设置图表的填充效果

设置图表的填充效果具体操作步骤如下：

1）将要设置图案填充的图表选中。

2）在图表空白区中右击，在弹出的快捷菜单中选择"设置图表区格式"命令，工作区右侧将打开"设置图表区格式"窗格，如图 5.62 所示。

图 5.61　"字体"对话框

图 5.62　"设置图表区格式"窗格

3）在"填充"选项中，可以设置纯色填充、渐变填充、图片或纹理填充、图案填充和无填充效果。

4）选择一种满意的填充效果，对其进行设置。

5）单击"确定"按钮，即可将所设置的效果应用于图表。

3. 设置图表区域的边框样式和颜色

设置图表区域的边框样式和颜色具体操作步骤如下：

1）将需要设置颜色的图表选中。

2）在图表空白区右击，在弹出的快捷菜单中选择"设置图表区格式"命令（也可以直接在图表上双击），工作区右侧将打开"设置图表区格式"对话框，如图 5.62 所示。

3）在"边框"选项中，可以设置图表边框的颜色和样式。

4）单击"确定"按钮，即可将所设置的边框颜色和边框样式应用于所选图表。

4. 添加或修改图表标题

添加或修改图表标题具体操作步骤如下：

1）单击需要修改或设置的图表，单击"图表工具-设计"选项卡"图表布局"组中的"快速布局"按钮，选择合适的图表标题布局。

2）单击要修改的标题，右击，在弹出的快捷菜单中选择"编辑文字"命令，修改文字，然后右击，在弹出的快捷菜单中选择"退出文本编辑"命令。

5. 添加或修改横（纵）坐标标题

添加或修改横（纵）坐标标题具体操作步骤如下：

1）单击需要修改或设置的图表，单击"图表工具-设计"选项卡"图表布局"组中的"添加图表元素"按钮，在弹出的快捷菜单中选择"坐标轴"命令，在打开的级联菜单中选择"主要横坐标轴"或"主要纵坐标轴"命令。

2）单击要修改的坐标标题，右击，在弹出的快捷菜单中选择"编辑文字"命令，修改文字，然后右击，在弹出的快捷菜单中选择"退出文本编辑"命令。

5.7.5　快速突显数据的迷你图

迷你图是工作表单元格中的一个微型图表，使用迷你图可以显示一系列数值的变化趋势。插入迷你图的具体操作步骤如下：

1）选择需要插入的一个或多个迷你图的空白单元格或一组空白单元格，在"插入"选项卡的"迷你图"组中选择需要创建的迷你图类型，在打开的"创建迷你图"对话框的"数据范围"文本框中输入或选择迷你图所基于的数据区域 D3:D7。

2）在"位置范围"文本框中选择迷你图放置的位置$E$2。

3）单击"确定"按钮，即可创建迷你图，如图 5.63 所示。

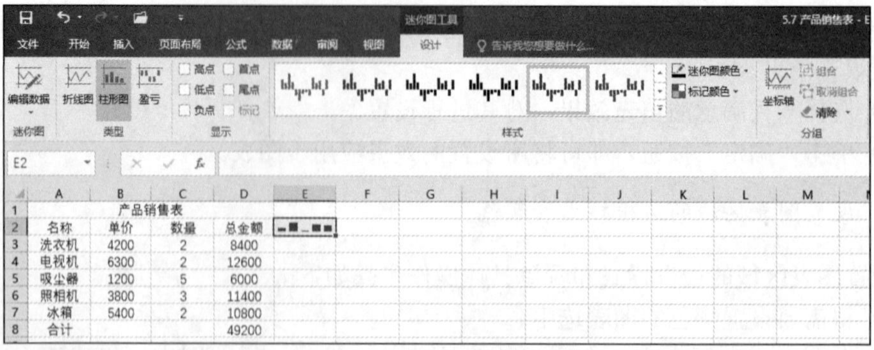

图 5.63 创建迷你图

5.8 数 据 管 理

数据管理功能是 Excel 2016 中常用的功能之一，在完成数据的计算后，如果需要更清楚、直观地分析数据，可对数据进行排序、筛选和分类汇总等操作。

5.8.1 数据排序

数据排序是统计工作中的一项重要内容，在日常办公中，经常会遇到对表格进行排序的情况，如产品销售表中按照销售总额的大小进行的排序，学生成绩表中按照总分的高低进行的排序等，可以使用 Excel 2016 中的数据排序功能来实现。对数据进行排序有助于快速、直观地显示数据并更好地理解数据、组织并查找所需数据。一般情况下，数据排序分为以下两种情况。

1．快速排序

使用"升序"按钮 和"降序"按钮 进行排序，具体操作步骤如下：

1）单击要排序的列。

2）单击"数据"选项卡"排序和筛选"组中的"升序"按钮 或"降序"按钮 。

2．多条件排序

用"排序"按钮可以根据多个列对数据进行排序，具体操作步骤如下：

1）单击列表区域中的任意位置。

2）单击"数据"选项卡"排序和筛选"组中的"排序"按钮，打开"排序"对话框，如图 5.64 所示。

3）单击"主要关键字"文本框右侧下拉按钮，选择需要作为排序基础的字段（主要排序字段），排序依据默认为"数值"。

4）单击"次序"组中的下拉按钮，选择"升序"或"降序"选项。

5）如果指定的主要关键字中出现相同值，则可以根据需要单击"添加条件"按钮，指定"次要关键字"。

6）根据是否有标题行决定是否选中"数据包含标题"复选框。选中复选框，排序时排除第一行；未选中复选框，排序时包含第一行。

7）单击"确定"按钮。

例如，在学生成绩表中按总分（G 列）成绩从高分到低分排序，总分相同，按英语（D 列）成绩从高分到低分排序。"排序"对话框的设置如图 5.64 所示，排序后的结果如图 5.65 所示。

图 5.64 "排序"对话框　　　　　　　　图 5.65 排序后的结果

5.8.2 数据筛选

数据筛选的功能是可以将不满足条件的记录暂时隐藏，只显示满足条件的数据。

1. 自动筛选

自动筛选具体操作步骤如下：

1）单击列表区域。

2）单击"数据"选项卡中"排序和筛选"组中的"筛选"按钮。

3）单击要使用的字段的筛选箭头。

4）选择与显示的记录匹配的记录项目。

5）单击"数据"选项卡中"排序和筛选"组中的"清除"按钮，重新显示列表中的所有记录。

6）单击"数据"选项卡中"排序和筛选"组中的"筛选"按钮，取消筛选。

例如，在学生成绩表中，将环境科学专业的总分大于等于 230 分的学生记录筛选出来，具体操作步骤如下：单击"专业"单元格右侧的筛选箭头，打开下拉列表，只选择"环境科学"选项；单击"总分"单元格右侧的筛选箭头，打开下拉列表，选择"数字筛选"中的"大于或等于"选项，打开"自定义自动筛选方式"对话框，设置如图 5.66 所示。自动筛选的结果如图 5.67 所示。

图 5.66 "自定义自动筛选方式"对话框　　　　　图 5.67 自动筛选的结果

在设置自动筛选的自定义条件时，可以使用通配符，其中问号（？）代表任意单个字符，星号（*）代表任意一组字符。

2. 高级筛选

如果条件比较多，可以使用"高级筛选"进行。使用"高级筛选"功能，可以一次把需要的数据都筛选出来，并且可以将符合条件的数据复制到另一个工作表或当前工作表的其他空白位置。

高级筛选时，必须在工作表中建立一个条件区域，输入各条件的字段名和条件值。条件区由一个字段名行和若干条件行组成，可以放置在工作表的任何空白位置。条件区字段名行中的字段名排列顺序可以与数据表区域不同，但对应字段名必须完全一致。条件区的第二行开始是条件行，同一条件行不同单元格的条件互为"与"的逻辑关系；不同条件行单元格的条件互为"或"的逻辑关系。

例如，在学生成绩表中，将应用物理专业的总分大于等于 200 分的学生记录筛选出来。具体操作步骤如下：

1）在工作表的空白位置指定筛选条件，如图 5.68 所示。

2）单击列表区域。

3）单击"数据"选项卡中"排序和筛选"组中的"高级"按钮，在打开的"高级筛选"对话框中进行如图 5.69 所示的设置。

	A	B	C	D	E	F	G
1				学生成绩表			
2	学号	姓名	专业	英语	计算机	高等数学	总分
3	20191001	张三	应用物理	92.00	80.00	89.00	261.00
4	20191003	王五	应用物理	89.00	86.00	85.00	260.00
5	20191005	葛七	金融学	85.00	95.00	65.00	245.00
6	20191008	夏天	环境科学	68.00	95.00	78.00	241.00
7	20191004	赵六	金融学	74.00	67.00	95.00	236.00
8	20191007	赵梦	环境科学	75.00	85.00	69.00	229.00
9	20191006	李奇	金融学	92.00	83.00	52.00	227.00
10	20191002	李四	应用物理	56.00	84.00	45.00	185.00
11							
12	专业	总分					
13	应用物理	>200					

图 5.68　筛选条件

图 5.69　"高级筛选"对话框

4）单击"确定"按钮，筛选结果将复制到指定的目标区域，如图 5.70 所示。

	A	B	C	D	E	F	G
1				学生成绩表			
2	学号	姓名	专业	英语	计算机	高等数学	总分
3	20191001	张三	应用物理	92.00	80.00	89.00	261.00
4	20191003	王五	应用物理	89.00	86.00	85.00	260.00
5	20191005	葛七	金融学	85.00	95.00	65.00	245.00
6	20191008	夏天	环境科学	68.00	95.00	78.00	241.00
7	20191004	赵六	金融学	74.00	67.00	95.00	236.00
8	20191007	赵梦	环境科学	75.00	85.00	69.00	229.00
9	20191006	李奇	金融学	92.00	83.00	52.00	227.00
10	20191002	李四	应用物理	56.00	84.00	45.00	185.00
11							
12	专业	总分					
13	应用物理	>200					
14							
15	学号	姓名	专业	英语	计算机	高等数学	总分
16	20191001	张三	应用物理	92.00	80.00	89.00	261.00
17	20191003	王五	应用物理	89.00	86.00	85.00	260.00
18							

图 5.70　高级筛选结果

5.8.3　分类汇总

分类汇总建立在已排序的基础上，将相同类别的数据进行统计汇总。Excel 可以对工作表中选定的列进行分类汇总，并将分类汇总结果插入相应类别数据行的最上端或最下端。

分类汇总并不局限于求和，也可以进行计数、求平均值等其他运算。

例如，在学生成绩表中，按照专业对总分进行分类汇总。具体操作步骤如下：

1）单击列表区域。

2）按照分类字段"专业"排序。

3）单击"数据"选项卡"分级显示"组中的"分类汇总"按钮，打开"分类汇总"对话框。

4）在"分类汇总"对话框中进行设置，如图 5.71 所示。

5）单击"确定"按钮，分类汇总结果如图 5.72 所示。

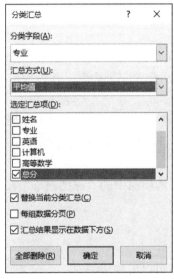

图 5.71　"分类汇总"对话框　　　　　图 5.72　分类汇总结果

5.9　窗　口　操　作

5.9.1　冻结窗口

当对页面很大的表格进行操作时，需要将某行或者某列冻结，便于编辑其他行或者列时保持可见。

1. 冻结首行

冻结首行具体操作步骤如下：

1）单击"视图"选项卡"窗口"组中的"冻结窗格"下拉按钮。

2）在打开的下拉列表中选择"冻结首行"命令，即可实现冻结首行效果。此时拖动右侧的行滚动条，会发现第一行将始终位于首行位置。

取消"冻结首行"效果，单击"视图"选项卡"窗口"组中的"冻结窗格"按钮，在打开的下拉列表中选择"取消冻结窗格"命令。

2. 冻结首列

冻结首列具体操作步骤如下：

1）单击"视图"选项卡"窗口"组中的"冻结窗格"按钮。

2）在打开的下拉列表中选择"冻结首列"命令，即可实现冻结首列效果。此时拖动下面的列滚动条，会发现第一列将始终位于首列位置。

取消"冻结首列"效果，单击"视图"选项卡"窗口"组中的"冻结窗格"按钮，在打开的下拉列表中选择"取消冻结窗格"命令。

3. 冻结窗格

冻结窗格具体操作步骤如下：

1）如果需要冻结前 n 行前 m 列，则需要单击单元格 xy（x 为从 A 列开始数的第 $m+1$ 列，y 为从第 1 行开始数的第 $n+1$ 行），以冻结前两行前三列为例，首先应选中单元格 D3。

2）单击"视图"选项卡"窗口"组中的"冻结窗格"按钮，在打开的下拉列表中选择"冻结窗格"命令，即可实现冻结效果。此时拖动行或列滚动条，会发现前三列和前两行始终保持可见。

取消冻结效果，单击"视图"选项卡中的"窗口"选项组中的"冻结窗格"按钮，在弹出的列表中，单击"取消冻结窗格"即可。

5.9.2 拆分窗口

拆分窗口是指将窗口拆分为不同的窗格，这些窗格可以单独滚动。

拆分窗格的具体操作步骤如下：

1）选择要拆分定位的基准单元格，以 D3 单元格为例，拆分之后将划分为四个窗格，即 A1、A2、B1、B2、C1 和 C2 这六个单元格为第一窗格，第一行剩余部分和第二行剩余部分为第二窗格，第一列至第三列剩余部分为第三窗格，其余为第四窗格。

2）单击"视图"选项卡"窗口"组中的"拆分"按钮，即可实现拆分效果，如图 5.73 所示。

如果要进行水平拆分，则选择第一列的单元格；如果要进行垂直拆分，则选择第一行的单元格。

取消拆分：此时"视图"选项卡的"窗口"选项组中的"拆分"按钮已经处于选中状态，再次单击"拆分"按钮即可取消拆分效果。

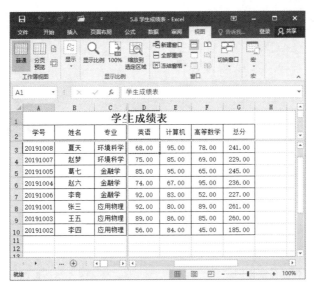

图 5.73　拆分效果

5.10　页面的布局和打印

在实际办公过程中，通常需要对存档的电子表格进行打印。Excel 的打印功能不仅可以打印表格，还可以对电子表格的打印效果进行预览和设置。

5.10.1　页面布局

在打印之前，可根据需要调整分页符、调整页面布局、进行页面设置等。

1）通过"分页预览"视图调整分页符。分页符是用于将工作表分成单独的页面进行打印的分隔线，可以让用户更好地对打印区域进行规划。选择要打印的工作表，单击"视图"选项卡"工作簿视图"组中的"分页预览"按钮，也可以单击状态栏右侧的"页面布局"按钮，进入分页预览视图，如图 5.74 所示。执行下列两项操作之一：若要插入垂直分页符，则选择下方要插入分页符的行；若要插入水平分页符，则选择要插入分页符位置右侧的列。

单击"页面布局"选项卡"页面设置"组中的"分隔符"按钮，在打开的下拉列表中可以选择"插入分页符"、"删除分页符"或"重设所有分页符"命令。此处选择"插入分页符"命令，也可以右击要插入分页符位置下方的行或列，在弹出的快捷菜单中选择"插入分页符"命令。在 Excel 中，手动插入的分页符以实线显示，自动插入的分页符以虚线显示。设置了分页效果后，在进行打印预览时，将显示分页后的效果。

2）通过"页面布局"视图调整打印效果。单击"视图"选项卡"工作簿视图"组中的"页面布局"按钮，也可以单击状态栏右侧的"页面布局"按钮，进入页面布局视图，如图 5.75 所示。可以单击"添加页眉"或"添加页脚"按钮进行页眉或页脚的设置，也可以通过参照标尺对行高和列宽进行调整。

图 5.74　分页预览视图

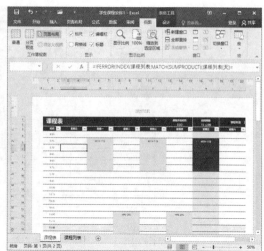

图 5.75　页面布局视图

3）通过"页面布局"选项卡，进行页面设置。选择"页面布局"选项卡，在"页面设置"组中可以对页面布局、纸张大小、纸张方向、打印区域、背景和打印标题等进行设置。如果需要设置纸张大小，可单击"纸张大小"按钮，在打开的下拉列表中选择所需选项即可。也可以单击对话框启动器按钮，打开"页面设置"对话框，进行更加详细的设置，如图 5.76 所示。

5.10.2　打印预览

　　一般在打印工作表之前可以先预览，防止打印出来的工作表不符合要求。在"文件"菜单中选择"打印"命令，打开"打印"窗口，如图 5.77 所示。通过右侧的打印预览

图 5.76　"页面设置"对话框

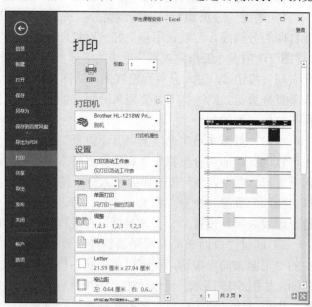

图 5.77　"打印"窗口

窗口，可以看到打印效果。如果工作表中的内容较多，可以单击页面下方的向右按钮，按钮或向左按钮，切换到下一页或上一页。单击"缩放到页面"按钮，可以将显示的图形放大，再次单击则返回整个页面的视图形式。单击"显示边距"按钮，可以在预览页面上拖动边距线调整页边距。单击"打印"按钮，可以将工作表打印出来。单击左上角的"返回"按钮，可以返回到工作表的编辑状态。

5.10.3　打印设置

确认打印效果无误后，即可开始打印表格。在"文件"菜单中选择"打印"命令，在右侧出现打印相关设置。可以设置打印的份数，在"打印机"下拉列表中选择当前可使用的打印机，在"设置"下拉列表中选择打印范围，在"单面打印""调整""纵向""纸张大小"下拉列表中可分别对打印方式、打印方向、纸张大小等进行设置，设置完成后单击"打印"按钮即可开始打印。

习题 5

一、选择题

1. 按（　　）键不放，可以选择不连续的多个单元格或单元格区域。

    A. Enter   B. Esc   C. Ctrl   D. Shift

2. 向单元格中输入数字后，该数字的对齐方式为（　　）。

    A. 左对齐   B. 居中对齐   C. 右对齐   D. 分散对齐

3. 在 Excel 中，常用到"开始"选项卡"剪贴板"组中的"格式刷"按钮，以下对其作用描述正确的是（　　）。

    A. 可以复制格式，不能复制内容

    B. 可以复制内容，不能复制格式

    C. 既可以复制格式，也可以复制内容

    D. 既不能复制格式，也不能复制内容

4. 单元格的数字为 0.38%，则（　　）。

    A. 单元格和编辑栏都显示为 0.38%

    B. 单元格显示为 38%，编辑栏显示为 0.38

    C. 单元格和编辑栏都显示为 0.38

    D. 单元格显示为 0.38，编辑栏显示为 38%

5. B2:D5 的含义是（　　）。

    A. B2 和 D5 两个单元格的平均值

    B. B2 和 D5 两个单元格的和

    C. 左上角为 B2，右下角为 D5 的一个区域

    D. B2 和 D5 两个单元格

6. 在 Excel 中，当两个都包含数据的单元格进行合并时（　　）。

    A. 所有数据丢失   B. 所有的数据合并放入新的单元格

　　C. 只保留左上角单元格中的数据　　　　D. 只保留右上角单元格中的数据

7．在 Excel 中，用户（　　　）输入相同的数字。

　　A. 只能在一个单元格中　　　　　　　　B. 只能在两个单元格中

　　C. 可以在多个单元格中　　　　　　　　D. 不可以在单元格中

8．在 Excel 中，已知 B2、B3 单元格中的数据分别为 1 和 3，可以使用自动填充的方法使 B4 至 B6 单元格的数据分别为 5、7、9，下列操作中，可行的是（　　　）。

　　A. 选定 B3 单元格，拖动填充柄到 B6 单元格

　　B. 选定 B2:B3 单元格，拖动填充柄到 B6 单元格

　　C. 以上两种方法都可以

　　D. 以上两种方法都不可以

9．在 Excel 的单元格中出现一连串的"#######"符号，则表示（　　　）。

　　A. 需要重新输入数据　　　　　　　　　B. 需要调整单元格的宽度

　　C. 需要删除该单元格　　　　　　　　　D. 需要删除这些符号

10．在 Excel 中，在不同单元格输入下面的内容，其中肯定被识别为字符型数据的是（　　　）。

　　A. 1999-03-4　　　　B. ￥100　　　　C. 34%　　　D. 广州

11．若在 Excel 中选取一组单元格，则其中活动单元格的数目是（　　　）。

　　A. 1 行　　　　　　　　　　　　　　　B. 1 个

　　C. 1 列　　　　　　　　　　　　　　　D. 被选中的单元格个数

12．在 Excel 中，选中活动工作表的一个单元格后单击"编辑"组的"清除"按钮，不可以（　　　）。

　　A. 删除单元格　　　　　　　　　　　　B. 清除单元格中的数据

　　C. 清除单元格的格式　　　　　　　　　D. 清除单元格中的批注

13．$E$6 是 Excel 引用的（　　　）。

　　A. 绝对地址　　　　B. 混合地址　　　　C. 相对地址　　　D. 都不是

14．在 Excel 中，单元格的文本数据默认的对齐方式为（　　　）。

　　A. 靠左对齐　　　　B. 靠右对齐　　　　C. 居中对齐　　　D. 两端对齐

15．在 Excel 工作表中，日期型"2012 年 12 月 21 日"的正确输入形式是（　　　）。

　　A. 2012-12-21　　　B. 21.12.2012　　　C. 21,12,2012　　D. 2012\12\21

16．在运行 Excel 时，默认新建立的工作簿文件名是（　　　）。

　　A. Excel1　　　　　B. Sheet1　　　　　C. Book1　　　D. 工作簿 1

17．在 Excel 中，选取整个工作表的方法是（　　　）。

　　A. 单击"编辑"组中的"全选"按钮

　　B. 单击工作表左上角的列标与行号交汇的方框

　　C. 单击 A1 单元格，然后按 Shift 键并单击当前屏幕右下角的单元格

　　D. 单击 A1 单元格，然后按 Ctrl 键并单击工作表右下角的单元格

18．在 Excel 中，A1 单元格设置其数字格式为整数，当输入""33.51""时，显示为（　　　）。

　　A. 33.51　　　　　B. 33　　　　　　　C. 34　　　　　　　D. ERROR

19. 在 Excel 中，某个单元格的数据值为 2，按住 Ctrl 键向外拖动填充柄，可以进行的操作为（　　）。

    A. 填充　　　　　　B. 消除　　　　　　C. 插入　　　　　　D. 删除

20. 在 Excel 中，要选定多个不连续的工作表，先选择一个工作表，再按住（　　）键，然后单击其他工作表。

    A. Shift　　　　　　B. Ctrl　　　　　　C. CapsLock　　　　D. Alt

21. Excel 中条件格式不能设置符合条件的（　　）。

    A. 边框线条样式　　B. 文本对齐　　　　C. 底纹　　　　　　D. 文字字体

22. Excel 中若要设置单元格的底纹，可选择"单元格"组中的（　　）选项。

    A. 行　　　　　　　B. 列　　　　　　　C. 格式　　　　　　D. 工作表

23. 在 Excel 工作表中，当插入行或列时，后面的行或列将向（　　）方向自动移动。

    A. 向下或向右　　　B. 向下或向左　　　C. 向上或向右　　　D. 向上或向左

24. 在 Excel 的页面设置中，不能够设置（　　）。

    A. 纸张大小　　　　B. 每页字数　　　　C. 页边距　　　　　D. 页眉

25. 在 B7 单元格中计算 B1 到 B5 单元格的和，下列公式正确的是（　　）。

    A. =B1:B5　　　　　　　　　　　　　B. B1+B2+B3+B4+B5
    C. =B1+B2+B3+B4+B5　　　　　　　D. 其他都错误

26. 使用自动求和函数对 B1 到 B5 单元格求和的公式是（　　）。

    A. =SUM(B1+B2+B3+B4+B5)　　　　B. =SUM(B1:B5)
    C. =SUM(B1−B5)　　　　　　　　　D. 其他都错误

27. Excel 单元格中求平均值函数为（　　）。

    A. SUM( )　　　　B. AVERAGE( )　　C. MAX( )　　　　D. MIN( )

28. 在 Excel 中调整图表大小的方法是（　　）。

    A. 双击图标
    B. 单击图标
    C. 将鼠标指针移动到图表边框四个角的任意一个调节句柄上，此时光标将改变形状状态，按住并拖动鼠标
    D. 其他都错误

29. Excel 中通过双击已存在的图表，会打开（　　）对话框，在该对话框中进行设置，可改变图表的格式。

    A. "函数"　　　　　　　　　　　　B. "图表选项"
    C. "图表类型"　　　　　　　　　　D. "图表区格式"

30. 在 Excel 数据清单中，按照某一字段内容进行归类，并对每一类做出统计操作的是（　　）。

    A. 分类排序　　　　B. 分类汇总　　　　C. 筛选　　　　　　D. 记录单处理

二、判断题

1. Excel 中的清除操作是将单元格的内容删除，包括其所在的地址。　　　（　　）
2. Excel 工作表中，B2 表示 B 列与第 2 行交叉点所属的单元格。　　　（　　）

3．Excel 工作表中，删除功能与清除功能的作用是相同的。 （ ）

4．在 Excel 操作窗口中，活动工作表标签为灰色显示。 （ ）

5．在单元格中输入数字时前面加上单引号，则该数字作为文本数据。 （ ）

6．第一次保存工作簿时，Excel 窗口中会出现“另存为”对话框。 （ ）

7．Excel 是 Microsoft 公司推出的电子表格软件，是办公自动化集成软件包 Office 的重要组成部分。 （ ）

8．Excel 中可以通过指定打印区域来设置打印的范围。 （ ）

9．在单元格中输入公式时，首先要输入等号。 （ ）

10．Excel 中高级筛选可以将筛选的数据放到指定的数据区域。 （ ）

三、操作题

1．建立如图 5.78 所示的 Excel 工作表，利用公式完成计算，具体要求如下：

1）设置表格标题内容：将工作表 Sheet1 中的 A1 到 F1 单元格合并为一个单元格，将其内容设置为“文化用品清单”，字体设置为“黑体、20 号”、居中显示，所在单元格填充颜色设置为“标准色黄色”。

2）根据图中所示，在适当的位置输入表格其他文字内容，并在单元格中居中对齐显示。其中各列标题都加粗显示。

3）用公式计算“总价”列。

4）将单价和总价的数据保留两位小数。

5）设置如图所示的边框，外框为粗实线，内框为细实线。

2. 建立如图 5.79 所示的 Excel 工作表，具体要求如下：

1）利用函数计算每个学生的总分和每门课程的平均分。

2）用高级筛选将 C 语言成绩大于 75 并且 Java 语言成绩大于 70 的学生筛选，将筛选结果复制到 Sheet1 工作表中以 A15 为起始单元格的区域中（要求设置的条件区域不能删除，保留在 Sheet1 中）。

3）根据姓名和 C 语言两列的内容插入簇状柱形图图表，图表标题为“学生成绩表”，横坐标轴标题为“姓名”，纵坐标轴标题为“成绩”。

	A	B	C	D	E	F
1	文化用品清单					
2	序号	名称	规格	数量	单价	总价
3	1	纸文件夹	A4纵向	3240	1.25	
4	2	复印纸	A4普通纸	125630	0.08	
5	3	打印纸	A3普通纸	123215	0.09	
6	4	透明文件夹	A4	5320	0.06	
7	5	特大号信封	印有公司名称	35685	0.1	
8	6	普通信封	长3型	45465	0.087	
9	7	文具盒	BT2型	1239	1.42	
10	8	钢笔	251型	1002	2.35	
11	9	铅笔	B4型	2350	0.4	
12	10	水笔	光彩型	5563	0.5	
13						

图 5.78 文化用品清单

	A	B	C	D	E	F	G
1				学生成绩表			
2	学号	姓名	C语言	Java语言	操作系统	总分	平均分
3	2020101	张三	92.00	80.00	89.00		
4	2020102	李四	56.00	57.00	45.00		
5	2020103	王五	89.00	86.00	85.00		
6	2020104	赵六	74.00	67.00	95.00		
7	2020105	葛七	85.00	95.00	65.00		
8	2020106	李奇	92.00	66.00	52.00		
9	2020107	赵梦	75.00	85.00	69.00		
10	2020108	夏天	68.00	95.00	78.00		
11	2020109	孟好	74.00	67.00	95.00		
12	2020110	刘清	85.00	95.00	65.00		
13							

图 5.79 学生成绩表

第6章

演示文稿制作软件 PowerPoint 2016

PowerPoint 2016 是 Microsoft 公司集成办公软件 Office 2016 的主要成员。利用它能够制作文字、图形、图像、声音以及视频剪辑等元素的演示文稿，广泛用于课堂教学、产品发布、广告宣传、房产项目规划、城市规划、旅游推广、演讲、会议和工作报告等。PowerPoint 简单易学，无论是初学者还是老用户，通过 PowerPoint 提供的智能向导以及丰富的模板，可以容易地制作出具有专业水平的演示文稿。

PowerPoint 2016 与早期的版本相比功能更加丰富，界面也更加人性化，新增功能如下：

1）主题色增加了彩色和黑色。

2）幻灯片主题在旧版的基础上增加了一些主题方案。

3）新增了智能搜索框 Tell me 功能。

4）新增六个图表，包括瀑布图、排列图、树状图、直方图、箱形图和旭日图，可以创建一些常用的数据可视化的财务或层次结构信息，展示统计数据中的属性。

5）智能查找功能，当用户选择某个字词或短语，右击并选择智能查找，将打开定义来源于维基百科和网络相关搜索。

6）墨迹公式和墨迹书写，可方便快捷地输入各种公式，手动绘制规则或不规则的图形或文字。

7）屏幕录制，用于录制计算机屏幕中的内容，以视频文件形式插入幻灯片，也可以插入事先准备好的视频文件。

8）支持多人跨平台同时办公，标题栏右侧增加了"共享"和"反馈功能"组合按钮，当不同用户修改的内容发生冲突时，可以看到相应内容的并排比较，以选择需要保留的版本。

6.1　PowerPoint 2016 概述

6.1.1　PowerPoint 2016 的安装、启动与退出

1. 安装 PowerPoint 2016

PowerPoint 2016 是 Microsoft Office 2016 的一个重要组件，按照 Office 2016 安装向导的提示进行操作就可轻松安装，也可以任选需要的组件进行安装。

2. 启动 PowerPoint 2016

启动 PowerPoint 2016 的常用方法如下：

1）单击"开始"按钮▦，从程序列表中选择"PowerPoint 2016"命令，如图 6.1 所示。

2）选择"开始"菜单"Windows 系统"中的"文件资源管理器"选项或"此电脑"选项，在打开的窗口中双击任意一个 PowerPoint 2016 演示文稿文档，可启动 PowerPoint 2016 并打开该文档。

3）通过快捷方式启动 PowerPoint 2016。双击桌面上的 PowerPoint 2016 图标，就可启动 PowerPoint 2016 并打开 PowerPoint 2016 窗口，初次打开的窗口如图 6.2 所示。

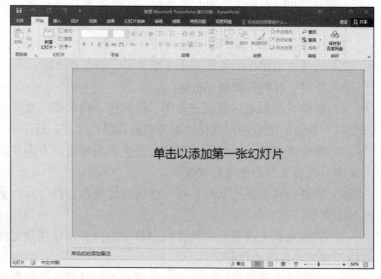

图 6.1　利用"开始"菜单
启动 PowerPoint 2016

图 6.2　PowerPoint 2016 的窗口

3. 退出 PowerPoint 2016

退出 PowerPoint 2016，返回到系统桌面，有以下几种操作方法。

1）在标题栏的空白位置右击，在弹出的快捷菜单中选择"关闭"命令。

2）按 Alt+F4 组合键。

3）单击 PowerPoint 标题栏右上角的关闭按钮。

如果对演示文稿进行修改但未保存，在退出之时，PowerPoint 会弹出一个对话框，提示是否在退出之前保存文件，单击"保存"按钮，则保存所进行的修改，单击"不保存"按钮，在退出之前不保存文件，对文件所进行的操作将丢失，单击"取消"按钮，取消此次退出操作，返回到 PowerPoint 操作界面。

6.1.2　PowerPoint 2016 窗口

PowerPoint 窗口主要用于编辑幻灯片的总体结构，既可以编辑单张幻灯片，也可以编辑大纲。PowerPoint 2016 的窗口可划分为 8 个区域，如图 6.3 所示。

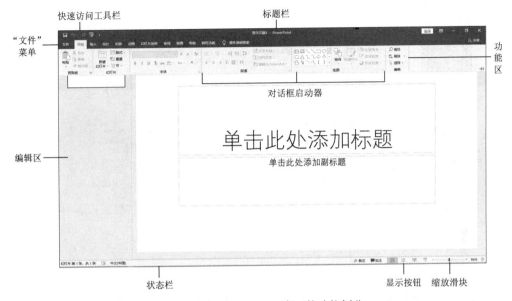

图 6.3　PowerPoint 2016 窗口的功能划分

1. 快速访问工具栏

快速访问工具栏位于窗口顶部标题栏的左边或者功能区下方，快速访问工具栏可以保证无论切换到任何选项卡，总出现在窗口的最前端，常用命令工具按钮位于此处，如"保存"和"撤销"等。用户也可以向此处添加或删除常用的命令，在功能区的按钮上，右击，选择"添加到快速访问工具栏"命令，或者通过"文件"菜单中的"选项"命令进行添加或删除，还可以通过单击快速访问工具栏右侧的按钮▃▾，在打开的下拉列表中进行选择，在同一位置可以设置按钮的显示顺序，调整快速访问工具栏的位置。

2. 标题栏

窗口顶部中间部分是标题栏，显示的是以下划线连接的当前演示文稿名和应用软件名。如果还没有保存演示文稿或未命名，标题栏显示的是通用的默认名"演示文稿 1"，右边依次是功能按钮▃▃以及三个窗口按钮："最小化"按钮▭、"还原/最大化"按钮▢和"关闭"按钮✕。

3. "文件"菜单

"文件"菜单中包含一些基本的命令，如"信息"、"打开"、"关闭"、"另存为"、"打印"、"共享"、"导出"、"退出"、"账户"和"选项"。

"文件"窗口分为三个区域。左侧区域为命令区，该区域列出了与文档有关操作的命令选项。在左侧命令区域选择某个命令后，中间区域将显示该类命令的可用按钮，同时右侧区域显示其下级命令按钮或操作选项，如图 6.4 所示。

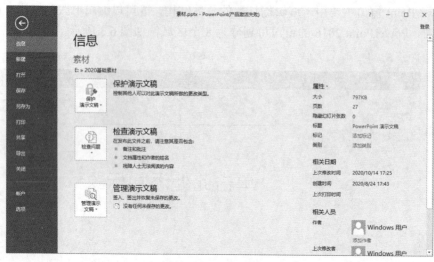

图 6.4   "文件"窗口

4. 功能区

设计幻灯片时需要用到的命令均位于功能区的各个选项卡中。每个选项卡包含一些基本的命令按钮，根据功能分布在不同的区域，如"开始"选项卡中包含"幻灯片"、"字体"、"段落"、"绘图"、"剪贴板"和"编辑"组。Office 2016 为用户提供了屏幕提示功能，可以方便用户在使用时查看功能区中各个按钮的功能。将鼠标放置于功能区的某个按钮上，即可显示该按钮的有关操作信息，包括按钮名称、组合键和功能介绍等内容。

有一些隐藏的选项卡，在特定的情况下会显示，如"灰度"选项卡和"黑白模式"选项卡，在选择了"视图"选项卡"颜色/灰度"组中相应的模式才会出现，"幻灯片母版"、"讲义母版"和"备注母版"选项卡在"视图"选项卡"母版视图"组中选择相应的母版后会显示；"背景消除"选项卡则是选择了图片后在"图片工具-格式"选项卡中单击"删除背景"按钮后才显示。

也有一些选项卡在演示文稿中添加了某种对象出现后才显示，被称为上下文选项卡，如添加了形状或图片后会增加"图片工具-格式"选项卡，添加了表格后会增加"表格工具-设计"选项卡、"表格工具-布局"选项卡，添加了图表或 SmartArt 对象后会增加"图表工具-设计"选项卡、"图表工具-格式"选项卡、"SmartArt 工具-设计"选项卡、"SmartArt 工具-格式"选项卡，添加了音频或视频后会增加"音频工具-格式"选项卡、"音频工具-播放"选项卡。

用户可根据自己的需要和喜好进行隐藏和显示，具体的方法是在"文件"菜单"选项"命令"自定义功能区"中进行设置，快速法是在功能区任意区域右击选择"自定义功能区"命令。

同时用户可以根据自己工作的需要，将常用的功能命令、按钮集中到一个选项卡上，在"新建选项卡"中新建、命名、添加命令。还可以将自己建立的选项卡迁移到另外一台计算机上,就是自定义设置的导入和导出,将自定义的选项卡导出为.exportedUI 文件,将该文件复制到另外一台计算机导入即可。

选项卡最右侧有两个按钮,"登录"按钮和"共享"按钮。如果用户没有登录 Microsoft 账户,则显示的是"登录"按钮,如果已经登录则显示用户名。"共享"按钮是共享演示文稿文件。

5. 编辑区

编辑区用来显示正在编辑的演示文稿,左侧为幻灯片的缩略图,右侧显示单张幻灯片,方便对细节进行编辑,与早期版本不同的是幻灯片窗格下方没有备注窗格。

6. 状态栏

状态栏位于窗口的左下方,用来显示正在编辑的演示文稿的相关信息,如显示当前的幻灯片编号,整个演示文稿中有多少张幻灯片。

7. 显示按钮

普通视图下,状态栏右侧显示"备注"按钮和"批注"按钮,用来打开备注窗格和批注窗格,还显示其他视图的切换按钮;其他视图下没有上述两个按钮。

显示按钮可以根据要求更改正在编辑的演示文稿的显示模式,主要用于在"普通视图"、"幻灯片浏览"、"阅读视图"和"幻灯片放映"模式之间进行切换。

1)"普通视图"按钮 ⊞:切换到普通视图,可以同时显示幻灯片、大纲及备注。

2)"幻灯片浏览"按钮 ⊞:切换到幻灯片浏览视图,显示演示文稿中所有幻灯片的缩略图、完整的文本和图片。在幻灯片浏览视图中,可以重新排列幻灯片顺序、添加切换和动画效果、设置幻灯片放映时间。

3)"阅读视图"按钮 ▤:非全屏模式下放映幻灯片,便于查看。

4)"幻灯片放映"按钮 ⬛:运行幻灯片放映。如果在普通视图中,则从当前幻灯片开始;如果在幻灯片浏览视图中,则从所选幻灯片开始。

8. 缩放滑块

左右拖动缩放滑块或者单击滑块左右两侧的加减号可以更改正在编辑的幻灯片的显示比例。

（1）调整显示比例的用途

通过调整显示比例可以灵活设置可视范围,以便对幻灯片中的细节进行编辑。小的显示比例（<100%）主要用于观察整体,大的显示比例（>100%）主要用于观察局部。

默认的显示比例是根据窗口的大小来调整幻灯片的显示比例,刚好完整显示一张幻灯片的内容。

（2）调整显示比例的方法

1）单击"视图"选项卡"缩放"组"缩放"按钮,打开"缩放"对话框,在"显示比例"栏中选中"显示比例"单选按钮进行调整。

2）用鼠标左右拖动状态栏右下角的滑块进行调整。

3）使用 Ctrl+鼠标滚轮进行调整。

需要注意的是，在普通视图状态下，左侧的缩略图无法调整到超过 100%的比例。

6.1.3　PowerPoint 2016 的视图

PowerPoint 2016 主要提供了两类视图，分别是演示文稿视图和母版视图。

其中演示文稿视图包含六种视图：普通视图、大纲视图、幻灯片浏览视图、阅读视图和备注页视图；还有一种隐藏视图：演示者视图。

母版视图包括三种视图：幻灯片母版、讲义母版和备注母版。

1. 演示文稿视图

（1）普通视图

普通视图是 PowerPoint 2016 的默认视图模式，也是主要的编辑视图，可用于创建演示文稿、设计幻灯片的总体结构，以及编辑单张幻灯片内容和排版，主要对放大幻灯片的某部分做细致的设计。该视图由两个部分组成，分别是缩略图窗格和幻灯片窗格，如图 6.5 所示。这些窗格可以让用户使用演示文稿的各种功能而不必切换选项卡或者页面，拖动窗格边框可调整各窗格的大小。

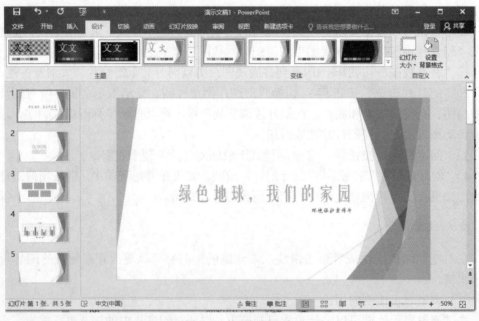

图 6.5　普通视图状态

1）缩略图窗格。在 PowerPoint 2016 工作窗口的左侧部分为缩略图窗格，编辑时以缩略的形式在演示文稿中观察幻灯片。使用缩略图窗格能方便地遍历演示文稿，并可以直接观看任何设计更改的效果。在这里还可以轻松地重新排列、添加或删除幻灯片。

2）幻灯片窗格。工作窗口右侧是幻灯片窗格，用以显示当前幻灯片的大视图。用户可以看到整张幻灯片，如果要显示其他幻灯片，可以直接拖动垂直滚动条上的滚动块，系统会提示幻灯片编号。当已经指到所需要的幻灯片时，松开鼠标左键，即可切换到该幻灯片中，如图 6.6 所示。

在普通视图中可以显示当前编辑的幻灯片，查看每张幻灯片中的文本外观，并可以在单张幻灯片中添加文本，插入图片、表格、SmartArt 图形、图表、图形对象、文本框、电影、声音、超链接和动画等。

普通视图任务栏上增加两个按钮，"备注"和"批注"，单击按钮就会打开相应的窗格，如图 6.7 所示。

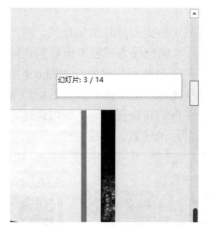

图 6.6　垂直滚动滑块

图 6.7　"备注"按钮和"批注"按钮

（2）大纲视图

在早期版本中，大纲视图是普通视图下的一个选项卡，在 2016 版中独立成为一种视图模式，如图 6.8 所示。大纲视图与普通视图不同的是，在幻灯片上仅以大纲形式显示文本内容和组织结构，不显示图形、图像、图表以及文本框等对象，同时也可以打开备注窗格，备注一般用来为演示文稿创建大纲或情节提要。

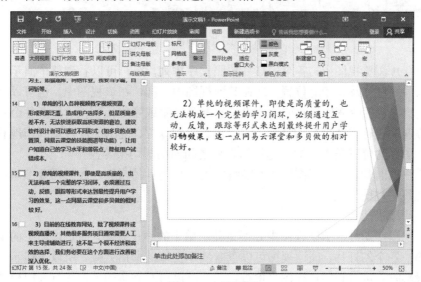

图 6.8　大纲视图

大纲视图下，用户可以方便地输入演示文稿要介绍的一系列主题，使用 Ctrl+Enter 组合键可以在标题与正文之间切换。系统将根据这些主题自动生成相应的幻灯片，且将主题自动设置为幻灯片的标题。在这里，可对幻灯片进行简单的操作（如选择、移动、复制幻灯片）和编辑（如添加标题）。在该窗格中，按照幻灯片编号由小到大的顺序和幻灯片内容的层次关系，显示演示文稿中的全部幻灯片的编号、图标、标题和主要的文本信息。所以大纲窗格最适合编辑演示文稿的文本内容。

在幻灯片窗格下方则是备注窗格，具体参考普通视图。

（3）幻灯片浏览视图

幻灯片浏览视图模式中，演示文稿的显示方式切换到幻灯片浏览模式。用户可以在屏幕上看到演示文稿中的多张幻灯片，这些幻灯片以缩略图方式整齐地显示在同一个窗口中，在每一张幻灯片右下角还会显示当前幻灯片的自动换片时间，如图 6.9 所示。用户可以轻松地添加、删除、复制和移动幻灯片，方便用户集中精力重新组织幻灯片并调整演示文稿的整体显示效果，只需要单击幻灯片并拖到新位置即可。可以通过右下角的显示比例调整幻灯片大小，从而改变屏幕显示幻灯片的张数。

图 6.9　幻灯片浏览视图

在幻灯片浏览视图中，各个幻灯片按照次序排列，用户可以看到整个演示文稿的内容，浏览各幻灯片及其相对位置。同在其他视图中一样，在该视图中，也可以对演示文稿进行编辑，包括改变幻灯片的背景设计和配色方案或者更换模板、检查各个幻灯片前后是否协调并进行重新排列幻灯片、添加或删除幻灯片、复制幻灯片及制作现有幻灯片的副本、图标的位置是否合适、选择幻灯片之间的动画切换等操作。

需要注意的是，在该视图中，不能编辑幻灯片的具体内容。如果需要编辑内容，则要切换到其他视图模式。

（4）阅读视图

阅读视图在幻灯片放映视图中并不是显示单个的静止画面，而是以动态的形式显示演示文稿中各个幻灯片，阅读视图可以查看演示文稿的最后效果，所以当演示文稿创建到一个段落时，可以利用该视图来检查，从而可以对不满意的地方进行及时修改。阅读视图也可以用于向用那些利用计算机查看演示文稿的人员而非受众（如通过大屏幕）放映演示文稿。如果希望在一个设有简单控件以方便审阅的窗口中查看演示文稿，则可以使用阅读视图。如果要更改演示文稿，可随时从阅读视图切换至某个其他视图。

阅读视图与"幻灯片放映"按钮都能全屏播放幻灯片，它们之间的区别是：幻灯片放映视图是全屏幕的播放，状态栏不可见，按 Esc 键退出；阅读视图则是以窗口形式进行幻灯片切换，状态栏依然可见，使用右下角的视图切换按钮或者 Esc 键可退出阅读视图模式。

（5）备注页视图

备注页视图主要用于为演示文稿中的幻灯片添加备注内容或对备注内容进行编辑修改，在该视图模式下无法对幻灯片的内容进行编辑。

如果要以整页格式查看和使用备注，可以在"视图"选项卡"演示文稿视图"组中单击"备注页"按钮。

切换到备注页视图后，页面上方显示当前幻灯片的内容缩览图，下方显示备注内容占位符。单击备注窗格，在其中输入内容，即可为幻灯片添加备注。

需要注意的是，在播放幻灯片时，观众无法看到备注页的内容。

（6）演示者视图

除了上述五种视图模式外，还有一种隐藏的视图：演示者视图，如图 6.10 所示。在幻灯片放映状态下，屏幕左下角将会显示一排工具，包括笔、橡皮擦、放大镜等图标，最后的三个点的图标中包含演示者视图，或者在幻灯片放映状态下右击，在弹出的快捷菜单中选择"演示者视图"命令，打开该视图模式。

图 6.10　演示者视图

使用"演示者视图"在放映演示文稿时，播放者可以查看备注，而观众无法看到幻灯片的备注。演示者视图是查看带备注的文稿的一种好方法，演示者可以在一台计算机上查看带备注的演示文稿，幻灯片放映时放映窗口在整个显示器的左侧，备注页内容则出现在显示器的右侧，用来对演讲者进行提示。观众在其他监视器（如投影到大屏幕上的监视器）观看不带备注的演示文稿。

演示者视图模式下，幻灯片上方有三个按钮，，其功能分别如下：

①"显示任务栏"，可以使放映者在不退出播放幻灯片的情况下打开任务栏并切换到其他窗口。

②"显示设置"，用来在演示者视图和幻灯片放映中切换。

③"结束幻灯片放映"，直接退出放映，回到普通视图模式。

三个按钮下方还有一个计时器，用来记录幻灯片的放映时间。幻灯片右侧则是备注内容。幻灯片播放窗口下方也有功能按钮，与幻灯片播放状态下的功能按钮相同。

2. 母版视图

母版视图包括幻灯片母版、讲义母版和备注母版。

（1）幻灯片母版

幻灯片母版是存储有关幻灯片样式和内容布局的主要载体，其中包括幻灯片背景设置、幻灯片中字体和段落的设置、幻灯片中占位符大小和位置的设置等。

使用母版视图的一个主要优点在于，在幻灯片母版上，可以对与演示文稿关联的每个幻灯片、备注页或讲义的样式进行批量修改。

单击"视图"选项卡"幻灯片母版"按钮即可进入幻灯片母版的页面，如图 6.11所示。幻灯片母版视图和演示文稿的普通视图类似，左侧为母版的缩略图窗格，如果没有做任何设置，则默认使用的是 Office 主题模板，其中包含母版、标题幻灯片、标题和内容、节标题、两栏内容、比较、仅标题、空白、图片与标题、竖排标题与文本等版式，第一张为标题母版，可以对全部其他版式进行总体性的设置。当鼠标指针悬停在某一版式上时，系统会提示该版式的名称和哪些张幻灯片使用了该版式。用户可以将不用的版式删除，也可以添加需要的版式，或者建立自定义版式并命名，还可以增加新的幻灯片母版，这样就可以在同一个演示文稿中使用不同的主题。图 6.11 中的幻灯片就使用了两种不同的母版，在标题母版的左侧以序号标出。右侧是单个版式的编辑窗口，单击占位符外侧框线选中该占位符，即可编辑该占位符中文字的字体、字号、颜色等样式，也可以更改、删除、插入需要的占位符。

功能区还有"主题"、"背景样式"、"颜色"、"字体"和"效果"等按钮，用来对母版进行修饰。所有的版式修改完成后，单击"关闭母版视图"按钮即可回到幻灯片的普通视图。

（2）讲义母版

讲义是指可以将演示文稿内容以讲义的形式打印输出，方便观众在观看放映时查看相关内容。讲义母版用于将多张幻灯片打印在一张纸上时排版使用，设置讲义打印前的相关布局和格式，如设置页眉、页脚等。

单击"视图"选项卡"讲义母版"按钮，即可进入讲义母版的编辑状态，随之打开的讲义母版功能区如图 6.12 所示，在功能区可以单击相应的按钮进行设置，单击最右侧的"关闭"按钮即可退出讲义母版的编辑状态，返回到演示文稿普通视图。

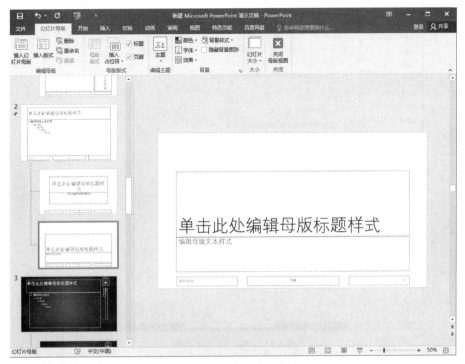

图 6.11　幻灯片母版视图

图 6.12　讲义母版功能区

（3）备注母版

备注页视图主要为了给演示文稿中的幻灯片添加注释使用，在幻灯片放映时，可以起到提示与辅助的作用。备注母版可以设置演示文稿与备注一起打印的外观，如设置备注页的字体格式等。备注母版与讲义母版功能类似，但是对备注做的设置只有在备注页视图中可见，在演示文稿的其他视图中是不可见的。

每种视图都包含特定的工作区、按钮和工具栏等组件。每种视图都有自己特定的显示方式和加工特色，在一种视图中对演示文稿的修改和加工会自动反映在该演示文稿的其他视图中。

一般情况下，打开 PowerPoint 时会显示普通视图，用户可以根据需要指定 PowerPoint 在打开时显示另一个视图作为默认视图，具体方法是：选择"文件"菜单"选项"命令，打开"PowerPoint 选项"对话框，选择"高级"命令，单击"显示"栏中"用此视图打开全部文档"下拉按钮，打开下拉列表，选择要设置为新默认视图的视图，然后单击"确定"按钮，如图 6.13 所示。

图 6.13　PowerPoint 选项

6.2　PowerPoint 2016 基本操作

Word 生成的文件为 Word 文档，扩展名为"*.docx*"；Excel 生成的文件为 Excel 工作簿，扩展名为"*.xlsx*"；PowerPoint 生成的文件为 PPT 演示文稿，扩展名为"*.pptx*"。

PowerPoint 演示文稿的一般制作流程是：创建演示文稿——应用主题——插入图片、输入文字、设置格式——设置动画效果——设置切换方式——保存输出。

6.2.1　创建演示文稿

PowerPoint 2016 提供了几种创建演示文稿的方法：新建空白演示文稿，然后添加文本、表格、图表等其他对象；使用主题模板或样本模板新建演示文稿来创建，在创建的时候可以为演示文稿确定背景、配色、方案、幻灯片放映形式等。无论哪一种方法，在演示文稿创建之后，都可以进行修改。

1）空白演示文稿：按照这样的方式新建演示文稿后，可以从一个空演示文稿开始编辑幻灯片。

2）主题模板：可以先选择一种主题，用以确定演示文稿的外貌，然后再添加演示文稿的内容。

3）样本模板：根据样本模板新建演示文稿相当于复制了一个演示文稿，文件中已经应用了主题并且已有内容，同时设计了幻灯片切换和动画效果，用户只需要对其中的内容修改即可。这是一种省时省力的创建演示文稿的方法，比较适合初学者。

1. 新建空白演示文稿

打开 PowerPoint 2016，可以打开最近使用过的文档，也可以选择创建一个新的空白演示文稿，默认的文件名是"演示文稿 1"，并给出一张空白的标题幻灯片，等待编辑，如图 6.14 所示。

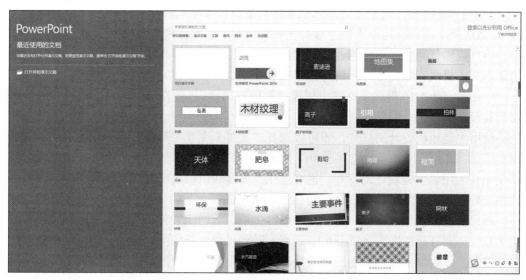

图 6.14　新建演示文稿界面

如果在 PowerPoint 2016 环境下，另外建立一个新的空白演示文稿，则选择"文件"菜单"新建"命令，打开图 6.15 所示的演示文稿创建方式选择窗口，单击"空白演示文稿"图标即可完成创建。

图 6.15　"新建"窗口

2. 使用模板创建演示文稿

对于初学者来说，对文稿没有特殊的构想，要想创作出专业水平的演示文稿，最好使用主题模板或样本模板来创建演示文稿。

（1）使用主题模板

使用 PowerPoint 2016 创建演示文稿的时候，可以不选择图 6.14 中的"空白演示文稿"，而选择主题模板功能来快速地美化和统一每一张幻灯片的风格。

用户可以使用主题模板创建演示文稿的结构方案，使用模板提供的色彩配制、背景对象、文本格式和版式等，然后开始建立各个幻灯片。

PowerPoint 2016 提供了许多主题模板供用户选择，以便在输入演示文稿内容时能够看到其设计方案。

使用主题模板设计幻灯片，还可以选择"文件"菜单"新建"命令，打开"新建"窗口（图 6.15），选择"主题"选项，打开主题库，选中某一主题，就可以建立新的演示文稿并应用该主题设计幻灯片。也可以在"搜索联机模板和主题"文本框中输入需要的主题进行搜索，然后根据右侧分类栏中的类别选择合适的主题。

对已经建立的演示文稿，可以随时修改主题。单击"设计"选项卡"主题"组右侧的下拉按钮，打开主题库，如图 6.16 所示，看到可供选择的主题模板。将鼠标移动到某一个主题上，可以实时预览相应的效果。最后单击某一个主题，可以将该主题快速应用到整个演示文稿当中。

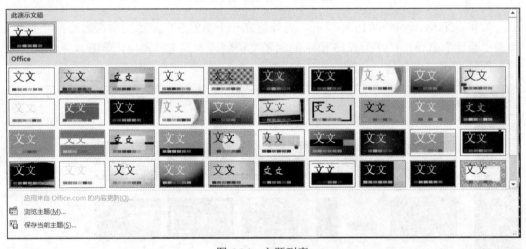

图 6.16　主题列表

如果对主题效果的某一部分元素不够满意，可以通过颜色、字体或者效果进行修改。如果用户觉得当前设计的主题可以留作备用，要想保存主题，需要在图 6.16 所示的"主题"下拉列表中选择"保存当前主题"命令，打开"保存当前主题"对话框，如图 6.17 所示，进行保存位置和保存文件名的设置，然后单击"保存"按钮，保存后的主题可以在主题库中查看到，也可以用于其他演示文稿的设计。

图 6.17　"保存当前主题"对话框

（2）使用样本模板

使用样本模板创建演示文稿比使用主题模板创建演示文稿更简单，不同之处在于使用主题模板只提供如配色方案、标题和文本格式等设计方案，样本模板除了提供设计方案外，还提供主题模板不能提供的实际内容以及动画效果和切换效果。使用样本模板创建的演示文稿会自动包含多张幻灯片，并且包含建议的文本内容。

使用样本模板创建演示文稿，操作步骤如下。

1）选择"文件"菜单"新建"命令，打开可用的模板和主题，也可以联机搜索模板和主题。

2）单击模板图标，打开如图 6.18 所示的样本模板。

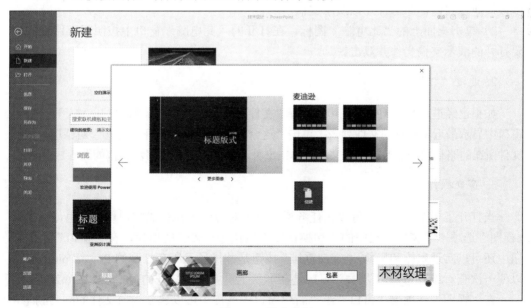

图 6.18　样本模板

3）单击"创建"按钮，系统自动生成一份包含多张幻灯片的演示文稿。

4）根据需要，用户可以在所生成的演示文稿中插入各种对象，如文本、图片和表格等，设置动画效果以及切换方式，还可以删除某些不需要的幻灯片或插入新的幻灯片。

如果用户经常重复使用同一类型的模板，可以将已经编辑完成的文件保存为自定义模板，方法与保存文件类似，选择存放地址，定义文件名称，不同之处是在文件类型中选择"PowerPoint 模板(.potx)"，便于以后使用。

使用主题创建演示文稿和使用模板创建演示文稿非常相似，其区别是：如果选择的是主题，新建的演示文稿中只包含一张幻灯片；如果选择的是模板，那么新建的演示文稿中包含多张幻灯片。在图 6.18 的库中，如果选择的是主题，那么打开的对话框中只包含预览图片和"创建"按钮；如果选择的是已经下载的样本模板，在打开的对话框中除了上述两部分，还包含一个"更多图像"左右浏览按钮。用户在选择的时候可以通过创建页面时区分，保存时也可以直接通过名称区分，两者的扩展名不同，主题文件的扩展名是.thmx，模板文件的扩展名是.potx。

6.2.2　打开演示文稿

还未完成的演示文稿或者制作演示文稿的时候，都需要打开演示文稿。打开演示文稿后，系统会将其从磁盘读入内存并在演示文稿窗口中显示出来。

1. 快速打开演示文稿

快速打开演示文稿可以分为以下两种情况：一是没有进入 PowerPoint 程序环境时，如何快速打开演示文稿；二是在 PowerPoint 程序窗口中如何快速打开演示文稿。在 PowerPoint 环境之外，有以下两种方法可以快速打开演示文稿。

1）为某个演示文稿建立桌面快捷方式。建立该演示文稿的快捷方式之后，只要双击该快捷方式图标即可打开该演示文稿。

2）单击桌面上的"此电脑"图标，在打开的"此电脑"窗口中按照保存路径找到要打开的演示文稿文件并双击。

2. 通过"打开"对话框

如果已经进入 PowerPoint 环境，选择"文件"菜单"打开"命令，打开"打开"窗口，窗口中显示最近使用过的文件列表；单击"这台电脑"图标，打开"打开"对话框，根据文件所在的路径找到需要打开的文件，单击文件名，即可打开该演示文稿如图 6.19 所示。

3. 窗口操作

当打开了多个文件时，可以在任务栏上单击对应的图标完成窗口切换；也可以通过"视图"选项卡"窗口"组中的"切换窗口"按钮进行窗口的切换，在"窗口"组的按钮中还可以实现重排和层叠，"全部重排"按钮是并排显示所有打开的 PowerPoint 窗口，以便一次查看所有窗口，"层叠"窗口是在屏幕上重叠所有打开的窗口，如图 6.20 所示。

在"视图"选项卡"窗口"组"新建窗口"选项中可以建立当前文件的同名副本，在文件名后加":1"":2"……区分，方便对文档的不同页面进行对比。

图 6.19　"打开"窗口下"打开"对话框

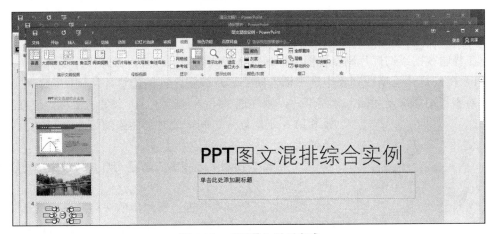

图 6.20　"层叠"显示方式

6.2.3　插入、删除幻灯片

幻灯片就是演示文稿中的单个页面,制作一个演示文稿后,可以在幻灯片浏览视图中查看幻灯片的布局,检查前后幻灯片是否符合逻辑,还可以对幻灯片进行调整,使之更加有条理。

1.　选择幻灯片

在普通视图的左侧列表中,显示了幻灯片的缩略图。此时,单击幻灯片缩略图,即可选择该幻灯片,被选中的幻灯片的边框呈高亮显示。例如,在普通视图和大纲视图的缩略图中分别选中第 9 张幻灯片,如图 6.21 和图 6.22 所示。

如果选择一组连续的幻灯片,可以先单击第 1 张幻灯片的缩略图,然后按 Shift 键的同时单击最后一张幻灯片,即可将这一组连续的幻灯片全部选中。

如果选择多张不连续的幻灯片，先按 Ctrl 键，再分别单击需要选择的幻灯片即可。如果选择全部幻灯片，可使用 Ctrl+A 组合键。

图 6.21　普通视图

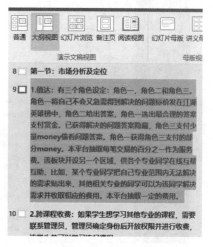

图 6.22　大纲视图

2. 新建/插入幻灯片

在普通视图或幻灯片浏览视图中插入默认版式的新幻灯片，具体操作步骤如下：

1）在幻灯片缩略图列表中选中插入新幻灯片位置之前的幻灯片。例如，若在第 2 张和第 3 张幻灯片之间插入新幻灯片，则先选中第 2 张幻灯片，或者将鼠标定位在第 2 张和第 3 张幻灯片之间，此时在两张幻灯片之间能看到一条横线。

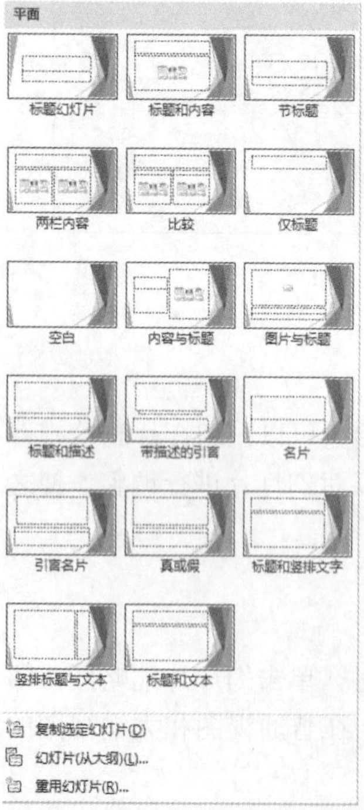

2）单击"开始"选项卡"新建幻灯片"按钮，可以新建一张新幻灯片。

还可以在空白处右击，在弹出的快捷菜单中选择"新幻灯片"命令，或者按键盘上的 Enter 键，还可以使用组合键 Ctrl+M，都能新建一张幻灯片。这三种方式生成的新幻灯片与前一张版式相同（标题幻灯片除外）。

如果按照用户要求插入不同板式的幻灯片，则需要单击"开始"选项卡"新建幻灯片"按钮，打开下拉列表，如图 6.23 所示。该列表中的具体内容如下。

① 每一种主题列表都会给出若干种幻灯片的版式，单击某种版式，就会应用该版式建立一张新的幻灯片。

② "复制选定幻灯片"：如果事先在幻灯片缩略图列表中选中第 2 张幻灯片，然后选择图 6.23 所示列表中的"复制所选幻灯片"命令，就会在第 2 张幻灯片后生成一张幻灯片，该幻灯片与第 2 张幻灯片完全一样。

③ "幻灯片(从大纲)"：这是一种批量建立幻灯片的方法，可以将设置好样式或者大纲级别的 Word 文档或 TXT

图 6.23　"新建幻灯片"列表

文档中的内容发送到 PowerPoint 中。选择该命令，打开如图 6.24 所示的"插入大纲"对话框，如果选择了指定文件类型中的某个文件，就会依据该文件的内容生成若干张幻灯片，其中一级标题自动识别为幻灯片的标题，二级标题则被识别为幻灯片的一级正文文本。以下类推，Word 文档中的正文内容不会发送到幻灯片。

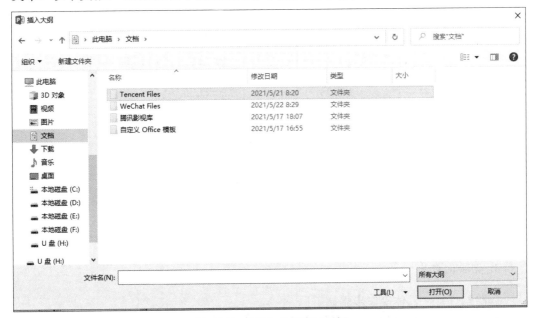

图 6.24　"插入大纲"对话框

④ "重用幻灯片"："重用"是指导入其他演示文稿中的幻灯片，但不需要打开其他演示文稿。

选中该选项，打开"重用幻灯片"窗格，单击"浏览"按钮，并打开指定的演示文稿文件，如图 6.25 所示。在"重用幻灯片"的幻灯片列表中单击某张幻灯片，就会将该张幻灯片插入当前编辑的演示文稿。如果要插入列表中的所有幻灯片，则需要在幻灯片列表处右击，弹出如图 6.26 所示的快捷菜单，选择"插入所有幻灯片"命令，即可完成操作。

重用的幻灯片，与当前演示文稿中光标所在位置的前一张幻灯片的主题相同，如果想保留原有风格，可以在窗格下方选择"保留源格式"复选框。

说明：如果将幻灯片复制到任意位置，可以在幻灯片普通视图中，单击"开始"选项卡中的"复制"按钮与"粘贴"按钮，具体操作步骤如下：

① 选中所要复制的幻灯片。

② 单击"开始"选项卡"复制"按钮🖿。

③ 将插入点置于想要插入幻灯片的位置，然后单击"粘贴"按钮🖿。

或者，使用复制和粘贴的组合键 Ctrl+C 和 Ctrl+V 进行操作也是比较方便的。

用户可以在幻灯片浏览视图中通过鼠标拖动完成幻灯片的移动，按住 Ctrl 键并拖动幻灯片，则可以完成幻灯片的复制。

图 6.25   "重用幻灯片"窗格

图 6.26   插入方式快捷菜单

3. 删除幻灯片

删除幻灯片，具体操作步骤如下：

1）在幻灯片浏览视图中，选择要删除的幻灯片。

2）单击"开始"选项卡"剪切"按钮，或右击，在弹出的快捷菜单中选择"删除幻灯片"命令，或者按 Delete 键。

3）如果删除多张幻灯片，则重复执行步骤 1）～2）；也可以先选中多张幻灯片，然后批量删除。

4. 移动幻灯片

用户通过移动幻灯片可以改变幻灯片在演示文稿中的次序。移动幻灯片，建议在幻灯片浏览视图下进行，在这种视图模式下可以调整缩放比例，让所有幻灯片显示在一个屏幕内。具体操作步骤如下：

1）选定要移动的幻灯片。

2）按住鼠标左键，并拖动幻灯片到目标位置。

3）松开鼠标左键，即可将幻灯片移动到新的位置。

注意：如果拖动幻灯片，在释放鼠标之前按 Ctrl 键，那么进行的将是幻灯片的复制操作。用户还可以用剪切+粘贴的方式移动幻灯片。

5. 更改幻灯片版式

幻灯片版式是指幻灯片内容在幻灯片上的排版格式，通过幻灯片版式的应用可以对文字、图形等对象进行更加合理的布局。版式由占位符组成，因其放置占位符内容的不同分为文字版式、内容版式、文字和内容版式、其他版式。选中一张幻灯片，打开版式列表, 当前幻灯片所使用的版式就会以高亮显示, 如图 6.27 所示。

通常情况下创建的演示文稿中幻灯片的版式是固定的, 第一张幻灯片默认的版式为 "标题幻灯片", 从第二张幻灯片开始默认的版式为 "标题和内容"。前面提到过, 用 Enter 键生成的新幻灯片与前一张幻灯片版式相同。

用户可以在任意时刻更改幻灯片的版式, 从而达到最佳设计效果。首先选中要更改版式的幻灯片, 然后单击 "开始" 选项卡 "版式" 按钮, 打开版式列表, 如图 6.27 所示, 单击某一版式, 即可将该版式应用到所选幻灯片; 也可以在当前幻灯片上右击, 在弹出的快捷菜单中选择 "版式" 命令, 找到需要的版式。

图 6.27　版式列表

如果一张幻灯片中只有一个内容占位符, 插入了一个表格后再插入一张图片时, 版式会自动调整, 添加一个用于存放图片的占位符。

6.2.4　保存演示文稿

在建立和编辑演示文稿的过程中, 随时注意保存演示文稿是个良好的习惯, 可以避免数据丢失。

1. 保存或另存演示文稿

对使用 "文件" 菜单 "新建" 命令新建立的演示文稿, 首次选择 "文件" 菜单 "保存" 命令进行保存, 或者对任意演示文稿选择 "文件" 菜单 "另存为" 命令, 打开 "另存为" 窗口, 选择 "浏览" 命令, 打开如图 6.28 所示的 "另存为" 对话框。

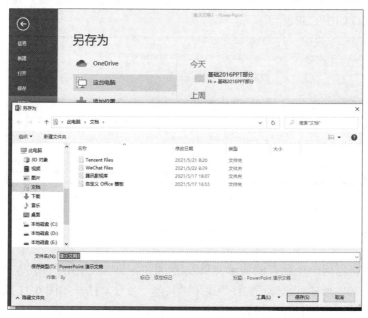

图 6.28　"另存为" 对话框

PowerPoint 2016 中的"另存为"对话框与"打开"对话框很相似：在保存位置列表框中可以选定文件的保存位置；在"文件名"文本框中可以指定文件名；在"保存类型"列表框中可以指定文件的保存类型，有时需要将文件保存为低版本的文件（.ppt）或者保存为 PDF 文件。

　　PowerPoint 2016 可以打开早期版本的文件，低版本的 PowerPoint 不能打开高版本的文档。当使用高版本的软件打开早期版本的文件时，标题会显示"兼容模式"字样，此时有些新功能按钮是灰色的，表示当前不可用，可以进行转换，利用"文件"菜单"信息"命令中的"转换"即可生成一个新版文件，如图 6.29 所示。

图 6.29　旧版格式

　　对已经保存过的文件，当选择"文件"菜单"保存"命令进行保存，或用快速访问工具栏的 按钮进行保存的时候，系统自动保存，但不会弹出任何提示。

2. 自动保存

　　用户可以设置自动保存，方法是在"文件"菜单中选择"选项"命令，在打开的"PowerPoint 选项"对话框中选择"保存"命令，在"保存演示文稿"列表框中设置自动保存的时间，如图 6.30 所示。

图 6.30　自动保存

3. 共享文件

　　可以选择将任何一个已有的演示文稿发送到网络上与其他用户共享，也可以根据需要保存成其他文件形式，选择"文件"菜单"共享"命令，打开如图 6.31 所示的"共享"窗口，选择一种方式进行相关设置即可。

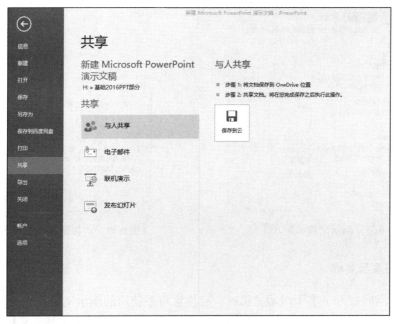

图 6.31　"共享"设置界面

4. 给演示文稿加密码保护

为了使演示文稿更加安全可靠，可以给演示文稿添加密码保护，具体操作如下：

1）选择"文件"菜单"信息"命令，打开"信息"窗口，如图 6.32 所示。

图 6.32　演示文稿相关信息

2）单击"保护演示文稿"图标，打开下拉列表，如图 6.33 所示。

3）选择"用密码进行加密"选项，打开"加密文档"对话框，如图 6.34 所示。

4）输入密码，并单击"确定"按钮，完成密码设置。

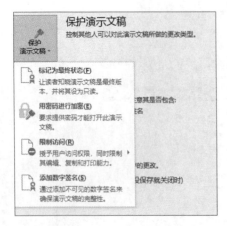

图 6.33　演示文稿保护方式　　　　　　图 6.34　"加密文档"对话框

6.2.5　关闭演示文稿

当用户同时打开了多个演示文稿时，应注意将不使用的演示文稿及时关闭，这样可以加快系统的运行速度。在 PowerPoint 中有如下四种方法可以关闭演示文稿。

1. 通过"文件"菜单关闭演示文稿

具体操作步骤如下：
1）选择要关闭的演示文稿。
2）选择"文件"菜单"关闭"命令，就可关闭当前演示文稿。

2. 通过"关闭"按钮关闭演示文稿

单击演示文稿窗口右上角的"关闭"按钮即可关闭演示文稿。

3. 通过组合键关闭演示文稿

按 Alt+F4 键，即可关闭演示文稿，返回桌面。

4. 通过标题栏关闭演示文稿

在标题栏的空白位置右击，在弹出的快捷菜单中选择"关闭"命令。

当对演示文稿进行了操作，在退出之前没有保存文件时，PowerPoint 会弹出一个提示框，询问是否在退出之前保存文件，单击"保存"按钮，则保存所进行的修改；单击"不保存"按钮，在退出前不保存文件，对文件所进行的操作将丢失；单击"取消"按钮，取消此次退出操作，返回 PowerPoint 操作界面。如果是没有命名的演示文稿，还会弹出"另存为"对话框，在"另存为"对话框中输入文件名之后，单击"保存"按钮即可。

6.2.6　幻灯片的分节管理

分节是将幻灯片组织成不同意义的组，以便在幻灯片数量较多时，理清幻灯片的整体结构。

幻灯片分节可以通过单击"开始"选项卡"幻灯片"组"节"按钮，在打开的下拉列表中可进行的操作有新增节、重命名节和删除节等。上述功能也可以在普通视图窗口左侧的缩略图上右击完成。

分节后，为了方便浏览演示文稿的整体结构，可以进行节的折叠。可以调整节的先后次序，为了让每一节有统一的风格，可以选中节标题，为整节幻灯片批量设计切换效果。

"删除节"完成的效果是删除当前节，本节内的幻灯片自动合并到上一节，"删除节和幻灯片"完成的是将本节和节内幻灯片全部删除，"删除所有节"能够将所有设计好的节全部删掉，恢复到演示文稿分节前的状态，如图 6.35 所示。

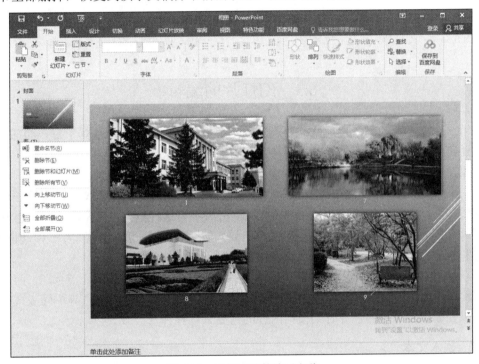

图 6.35　添加了节的演示文稿

6.2.7　幻灯片的页面设置

幻灯片的页面设置包括页面大小、页面方向、幻灯片编号、页眉页脚等。

常用的幻灯片大小有：标准（4:3）25.4cm×19.05cm；宽屏（16:9）33.86cm×19.05cm，两种尺寸高度相同，宽度不同，通常根据放映的屏幕来决定，如图 6.36 所示。

用户还可以自定义幻灯片的大小，需要在"设计"选项卡"自定义"组中的"幻灯片大小"下拉列表中进行设置。

同一对话框中也可以设计幻灯片编号起始值和幻灯片方向，在插入幻灯片编号的时候，可以根据实际需要设置是否添加编号和起始编号值。

在"插入"选项卡"文本"组，通过单击"页眉和页脚"、"日期和时间"、"幻灯片编号"按钮，都可以打开如图 6.37 所示的"页眉和页脚"对话框。在对话框中可以按照自己的需要选择相应的功能选项。

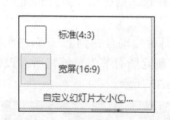

图 6.36 "幻灯片大小"下拉列表

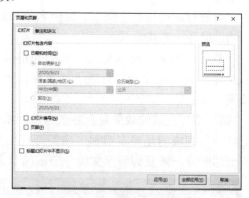

图 6.37 插入编号、页眉页脚

6.3 幻灯片的编辑

用户建立了新的幻灯片后，需要为新的幻灯片添加内容，文本是其中重要的部分。用户还可以在幻灯片中添加备注、图片、图形对象、艺术字、影片和声音、表格、图表等对象，使演示文稿更加生动有趣并富有吸引力。

在 PowerPoint 中输入的所有内容都要放置在占位符或者文本框中，占位符是一种带有虚线的框，大部分幻灯片版式（空白版式除外）中有这种框。占位符因输入内容的类型不同分为文本占位符、图片占位符、视频占位符等。占位符可以调整大小、移动位置、旋转和删除，调整后如果不满意也可以重置回到幻灯片的初始状态。

新建的 PowerPoint 演示文稿默认设置了标题幻灯片、标题和内容、节标题、两栏内容、比较、仅标题、内容与标题、图片与标题、标题和竖排文字、空白等不同版式，用户可以在编辑幻灯片的任意时刻根据内容的需要来选择和修改版式。

6.3.1 输入文本

PowerPoint 2016 的普通视图能够让用户同时查看幻灯片、大纲和备注，也可以选中幻灯片窗格输入文本。在幻灯片窗格中添加文本的简单方式是直接在占位符中输入文本。如果在占位符之外添加文本，通常需要使用"插入"选项卡中的"文本框"按钮。

1. 向文本占位符中输入文本

当用户在新建幻灯片时，PowerPoint 会让用户选择一种自动版式。不同版式中设置了数量不等的占位符，用户可以根据实际需要用自己的文本代替占位符中的文本。例如，演示文稿的第一张幻灯片通常为标题幻灯片，其中包括两个文本占位符：一个为标题占位符，另一个是副标题占位符，如图 6.38 所示。

单击文本占位符中的任意位置，此时边框虚线上将出现八个控制点，占位符的原始示例文本将消失，占位符内出现一个闪烁的插入点，表明可以输入文本了。

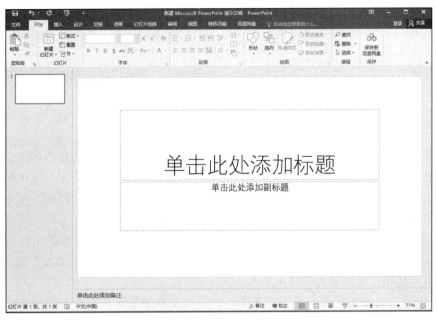

图 6.38　文本占位符

在占位符中输入文本的具体操作步骤如下：

1）单击占位符，在占位符内出现闪烁的插入点。

2）输入内容时，PowerPoint 会自动将超出占位符的部分转到下一行，或者按 Enter 键开始新的文本行。

3）输入完毕，单击幻灯片的空白区域即可，效果如图 6.39 所示。

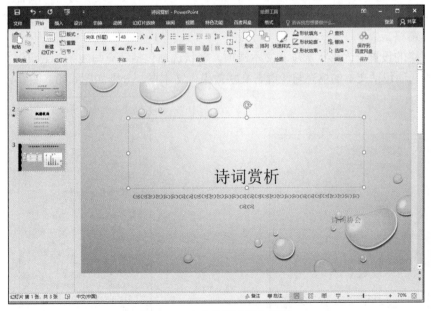

图 6.39　在占位符中输入字符

在占位符中可以输入中英文字符、数字、标点，各种特殊符号（软键盘）以及"插入"选项卡中"符号"对话框中的任意符号。

PowerPoint 的占位符中文本内容超出纵向占位符的范围后，系统会自动调整文字大小以适应文本框。

需要说明的是，如果用户不慎将某个占位符删除，则可以通过单击"开始"选项卡"幻灯片"组"重置"按钮进行恢复。

2. 使用文本框输入文本

幻灯片中的占位符是基于版式事先设定的，不一定能够满足所有用户的需求，当需要在幻灯片中的其他位置添加文本时，可以利用"插入"选项卡"文本"组中的"文本框"按钮来插入横排或竖排的文本框，也可以单击"文件"选项卡"绘图"组中的"文本框"按钮。为幻灯片添加文本的具体操作步骤如下：

1）单击"插入"选项卡"文本"组中的"文本框"按钮，在打开的下拉列表中选择"绘制横排文本框"命令或单击"文件"选项卡"绘图"组中的"文本框"按钮或"垂直文本框"按钮，此时光标变成十字形。

2）如果需要添加不自动换行的文本，在添加文本的位置单击并开始输入。如果需要添加自动换行的文本，则在添加文本的位置拖动鼠标画出文本框，在合适的位置松开鼠标左键，此时在文本框中会出现一个闪烁的插入点，表明用户可以输入文本了。

类似于占位符，文本框也可以移动和调整大小，但是空行会影响文本框大小的调整。如果将一个文本框的内容拆分为两个，只需要将一部分文字选中后直接拖到文本框之外即可。

对文本框和占位符可以进行格式设置，当选定一个占位符或者文本框后，系统会自动出现上下文选项卡"绘图工具-格式"，单击"形状样式"、"艺术字样式"、"大小"组右下角的对话框启动器，都可以在窗口右侧打开"设置形状格式"窗格，或者在选中的文本框上右击，在弹出的快捷菜单中选择"设置形状格式"命令，也可以打开"设置形状格式"窗格。

该窗格的设置分为形状选项和文本选项，形状选项包括填充与线条、效果、大小与属性；文本选项包括文本的填充与轮廓、文字效果、文本框，分别如图 6.40、图 6.41 所示。

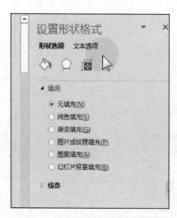

图 6.40　设置形状格式-形状选项　　　　　图 6.41　设置形状格式-文本选项

在文本选项中，可以对文本框的对齐方式、文字方向、文字边距、分栏进行相应设置。

3. 通过大纲视图输入文本

切换到大纲视图，可以在页面左侧看到幻灯片内的文本内容，还可以进行输入或修改操作。需要注意的是，如果在标题和内容之间跳转，不能直接按 Enter 键，需要使用组合键 Ctrl+Enter，其功能是在标题、内容、新幻灯片之间跳转。大纲视图只显示占位符中的文本，对幻灯片中的文本框和图片等内容则不显示。

4. 导入 Word 中的文本

用户如果需要在幻灯片中输入与 Word 文档相同的文本内容，可以直接将 Word 文档中的文本导入幻灯片，实现快速输入，具体操作步骤如下：

1）选定需要输入内容的幻灯片，单击占位符，切换到"插入"选项卡，单击"文本"组中的"对象"按钮，如图 6.42 所示。

图 6.42　　"插入"选项卡

2）在打开的"插入对象"对话框中，选中"由文件创建"单选按钮，单击"浏览"按钮，如图 6.43 所示。

3）打开"浏览"对话框，找到要插入的 Word 文档并选定，单击"确定"按钮。

4）打开"插入对象"对话框，此时在"文件"文本框中显示了文档的路径，单击"确定"按钮，如图 6.44 所示。

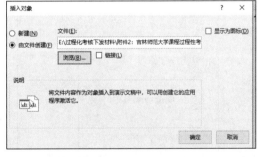

图 6.43　　"插入对象"对话框　　　　　图 6.44　　选定了 Word 文档后"插入对象"对话框

5. 幻灯片文本的编辑

当在幻灯片中完成文本输入后，就可以对文本做相应的编辑操作，包括文本的选定、移动、复制、删除、文字格式的设置、段落格式的设置等。

选定文本，可以用鼠标选中整段文字，也可以单击文本框外侧的框线选中文本框，当框线由虚线变为实线说明已经选择了文本，然后就可以对文本进行操作。在 PowerPoint

中移动和复制文本，其实就是移动和复制文本占位符。如果需要在同一张幻灯片中移动文本，可以直接使用鼠标拖动。如果需要将文本进行复制，或者在不同幻灯片之间移动、复制，需要使用常用功能区的"复制""粘贴"按钮或者右击，在弹出的快捷菜单中选择"复制""粘贴"命令。

文本的格式设置包括基本格式、文本的特殊效果格式以及更改字母的大小写。

基本格式包括字体、字号、颜色，其设置方法与 Word 相同。

特殊效果是指在文字上增加阴影效果和字符间距的设置，其功能按钮在"开始"选项卡"字体"组中，如图 6.45 所示。

针对英文可以进行字母大小写的更改，选中文本内容后，单击"字体"组的"更改大小写"按钮，在下拉列表中选择需要的命令，如图 6.46 所示。

图 6.45　"阴影"和"字符间距"列表　　　　图 6.46　"更改大小写"列表

PowerPoint 还可以设置文字方向和对齐方式，将水平排列的文字转换为垂直排列，以增强视觉效果，如图 6.47、图 6.48 所示。

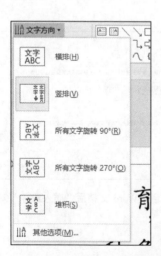

图 6.47　"文字方向"下拉列表　　　　图 6.48　"对齐方式"选项及居中对齐效果

PowerPoint 2016 与 Word 2016 和 Excel 2016 的不同之处之一就是"替换字体"功能。通过该功能可以批量将演示文稿中使用的某种字体统一替换为另一种字体。具体操作步骤如下：在幻灯片中，单击"开始"选项卡"编辑"组"替换"右侧的下三角按钮，在打开的列表中选择"替换字体"命令，打开"替换字体"对话框，在"替换"下拉列表中选择需要替换的字体，在"替换为"下拉列表中选择需要的字体即可，如图6.49、图6.50所示。

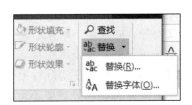

图 6.49　"替换字体"按钮　　　　　图 6.50　"替换字体"对话框

PowerPoint 2016 的新功能之一是"取色器"，在设置字体颜色的时候可以用"取色器"命令选取当前页面上的任意颜色，如图6.51所示。

除了用字号调整文字大小外，可以使用"开始"选项卡"段落"组的增大缩进级别按钮 ⊞ 和减小缩进级别按钮 ⊞ 来进行调整。

关于文字在文本框内的对齐方式，除了原有的水平对齐外，PowerPoint 2016 增加了"垂直"的对齐方式，对齐效果图如图6.52所示。

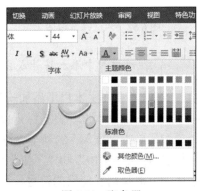

图 6.51　取色器

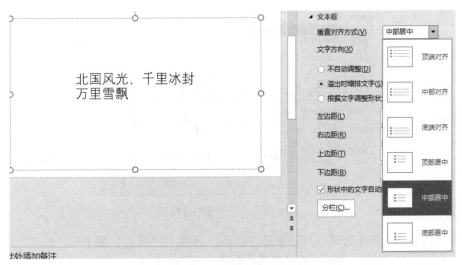

图 6.52　垂直对齐效果图

在占位符或者文本框中选定全部内容，可以由 Ctrl+A 组合键完成，也可以单击边框来完成。在对复制或剪切的文本进行粘贴时，可以使用"粘贴"选项中"选择性粘贴"命令，按照使用目标主题、保留源格式、图片等方式进行粘贴，具体区别如下。

① 使用目标主题：字号大小随目标变化。

② 保留源格式：字体、字号、字形、颜色都不改变。

③ 图片：以图片方式粘贴。

④ 只保留文本：只有文本，字体、字号等格式全部去掉。

幻灯片内同样支持文本的查找与替换。单击"开始"选项卡"编辑"组中的"选择"按钮，在打开的下拉列表中选择"选择窗格"命令，打开"选择"窗格。可以看到当前

图 6.53　"选择"窗格

幻灯片上的所有图文对象，如果某一对象右侧有眼睛的标志，说明该对象是可见的，单击眼睛标志，标志消失，变为一条横线，同时该对象在幻灯片上隐藏不可见，可以通过使用眼睛标志让部分对象不可见，然后拖动鼠标选中一个或多个进行编辑或设置，也可以用 Shift 键或 Ctrl 键配合鼠标单击对象的标题，选择多个连续或不连续的对象，还可以双击"选择"窗格中对象的名称，对其进行修改，如图 6.53 所示。

6. 在幻灯片中添加符号或公式

有时需要在文本框里添加一些特定的符号来辅助内容，具体操作步骤如下：

1）选中文本框，将光标定位在需要插入特殊符号的位置。

2）单击"插入"选项卡"符号"组中的"符号"按钮，打开如图 6.54 所示"符号"对话框，在"字体"和"子集"两个下拉列表中选择适当的字体。

3）选择需要使用的符号，单击"插入"按钮，此时选择的符号即被插入文本框。

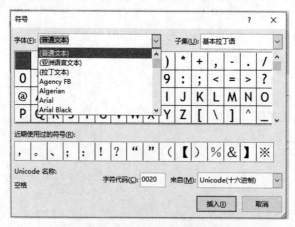

图 6.54　"符号"对话框

如果需要插入数学公式，可以单击"插入"选项卡"符号"组中的"公式"按钮，功能区如图 6.55 所示，选择合适的符号，输入字母内容即可。

输入完毕，单击幻灯片的空白区域即可。

图 6.55　插入公式

PowerPoint 2016 中增加了"墨迹公式"的新功能，使用该功能，用户可以通过鼠标进行公式的书写，具体操作步骤如下：

单击"插入"选项卡"符号"组中的"公式"按钮，在打开的列表中选择"墨迹公式"命令。

此时屏幕上会弹出一个公式输入窗口，可在中间区域按住鼠标左键进行手写，手写时，软件会自动识别手写的内容，并将结果显示在窗口的上方。

如果识别的内容不正确，可以单击"擦除"按钮，将错误的部分擦掉并重写书写，直到识别正确。

完成后单击右下角的"插入"按钮，如图 6.56 所示。

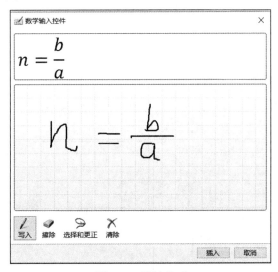

图 6.56　墨迹公式

7. 添加项目符号或编号

为幻灯片中的文本添加项目符号和编号可以使文本有条理，层次也更加清晰，具体操作步骤如下：

1）在幻灯片上需要添加项目符号或编号的文本占位符中批量选中文本。

2）单击"开始"选项卡"段落"组中的"项目符号"按钮，打开下拉列表，从中选择一种项目符号样式，如图 6.57 所示。

3）单击"开始"选项卡"段落"组中的"编号"按钮，打开下拉列表，从中选择一种编号样式，如图 6.58 所示。

除了系统内置的项目符号外，用户还可以导入图片作为项目符号。具体操作步骤如下：

1）在幻灯片中选择要添加项目符号的文本。

2）单击"开始"选项卡"段落"组中的"项目符号"按钮右侧的下三角按钮，打开下拉列表并选择"项目符号和编号"命令，打开"项目符号和编号"对话框。如图 6.59 所示。

3）单击"图片"按钮，打开"插入图片"对话框，单击"从文件"按钮，可以使用本机的图片，如果单击"必应图像搜索"按钮，则可以使用网络上的图片，如图 6.60所示。选择需要的图片并单击"插入"按钮即可。在图 6.59 所示的"项目符号和编号"对话框中，还可以设置项目符号的大小和颜色。

图 6.57 "项目符号"下拉列表

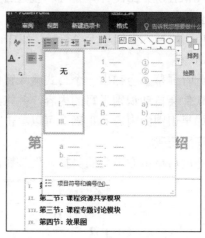

图 6.58 "编号"下拉列表

图 6.59 "项目符号和编号"对话框

图 6.60 "插入图片"对话框

8. 搜索演示信息和批改演示文稿

当用户查看一个演示文稿的时候，也许会对幻灯片中的某个文本内容的含义有疑问，可以选中该内容并右击，在弹出的快捷菜单中选择"搜索"命令，在网络中搜索此文本的含义。此功能要求计算机已经连接到互联网，如图 6.61 所示。

用户还可以对幻灯片中的错误进行批改或对某些需要解释的内容添加备注，在需要添加批注的位置上，单击"审阅"选项卡"批注"组中的"新建批注"按钮，在批注文本框中输入批注内容。如图 6.62 所示。

除了添加批注内容外，用户还可以查看批注或修改批注内容，也可以删除批注。

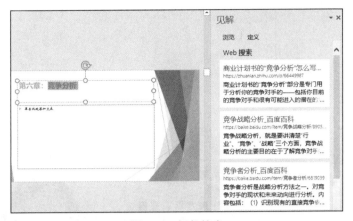

图 6.61　智能搜索

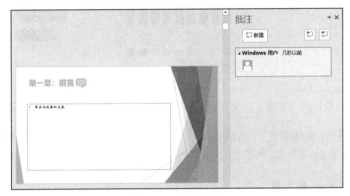

图 6.62　添加批注

6.3.2　设置幻灯片背景

为了美化幻灯片，用户可以为幻灯片设置不同的颜色、阴影、图案或者纹理的背景，也可以使用图片作为幻灯片背景。

1. 幻灯片纯色背景

设置幻灯片纯色背景填充的操作步骤如下：

1）设置单张幻灯片背景，可以将该幻灯片选为当前幻灯片。

2）单击"设计"选项卡"自定义"组中的"设置背景格式"按钮，打开"设置背景格式"窗格，如图 6.63 所示。

3）如果需要更改为系统提供的主题颜色或标准色，选择图 6.63 所示对话框中的某种填充效果的单选按钮，并修改颜色，单击"颜色"按钮，展开颜色设置列表，如图 6.64 所示。

4）如果所需颜色不在主题颜色或标准色中，选择"其他颜色"命令，打开"颜色"对话框，如图 6.65 所示。单击"标准"选项卡，在颜色区域选择所需的颜色，或者单击"自定义"选项卡，调配自己需要的颜色。如果需要使用幻灯片中的某个颜色，可以选择图 6.64 中的"取色器"命令，鼠标将变成胶头滴管的形状，在需要的颜色上单击，就可以将对应的颜色设置为当前幻灯片的背景色。

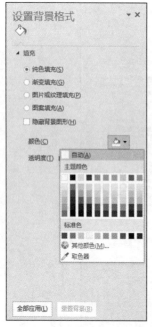
图 6.63　"设置背景格式"窗格

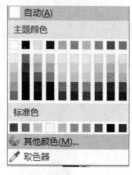
图 6.64　颜色设置列表

图 6.65　"颜色"对话框

5）单击选中的某种颜色，该颜色就会应用到所选幻灯片。如果需要应用到所有的幻灯片，单击图 6.63 下方的"全部应用"按钮即可。

2. 设置渐变色填充背景

渐变过渡背景可使多种颜色沿某一方向逐渐变化，使幻灯片的背景有特殊的视觉效果。在"设置背景格式"窗格中，选中"渐变填充"单选按钮。

设置渐变填充，具体操作步骤如下。

1）单击"预设渐变"下拉按钮，打开预设颜色列表，如图 6.66 所示，选择一种预设颜色方案，同时在图 6.67 的位置设置其渐变的类型和方向，效果满意后即可应用到所选幻灯片。

2）如果用户想要自行设置渐变颜色，需要对"设置形状格式"中的"渐变光圈"进行编辑，默认情况下"渐变光圈"颜色轴上有三个"停止点"，每个"停止点"可以设置一种颜色，从而实现颜色的渐变。如果想要更多颜色的渐变，可以单击"添加渐变光圈"按钮 🖼，增加"停止点"或者在渐变光圈色轴上直接单击，也可以增加"停止点"；如果想要减少颜色的渐变，则单击"删除渐变光圈"按钮 🖼，如图 6.68 所示。

设置"停止点"颜色，需要单击选中某个"停止点"，然后单击"颜色"按钮，再进行颜色的选取。除此之外，还可以设置"停止点"的"位置"、"亮度"和"透明度"。图 6.68 所示为有五个"停止点"渐变光圈颜色轴，分别设置了不同的颜色，并进行了位置的调整。

3）渐变类型的设置也很重要，主要包括"线性""射线""矩形""路径""标题的阴影"五种类型。

4）选择不同的渐变方向，将会影响渐变的效果，根据不同的渐变类型，系统设计了不同的渐变方向可供选择。

  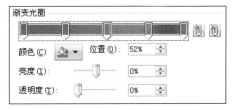

图 6.66　设置渐变填充　图 6.67　渐变色的类型和方向　　　图 6.68　编辑渐变光圈

　　此外，还可设置渐变的"角度"等。总之，以上设置都是为了达到更为理想的渐变效果。

3. 设置纹理填充背景

　　在"设置背景格式"窗格中选中"图片或纹理填充"单选按钮，如图 6.69 所示。

　　要想为背景设置纹理填充效果，需单击"纹理"右侧的下三角按钮 ，展开纹理列表，如图 6.70 所示。假如选择纹理列表第二行的"鱼类化石"纹理样式，并选中图 6.69 所示对话框中的"将图片平铺为纹理"复选框，效果如图 6.71 所示，取消选中"将图片平铺为纹理"复选框，效果如图 6.72 所示。

 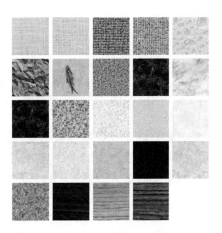

图 6.69　图片或纹理填充　　　　　　　　图 6.70　纹理列表

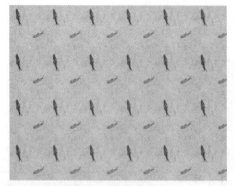

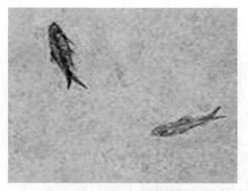

图 6.71　平铺纹理背景　　　　　　　　　　图 6.72　取消平铺纹理背景

4. 设置图片填充背景

将图片设置为幻灯片背景，主要有以下三种方法。

（1）来自图片文件

单击"插入图片来自"组下方的"文件"按钮，打开"插入图片"对话框，如图 6.73 所示，选择本机图片文件，单击"插入"按钮，完成图片背景的设置。

如果使用网络图片作为幻灯片背景，需要事先将网络图片存储到本机。

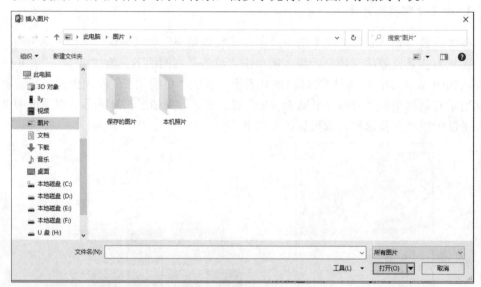

图 6.73　"插入图片"对话框

（2）来自剪贴板

如果事先将素材画面或者屏幕截图复制到剪贴板中，则单击"剪贴板"按钮，就可以将剪贴板中的素材画面作为幻灯片背景。应用这种方法设置图片背景非常灵活，浏览到好的图片素材可即时放入剪贴板，以备使用。

（3）来自联机图片

如果在本地没有喜欢的或者合适的素材，用户也可以联机搜索图片，单击"联机"按钮即可打开相应的对话框，如图 6.74 所示，用户可以在必应网站上搜索，如图 6.75

所示，也可以在"OneDrive-个人"空间内查找，此功能需要注册成为 Microsoft 用户。

图 6.74　插入联机图片对话框

图 6.75　必应搜索联机图片

5. 设置图案填充或幻灯片背景填充

在"设置背景格式"窗格中，选中"图案填充"单选按钮，打开"图案"列表，如图 6.76 所示。例如，在图案样式列表中选择"实心菱形"图案，并分别设置好前景色和背景色，所做的设置就会应用到所选幻灯片，如图 6.77 所示。如果单击"全部应用"按钮，所选图案就会应用到演示文稿的所有幻灯片背景中；如果单击"重置背景"按钮，就会撤销所设置的图案背景，恢复到设置前的显示状态。

图 6.76　设置图案填充

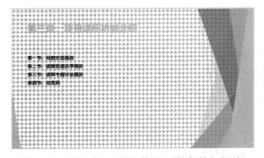

图 6.77　背景为"实心菱形"图案的幻灯片

6.3.3　设置演示文稿的主题

1. 使用默认主题

主题是指将一组设置好的演示文稿整体颜色、各部分应用的字体和图形外观组合到一起，形成一种整体的视觉效果，是设计者为使用者提供的一种搭配方案。在 PowerPoint

2016 中，可以使用预设的主题样式，或根据现有主题样式更改颜色、字体等生成新的主题样式，快速设计演示文稿的外观。

设计选项卡上主题组中包含着系统内置的若干种主题设计方案，是对幻灯片背景的修饰和设计。单击列表中的一个主题样式，该样式就会自动套用到当前演示文稿上。如果对已有的主题样式不够满意，可以对其进行编辑修改，可以套用变体样式对当前主题做颜色的修改而保留其他效果。选定主题后还可以更改或自定义主题颜色、主题字体，也可以设置主题效果和背景样式。

单击"设计"选项卡"主题"组的下三角按钮，打开系统内置的主题样式，选中其中任意主题，即可将其应用到当前演示文稿的所有幻灯片中，如图 6.78 所示。

图 6.78　演示文稿主题

如果只希望改变当前幻灯片，则在选定的主题上右击，在弹出的快捷菜单上选择"应用于所选幻灯片"命令。

2. 应用变体配色方案

除了系统自带的主题效果，还可以应用系统配置的不同色系的主题方案，即"变体"，如图 6.79 所示，具体操作步骤如下：

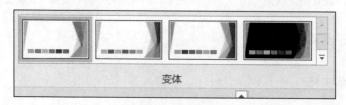

图 6.79　变体方案

1）打开演示文稿，在普通视图下选择已经应用了某种主题风格的幻灯片。

2）选择"设计"选项卡"变体"组中的一种颜色风格，该色系的主题就会应用到当前演示文稿中。

3）在"变体"下拉菜单中还可以使用系统内置的"颜色"、"字体"、"效果"和"背景样式"，都是基于当前选定的主题，对幻灯片的风格进行微调。也可以在上述功能中自己定义主题颜色和主题字体。

3. 自定义主题

如果用户对系统自带的主题效果和变体效果不满意，可以定义一个符合用户个人风格的主题，修改其中的颜色搭配、字体效果等。

1）设置主题颜色：单击"设计"选项卡"变体"组的下三角按钮，在打开的下拉列表中选择"颜色"命令，如图 6.80 所示，从级联菜单中选择一种配色方案，如"紫罗兰色"。如果现有的配色方案依然不能满足用户需要，则可在图 6.81 的"颜色"下拉列表中选择"自定义颜色"命令，打开"新建主题颜色"对话框，如图 6.82 所示。

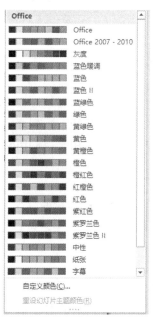

图 6.80　"变体"下拉列表　　　　　图 6.81　"颜色"下拉列表

新建的主题颜色命名后保存，就会存在于配色方案列表框的最上方，可以查看并使用。

如果想要删除用户定义的配色方案，只需在配色方案列表框中选中该配色方案，然后右击，在快捷菜单中选择"删除"命令，即可删除配色方案。

2）设置主题字体：在图 6.80 中选择"字体"命令，即可展开"字体"下拉列表，也可以自定义字体。

3）设置主题效果：在图 6.80 中选择"效果"命令，可以为演示文稿制定效果，如图 6.83 所示。

4）设置背景样式：图 6.80 中的"背景样式"功能可参考 6.3.2 节。

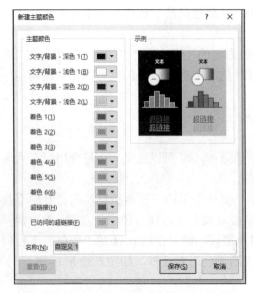

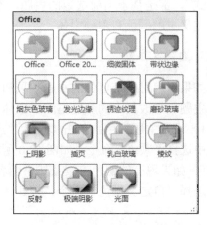

图 6.82　"新建主题颜色"对话框　　　　图 6.83　"效果"列表

如果认为当前设置的主题可以应用到其他演示文稿中,可以将其保存。单击"设计"选项卡"主题"组的下拉按钮,单击"保存当前主题"按钮,打开"保存当前主题"对话框,选择保存路径,输入主题名称后单击"保存"按钮。保存后的主题可以通过"主题"组的快翻按钮展开下拉列表中找到,或者使用"浏览主题"来查找本机上保存过的主题,用户也可以使用来自 Office.com 上的主题。

6.3.4　插入艺术字

艺术字是高度风格化的文字,常被应用于各种演示文稿、海报和广告宣传册中,在演示文稿中使用艺术字,可以达到更为理想的设计效果,艺术字的制作方法与文本框类似。

1. 插入艺术字

插入艺术字的具体操作步骤如下。

1)单击"插入"选项卡"文本"组中的"艺术字"按钮,打开艺术字库,如图 6.84 所示。

2)单击选择一种艺术字效果,会自动在当前幻灯片上添加一个艺术字占位符,并在占位符里显示"请在此放置您的文字"字样,删除提示文字,插入点置于其中,输入艺术字的文字内容即可,如图 6.85 所示。部分提示有"主题色"的艺术字,会随着主题修改而发生变化。

也可以插入一个文本框,输入文字后应用一种艺术字样式。

将幻灯片中已有的文字转换成艺术字,选中文字后,单击"绘图工具-格式"选项卡中的"艺术字样式"组艺术字下三角按钮,选择一种艺术字样式,即可将原有文字转换成艺术字效果。

如果对艺术字的效果不满意,可以使用图 6.84 中的"清除艺术字"命令将艺术字样式清除，仅保留其文字内容。

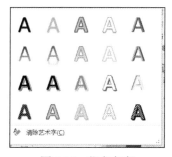

图 6.84　艺术字库

图 6.85　应用艺术字的幻灯片

2. 编辑艺术字

插入艺术字之后，如果用户需要对所插入的艺术字进行修改、编辑或格式化，可以在"绘图工具-格式"选项卡下选择图 6.86 所示的工具组中的相应功能对艺术字和艺术字的图形区做相应设置。

图 6.86　"形状样式"和"艺术字样式"工具组

1）形状填充：用于设置艺术字图形区的背景，可以是纯色、渐变、纹理、图片或图案，还可以使用取色器选择恰当的颜色，具体细节参考 6.3.2 节。

2）形状轮廓：用于设置艺术字图形区边线的颜色、线条的样式和线条的粗细等。

3）形状效果：用于设置艺术字图形区效果，包括预设、阴影、映像、发光、柔化边缘、棱台和三维旋转。

4）文本填充：用于设置艺术字文本的填充色，可以是纯颜色、渐变色、纹理和图片。

5）文本轮廓：用于设置艺术字文本的边线颜色、线条的样式和线条的粗细。

6）文本效果：用于设置艺术字文本的效果，包括阴影、映像、发光、棱台、三维旋转和转换。

"形状样式"组主要用于设置艺术字的边框和图形区域的效果，如果左侧系统预设的格式不能满足用户需要，可以在后面的三个选项中进行个性化设置，设置后的效果如图 6.87 所示，形状填充为纹理中的"水滴"效果，形状轮廓为标准红色 6 磅方点，形状效果为"绿色，11pt，发光，个性色 6"以及"全映像，8pt 偏移量"效果。

"艺术字样式"区域主要用于设置艺术字的字体边框和字体填充的效果，设置后的效果如图 6.88 所示，文本填充为"纹理"中的"白色大理石"效果，文本轮廓为标准紫色 1 磅划线-点，文本效果为"三维旋转"-"toushi"组中的"左向对比透视"以及"转换"组中的"右牛角形"弯曲效果。

图 6.87　艺术字形状设置

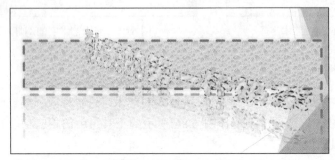

图 6.88　艺术字样式设置

　　针对不同的效果还可以修改细节设置。例如，如果选择"形状效果"中的"柔化边缘"样式，在"设置图片格式"对话框中就可以设置柔化边缘的磅值。不同的选项有不同的参数，用户可自行调整各项参数值以达到最佳效果。

6.3.5　插入图片

　　就像漂亮的网页少不了亮丽的图片一样，一个精彩的幻灯片也一定包含生动多彩的图片。通过在 PowerPoint 2016 文稿中使用图片，可使幻灯片的外形显得更加美观，更加生动。

　　在 PowerPoint 2016 中，用户既可以插入屏幕截图，也可以插入来自文件的图片，还可以插入联机图片或者自己绘制的图形。

　　Office 2016 为用户提供了大量的素材，用户可以很方便地将它们插入幻灯片。

　　1. 利用图片占位符插入图片

　　依据版式建立带图片占位符的幻灯片，具体操作步骤如下：

　　1）打开一个演示文稿，选择其中的一张幻灯片。

　　2）单击"开始"选项卡"幻灯片"组中的"版式"按钮，打开"Office 主题"列表框。

　　3）从版式列表中选择一个含有图片占位符的版式，如"标题和内容"，如图 6.89 所示。

　　4）单击其中的"图片"图标，打开"插入图片"对话框，如图 6.90 所示。

　　5）单击其中的"联机图片"图标，可以插入来自网络的图片，在线搜索需要的一张或多张图片。

　　6）选择需要的图片后单击"确定"按钮，即可将选好的图片文件插入幻灯片预定的位置。

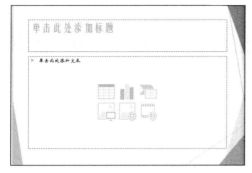

图 6.89　包含图片版式的幻灯片　　　　图 6.90　"插入图片"对话框

2. 利用"插入"选项卡插入图片

在 PowerPoint 2016 中，允许用户插入在其他图形程序中创建的图片。在幻灯片中插入如 .jpg、.bmp、.png、.gif 等格式的图片文件，其具体操作步骤如下：

1）选择要插入图片的幻灯片。

2）单击"插入"选项卡"图片"按钮，打开"插入图片"对话框，如图 6.90 所示。

3）在查找范围列表中选择图形文件所在的位置，或者在"文件名"文本框中输入文件的名称，选择一张或多张图片。

4）单击"插入"按钮，即可插入所需的图形文件。

也可以在文件管理窗口复制图片文件，再到幻灯片中粘贴，还可以通过拖动的方式将图片拖进幻灯片。

如果单击"插入"选项卡"联机图片"按钮，将会在网络上搜索相关主题的图片，选择合适的图片即可插入。

插入的图片还可以是屏幕截图形成的图片文件（常用截图组合键：截全屏组合键 Shift+Print Screen，QQ 截图 Ctrl+Alt+A，微信截图 Alt+A）。如果单击 PowerPoint 2016 "插入"选项卡"图像"组中的"屏幕截图"按钮，系统会自动将当前打开的所有窗口进行截屏并出现在"屏幕截图"按钮的下拉列表中。

对插入的图片可以进行移动、复制、删除、调整大小、旋转等操作，还可以设置样式，如为图片添加阴影或发光效果，更改图片的亮度、对比度或模糊度等。

选择一张图片，可以直接单击目标图片，如果需要选择多张图片，则需要按 Ctrl 键同时单击目标图片；如果多张图片在一个区域内，也可以按 Shift 键再用鼠标框选目标图片。

移动图片可以使用鼠标拖动，也可以按 Shift 键锁定方向进行移动，还可以使用 Alt 键配合鼠标拖动进行微移。

复制图片可以使用 Ctrl+D 组合键，可以连续将一个图形复制多次，也可以按 Ctrl 键同时拖动鼠标进行复制，还可以拖动时按住鼠标右键。

对图形缩放可以直接拖动图片四周的八个控制点进行自由缩放，如果需要等比例缩放，则需要按住 Shift 键；如果按下 Ctrl 键再进行缩放，则可以实现向中心缩放；同时按下 Shift 键和 Ctrl 键再配合鼠标缩放，能够完成等比例中心缩放。

"图片工具-格式"选项卡如图 6.91 所示，具体功能如下。

图 6.91 "图片工具-格式"选项卡

① 删除背景（抠图）：经过系统简单识别背景，手动调整后可以去除图片背景。

② 更正：可以调整图片的锐化、柔化、亮度和对比度等。

③ 颜色：调整图片的颜色饱和度、色调和重新着色等。

④ 艺术效果：作出纹理化、影印、玻璃、油画或铅笔灰度的效果图。

⑤ 压缩图片：更改图片占用空间的大小。

⑥ 更改图片：保留设置好的样式，更换图片文件，无须对新插入的图片重复修改样式。

⑦ 重设图片：将图片还原为初始样式。

⑧ 图片样式：为图片应用一种预设样式，快速制作图片效果。如果没有满意的样式，则可以使用右侧的三个功能键逐一设置。

⑨ 图片边框：为图片增加不同线型、不同线条宽度、不同颜色的边框。

⑩ 图片效果：设置图片的阴影、映像、发光、柔化边缘、三维等效果，参考 6.3.4 节。

⑪ 图片版式：同时选中多张图片，自动生成选定的版式，类似于 SmartArt 中的图片版式。

⑫ 裁剪：按照形状裁剪和按照比例裁剪，前者将图片裁剪成各种形状，后者将图片按照选定的长宽比进行裁剪。需要注意的是，按照形状裁剪的图片如果选择了图片样式中的边框，会自动还原成方形，此时需要使用"图片边框"按钮添加与裁剪形状相同的边框。

除了对图片进行样式的设计，还可以进行图片的排列方式、对齐方式、组合、旋转、设置大小等操作，上述功能同样可以通过右击图片对象，在弹出快捷菜单中选择"设置图片格式"命令，打开对应窗口。

3. 插入相册

当用户要制作一个照片集时，可以根据模板生成相册，具体操作过程如下。

单击"插入"选项卡"图像"区中的"相册"按钮，在打开的下拉菜单中选择"新建相册"命令，打开"相册"对话框，如图 6.92 所示。

首先单击"文件/磁盘"按钮，打开"插入新图片"对话框，找到本地的图片文件，选择一张或多张照片，如图 6.93 所示，然后单击"插入"按钮，返回"相册"对话框，如图 6.94 所示。此时在对话框右侧的预览框中就可以看到各张图片，可以调整顺序或者添加/删除图片，还可以在窗口下方选择图片的版式、相框的样式和相册主题，单击"确定"按钮后就会生成一个新的"相册"演示文稿。

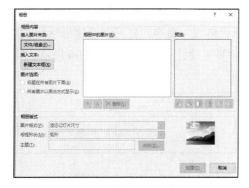

图 6.92　"相册"对话框

图 6.93　"插入新图片"对话框

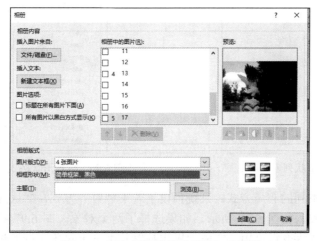

图 6.94　插入新图片的"相册"对话框

　　对于已经建立好的相册，还可以单击"插入"选项卡"图像"组中"相册"按钮，在打开的下拉菜单中选择"编辑相册"命令，对相册进行修改。也可以编辑其切换方式、动画效果和背景音乐等，最后保存相册文件即可。

　　4. 插入图形

　　（1）插入形状
　　可以在幻灯片中添加一个或多个形状，可用的形状包括线条、基本几何形状、箭头、公式形状、流程图形状、星、旗帜和标注。单击"插入"选项卡"插图"组中的"形状"按钮，或者单击"开始"选项卡"绘图"组形状区右侧下拉按钮，可以打开如图 6.95 所示的形状列表。
　　与 Word 和 Excel 不同的是，PowerPoint 形状列表中的最下方多了一行"动作按钮"形状，主要是为了实现播放时，幻灯片页面的跳转。
　　添加形状后，用户可以在其中添加文字、项目符号、编号和快速样式，也可以在幻灯片内移动形状位置，用鼠标拖动实现大致移动，用键盘的上、下、左、右四个方向键实现位置微调，用"图片工具-格式"选项卡上的"对齐"按钮实现快速定位。
　　同样可以使用"绘图工具-格式"选项卡上的各项功能对插入的形状对象进行设置，

包括改变形状、形状样式、艺术字样式等，不同图形对应的功能各不相同，如插入箭头的形状，右击，在弹出的快捷菜单中选择"设置形状格式"命令，打开"设置形状格式"窗格中可以设置的效果。在窗格中可以对形状进行细节设计和改变，如图 6.96 所示，具体参考 6.3.4 节。

图 6.95 形状列表　　　　　　　图 6.96 设置形状格式

多个图形有不同的布局方式，系统预设了若干种对齐方式，默认的选项是相对于幻灯片位置进行调整，如图 6.97 所示。如果选择了两个对象，图 6.97 菜单中的灰色"对齐所选对象"功能将变得可用，完成的操作是以其中一个对象为标准进行对齐，此时还需要在"对齐"菜单中选择一种对齐方式，才会看到对齐的效果。例如，选择"对齐所选对象"命令之后选择两个图形，然后再选择"左对齐"命令，那么选择的第二个对象会以第一个对象为基准，左侧边缘对齐。当选择了三个或三个以上对象的时候，"横向分布"和"纵向分布"就从灰色不可用变为可用状态。

还可以使用"绘图工具-格式"选项卡"大小"区的对话框启动器打开"设置形状格式"窗格，在位置中设置其距离左上角的水平位置和垂直位置，实现精准定位，如图 6.98 所示。

用户也可以通过右击形状对象，在弹出的快捷菜单中选择"设置形状格式"命令，打开图 6.98 所示的窗格进行设置。

当插入多个对象后，可能会有图形或形状出现叠加遮挡的情况，可以通过上移一层、下移一层、置于顶层、置于底层来调整形状排列的层次。具体操作方法有如下 3 种。

① 选中要设置的图形对象，单击"开始"选项卡上"绘图"区的"排列"按钮，打开下拉列表，选择"置于顶层""置于底层""上移一层""下移一层"命令，如图 6.99 所示。

② 选中要设置的图形对象，单击"图片工具-格式"选项卡"排列"组中的"上移一层"或"下移一层"按钮。

③ 右击图形对象，选择"置于顶层""置于底层"命令。

将多个图形对象通过"组合"按钮变为一个整体，实现整体的移动和变化，也可以将组合后的对象通过"取消组合"分成若干个个体，实现部分对象的调整。

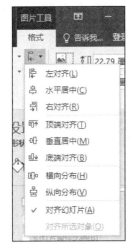

图 6.97 "对齐"下拉列表

图 6.98 "设置形状格式"窗格

图 6.99 "排列"下拉列表

具体做法是按 Ctrl 键后单击图形对象，同时选中多个对象后单击"绘图工具-格式"选项卡"排列"区的"组合"按钮，打开下拉菜单，如图 6.100 所示。或者选中多个图形对象后右击，在弹出的快捷菜单中选择"组合"命令。

在 PowerPoint 2016 中，对于插入的形状、图片和艺术字之间还可以进行合并运算，即进行布尔运算，是指在图形处理操作中，用联合、相交、剪除等逻辑运算方法，以使简单的基本图形组合产生新的形状。

选择两个或以上的对象，选择"绘图工具-格式"选项卡"插入形状"区的"合并形状"命令，打开下拉菜单，可以看到主要的运算类型包括联合、组合（合并）、拆分、相交、剪除（相剪），如图 6.101 所示，两个图形的运算结果如图 6.102 所示，用户还可以对多个图形执行布尔运算，以观察计算结果。选择对象的顺序不一样，运算结果也不同，运算的结果中填充的颜色与选择的第一个对象一致。

图 6.100 "组合"与"取消组合"

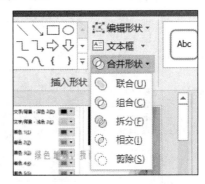

图 6.101 "合并运算"列表

插入的形状对象也可以设置形状样式、形状填充、形状轮廓和形状效果，方法类似艺术字的设置，具体参见 6.3.4 节。

需要注意的是："组合"功能完成的是两个对象的简单合成，每个对象的颜色、形状等特征都没有变化，而"合并形状"功能能够进行图形之间的计算，合并后图形的颜色和形状都会发生适当的改变。图 6.102 中进行的布尔运算，都是首先选择了第一个形状，然后选择第二个形状运算的结果。

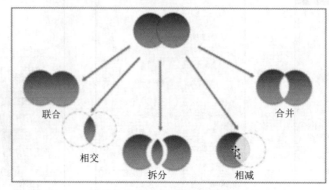

图 6.102　布尔运算的结果

（2）插入 SmartArt 图形

SmartArt 图形是信息可视化的表示形式，是信息和观点的视觉表示形式，Office 2016 提供了多种不同布局，用户可以从中进行选择，从而快速轻松地创建所需形式，以便有效地传达信息或观点。

单击"插入"选项卡中的"SmartArt"按钮，或者在占位符中单击"SmartArt"图标，打开如图 6.103 所示的"选择 SmartArt 图形"对话框。先从对话框左侧选择某一类别，再从该分类的列表中选取一种样式，此时对话框右侧会出现预览效果和该样式的简单介绍，单击"确定"按钮。如果类别选择不合理，可以在"SmartArt 工具-设计"选项卡上的"版式"组重新选择需要的类别。

当选中了幻灯片中的 SmartArt 对象后，会自动出现"SmartArt 工具-设计"选项卡和"SmartArt 工具-格式"选项卡，用户可以在其中选择对 SmartArt 对象需要的操作。

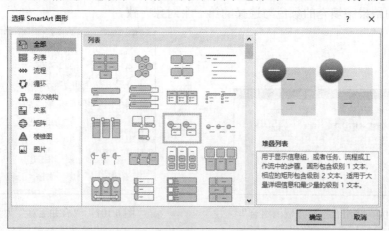

图 6.103　"选择 SmartArt 图形"对话框

在选定好的 SmartArt 图形中可以添加和编辑文字，可以直接在对应的形状上标有"文本"字样的位置输入，也可以在 SmartArt 图形的边框上右击，在弹出的快捷菜单中选择"显示文本窗格"命令，如图 6.104 所示。或者通过"SmartArt 工具-设计"选项卡上的"文本窗格"按钮打开文字编辑窗口，如图 6.105 所示。

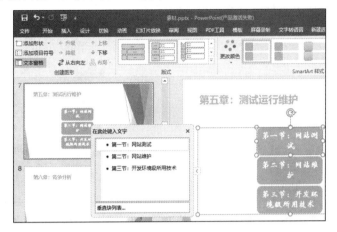

图 6.104　"显示文本窗格"命令　　　　　图 6.105　SmartAtrt 文本窗格

在文本窗格中输入文字更加直观便捷，可以每次通过按 Enter 键来添加 SmartArt 形状，也可以通过使用"SmartArt 工具-设计"选项卡上的"添加形状"按钮来添加形状，并且可以在其下拉菜单中选择需要添加形状的位置，如图 6.106 所示。当选择的 SmartArt 形状是"层次结构"中的某一个时，选项"添加助理"将由灰色不可用状态变为可用状态。在"布局"选项中还可以改变组织结构图的布局，通过选项卡上的功能选项，可以对 SmartArt 图形的布局和结构进行调整，如图 6.107 所示。

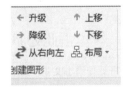

图 6.106　"添加形状"列表　　　　　图 6.107　SmartArt 调整选项

如果某个形状设置错误或者多余，可以直接选中该形状将其删除。

对建立好的 SmartArt 图形，用户可以通过"SmartArt 工具-设计"选项卡上的"更改颜色"按钮来使 SmartArt 图形对象颜色更加丰富多彩。通过"SmartArt 工具-设计"选项卡上的"SmartArt 样式"区中的"样式"组中的效果对 SmartArt 图形进行外观和三维样式的调整。选项卡上最后的"重设图形"按钮是将设计好的 SmartArt 图形重置，恢复初始效果，"转换"按钮则可以将 SmartArt 图形转换为文字或者形状，如图 6.108 所示。

PowerPoint 2016 还具有一个其他模块不具备的功能，就是将文字转换成 SmartArt 图形，用户在幻灯片上找到编辑好带有大纲级别的文字，选中后单击"开始"选项卡

"段落"区中的"转换为 SmartArt 图形"按钮 或者在文字上右击,在弹出的快捷菜单上选择"转换为 SmartArt"命令,打开"选择 SmartArt 图形"对话框,即可方便快速地完成转换,如图 6.109 所示。

图 6.108 "重设"和"转换"

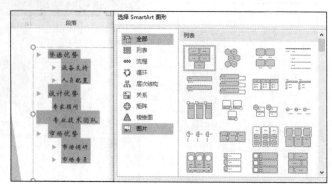

图 6.109 文字转换为 SmartArt 图形

6.3.6 插入表格

当用户需要在演示文稿中包含表格时,可以利用表格自动版式创建一张新幻灯片,也可以向已包含其他对象的原幻灯片中添加表格,还可以将 Excel 表格中的数据复制到演示文稿中。

1. 创建表格幻灯片

创建表格幻灯片,其具体操作步骤如下:

1)新建一张幻灯片并为其应用含有表格的版式,如图 6.110 所示。

2)单击内容占位符上的"插入表格"按钮,弹出"插入表格"对话框,如图 6.111所示。

图 6.110 含有表格版式的幻灯片

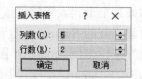

图 6.111 "插入表格"对话框

3)在"列数"文本框中输入表格的列数,在"行数"文本框中输入表格的行数。也可以单击文本框边上的微调按钮来选择所需的行数和列数。

4)单击"确定"按钮。此时,在幻灯片上就生成了如图 6.112 所示的表格。

2. 利用"插入"选项卡的"表格"按钮

如果用户向原有幻灯片中添加表格，则可以单击"插入"选项卡中的"表格"按钮，展开生成表格方式列表，列表中提供了 4 种在幻灯片中生成表格的方法。

图 6.112　插入表格后的幻灯片

1）在如图 6.113 所示的插入表格列表上方给出了 10（列）×8（行）的方格，单击并移动鼠标指针，选择所需的列数和行数，如选择"8×4 表格"，然后释放鼠标，就可以在幻灯片上生成一个 4 行 8 列的表格。

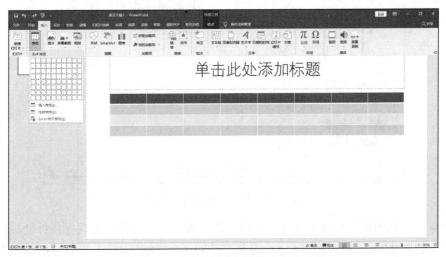

图 6.113　移动鼠标选取方格来生成表格

2）在插入表格列表中选择"插入表格"命令，打开如图 6.111 所示的"插入表格"对话框，然后在"列数"和"行数"文本框中输入数字即可。

3）在插入表格列表中选择"绘制表格"命令，鼠标指针就会在当前幻灯片上变成"绘图笔"工具，使用该工具可以绘制表格，如图 6.114 所示。

4）在插入表格列表中选择 "Excel 电子表格" 命令，在当前幻灯片上绘制类似 Excel 环境的电子表格，如图 6.115 所示。

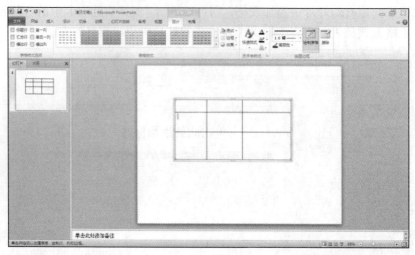

图 6.114　绘制表格

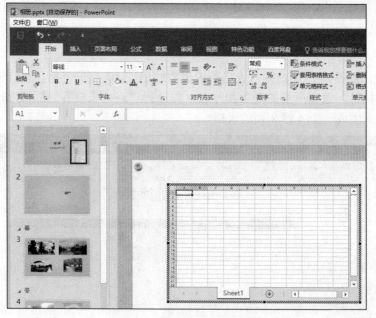

图 6.115　插入 Excel 电子表格

如果对表格的某一部分不满意，可以使用 "橡皮擦" 按钮，将鼠标指针变成橡皮擦的形状，擦除表格或其中的一部分。需要注意的是，"绘制表格" 和 "橡皮擦" 都是开关键，用完之后需要再次单击该按钮，鼠标指针才会恢复正常。

3. 从 Word 中复制和粘贴表格

将 Word 中的表格复制到幻灯片中，操作步骤如下：

1）在 Word 中，单击要复制的表格，然后在 "表格工具-布局" 选项卡上，单击 "表格"组中"选择"旁边的箭头，然后单击"选择表格"。

2）在"开始"选项卡上的"剪贴板"组中，单击"复制"按钮。

3）在 PowerPoint 演示文稿中，选择要将表格复制到的幻灯片，然后在"开始"选项卡上单击"粘贴"按钮。

对插入的表格可以设计和调整，如在"表格工具-设计"选项卡的"样式"区中，选择一种系统内置的样式，或者对已经有样式的表格进行样式的清除。同时还可以对表格中特殊的行进行设置，如标题行、汇总行、镶边行等，在图 6.116 中，如果选择了特殊的行或列，则再设置表格样式，就会将选中的行或列进行特殊处理，或者单元格底纹色不同，或者边框样式不同，如图 6.117 所示。

在"表格工具-设计"选项卡上，"表格样式"列表右侧有"底纹""边框""效果"三个选项，可以对表格的底纹、边框、效果进行设置，具体功能如下。

① 底纹：用来设置表格的填充效果，可以是颜色填充、图片填充、渐变色填充、纹理填充等。

② 边框：用来设置表格是否需要内外边框线以及在若干单元格内画斜线使用；可以使用"表格工具-设计"选项卡上的"绘图边框"区中的功能按钮来对边框线的样式进行设置，如图 6.118 所示。

③ 效果：用来设置单元格的凹凸效果，阴影效果和映像效果。

以上三个选项除去阴影和映像效果只能对表格整体使用外，其余选项均可以对表格整体使用，也可以对某个单元格使用，分别应用了不同效果的表格如图 6.119 所示。

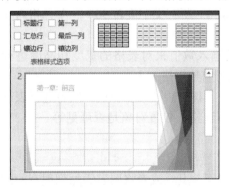

图 6.116　表格样式选项

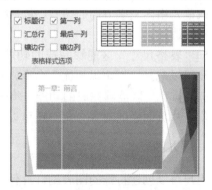

图 6.117　"标题行"和"第一列"的样式

图 6.118　"绘制边框"功能区

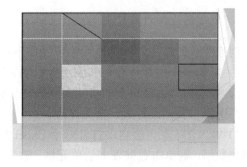

图 6.119　应用了"颜色填充""纹理填充""边框""斜线""单元格凹凸""映像"的表格

用户可以在设计好样式的表格中输入艺术字，具体的设置可以在"表格工具-设计"选项卡上的"艺术字样式"中找到，如图 6.118 所示，具体参考 6.3.4 节。

上述功能的效果均可在"设置形状格式"窗格中调整参数值。

在"表格工具-布局"选项卡上，可以调整表格的结构，各个功能区简单描述如下。

1）"行和列"区能完成的功能如下。

删除：删除表格的若干行或列，删除表格。

插入：共四种插入的方式，可以在选定单元格或行列的指定区域进行插入操作，如果用户选定了三行，然后选择"在上方插入"命令，那么在选定行的上方就会自动插入三行。

2）"合并"区能完成的功能如下。

合并单元格：将若干个选定的连续单元格合并成为一个单元格。合并后，原始单元格内的数据全部保留。

拆分单元格：将一个选定的单元格拆分成若干单元格，拆分的行数和列数需要用户在打开的对话框中设置。拆分后原始单元格中的数据自动存放在拆分后的第一个单元格中。

3）"单元格大小"区完成的功能：选中若干行或列后，通过输入数值来调整行、列的高度和宽度；两个按钮，能够将选中的若干行（列）变成等高（等宽）的行（列）。

4）"对齐方式"区能够完成的功能：表格或单元格内文字的水平和垂直对齐方式；表格或单元格内文字方向的调整，包括横排、竖排、所有文字旋转 90°；单元格内文字与边框的边距。

5）"表格尺寸"区能够完成的功能：通过输入数值来对表格的宽度和高度进行调整；还可以选择"锁定纵横比"命令，按照比例调整表格大小。

6）"排列"区能够完成的功能：将表格对象上移一层、下移一层，或者选择表格对象在幻灯片页面中的对齐方式，还可以打开选择窗格，设置对象是否可见等。

6.3.7　插入图表

用户可以创建特殊的图表幻灯片使图表更具可视化，或者将图表添加到现有的幻灯片中，还可以使用来自 Excel 的图表增强文本信息的效果。

1. 创建图表幻灯片

创建图表幻灯片，其具体操作步骤如下：

1）新建一个幻灯片并为其应用含有图表的版式，如图 6.120 所示。

2）单击内容占位符上的"插入图表"按钮，打开"插入图表"对话框，如图 6.121 所示。选择一种图表样式，插入图表。

3）输入图表后，会自动打开一个 Excel 窗口，包含当前示例图表中的数据，若替换示例表数据，则单击数据表上的单元格，输入所需的信息，然后根据实际数据区域大小，用鼠标拖动来调整数据区边框线的位置，如图 6.122 所示。系统会根据蓝色边框线圈出的数据区生成图表。

4）若返回幻灯片窗格，则单击图表以外的区域即可。

图 6.120　含有图表版式的幻灯片

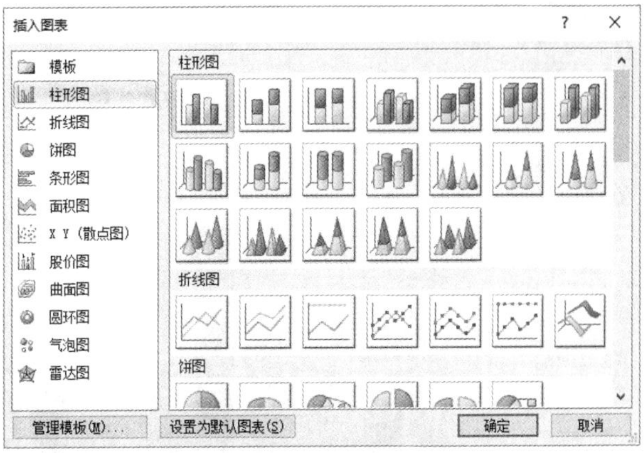

图 6.121　"插入图表"对话框

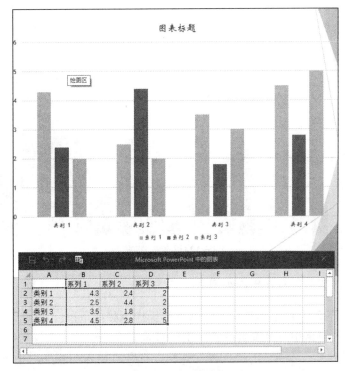

图 6.122　插入图表

在 PowerPoint 2016 中，单击图表对象，即可在图表右上角出现三个选项按钮，如图 6.123 所示。这三个按钮从上到下依次为图表元素、图表样式、图表筛选器，用来对图表进行快速设置。鼠标指针停在按钮上，就会自动显示其名称和功能，在按钮上单击，可以打开一个功能选项菜单，如图 6.124 所示，图中部分选项已经选择，对应项内容在图表中处于可见状态，如果某一个选项没有被选择，那么该内容将不会呈现在图表中。

另外，在每个内容后面会有一个黑色箭头，如图 6.124 中的"坐标轴"选项，单击黑色箭头可以打开二级菜单，如果对某个对象进行细化的功能设置，需要选择二级菜单中的"更多选项"命令，打开"设置坐标轴格式"下拉菜单，可以对坐标轴进行更细致的设置。

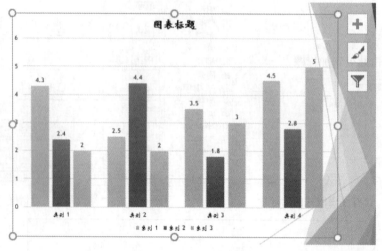

图 6.123   图表选项按钮

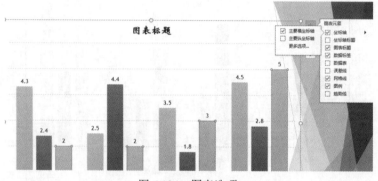

图 6.124   图表选项

2. 向已有内容的幻灯片中添加图表

向已有内容的幻灯片中添加图表，其具体操作步骤如下：

1）在幻灯片窗格中打开要插入图表的幻灯片。

2）单击"插入"选项卡的"图表"按钮，打开"插入图表"对话框，插入图表。此时不用担心图表的位置和大小，在输入数据后，用户还可以根据需要进行移动和调整。

3. 使用来自 Excel 的图表

用户可以将现有的 Excel 图表直接导入 PowerPoint，其方法是：直接将图表从 Excel 窗口拖动或复制到 PowerPoint 的幻灯片中。

在幻灯片中插入了图表后，可以对图表的各个部分进行编辑修改。单击"图表工具-设计"选项卡上的"添加图表元素"按钮，打开下拉菜单，可以为图表添加或设计各项功能，如图 6.125 所示，其中一部分功能与图 6.124 中的功能是一致的，可以在图表中显示或不显示某个元素，选择每个二级菜单中的"其他**选项"命令，可以打开"设置

"***格式"下拉菜单，在菜单中可以进行参数的设置，从而完成对象的精准设置，如图 6.126 所示。

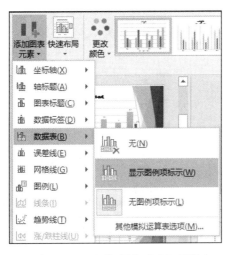

图 6.125　"添加图表元素"菜单　　　　图 6.126　"设置坐标轴标题格式"菜单

与之前版本不同的是，如果想更改 PowerPoint 2016 中的图表数据，直接选择图 6.125 中"数据表"下的"显示图例项标示"命令，就会在图表下方显示数据表。

图 6.125 中的"快速布局"按钮可以选择系统内置的图表样式，即设定好图表标题、图例项、图表样式等布局的样式；"更改颜色"按钮可以改变当前图表的颜色，也可以选中一个系列，用选定的颜色或图案进行填充，实现图表的个性化。

在"图表工具-设计"选项卡上，"图表样式"区完成的功能与图 6.124 中第二个选项"图表样式"完全一致。

在"图表工具-设计"选项卡上，"选择数据"按钮可以打开包含当前图表数据的 Excel 窗口，在工作表中可以进行数据的编辑，也可以选择在图表中显示若干行或列的数据，同时"切换行/列"按钮由不可用变为可用，"编辑数据"中如果选择"编辑数据"命令，可以打开 Excel 窗口，更改数据；如果选择"在 Excel 中编辑数据"命令可以打开 Excel 文件，进行数据的编辑。选择"更改图表类型"命令，可以打开"更改图表类型"对话框，重新选择图表的类型。

6.3.8　插入多媒体对象

为了让制作的幻灯片给观众带来视觉、听觉上的冲击，PowerPoint 2016 提供了插入音频和视频的功能，并在剪辑管理器中提供了素材。

1. 插入视频

为使 PowerPoint 演示文稿中的内容更形象生动，更具有说明性，可以在幻灯片中插入视频对象，常用的视频文件格式有 avi、mp4、wmv、swf 等，有如下三种插入视频的方式。

（1）PC 上的视频

选中要插入视频的幻灯片，选择"插入"选项卡中"媒体"组的"视频"选项，打开插入视频方式列表，如图 6.127 所示。选择"文件中的视频"命令，打开"插入视频文件"对话框，如图 6.128 所示。选择一个视频文件，单击"插入"按钮，就会插入对应的视频文件，播放幻灯片可以查看该视频。

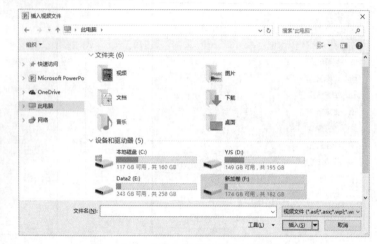

图 6.127　插入视频方式列表　　　　　图 6.128　"插入视频文件"对话框

（2）联机视频

打开视频网页，在网页中找到并复制该视频的地址。在图 6.127 所示的列表中选择"联机视频"命令，打开"插入视频"对话框，如图 6.129 所示。可以输入相关词条直接在 YouTube 上搜索，也可以在下方代码框中粘贴地址，即可插入打开的相关视频。

图 6.129　"插入视频"对话框

由于这种方式插入视频比较慢，因此一般情况建议将视频下载到本地，再将其插入演示文稿。

（3）来自屏幕录制的视频

Office 2016 新增的功能包括屏幕录制功能，单击"插入"选项卡"媒体"组中的"屏幕录制"按钮　，在桌面上方弹出　功能菜单，可以选择要录制视频的屏幕区域，单击录制按钮，3 秒后开始录制，同时屏幕提示使用微软徽标+Shift+Q 组合键结束录制。结束录制后生成的视频文件自动添加到幻灯片中。

插入视频对象后，会在当前幻灯片页面自动生成一个视频的图标，同时在功能区出现两个上下文选项卡，分别是"视频工具-格式"选项卡和"视频工具-播放"选项卡，可以通过相应的功能按钮进行设置，前者可以设置图标的颜色、边框、大小、裁剪视频画面，为视频制作标牌框架等，如图 6.130 所示；同时也可以对视频文件本身进行编辑，包括视频的剪裁、添加书签、设置播放时间以及循环播放等，如图 6.131 所示。

图 6.130　"视频工具-格式"选项卡

图 6.131　"视频工具-播放"选项卡

2. 插入音频

为了增强演示文稿的观赏性、多样性，提高观众的兴趣和热情，有时需要向幻灯片中插入音频，插入的音频对象可以是 mp3、wav、wma、mid 等格式的文件，插入音频有两种方式。

（1）PC 中的音频

在演示文稿中选中要插入声音的幻灯片。单击"插入"选项卡"媒体"组"音频"按钮下方的快翻按钮，在弹出的下拉列表中选择"文件中的音频"命令，就可以选择本机中的一个声音文件插入当前幻灯片。

（2）录制音频

若选择"录制音频"命令，即可录制音频文件，录制完成后便可插入当前幻灯片。

插入音频对象后，会在当前幻灯片页面自动生成一个音频的图标，可以进行相关设置，系统将图标当成一个图片，可以设置图标的颜色、边框等，同时也可以对音频文件本身进行编辑，包括音频的剪切、添加书签、播放时间以及循环播放等。

6.3.9　设置超链接

在演示文稿中，若对文本或其他对象（如图片、表格等）添加超链接，此后单击该对象时可直接跳转到其他位置。在 PowerPoint 中，超链接可以是从一张幻灯片到同一演示文稿中另一张幻灯片的链接，也可以是从一张幻灯片到不同演示文稿中另一张幻灯片、到电子邮件地址、网页或其他类型文件的链接。可以从文本或对象（如图片、图形、形状或艺术字甚至一个文本框）创建超链接。

下面介绍设置超链接的方法。

1. 利用超链接按钮创建超链接

利用常用工具栏中的超链接按钮 来设置超链接是常用的一种方法，虽然它只能创建单击的激活方式，但是在超链接的创建过程中可以方便地选择所要跳转的目的地文件，同时还可以清楚地了解所创建的超链接路径。利用超链接按钮设置超链接，操作步骤如下：

1）在要设置超链接的幻灯片中选择要添加链接的对象，可以是文字、图片、文本框等。

2）单击"插入"选项卡"链接"组"超链接"按钮，打开"插入超链接"对话框，如图 6.132 所示。

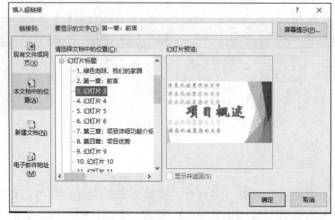

图 6.132　"插入超链接"对话框

3）如果链接的是此文稿中的其他幻灯片，就在左侧的"链接到"选项中单击"本文档中的位置"图标，在"请选择文档中的位置"栏中本文档的所有幻灯片中单击所要链接到的那张幻灯片（此时窗口右侧的预览框中会出现该幻灯片的内容）；如果链接的目的地文件在计算机的其他文件中，或是在 Internet 上的某个网页上，或是一个电子邮件的地址，则在"地址"文本框中输入相应的地址，如图 6.133 所示。

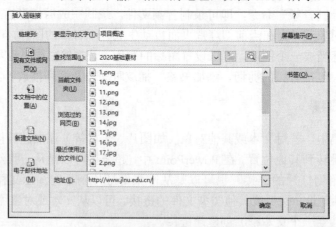

图 6.133　输入链接的文档地址

4）单击"确定"按钮即可完成超链接的设置，设置了超链接的幻灯片如图 6.134（a）所示，包含超链接的文本默认带下划线。

在幻灯片播放状态下，鼠标指针移动到设置了超链接的对象上时，鼠标指针会变成手的形状。单击含有超链接的文字，会自动跳转到链接的目标对象上，如果能够返回当前幻灯片，则已经使用过的超链接，字体颜色会发生改变，如图 6.134（b）所示。

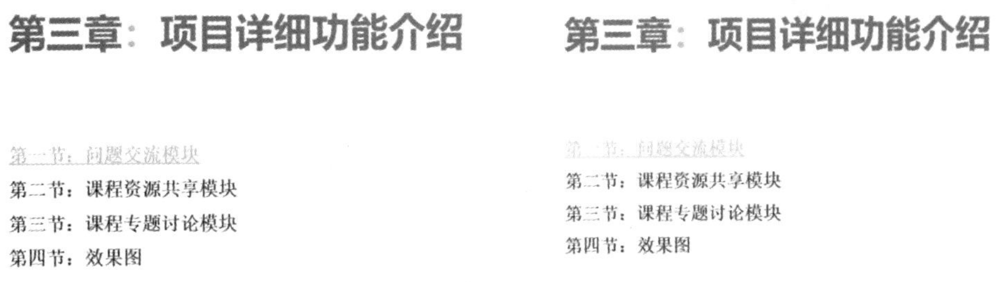
第三章：项目详细功能介绍
第一节：问题交流模块
第二节：课程资源共享模块
第三节：课程专题讨论模块
第四节：效果图
第三章：项目详细功能介绍
第一节：问题交流模块
第二节：课程资源共享模块
第三节：课程专题讨论模块
第四节：效果图

（a）未使用超链接　　（b）使用过超链接

图 6.134　设置了超链接的幻灯片

2. 利用“动作”创建超链接

具体操作步骤如下。

单击“插入”选项卡“链接”组中的“动作”按钮，打开“操作设置”对话框，如图 6.135 所示。在对话框中有两个选项卡“单击鼠标”与“鼠标悬停”，通常选择默认的“单击鼠标”，选中“超链接到”单选按钮，展开超链接选项列表，根据实际情况选择其一，然后单击“确定”按钮即可。

操作设置
?
单击鼠标
鼠标悬停
单击鼠标时的动作
无动作(N)
超链接到(H):
下一张幻灯片
运行程序(R):
浏览(B)...
运行宏(M):
对象动作(A):
播放声音(P):
[无声音]
单击时突出显示(C)
确定
取消

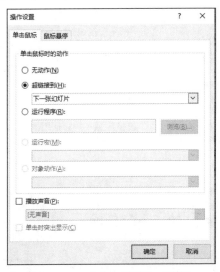

图 6.135　“动作设置”对话框

如果取消超链接，可右击插入了超链接的对象，在弹出的快捷菜单中选择“取消超链接”命令即可。

6.4　幻灯片的动画及放映设置

本节介绍设置幻灯片放映的各种技巧，如设置幻灯片及其中对象的动画效果、幻灯片的切换效果以及幻灯片的放映方式等。如果用户在幻灯片中应用了这些技巧，会大大提高演示文稿的表现力并增强页面动感。

6.4.1 幻灯片动画效果

1. 使用"进入"动画效果

PowerPoint 2016 提供了多种动画方案，在其中设定了幻灯片中各对象的动画显示效果。其具体操作步骤如下：

1）打开演示文稿，在幻灯片窗格中打开要设置动画效果的幻灯片。

2）选中要设置动画的对象，可以是一段文字、图形、图表、图片等。

3）为当前对象应用动画组中"进入"区的任意动画效果，如图 6.136 所示，单击"预览"按钮，就可以预览动画效果。如果要删除为幻灯片设置的动画方案，则选择"无动画"命令即可。

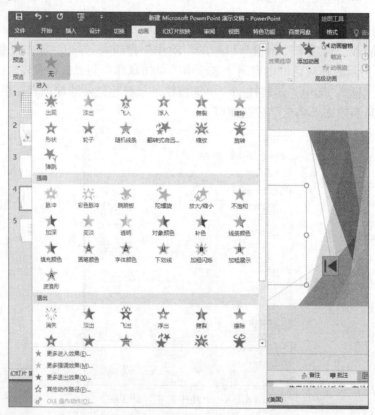

图 6.136　动画效果选项

"强调"动画效果和"退出"动画效果与其类似。

2. 使用"动作路径"动画效果

除了使用系统预定的动画效果外，用户还可以为幻灯片中的对象应用动作路径的动画效果，从而使幻灯片更具个性化。

用户为幻灯片中的对象添加动作路径动画效果，其具体操作步骤如下：

1）在普通视图中，显示包含要设置动画效果的文本或对象的幻灯片。

2）选择要设置动画的对象。

3）单击"动画"选项卡"动画"右侧下拉按钮，在打开的下拉列表中选择"其他动作路径"命令，打开"更改动作路径"对话框，选择一个，然后可以看到动画的预览效果，用户可以打开自定义动画窗格对动画路径和对象播放的动画效果进行修改。

3. 自定义路径动画效果

在"动画"选项卡"动画效果"下拉菜单"动作路径"组中最后一个选项是"自定义路径"，可以让选定对象按照自己绘制的路径运动，并可以在动画路径上右击，在弹出的快捷菜单中选择"编辑顶点"命令，修改动作路径。

4. 动画效果高级设置

当为一张幻灯片中的多个对象都设置了动画效果后，用户可以调整动画的方向和不同对象动画播放的顺序。单击"动画"选项卡"高级动画"组中的"动画窗格"按钮，打开"动画窗格"框，在其中可以查看每个对象的动画顺序，用数字 1，2，3 进行标识。在动画窗格中可以调整各对象的播放顺序。

"动画"选项卡，"计时"组"开始"下拉列表中有三个选项，分别是单击鼠标时、与上一动画同时和上一动画之后，表示当前动画开始播放的时间；在"持续时间"下拉列表中用户可以通过键盘输入时间，也可以通过右边的上下按钮调整当前动画播放的时间。在"延迟"下拉列表中可以设置当前动画与上一动画之间间隔的时间，一般是在"开始"列表中选择了"与上一动画同时"或者"上一动画之后"选项才需要设置延迟。上述功能也可以在动画窗格中每一个动画效果后面的下拉列表中找到，如图 6.137 所示。

图 6.137　动画效果设置

PowerPoint 2016 还有动画刷功能 ★ 动画刷 ，与 Word 中的格式刷类似，可以将某一对象的动画效果复制到另一个对象上。

需要注意的是，如果对一个对象设置多种动画效果，不能多次使用动画选项来添加动画，这种方式设置的动画是覆盖式添加，每选择一次就会自动覆盖上一次的动画效果。如果对一个对象添加多个动画效果，必须使用图 6.138 中的"添加动画"按钮来完成多个动画叠加的效果。

6.4.2　幻灯片的切换效果

幻灯片的切换方式是指演示文稿里的幻灯片在放映时，幻灯片之间的过渡方式。"切换"选项卡中提供了若干种不同的幻灯片切换方式，如图 6.138 所示。选中一张或几张幻灯片，再选择任意一种切换效果，那么这些幻灯片在播放时就会按照对应的切换效果进行换片。当功能区的"效果选项"按钮从灰色不可用状态变为彩色可用状态时，说明当前切换效果可以设置方向，不同的切换方式其方向也完全不同，如"百叶窗"切换方式就只有水平和垂直两个方向，而"溶解"则没有方向，"轮辐"有1根、2根、3根、4根、8根共5种效果，"插入"切换方式则有8个方向。

还可以设置换片时的声音、声音的持续时间、换片的速度、自动换片时间等。

图 6.138　幻灯片"切换"选项卡

6.4.3　设置放映时间

幻灯片的放映方式分为人工放映幻灯片和自动放映幻灯片。如果在幻灯片放映时不想人工跳转每张幻灯片，有以下两种方法设置幻灯片在屏幕上显示的时间：第一种方法是人工为每张幻灯片设置时间，然后运行幻灯片放映并查看设置的时间；第二种方法是使用排练计时功能，在排练时自动记录时间。

如果在排练之前设置时间，在幻灯片浏览视图模式下处理最为方便，因为在该视图中可以看到演示文稿的每张幻灯片缩图，并且显示每张幻灯片的放映时间。

人工设置幻灯片放映的时间间隔，操作步骤如下：

1）选择"视图"选项卡"演示文稿视图"区的"幻灯片浏览视图"命令，切换到幻灯片浏览视图。

2）选择要设置放映时间的幻灯片。

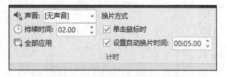

图 6.139　幻灯片"计时"设置

3）在"切换"选项卡"计时"组中设置换片时间，如图 6.139 所示。

4）如果将此换片时间应用到所有的幻灯片上，单击图中的"全部应用"按钮。

如果用户对自行决定幻灯片放映时间没有把握，那么可以在排练幻灯片放映的过程中让系统自动添加放映的时间。PowerPoint具有排练计时功能，可以首先正常放映演示文稿，进行相应的演示操作，这时系统会自动记录幻灯片切换的时间间隔。用排练计时来设置幻灯片切换的时间间隔，具体操作步骤如下：

1）单击"幻灯片放映"选项卡"设置"组中的"排练计时"按钮。

2）系统以全屏幕方式播放，并在左上角出现"录制"工具栏，如图 6.140 所示。在"录制"工具栏中，左侧的时间框是"幻灯片放映时间"框 0:00:03 ，其中显示当前幻灯片的放映时间，在右侧的"总放映时间"框 0:00:19 中显示当前整个演示文稿的放映时间。

3）如果对当前幻灯片的播放时间不满意，可以单击"重复"按钮 ↺ ，重新计时。

4）要播放下一张幻灯片，可以单击"录制"工具栏中的"下一项"按钮 ➡ ，这时可以播放下一张幻灯片，同时在"幻灯片放映时间"文本框中重新计算当前幻灯片放映时间，并累计总放映时间。

如果要暂停计时，可以单击"录制"工具栏中的"暂停"按钮 ▮▮。

放映结束时，系统会提示录制的总时间，并询问是否保留新的幻灯片排练时间，如图 6.141 所示，单击"是"按钮则保留排练时间。

图 6.140 "录制"工具栏

图 6.141 系统提示信息

在设置幻灯片的计时之后，可以在幻灯片的浏览视图中每张幻灯片的右下角看到其播放的时间，如果在幻灯片放映中应用排练计时的时间，选择"幻灯片放映"选项卡"设置幻灯片放映"命令，打开"设置放映方式"对话框。选中"换片方式"框"如果存在排练时间，则使用它"单选按钮。如果不选中此单选按钮，即使设置了放映计时，在放映幻灯片时也不能使用。

6.4.4 幻灯片放映

当对幻灯片中所有内容、切换方式和动画效果设置完成后，可以进行幻灯片放映以观察放映效果，进入幻灯片的放映视图有三种方法。

1）单击"幻灯片放映"选项卡"从头开始"按钮，即可从第一张幻灯片开始放映，单击"从当前开始"按钮，则是从当前选定的幻灯片开始放映。

2）在状态栏单击"幻灯片放映"按钮 ☞，能够从当前幻灯片开始放映。

3）按 F5 键从头开始放映。

用户也可以根据实际需要自己选定需要播放的幻灯片，而不是必须播放所有的幻灯片，可以通过在普通视图的缩略图窗格中右击隐藏不需要的幻灯片，以使其在幻灯片放映状态下不显示；也可以单击"幻灯片放映"选项卡"自定义幻灯片放映"按钮，在打开的列表中选择"自定义放映"命令，打开"自定义放映"对话框，如图 6.142 所示，单击"新建"按钮，打开如图 6.143 所示的"定义自定义放映"对话框，输入幻灯片放映名称，然后在下方选择自己需要的幻灯片，单击"添加"按钮将其添加到自定义放映列表中，还可以利用右侧的上下箭头来调整幻灯片的放映顺序或者删除幻灯片。

图 6.142 自定义放映对话框

图 6.143 自定义放映列表

对不同的幻灯片，可以设置不同的放映方式，在图 6.144 所示的"设置放映方式"对话框中，可以看到放映方式的设置，以及放映选项的设置，调整绘图笔和激光笔的颜色，还有幻灯片的选择及换片方式等。

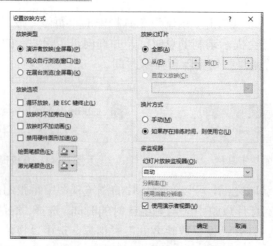

图 6.144 "设置放映方式"对话框

图 6.145 "录制幻灯片演示"功能

在幻灯片放映的任何时刻，可以按 Esc 键退出放映状态。

除了上述功能外，PowerPoint 2016 还支持录制幻灯片演示，是为了幻灯片放映时播放旁白。单击"幻灯片放映"选项卡"设置"组中的"录制幻灯片演示"按钮来完成，如图 6.145 所示。

6.4.5 幻灯片打印和打包

1. 幻灯片的打印

在"文件"菜单的"打印"选项中可以设置打印的份数，打印的幻灯片页数，在版式中设置打印的内容是幻灯片还是备注或者是大纲，如果按照讲义打印，可以设置每张纸上幻灯片的张数以及排列顺序等，如图 6.146 所示。

2. 幻灯片的打包

打包演示文稿是指创建一个包以便使其他人可以在大多数计算机上观看此演示文稿，即使某台计算机上没有安装 PowerPoint 软件。在"文件"菜单中"导出"选项中，用户可以将演示文稿打包为各种类型的文件，如图 6.147 所示。

如果选择"将演示文稿打成为 CD"命令，则可以打开对话框，如果演示文稿中使用了音频和视频文件，也需要通过"添加"按钮将其添加进来，

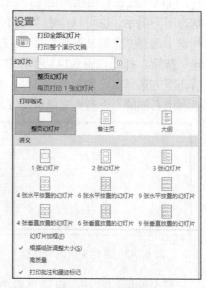

图 6.146 打印设置

最后单击"复制到文件夹"或"复制到 CD"按钮来完成打包，如图 6.148 所示。

图 6.147 "文件-导出"功能   图 6.148 打包演示文稿

3. 创建讲义

在演示文稿中还可以创建讲义，同样选择"文件"菜单下的"导出"中的"创建讲义"命令，在打开的窗口中单击"创建讲义"按钮，在打开的"发送到 Microsoft W"对话框中选择合适的排版方式，就可以将幻灯片和备注放在 Word 文档中来创建讲义。

除此之外，"文件"菜单中"导出"命令里还有"创建 PDF 文档"和"创建视频"功能，进行必要的设置后即可完成相应功能。"更改文件类型"功能则可以将演示文稿保存为其他类型的文件，类似于"另存为"功能，打开的对话框也是"另存为"。

4. 共享演示文稿

PowerPoint 的一个新功能就是共享演示文稿，在"文件"菜单"共享"命令中选择相应的功能来完成共享，主要有以下几种方式。

通过邀请他人方式共享演示文稿：是将文档保存到微软的云网盘（已经注册过）后进行分享，也可以将云网盘上的文件链接发给他人。

通过电子邮件方式共享演示文稿：如果计算机安装了 Outlook 软件并连接到互联网，则可以实现此种共享方式。

通过联机演示方式共享演示文稿：通过创建链接来共享。

发布幻灯片：将指定的幻灯片发布到指定的文件夹中。

6.5　PowerPoint 2016 应用实例

本节用前面学到的知识制作幻灯片，通过几个实例来巩固深化所学知识，达到灵活运用所学知识的目的。

6.5.1　诗萃欣赏

通过本实例的学习，用户可对应用幻灯片设计、插入艺术字、设计艺术字格式、设置自定义动画等知识有更深入的理解，本实例的最终结果如图 6.149 所示。

操作步骤如下：

1）选择"文件"菜单"新建"命令，单击"新建"选项卡中的"空白演示文稿"

图标，新建一篇演示文稿。

2）单击"开始"选项卡"幻灯片"组"版式"按钮，打开"版式"下拉列表，选择"空白"版式。

3）单击"设计"选项卡中"主题"区右侧的下拉按钮，在弹出的"主题"下拉列表中的选项区中选择"水滴"方案。

4）在右侧的"变体"区中，选择一个合适的颜色。

该设计模式将应用于所选幻灯片，效果如图6.150所示。

图6.149　诗萃欣赏

图6.150　应用幻灯片设计模板

5）单击"插入"工具栏上的"艺术字"按钮，打开艺术字库对话框，选择第四行第三列的样式，如图6.151所示。

6）单击"确定"按钮，在文本区中输入内容"枫桥夜泊"，选中所设置的艺术字，在"字体"下拉列表中选择"楷体"，在"字号"下拉列表中选择72，如图6.152所示。

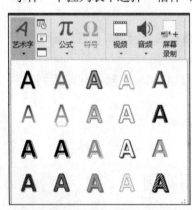
图6.151　艺术字库对话框

图6.152　编辑"艺术字"文字对话框

7）选中艺术字"枫桥夜泊"，右击，在打开的对话框中单击"字体颜色"下拉列表的快翻按钮，在弹出的选项板中选择第六行第三列的颜色块，如图6.153所示。

8）改变艺术字的颜色后，适当调整艺术字的位置，如图6.154所示。

9）单击"插入"选项卡"文本"组中的"文本框"按钮，在幻灯片中间单击并拖动鼠标绘制一个文本框，在其中输入内容并选中，选择"字体"命令，打开"字体"对话框。在"中文字体"下拉列表中选择"楷体"，在"字号"列表中选择44，在"颜色"下拉列表中选择适当的颜色，如图6.155、图6.156所示。

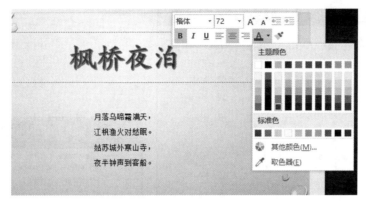

图 6.153　设置艺术字颜色

10）选中艺术字"枫桥夜泊"，选择"动画"任务窗格，选择"飞入"动画效果，如图 6.157 所示。

图 6.154　改变艺术字颜色

图 6.155　设置字体样式

图 6.156　设置字体后的效果

图 6.157　选择动画效果

11）在"效果选项"快翻按钮中单击"自顶部"按钮，如图 6.158 所示。

12）此时，飞入效果应用于所选择的文字内容，在"计时"选项卡中设置动画的持续时间，单击"预览"按钮可以显示当前设置的效果，如图 6.159 所示。

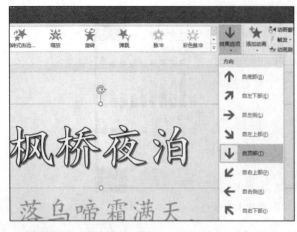

图 6.158　选择进入效果　　　　　　　　　图 6.159　设置动画时间

13）选中文本框，在"动画"选项卡"高级动画"组中单击"添加动画"的下拉按钮，在弹出的下拉列表中选择"更多进入效果"组中"菱形"选项，如图 6.160 所示。

14）该效果应用于所选文字内容后，单击"开始"右侧下拉列表框的下三角按钮，在打开的下拉列表中选择"上一动画之后"命令，在"效果选项"下拉列表中选择"方向"组"切入"命令，如图 6.161 所示。

图 6.160　选择文本内容进入效果　　　　　图 6.161　设置动画方向

15）设置完成后，单击"动画"任务窗格下方的"预览"按钮，预览所制作的幻灯片。

6.5.2　考试成绩分析

通过本实例的学习，用户对应用幻灯片设计、设置表格格式、设置图表格式、有更深入的理解。本实例的最终结果如图 6.162 所示。

操作步骤如下：

1）新建一篇演示文稿，选择"开始"选项卡"新建幻灯片"命令，打开"版式"任务窗格，在下拉列表中选择"两栏内容"版式，在"设计"选项卡"主题"组中选择"徽章"，右击，在弹出的快捷菜单中选择"应用于选定幻灯片"命令，效果如图 6.163 所示。

2）在标题占位符中输入"《计算机基础》期末考试成绩分析"，选中输入的文字，在悬浮菜单中设置字体、字号和颜色。在"中文字体"下拉列表中选择"楷体"，在"字号"列表中选择 40，在"颜色"下拉列表中选择"黑色"，然后选择居中对齐。

3）单击"设计"选项卡"自定义"组中的"设置背景格式"按钮，在打开的"设置背景格式"窗格中选择"填充"选项区中的"颜色"下拉列表中的"取色器"，单击幻灯片右侧边缘的黄色区域，效果如图 6.164 所示。

4）单击左边的内容占位符上的"插入表格"按钮，打开"插入表格"对话框，在"列数"文本框中输入表格的列数（3 列），在"行数"文本框中输入表格的行数（6 行）。用户也可以单击数值框边上的微调按钮来选择所需的行数和列数。单击"确定"按钮，此时，在幻灯片上就生成一个表格。在表格中输入适当的内容，如图 6.164 所示。

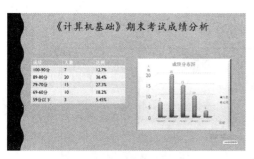

图 6.162　考试成绩分析幻灯片 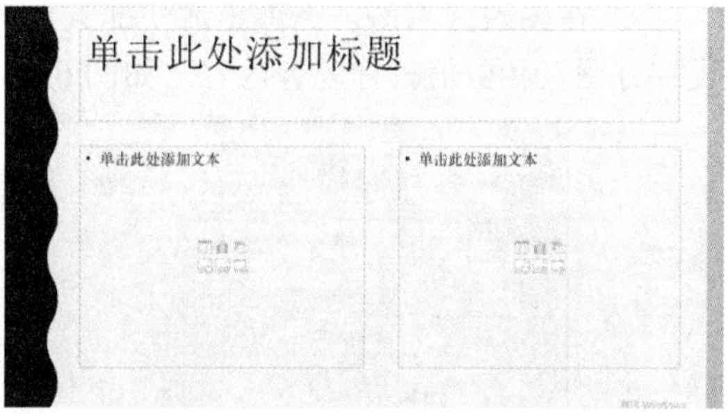　　　　图 6.163　选择版式和模板后的效果

5）单击右侧的内容占位符上的"插入图表"按钮，启动图表程序，这时在图表占位符内将插入一个示例图表，并且出现一个包含示例图表的数据表窗口。删除数据表中不需要的数据内容，填入需要的数据，同时一定要将数据区右侧的边界线调整到与数据表一致，数据表如图 6.165 所示。

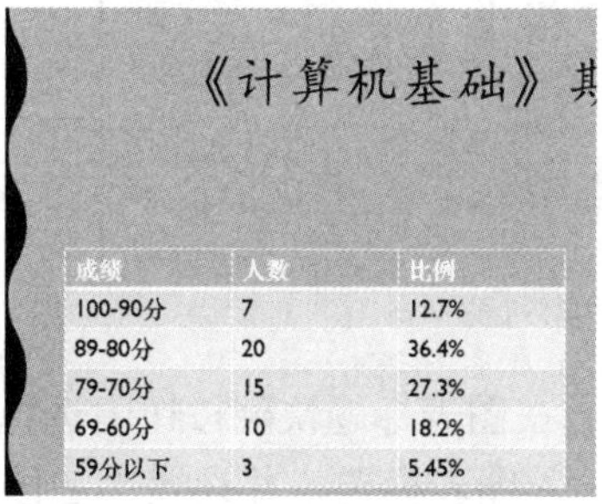

图 6.164　插入表格后的幻灯片 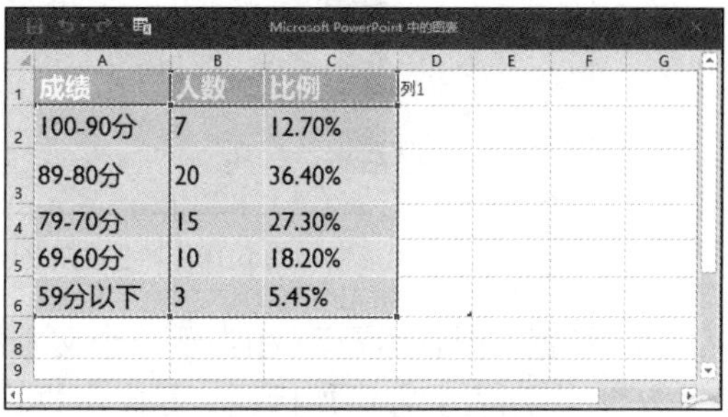　　　　图 6.165　填入数据后的数据表

6）鼠标指针指向横向坐标轴并右击，选择"字体"选项，在打开的"字体"列表中选择"宋体"，在"字形"列表中选择"常规"，"字号"列表中输入"9"，如图 6.166 所示，单击"确定"按钮。

7）鼠标指针指向纵向坐标轴并右击，选择"字体"选项，在打开的"字体"列表中设置"字体"为"宋体"，"字形"为"常规"，"字号"为20，单击"确定"按钮。

8）单击图表以外的区域，返回幻灯片窗格。如图6.167所示。

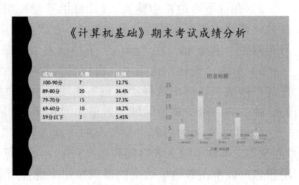

图6.166　设置坐标字体及字体大小　　　　　图6.167　插入图表后的幻灯片

9）在图表区右击，在弹出的快捷菜单中选择"布局"命令，在"标签"选项卡中设置好图表和数值轴标题等内容，如图6.168所示。

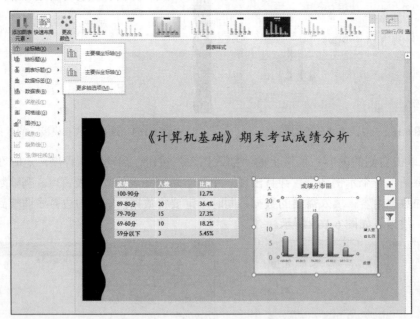

图6.168　"添加图表元素"功能列表

10）设置"图表标题"（相当于一个文本框）格式，在图表标题快翻按钮中选择"图表上方"，在图表上方添加标题，在文本框内单击，输入图表标题，并设置"字体"为"宋体"，"字形"为"常规"，"字号"为20，单击"确定"按钮返回。

11）对"标题""表格""图表"的格式和排放位置做相应的调整，然后单击"幻灯片放映视图"按钮 ，就可以得到如图6.168所示的幻灯片。

习题 6

一、选择题

1. 为了精确控制幻灯片的放映时间，一般使用（　　）操作。
   A. 设置切换效果　　　　　　　　B. 设置放映方式
   C. 排练计时　　　　　　　　　　D. 设置每隔多长时间换页

2. 幻灯片放映过程中，右击，选择"指针选择"中的荧光笔，在讲解过程中可以进行写画，其结果是（　　）。
   A. 对幻灯片进行了修改
   B. 对幻灯片没有进行修改
   C. 写画的内容留在了幻灯片上，下次播放时还会显示
   D. 写画的内容可以保存下来，以便下次播放时显示

3. PowerPoint 是制作演示文稿的软件，一旦演示文稿制作完成，下列说法错误的是（　　）。
   A. 可以在投影仪上放映　　　　　B. 不可以将幻灯片打印出来
   C. 可以在计算机上演示　　　　　D. 可以加上动画、声音等效果

4. 在 PowerPoint 中，有关人工设置放映时间的说法错误的是（　　）。
   A. 只有单击时换页　　　　　　　B. 可以设置单击时换页
   C. 可以设置每隔一段时间自动换页　D. 选项 B 和选项 C 都可以实现换页

5. 幻灯片中的对象设置动画为"飞入"，则不能设置的动画效果选项是（　　）。
   A. 自底部　　　　B. 自顶部　　　　C. 自中部　　　　D. 自左下部

6. 在 PowerPoint 中，不包含（　　）动画类型。
   A. 进入　　　　　B. 强调　　　　　C. 切换　　　　　D. 退出

7. 在 PowerPoint 中，启动幻灯片放映的是（　　）键。
   A. F1　　　　　　B. F2　　　　　　C. F5　　　　　　D. F9

8. 从"当前幻灯片开始"放映在（　　）选项卡。
   A. 开始　　　　　B. 设计　　　　　C. 幻灯片放映　　D. 视图

9. 在 PowerPoint 中，关于超链接的叙述不正确的是（　　）。
   A. 用户在演示文稿中添加超链接以便跳转到某个特定的地方
   B. 创建超链接时，起点可以是任何对象，如文本、图形等
   C. 激活超链接的方式可以是单击或双击
   D. 只有在演示文稿放映时，超链接才能激活

10. 在 PowerPoint 中，幻灯片的"动作设置"对话框中设置的超级链接对象不允许链接到（　　）。
    A. 下一张幻灯片　　　　　　　　B. 一个应用程序
    C. 其他演示文稿　　　　　　　　D. 幻灯片中的某一对象

11. 在幻灯片中插入了一段声音文件后，幻灯片中将会产生（　　）。

    A. 一段文字说明   B. 链接说明

    C. 链接按钮   D. 喇叭标记

12. 文件选项卡的"信息"中不包含（   ）。

    A. 保护演示文稿   B. 检查演示文稿

    C. 管理演示文稿   D. 标记为最初状态

13. 下列对象中，不可以设置超链接的是（   ）。

    A. 文本   B. 背景   C. 图形   D. 艺术字

14. 在幻灯片中插入音乐文件时，可以设置播放效果为（   ）。

    A. 自动   B. 单击   C. 贯穿每张幻灯片   D. 以上都可以

15. （   ）是一套统一的设计元素和配色方案，是为幻灯片提供一套完整的格式集合。

    A. 主题   B. 母版   C. 视图   D. 自定义动画

16. PowerPoint 插入一张图片，哪一个是正确的（   ）。

    ①选择幻灯片   ②选择并确定要插入的图片

    ③选择插入选项卡中的"图片"命令   ④调整被插入图片的大小、位置等

    A. ① ② ③ ④   B. ① ③ ② ④

    C. ③ ② ① ④   D. ③ ① ② ④

17. 在 PowerPoint 中，将大量的图片轻松地添加到演示文稿中，可以运用（   ）。

    A. 设计模板   B. 手动调整   C. 样本模板   D. 相册

18. 在 PowerPoint 中，下列关于幻灯片母版里的占位符叙述正确的是（   ）。

    A. 标题区用于所有幻灯片标题文字的格式化。位置放置和大小设置，以及设置文本的属性，设置各个层次项目符号

    B. 页脚区用于演示文稿中每张幻灯片页脚文字的添加。自动添加幻灯片序号、位置放置大小重设和格式化

    C. 对象区用于所有幻灯片标题文字的格式化。位置放置和大小设置，以及设置文本的字体、字号、颜色和阴影等效果

    D. 日期区用于演示文稿中每张幻灯片日期的添加，位置放置大小重设和格式化

19. PowerPoint 是 Microsoft Windows 操作系统下运行的一个专门用于编制（   ）的软件。

    A. 电子表格   B. 文本文件   C. 网页设计   D. 演示文稿

20. 在 PowerPoint 中，"开始"选项卡中的（   ）功能可以用来改变某一幻灯片的布局。

    A. 背景   B. 幻灯片配色方案

    C. 版式   D. 字体

二、判断题

1. 幻灯片内对象动画的执行次序可以调整。   （   ）

2. 幻灯片换页时可以添加声音效果。   （   ）

3. 幻灯片中的同一个对象不能设置多个动画效果。   （   ）

4. 一张幻灯片设置了某种切换效果，则其他幻灯片都将应用该切换效果。   （   ）

5. 幻灯片的放映方式分为人工放映幻灯片和自动放映幻灯片。　　　（　　）

6. PowerPoint 中可以对插入的声音文件进行剪裁。　　　（　　）

7. 在 PowerPoint 中允许删除图片背景色。　　　（　　）

8. 在 PowerPoint 2016 中，要更换幻灯片的配色方案可以通过"设计"选项卡中的"变体"来操作。　　　（　　）

9. 可以对幻灯片进行移动、删除、添加、复制、设置切换动画效果，但不能编辑幻灯片中具体内容的视图是普通视图。　　　（　　）

10. 若要精确调整图片的位置，应直接拖曳图片。　　　（　　）

三、操作题

1. 设计一张自我介绍的幻灯片，要求如下：共 6 张，第一张是标题，第二张介绍自己的基本信息，第三张介绍自己的爱好，第四张介绍自己的家乡，第五张介绍自己的大学，第六张致谢。为各张幻灯片设置不同的切换效果，并在第二张到第五张幻灯片的适当位置添加返回到第一张幻灯片的动作按钮。

2. 以新年祝福为主题内容制作一个演示文稿。

要求：至少 5 张幻灯片；为各张幻灯片设置不同的切换效果，每张幻灯片内的内容适当设置动画效果；第一页幻灯片的题目使用艺术字效果；色彩搭配美观。

3. 建立演示文稿《回乡偶书》，具体要求如下：

插入第一张版式只有标题的幻灯片，第二张幻灯片版式为标题和文本，第三张版式为垂直排列标题和文本，第四张版式为标题和文本，输入文本，所有幻灯片背景为"填充效果"中的"纹理"中的"白色大理石"。

第一张幻灯片中插入自选图形，输入文字。设计好的幻灯片中添加切换和动画效果，添加超链接。

效果图如图 6.169 所示。

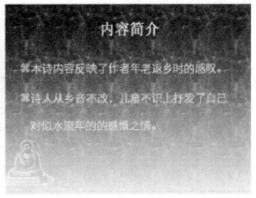

图 6.169　效果图

第 7 章

数据结构与算法

计算机是对各种各样的数据进行处理的机器。在进行数据处理时，实际需要处理的数据元素一般有很多，而这些数据元素都需要存放在计算机中，因此，在计算机中如何组织数据，如何处理数据，从而如何更好地利用数据是计算机科学的基本研究内容。掌握数据在计算机中的各种组织和处理方法是深入学习计算机的基础。

7.1　数据结构的基本概念

本章的主要目的是提高数据处理的效率。所谓提高数据的处理效率，主要包括两个方面：一是提高数据处理的速度；二是尽量节省在数据处理过程中所占用的计算机存储空间。

7.1.1　数据结构的实例

例 7.1　已知学生某科考试成绩，进行如下成绩分析：

1）求平均成绩；

2）求高于平均成绩的学生数；

3）求各分数段的学生人数。

问题分析：这里多次使用到学生的考试成绩，需要将成绩保存起来，以便多次使用。因为考试成绩就是一组整型值或实型值，所以可以利用各种高级语言都支持的数组来存储。数组就是一种数据结构。

例 7.2　学生信息表如表 7.1 所示。

表 7.1　学生信息表

学号	姓名	性别	年龄	入学成绩
201441020101	王津柳	女	18	521.5
201441020102	张建莹	女	18	523
201441020103	孙天宇	男	19	525.5
201441020104	李玥	女	19	528
⋮	⋮	⋮	⋮	⋮

该表中，每一列称为一个属性，表示学生的一个特征；每一行称为一个记录，描述一个学生的有关信息，由学号、姓名、性别、年龄和入学成绩等属性组成。在数据结构中，将记录称为数据元素、结点或定点，属性称为数据项。学生信息之间的关系可以看作一个接一个排列的一对一关系。这种定义了元素之间的完全顺序关系的数据结构称为线性数据结构，简称线性表。

例 7.3　计算机操作系统中的文件管理问题。

计算机操作系统的文件管理采用多级目录结构，如图 7.1 所示。

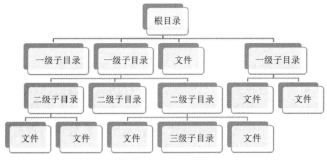

图 7.1　文件系统目录结构

这种多级目录层次结构形成一棵倒立的树。树中的目录或文件抽象成数据元素，也称为结点，结点之间的关系是一对多关系。通常，称此类具有一对多关系的数据结构为树形机构，简称树结构或树。

例 7.4　制订教学计划。以计算机科学与技术专业为例，部分教学计划课程安排如表 7.2 所示。

表 7.2　计算机专业部分教学计划表

课程代码	课程名称	先修课程	课程代码	课程名称	先修课程
C1	高等数学	无	C6	编译原理	C4,C5
C2	程序设计基础	无	C7	操作系统	C4,C9
C3	离散数学	C1,C2	C8	普通物理	C1
C4	数据结构	C3,C5	C9	计算机原理	C8
C5	C 语言	C2			

在教学计划表中，每个学期开设的课程是有先后顺序的，有的课程是基础课，不需要先修其他课程，如"高等数学"和"程序设计基础"；另一些课程则必须在学完某些先修课程之后才能开设，如在学习"数据结构"课程之前，必须先学完"C 语言"和"离散数学"课程。一门课程可以有多门先修课程，也可以有多门后续课程，如图 7.2 所示。这种元素之间存在多对多关系的数据结构称为图状结构。图状结构是一种最复杂的数据结构。

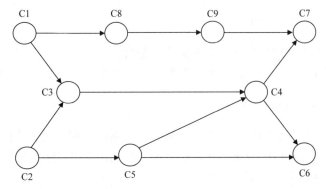

图 7.2　教学计划课程安排顺序

　　通过以上四个实际问题的例子，抽象出四种基本的数据结构，这就是本课程研究的基本问题。实际上，解决问题的关键步骤是选取合适的数据结构表示该问题，然后才能写出有效的算法。

7.1.2　数据结构的基本概念与术语

　　计算机已被广泛用于数据处理。实际问题中的各数据元素之间总是相互关联的。数据处理是指对数据集合中的各元素以各种方式进行运算，包括插入、删除、查找、合并和排序等，也包括对数据元素进行分析。在数据处理领域，人们最感兴趣的是知道数据集合中各数据元素之间存在什么关系，应如何表示所需要处理的数据元素。

　　本节首先介绍与数据结构相关的几个术语。

　　1. 数据（data）

　　数据是载荷信息的符号，是指所有能够输入计算机，并被计算机识别和处理的符号的集合。数据实际上就是计算机加工的"原料"。例如，数值、字符、汉字、图形、图像、音频、视频等各种媒体都称为数据。

　　2. 数据元素（data element）

　　数据元素是数据这个集合中的每一个个体，它是组成数据的基本单位。一个数据元素可由若干个数据项（也称字段、域）组成，数据项是具有独立含义的最小数据单位（不可再分割）。

　　数据元素具有广泛的含义。一般来说，现实世界中客观存在的一切个体都可以是数据元素。例如，表示数值的各个数：12、45、67、78、454、423、23……可以作为数值的数据元素；表示学生情况的信息：张军、男、18 岁等，可以作为表示学生情况的一个数据元素（这个数据元素包含姓名、性别、年龄三个数据项）。

　　总之，在数据处理领域中，每一个需要处理的对象都可以抽象成数据元素。数据元素简称为元素。

　　在实际应用中，被处理的数据元素有很多，而且，作为某种处理，其中的数据元素具有某种共同特征。一般来说，人们不会同时处理特征完全不同且互相之间没有任何关系的数据元素，对于具有不同特征的数据元素总是分别进行处理。

　　3. 数据对象（data object）

　　数据对象是性质相同的数据元素的集合，是数据的一个子集。例如，整数数据对象是集合 $N=\{0,\ \pm 1,\ \pm 2,\ \cdots\}$，字母字符数据对象是集合 $C=\{'A',\ 'B',\ \cdots,\ 'Z'\}$。

　　4. 数据结构（data structure）

　　数据结构是指相互之间存在一种或多种特定关系的数据元素组成的集合。更通俗地说，数据结构是指带有结构的数据元素的集合。在此，结构实际上是指数据元素之间的相互关系。通常有如下四种基本结构。

　　1）集合：数据元素之间除"属于同一集"外无其他关系（与数学相同）。

2）线性结构：数据元素之间存在一个对一个的关系。

3）树形结构：数据元素之间存在一个对多个的关系。

4）图（网）状结构：数据元素之间存在多个对多个的关系。

5. 逻辑结构

数据的逻辑结构是数据元素之间抽象化的相互关系，也称逻辑特性。它独立于计算机，是数据集合中各数据元素之间固有的逻辑关系。

一般情况下，在具有相同特征的数据元素集合中，各个数据元素之间存在有某种关系（联系），这种关系反映了该集合中的数据元素所固有的一种结构。在数据处理领域，通常将数据元素之间的这种固有的关系简单地用直接前驱与直接后继这种逻辑上的前后关系来描述。逻辑上的前后关系所表示的实际意义随具体对象的不同而不同。一般来说，数据元素之间的任何关系都可以用逻辑上的前后关系来描述。

数据的逻辑结构有两个要素：一是数据元素的集合，通常记为 D；二是 D 上的关系集合，它反映了 D 中各数据元素之间在逻辑上的前后关系，通常记为 R。

数据结构的形式定义为数据结构是一个二元组，可以表示成 $B=(D,R)$，其中，B 表示数据结构，D 是数据元素的有限集，R 是 D 上关系的有限集。

假设 a 与 b 是 D 中的两个数据，则二元组(a,b)表示 a 是 b 的直接前驱，b 是 a 的直接后继。这样，在 D 中的每两个元素之间的关系都可以用这种二元组来表示。

例如：

数据结构 $B=(D1,R1)$

$D1=\{1,3,6,7\}$

$R1=\{(1,6),(6,3),(3.7)\}$

数据的逻辑结构可分为两大类型：线性结构和非线性结构。

（1）线性结构

如果在一个非空的数据结构中，元素之间为一对一的线性关系，第一个元素无直接前驱，最后一个元素无直接后继，其余元素都有且仅有一个直接前驱和一个直接后继，这种逻辑结构称为线性结构，又称为线性表。

在线性结构中，各数据元素之间的逻辑关系是很简单的。在一个线性结构中，插入和删除任何一个结点后，还应该是线性结构。

常用的线性结构主要有线性表、栈、队列和字符串。

（2）非线性结构

如果一个数据结构不是线性结构，则称为非线性结构。元素之间为一对多或多对多的非线性关系，每个元素可以有多个直接前驱或多个直接后继。

显然，在非线性结构中，各数据元素之间的逻辑关系要比线性结构复杂，因此，对非线性结构的存储与处理比线性结构要复杂得多。

常用的非线性结构主要有树、二叉树和图。线性结构和非线性结构都可以是空的数据结构。一个空的数据结构究竟是属于线性结构还是属于非线性结构，这要根据具体的情况来确定。如果对该数据结构的运算是按照线性结构的规则来处理的，则属于线性结构；否则属于非线性结构。

6. 存储结构

数据的存储结构是逻辑结构在计算机中的存储表示，也称物理特性、存储特性。它必须依赖于计算机。

数据处理是计算机应用的一个重要领域，在实际进行数据处理时，被处理的各数据元素总是被存放在计算机的存储空间中，并且，各数据元素在计算机存储空间中的位置关系与它们的逻辑关系不一定是相同的，而且一般也不可能相同。由于数据元素在计算机存储空间中的位置关系可能与逻辑关系不同，因此，为了表示存放在计算机存储空间中的各数据元素之间的逻辑关系，在数据的存储结构中，不仅要存放各数据元素的信息，还需要存放各数据元素之间的逻辑关系的信息。

一般来说，一种数据的逻辑结构根据需要可以表示成多种存储结构，常用的存储结构有顺序存储结构、链式存储结构等。

（1）顺序存储（向量存储）结构

所有元素存放在一片连续的存储空间中，逻辑上相邻的元素存放到计算机存储器中仍然相邻。即各元素按照逻辑关系顺序地存放到存储空间中，这是最简单的存储结构，也是占用存储空间最少的存储结构。可以通过存储序号随机访问各元素。

（2）链式存储结构

这种存储方式对每一个数据元素用一块小的连续区域存放，称为一个结点（node）。不同的数据元素存储区可以连续，也可以不连续（离散存储）。即逻辑上相邻的元素存放到计算机存储器后不一定相邻。为了存储数据元素之间的逻辑关系，需要另外开辟存储空间，存放邻接元素的地址，即使用指针域，在节点中可以设置一个或多个指针，指向其前驱或后继元素的地址。

采用不同的存储结构，其数据处理的效率是不同的。因此，在进行数据处理时，选择合适的存储结构是很重要的。

7. 运算集合

运算是指所施加的一组操作的总称。运算的定义直接依赖于逻辑结构，但运算的实现必须依赖于存储结构。数据结构就是研究一类数据的表示及其相关的运算操作。

7.2 算　　法

7.2.1 算法的基本概念

1. 算法的定义

算法（algorithm）是为了求解问题而给出的指令序列，可以理解为由基本运算及规定的运算顺序所构成的完整的解题步骤，而程序是算法的一种实现。计算机按照程序逐步执行算法，实现对问题的求解。简单地说，算法可以看作按照要求设计好的有限的确切的计算序列，并且这样的步骤和序列可以解决某一个（类）问题。

通俗地讲，算法就是一种解题的方法，是解题方案准确且完整的描述。

对于一个问题，如果可以通过一个计算机程序，在有限的存储空间内运行有限的时间而得到正确的结果，则称这个问题是算法可解的。但算法不等于程序，也不等于计算方法。当然，程序也可以作为算法的一种描述，但程序通常还需要考虑很多与方法和分析无关的细节问题，这是因为在编写程序时要受到计算机系统环境的限制。通常，程序的编制不可能优于算法的设计。

2. 算法的三要素

算法由操作、控制结构和数据结构三要素组成。

（1）操作

算法实现平台尽管有许多种类，它们的函数库、类库也有较大差异，但是必须具备的最基本的操作功能是相同的。这些操作包括如下内容。

算术运算：加法、减法、乘法、除法等运算。

关系比较：大于、小于、等于、不等于等运算。

逻辑运算：与、或、非等运算。

数据传送：输入、输出、赋值等操作。

（2）控制结构

一个算法功能的实现不仅取决于所选用的操作，而且与各操作之间的执行顺序有关。算法中各操作之间的执行顺序称为算法的控制结构。算法的控制结构给出了算法的基本框架，它不仅决定了算法中各操作的执行顺序，而且直接反映了算法的设计是否符合结构化原则。

算法的基本控制结构有如下三种。

1）顺序结构：顺序结构是程序设计中最简单、最常用的基本结构。在该结构中，各操作块按照出现的先后顺序依次执行。它是任何程序的主体基本结构，即使在选择结构或循环结构中，也常以顺序结构作为其子结构。

2）选择结构：又称为分支结构，是指程序依据条件所列出表达式的结果来决定执行多个分支中的哪一个分支，进而改变程序执行的流程。依据条件选择分支的结构称为选择结构。

3）循环结构：某一类问题可能需要重复多次执行完全一样的计算和处理方法，而每次使用的数据都按照一定的规律在改变。这种可能重复执行多次的结构称为循环结构，又称重复结构。

（3）数据结构

算法操作的对象是数据，数据之间的逻辑关系、数据的存储方式及处理方式就是数据的数据结构。它与算法设计是紧密相关的。

有了计算机的帮助，使得许多过去仅靠人工无法计算的大量复杂问题有了解决的希望。不过，使用计算机进行计算，首先要解决的是如何将被处理的对象存储到计算机中，也就是要选择适当的数据结构。

7.2.2　算法的基本特性

更严格地说，算法是由若干条指令组成的有穷序列，它必须满足如下五大基本特性。

（1）输入

一个算法有零个或多个外部量作为算法的输入。有些输入量需要在算法执行过程中输入，而有的算法表面上可以没有输入，实际上已被嵌入算法之中。

（2）输出

一个算法产生至少一个或多个量作为输出。它是一组与输入有确定关系的量值，是算法进行信息加工后得到的结果。

（3）确定性

算法中的每一条指令必须有确切的含义，无二义性。即每种情况下所应执行的操作，在算法中都有确切的规定，使算法的执行者或阅读者都能明确其含义及如何执行。并且，在任何条件下，对于相同的输入只能得到相同的输出。

（4）有穷性

有穷性是指算法必须能够在执行有限步骤后、有限的时间内终止。即每条指令的执行次数和执行时间必须是有限的。

（5）可行性

算法描述的操作可以通过已经实现的基本操作执行有限次来实现。即算法的每一个步骤，计算机都能够执行。计算机所能执行的动作是预先设计好的，一旦出厂就不会改变。所以，设计算法时，应考虑每个步骤必须能够用计算机所能执行的操作命令实现。

综上所述，算法是一组严谨定义运算顺序的规则，并且每一个规则都是有效的、明确的，此顺序将在有限的次数后终止。

7.2.3　算法分析

1. 算法的评价标准

如何评价一个算法的优劣呢？一个"好"的算法评价标准一般有如下五个方面。

（1）正确性

说一个算法是正确的，是指对于一切合法的输入数据，该算法经过有限时间的执行都能产生正确（或者说满足规格说明要求）的结果。正确性是算法设计最基本、最重要、第一位的要求。

（2）可读性

可读性的含义是指算法思想表达的清晰性、易读性、易理解性、易交流性等多个方面，甚至还包括适应性、可扩充性和可移植性等。一个可读性好的算法常常也相对简单。

（3）健壮性

一个算法的健壮性是指其运行的稳定性、容错性、可靠性和环境适应性等。当出现输入数据错误、无意的操作不当或某种失误、软/硬件平台和环境变化等故障时，能否保证正常运行，不至于出现莫名其妙的现象、难以理解的结果甚至经常瘫痪死机。

（4）时间复杂度

为了分析某个算法的执行时间，可以将那些对所研究的问题来说是基本的操作或运算分离出来，计算基本运算的次数。一个算法时间复杂度是指该算法所执行的基本运算的次数。

（5）空间复杂度

算法执行需要存储空间来存放算法本身包含的语句、常量、变量、输入数据和实现其运算所需的数据（如中间结果等），此外还需要一些工作空间来对（以某种方式存储的）数据进行操作。算法所占用的空间数量与输入数据的规模、表示方式、算法采用的数据结构、算法的设计以及输入数据的性质有关。算法的空间复杂性是指算法执行时所需的存储空间的数量。

在评价一个算法优劣的这五个标准中，最重要的有两个：一是时间复杂度，二是空间复杂度。人们总是希望一个算法的运行时间尽量短，而运行算法所需的存储空间尽可能的少。实际上，这两个方面是有矛盾的，节约算法的执行时间往往以牺牲更多的存储空间为代价；节省存储空间可能要耗费更多的计算时间。所以，要根据具体情况在时间和空间上找到一个合理的平衡点，称为算法分析。

2. 时间复杂度

（1）时间频度

算法的时间频度是指执行算法所需要的计算工作量。

一个算法执行所耗费的时间，从理论上是不能算出来的，必须上机运行测试才能知道。但不可能也没有必要对每个算法都上机测试，只需知道哪个算法花费的时间多，哪个算法花费的时间少就可以了。为此，可以用算法在执行过程中需要的基本运算的执行次数来度量算法的工作量。基本运算反映了算法运算的主要特征，一个算法花费的时间与算法中基本运算的执行次数成正比，哪个算法中基本运算执行次数多，它花费时间就多。因此，用基本运算的次数来度量时间是客观可行的，有利于比较同一个问题的几种算法的优劣。

算法执行的基本运算次数与问题的规模有关。即算法所需要的时间用算法所执行的基本运算次数来度量，而算法所执行的基本运算次数是问题规模的函数。将一个算法中的基本运算执行次数称为时间频度，记为 $T(n)$，其中，n 称为问题的规模。

（2）时间复杂度

当 n 不断变化时，时间频度 $T(n)$ 也会不断变化。但有时我们想知道它变化呈什么规律。为此，引入时间复杂度的概念。

设 $T(n)$ 的一个辅助函数为 $g(n)$，定义为当 n 大于等于某一足够大的正整数 n_0 时，存在两个正的常数 A 和 B（其中 $A \leq B$），使得 $A \leq T(n)/g(n) \leq B$ 成立，则称 $g(n)$ 是 $T(n)$ 的同数量级函数。把 $T(n)$ 表示成数量级的形式为 $T(n) = O(g(n))$，其中大写字母 O 为英文 Order（即数量级）一词的首字母。

例如，若 $T(n)=n(n+1)/2$，则有 $1/2 < T(n)/n^2 \leq 1$，故它的时间复杂度为 $O(n^2)$，即 $T(n)$ 与 n^2 数量级相同。

在各种不同算法中，若算法中语句执行次数为一个常数，则时间复杂度为 $O(1)$，另外，当时间频度不相同时，时间复杂度有可能相同，如 $T(n)=n^2+3n+4$ 与 $T(n)=4n^2+2n+1$ 它们的频度不同，但时间复杂度相同，都为 $O(n^2)$。

按照数量级递增排列，常见的时间复杂度有常数级 $O(1)$，对数级 $O(\log_2 n)$，线性级 $O(n)$，线性对数级 $O(n\log_2 n)$，平方级 $O(n^2)$，立方级 $O(n^3)$，…，k 次方级 $O(n^k)$，指数级 $O(2^n)$。随着问题规模 n 的不断增大，上述时间复杂度不断增大，算法的执行效率不断降低。

3. 空间复杂度

（1）空间频度

一个算法在执行时所占用的存储空间的开销，称为空间频度。

（2）空间复杂度

与时间复杂度类似，空间复杂度是指算法在计算机内执行时所占用的存储空间的开销规模。但一般所讨论的是除正常占用内存开销外的辅助存储单元规模。即包括算法程序所占的空间、输入的初始数据所占的存储空间，以及算法执行过程中所需要的额外空间。其中，额外空间包括算法程序执行过程中的工作单元，以及某种数据结构所需要的附加存储空间。在许多实际问题中，为了减少算法所占的存储空间，通常采用压缩存储技术，以便尽量减少额外空间。算法的空间复杂度是指算法在执行过程中所占辅助存储空间的大小，用 $S(n)$ 表示。与算法的时间复杂度相同，算法的空间复杂度 $S(n)$ 也可表示为

$$S(n)= O(g(n))$$

上式表示随着问题规模 n 的增大，算法运行所需存储量的增长率与 $g(n)$ 的增长率相同。

7.3　线性表、栈和队列

7.3.1　线性表的基本概念

1. 线性表的定义

线性表（linear list）是最简单、最常用的一种数据结构。

线性表是 n（$n \geqslant 0$）个数据元素 a_1，a_2，…，a_n 组成的有限序列，简称为表。其中，n 称为数据元素的个数或线性表的长度，当 $n=0$ 时称为空表，当 $n>0$ 时称为非空表。通常将非空的线性表记为（a_1，a_2，…，a_n），其中的数据元素 a_i（$1 \leqslant i \leqslant n$）是一个抽象的符号，其具体含义在不同情况下是不同的，即它的数据类型可以根据具体情况而定，可以是简单项，也可以是由若干个数据项组成。

例如，1）26 个字母表（A，B，C……Z）。

2）我国省、市、自治区名称表（北京,上海……台湾）。

3）我系 1991～1997 年（7 年），拥有计算机的数量（10,17,50,92,110,120,250）。

4）学生成绩表

学号	姓名	C 语言	汇编语言	微机原理
9501	王二	92	86	75

| 9503 | 李四 | 65 | 72 | 83 |

……

显然，线性表是一种线性结构。数据元素在线性表中的位置只取决于它们自己的序号，即数据元素之间的相应位置是线性的。

2. 线性结构的特征

线性表是线性结构，从它的定义可以看出线性结构有以下四个基本特征。

1）有且仅有一个开始结点（表头结点）a_1，它没有直接前驱，只有一个直接后继。

2）有且仅有一个终端结点（表尾结点）a_n，它没有直接后继，只有一个直接前驱。

3）其他结点有且仅有一个直接前驱和一个直接后继。

4）元素之间为一对一的线性关系。

3. 线性表的运算

常见线性表的运算如下。

1）表的长度：求出线性表中数据元素的个数。

2）取结点：在线性表中取出第 i 个数据元素，即取出数据元素 a_i。

3）定位（查找）：在线性表中查找某个元素的位置，若有多个，则以第一个为准，若没有，则位置为 0。

4）插入：在线性表中的某个位置上插入元素。

5）删除：删除线性表中某个位置上的元素。

6）合并：按照要求将多个线性表合并成一个线性表。

7）复制：将一个线性表复制成另一个同样的线性表。

7.3.2　顺序存储结构

1. 顺序表存储结构

线性表的顺序存储结构，又称为顺序表，它的存储方式为在内存中开辟一片连续存储空间，但该连续存储空间的大小要大于或等于顺序表的长度，然后将线性表中第一个元素存放在连续存储空间的第一个位置，第二个元素紧跟着第一个元素之后，其余依此类推。

由此可见，线性表顺序存储结构应满足如下特点。

1）线性表中所有元素所占的存储空间是连续的。

2）线性表中各数据元素在存储空间中是按照逻辑顺序依次存放的。

在线性表的顺序存储结构中，其前后两个逻辑相邻的元素在存储空间中也是紧邻的，且前驱元素一定存储在后继元素的前面。

在线性表的顺序存储结构中，如果线性表中各数据元素所占的存储空间（字节数）相等，则在该线性表中运算是很方便的。本章后面讨论的线性表，都是指各数据元素占用相等存储空间的情况。

例 7.5　假设线性表为 $(a_1, a_2, \cdots, a_n)$，设第一个元素 a_1 的内存地址为 $\text{ADR}(a_i)$，

而每个元素在计算机中占 d 个存储单元，则第 i 个元素 a_i 的地址为 ADR(a_i)=ADR(a_1)+$(i-1)*d(1 \leq i \leq n)$，即在顺序存储结构中，线性表中每一个数据元素在计算机存储空间中的存储地址是由该元素在线性表中的位置序号唯一确定的。长度为 n 的线性表（a_1, a_2, …, a_n）在计算机中的顺序存储结构如图 7.3 所示。

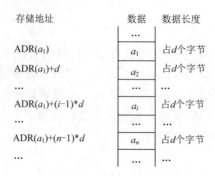

存储地址	数据	数据长度
	…	
ADR(a_1)	a_1	占d个字节
ADR(a_1)+d	a_2	占d个字节
…	…	…
ADR(a_1)+$(i-1)*d$	a_i	占d个字节
…	…	…
ADR(a_1)+$(n-1)*d$	a_n	占d个字节
	…	…

图 7.3　线性表的顺序存储结构

2. 顺序表的存储空间定义

在程序设计语言中，通常定义一个一维数组来表示线性表的顺序存储空间。因为程序设计语言中的一维数组与计算机中实际的存储空间结构是类似的，这就便于用程序设计语言对线性表进行各种处理。

在用一维数组 $V(1:m)$ 存放线性表时，该一维数组的长度 m 通常要定义得比线性表的实际长度大一些，以便对线性表进行各种运算，特别是插入运算。在一般情况下，如果线性表的长度在处理过程中是动态变化的，则在开辟线性表的存储空间时要考虑线性表在动态变化过程中可能达到的最大长度。如果开始时所开辟的存储空间太小，则在线性表动态增长时可能会出现存储空间不够而无法再插入新的元素；但如果开始时所开辟的存储空间太大，而实际上又用不着这么大的存储空间，则会造成存储空间的浪费。在实际应用中，可以根据线性表动态变化过程中的一般规模来决定开辟的存储空间量。

3. 顺序表的插入运算

1）插入运算的基本思想。在一般情况下，设长度为 n 的线性表为（a_1, a_2, …, a_n），现要在线性表的第 i（$1 \leq i \leq n$）个元素 a_i 之前插入一个新元素 b，首先要从最后一个（即第 n 个）元素开始，直到第 i 个元素之间，共 $n-i+1$ 个元素依次向后移动一个位置（即从后面开始向后移动），移动结束后，第 i 个位置就被空出，然后将新元素插入到第 i 个位置。插入结束后，线性表的长度增加了 1，插入后长度为 $n+1$ 的线性表为（a_1, a_2, … a_{i-1}, b, a_i, …, a_n）。

下面举一个例子来说明如何在顺序存储结构的线性表中插入一个新元素。

例 7.6　图 7.4（a）所示为一个长度为 7 的线性表顺序存储在长度为 9 的存储空间中。现要求在第 3 个元素 65 之前插入新元素 30。其插入过程如下。

首先将从最后一个元素 43 开始到第 3 个元素 65 为止的每一个元素均依次往后移动一个位置，即原第 7 个元素 43 移到第 8 个位置，原第 6 个元素 21 移动到第 7 个位置，将原第 7 个位置上的元素 43 覆盖，以此类推，最后将原第 3 个元素 65 移动到第 4 个位置，然后将新元素 30 插入到第 3 个位置上。插入一个新元素后，线性表的长度变成了 8，如图 7.4（b）所示。

如果再在线性表的第 9 个元素之前（即线性表的末尾）插入一个新元素 50，则不需要移动，直接将新元素插入到第 9 个位置上即可。插入后，线性表的长度变成了 9，如图 7.4（c）所示。

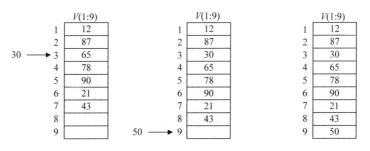

　　　（a）长度为7的线性表　　（b）删除元素30后的线性表　　（c）删除元素50后的线性表

图 7.4　线性表在顺序存储结构下的插入

现在，为线性表开辟的存储空间已经满了，不能再插入新的元素了。如果再插入，则会造成上溢错误。

2）插入运算性能分析。显然，当线性表采用顺序存储结构时，插入算法花费的时间主要在于元素的后移，即从最后位置到插入位置之间的所有元素都要后移一位，使空出的位置插入新元素。但是，插入的位置是不固定的，当插入位置 $i=1$ 时，全部元素都得移动，需要 n 次移动；当 $i=n+1$ 时，插入运算在线性表的末尾进行，即在第 n 个元素之后（可以认为是在第 $n+1$ 个元素之前）插入新元素，则只要在表的末尾增加一个元素即可，而不需要任何移动。在平均情况下，在线性表中插入一个新元素，需要移动表中一半的元素。因此，在线性表顺序存储的情况下，要插入一个元素，其效率是很低的，特别是在线性表比较大的情况下更为突出，由于数据元素移动而消耗较多的处理时间。

4. 顺序表的删除运算

1）删除运算的基本思想。在一般情况下，设长度为 n 的线性表为 $(a_1, a_2, \cdots, a_n)$，现要删除线性表的第 i（$1 \leqslant i \leqslant n$）个元素 a_i，则要从第 $i+1$ 个元素开始，直到最后一个（即第 n 个）元素之间，共 $n-i$ 个元素依次向前移动一个位置（即从前面开始向前移动），删除结束后，线性表的长度就减少了 1，删除后得到长度为 $n-1$ 的线性表为 $(a_1, a_2, \cdots a_{i-1}, a_{i+1}, \cdots, a_n)$。

下面举一个例子来说明如何在顺序存储结构的线性表中删除一个元素。

例 7.7　图 7.5（a）所示为一个长度为 7 的线性表顺序存储在长度为 9 的存储空间中。现在要求删除线性表中的第 2 个元素 87。其删除过程如下。

首先将从第 3 个元素 65 开始到最后一个元素 43 之间的每一个元素均依次往前移动一个位置（从前面开始往前移动），即原第 3 个元素 65 前移将原第 2 个元素 87 覆盖，原第 4 个元素 78 前移将原第 3 个元素 65 覆盖。依此类推，最后第 7 个元素 43 前移将原第 6 个元素 21 覆盖。

此时，线性表的长度变成了 6，如图 7.5（b）所示。如果再删除线性表中的第 6 个元素（表尾元素），则不需要移动，直接将线性表的长度变成 5 即可，如图 7.5（c）所示。

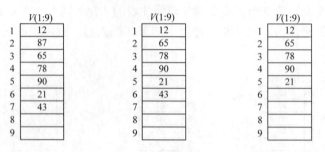

（a）长度为7的线性表　　（b）删除元素87后的线性表　　（c）删除元素43后的线性表

图 7.5　线性表在顺序存储结构下的删除

2）删除运算的性能分析。显然，在线性表采用顺序存储结构时，删除运算的算法花费的时间主要在于元素的前移，即从删除元素的后一位置到表的最后位置的所有元素都要前移一位。但是，删除的位置是不固定的，当删除位置 $i=1$ 时，其后的全部元素都得移动，需要 $n-1$ 次移动，当 $i=n$ 时，删除运算在线性表的末尾进行，即将第 n 个元素删除，则只要将线性表的长度减 1 即可，而不需要任何移动。在平均情况下，要在线性表中删除一个元素，需要移动表中约一半的元素。因此，在线性表顺序存储的情况下，要删除一个元素，其效率也是很低的，特别是在线性表比较大的情况下更为突出，由于数据元素移动而消耗较多的处理时间。

由线性表在顺序存储结构下的插入和删除运算可以看出，线性表的顺序存储结构对于小线性表或者其中元素不常变动的线性表来说是合适的，因为顺序存储结构比较简单。但这种顺序存储结构对于元素经常需要变动的大线性表就不太合适了，因为插入与删除的效率比较低。

7.3.3　链式存储结构

链式存储结构：假设数据结构中的每一个数据结点对应一个存储单元，这种存储单元称为存储结点，简称结点。在链式存储结构中，要求每个结点由两部分组成：一部分用于存放数据元素值，称为数据域；另一部分用于存放地址，称为指针域。其中，指针用于指向该结点的直接前驱或直接后继，即指针域存放的是该结点的直接前驱或直接后继所在的存储单元的地址。

在链式存储结构中，存储数据结构的存储空间可以不连续，各数据结点的存储顺序与数据元素之间的逻辑关系也可以不一致，而数据元素之间的逻辑关系是由指针域来确定的，故不能像顺序表一样可随机访问，而只能按顺序访问。

线性表的链式存储结构称为链表。常用的链表有单链表、双向链表和循环链表等。

1. 单链表

在链表存储结构中，若每个结点只含有一个指针域来存放下一个元素地址，称这样的链表为单链表。其结点存储结构如图 7.6 所示。其中 NEXT(i)表示第 i 个结点的直接后继结点在存储空间中的地址。$V(i)$表示第 i 个结点的数据域。

图 7.6 单链表的结点存储结构

在单链表中，用一个专门的指针 HEAD 指向单链表中第一个数据元素的结点（即存放单链表中第一个数据元素的存储结点的序号）。单链表中最后一个元素没有后继，因此，单链表中最后一个结点的指针域为空（用 NULL 或 0 表示），表示链表终止。

单链表的逻辑结构如图 7.7 所示。

图 7.7 单链表的逻辑结构

下面举一个例子来说明单链表的存储结构和逻辑结构。

例 7.8 设线性表为（a_1，a_2，a_3，a_4，a_5），存储空间具有 9 个存储结点，该线性表在存储空间中的存储情况如图 7.8（a）所示。为了直观地表示该单链表中各元素之间的逻辑关系，还可以用如图 7.8（b）所示的逻辑结构来表示，其中每一个结点上面的数字表示该结点的存储序号（简称结点号）。

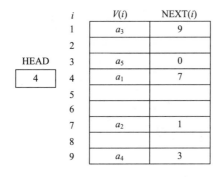

（a）单链表的存储结构

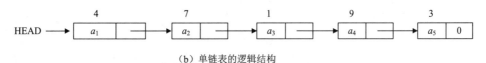

（b）单链表的逻辑结构

图 7.8 单链表的存储结构和逻辑结构

一般来说，在线性表的链式存储结构中，各数据结点的存储序号是不连续的，并且各结点在存储空间中的位置关系与逻辑关系也不一致。在线性链表中，各数据元素之间的逻辑关系是由各结点的指针域来指示的，指向线性表中第一个结点的指针 HEAD 称为头指针，当 HEAD=NULL（或 0）时称为空表。

在单链表中，每一个结点只有一个指针域，由这个指针只能找到后继结点，但不能找到前驱结点。因此，在这种线性链表中，只能顺着指针向链尾方向进行扫描，这对于某些问题的处理会带来不便，因为在这种链接方式下，由某个结点出发，只能找到它的后继，而为了找出它的前驱，必须从头指针开始重新寻找。

为了弥补线性单链表的这个缺点，在某些应用中，常使用下面介绍的双向链表。

本节主要讨论在单链表上实现查找、插入和删除运算的方法。

1）单链表上的查找运算。在对单链表进行插入或删除的运算中，总是首先需要找到插入或删除的位置，这就需要对单链表进行扫描，寻找包含指定元素值的前一个结点。找到这个结点后，就可以在该结点后插入新的结点或删除该结点的后一个结点。

在非空单链表中寻找包含指定元素值 x 的前一结点 p 的基本方法如下。

从头指针指向的结点开始向后沿着指针进行扫描，直到后面已经没有结点或下一个结点的数据域就是 x 为止。因此，由这种方法找到的结点 p 有两种可能：当单链表中存在包含元素 x 的结点时，找到的 p 为第一次遇到的包含元素 x 的前一结点的序号；当单链表中不存在包含元素 x 的结点时，找到的 p 为单链表中的最后一个结点的序号。

2）单链表上的插入运算。为了在单链表中插入一个新元素，首先要给该元素分配一个新结点，以便用于存储元素的值。新结点可以从可利用栈中取得，然后将存放新元素值的结点链到单链表的指定位置。

例 7.9　假设可利用栈和单链表如图 7.9（a）所示。现在要在单链表中元素 x 的结点之前插入一个新结点 y。

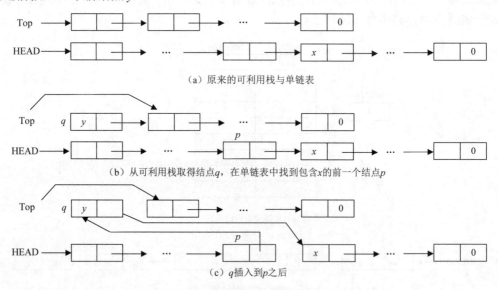

（a）原来的可利用栈与单链表

（b）从可利用栈取得结点 q，在单链表中找到包含 x 的前一个结点 p

（c）q 插入到 p 之后

图 7.9　单链表的插入运算示意图

其插入过程如下。

① 从可利用栈取一个结点，设该结点的序号为 q（即取得结点的存储序号存放在变量 q 中），并置结点 q 的数据域为插入的元素值 y。这一步后，可利用栈的状态如图 7.9（b）所示。

② 在单链表中寻找元素 x 的前一个结点，假定存在，并设该结点的存储序号为 p，如图 7.9（b）所示。

③ 最后将结点 q 插入到结点 p 之后。为了实现这一步，只要改变以下两个结点的

指针域内容：使结点 q 指向包含元素 x 的结点（即结点 p 的后继结点）；使结点 p 的指针域内容改为指向结点 q。

这一步的结果如图 7.9（c）所示。到此完成了插入运算。

由单链表的插入过程可以看出，由于插入的新结点取自可利用栈，因此，只要可利用栈不空，在单链表插入时总能取到存储插入元素的新结点，不会发生上溢情况。由于可利用栈是公用的，多个单链表可以共享它，从而很方便地实现了存储空间的动态分配。另外，单链表在插入过程中，不发生数据元素移动的现象，只需改变有关结点的指针即可，从而提高了插入的效率。

3）单链表上的删除运算。单链表的删除是指在链式存储结构下的线性表中删除包含指定元素的结点。

为了在单链表中删除包含指定元素的结点，首先要在单链表中找到这个结点，然后将要删除结点放回到可利用栈。

例 7.10 假设可利用栈与单链表如图 7.10（a）所示。现在要在单链表中删除包含元素 x 的结点，其删除过程如下。

① 在单链表中寻找包含元素 x 的前一个结点，假定存在，并设该结点的存储序号为 p。

② 将结点 p 后的结点 q（q 即为包含元素 x 的结点）从单链表中删除，即让 p 的指针指向结点 q 的后继的结点。

经过上述两步后，单链表如图 7.10（b）所示。最后将包含元素 x 的结点 q 送回可利用栈。经过这一步后，可利用栈的状态如图 7.10（c）所示。

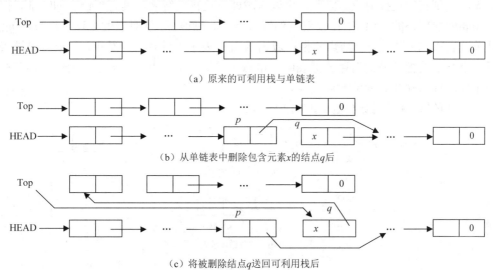

（a）原来的可利用栈与单链表

（b）从单链表中删除包含元素 x 的结点 q 后

（c）将被删除结点 q 送回可利用栈后

图 7.10 单链表的删除运算示意图

由单链表的删除过程可能看出，在单链表中删除一个元素后，不需要移动数据元素，只需改变被删除元素所在结点的前一个结点的指针域即可。另外，由于可利用栈是用于收集计算机中所有的空闲结点，当从单链表中删除一个元素后，该元素的存储结点就变为空闲的，应将其送回到可利用栈中。

显然，在单链表中，插入与删除运算比较方便，但是，还存在一个问题，在运算过程中对于空表和对第一个结点的处理必须单独考虑，使空表与非空表的运算不统一。

2. 双向链表

对线性链表中的每一个结点设置两个指针域，一个称为左指针 Llink，用以指向其直接前驱结点；另一个称为右指针 Rlink，用以指向其直接后继结点。结点存储结构如图 7.11（a）所示。这样的线性链表称为双向链表，其逻辑结构如图 7.11（b）所示。

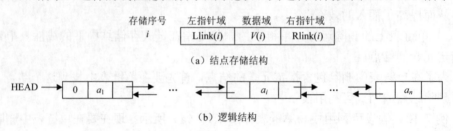

（a）结点存储结构

（b）逻辑结构

图 7.11　双向链表的逻辑结构和结点的存储结构

为了克服单链表的这个缺点，可以采用另一种链接方式，即循环链表（circular linked list）的结构。

3. 循环链表

单链表上的访问是一种顺序访问，从其中某一个结点出发，可以找到它的直接后继，但无法找到它的直接前驱。因此，可以考虑建立这样的链表，具有单链表的特征，但又不需要增加额外的存储空间，仅对表的链接方式稍做改变，使对表的处理更加方便灵活。从单链表可知，最后一个结点的指针域为 NULL 表示单链表已经结束。如果将单链表最后一个结点的指针域改为存放链表中头结点（或第一个结点）的地址，则整个链表构成一个环，称这种链表为单循环链表。

单循环链表的逻辑结构如图 7.12 所示。

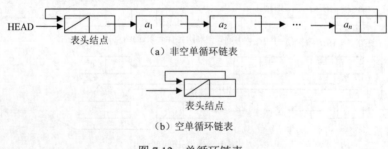

（a）非空单循环链表

（b）空单循环链表

图 7.12　单循环链表

在单循环链表中，增加了一个表头结点，它的数据可以是任何数据。

单循环链表的结构与单链表相比，具有以下两个特点。

1）在单循环链表中增加了一个表头结点，其数据域为任意或者根据需要来设置，指针域指向线性表的第一个元素的结点。循环链表的头指针指向表头结点。

2）单循环链表中最后一个结点的指针域不是空，而是指向表头结点。即在单循环链表中，所有结点的指针构成了一个环状链。

7.3.4　栈

1. 栈的定义

栈（stack）是限制线性表中元素的插入和删除只能在线性表的同一端进行的一种特殊线性表。允许插入和删除的一端，为变化的一端，称为栈顶（Top），另一端为固定的一端，称为栈底（Bottom）。

设 $S=(a_1, a_2, \cdots, a_n)$ 是一个栈，则称 a_1 是栈底元素，a_n 是栈顶元素。元素 a_i 在元素 a_{i-1} 之上。

例如，1）多车辆钻进了狭窄的死胡同，只好后进的先退出。

2）老师批改作业，总是后交的先改，或先改的后发。

根据栈的定义可知，最先放入栈中的元素在栈底，最后放入的元素在栈顶，而删除元素刚好相反，最后放入的元素最先删除，最先放入的元素最后删除。也就是说，栈是一种"后进先出"（last in first out，LIFO）表。

2. 栈的运算

栈的结构如图 7.13 所示。

栈的基本运算有三种：入栈、出栈与读取栈顶元素。

1）入栈：将新元素插入到栈顶位置中，也称为进栈、插入或压入。这个运算有两个基本操作：首先将栈顶指针进一（即 Top 加 1），然后将新元素插入到栈顶指针指向的位置。

当栈顶指针已经指向存储空间的最后一个位置时，说明栈空间已满，不可能再进行入栈操作，否则会产生上溢错误。

2）出栈：取出栈中栈顶元素，并赋给一个指定的变量，又称为退栈、删除或弹出。这个运算有两个基本操作：首先将栈顶元素（栈顶指针指向的元素）赋给一个指定的变量，然后将栈顶指针退一（即 Top 减 1）。

当栈顶指针 Top 为 0 时，说明栈空，不能进行退栈操作，否则会产生下溢错误。

3）读取栈顶元素：读取栈中栈顶元素，并赋给一个指定的变量。必须注意，这个运算不删除栈顶元素，只是将它的值复制一份，赋给一个指定的变量，因此，在这个运算中，栈顶指针不改变。

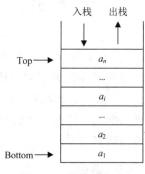

图 7.13　栈的结构

3. 栈的顺序存储结构

采用顺序存储结构的栈称为顺序栈。

与一般的线性表一样，在程序设计语言中，用一维数组 $S(1:m)$ 作为栈的顺序存储空间，其中 m 为栈的最大容量。通常，栈底指针指向栈空间的低地址一端（即数组的起始地址这一端）。其中 $S(\text{Bottom})$ 通常为栈底元素（在栈非空的情况下），$S(\text{Top})$ 为栈顶元素。

Top=0 表示栈空；Top=m 表示栈满。

　　例 7.11　图 7.14（a）所示是容量为 9 的栈顺序存储空间，栈中已有 5 个元素。若再将两个元素入栈，则首先将栈顶指针 Top 加 1，入栈第一个元素 H，再将 Top 加 1，入栈第二个元素 R，如图 7.14（b）所示；现若要求在图 7.14（b）所示栈的基础上，将栈顶元素 R 出栈，则先需要将 R 取出赋给指定的变量，然后栈顶指针减 1，如图 7.14（c）所示。

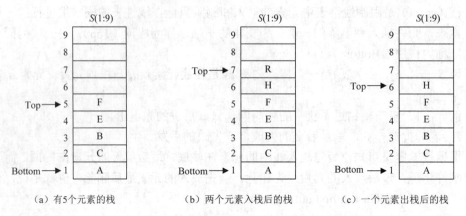

（a）有5个元素的栈　　　　　（b）两个元素入栈后的栈　　　　　（c）一个元素出栈后的栈

图 7.14　栈在顺序存储结构下的运算

4．栈的链式存储结构

　　栈也是线性表，也可以采用链式存储结构。栈的链式存储结构称为链式栈（也称链栈），是一种限制运算的链表，即规定链表中的插入和删除运算只能在链表的开头进行。

　　链栈逻辑结构如图 7.15 所示。其中 Top 为链栈的栈顶指针，相当于线性表的头指针 HEAD。插入和删除运算均是通过 Top 实现的。

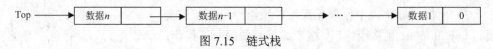

图 7.15　链式栈

　　在实际应用中，带链的栈可以用来收集计算机存储空间中所有空闲的存储结点，这种带链的栈称为可利用栈。由于可利用栈链接了计算机存储空间中所有空闲的存储结点，因此当计算机系统或用户程序需要存储结点时，就可以从中取出栈顶结点；当计算机系统或用户程序释放一个存储结点（该元素从表中删除）时，需要将该结点放回到可利用栈的栈顶。

7.3.5　队列

1．队列的定义

　　仅允许在一端进行插入，另一端进行删除的线性表，称为队列（queue）。允许插入的一端称为队尾，通常用一个称为队尾指针（Rear）的指针指向队尾元素（最后被插入的元素）所在的位置；允许删除的一端称为队头，通常也用一个称为队头指针（Front）的指针指向队头元素的前一个位置。在队列中，队尾指针 Rear 与队头指针 Front 共同反映了队列中元素动态变化的情况。

设队列 $Q=(a_1, a_2, \cdots, a_n)$，队列表示形式如图 7.16 所示

图 7.16　队列 Q 的表示形式

例如，1）购物排队。

2）操作系统中，作业调度（先来先服务）。

若队列中没有任何元素，则称为空队列，否则称为非空队列。显然，在队列这种数据结构中，最先插入的元素将最先能够被删除，反之，最后插入的元素将最后才能被删除。因此，队列又称为"先进先出"（first in first out，FIFO）表，它体现了"先来先服务"的原则。在日常生活中的排队，以及操作系统中的先来先服务作业调度算法，其过程都与队列相似。

2．队列的运算

队列可定义如下两种基本运算。

1）入队：将元素插入到队尾中，也称进队或插入。此操作先将队尾指针 Rear 进 1（即 Rear+1），然后将新元素插入 Rear 指向的位置中。

2）出队：将队列的队头元素删除，也称退队或删除。此操作先将队头指针 Front 进 1（即 Front+1），然后将 Front 指向位置的元素取出，赋给指定的变量。

3．队列的顺序存储结构

（1）顺序队列

采用顺序存储结构的队列称为顺序队列。

将队列中的元素全部依次存入一个一维数组 $Q(1:m)$ 中（即连续的存储空间中），数组的低下标一端为队头，高下标一端为队尾。

例 7.12　图 7.17（a）所示是一个 $m=6$ 的队列，且已有 4 个元素。若在此基础上将一个元素出队，则首先需要将队头指针 Front 加 1，然后将 Front 所指向位置中的元素取出赋给指定的变量，出队后队列如图 7.17（b）所示；若在图 7.17（b）所示的基础上将一个元素入队，则首先需要将队尾指针 Rear 加 1，然后将入队元素插入到 Rear 所指向的位置，入队后队列如图 7.17（c）所示。

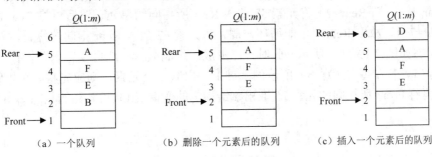

（a）一个队列　　　（b）删除一个元素后的队列　　　（c）插入一个元素后的队列

图 7.17　队列运算示意图

若一维数组中所有位置上都被元素装满，称为队满，即尾指针 Rear 指向一维数组最后，而头指针指向一维数组开头，称为队满。

但有可能出现这种情况：尾指针指向一维数组最后，但前面有很多元素已经出队，即空出很多位置，这时要插入元素，仍然会发生溢出。例如，若队列的最大容量 $m=6$，当 Front=Rear=6 时，再进队将发生溢出，这种溢出称为假溢出。

要克服假溢出，一般采用下面介绍的循环队列形式。

（2）循环队列

为了克服顺序队列中假溢出，在实际应用中，队列的顺序存储结构一般采用循环队列的形式。循环队列就是将队列存储空间的最后一个位置绕到第一个位置，形成逻辑上的环状空间，供队列使用。当存储空间的最后一个位置已被使用而再要进行入队运算时，只要存储空间的第一个位置空闲，便可以将元素加入第一个位置，即将存储空间的第一个位置作为队尾。

在循环队列中，用队尾指针 Rear 指向队列中的队尾元素所在的位置，用队头指针 Front 指向队头元素的前一个位置，因此，从队头指针 Front 指向的后一个位置到队尾指针 Rear 指向的位置之间所有的元素均为队列中的元素。

循环队列的初始状态为空，即 Rear=Front=m，如图 7.18 所示。

循环队列可定义如下两种基本运算。

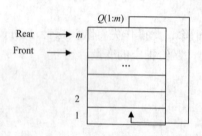

图 7.18　循环队列存储空间示意图

1）入队：是指在循环队列的队尾加入一个新元素。这个运算有两个基本操作：先将队尾指针 Rear 进一（即 Rear+1），当队尾指针 Rear=m+1 时，则置 Rear=1；然后将新元素插入 Rear 指向的位置中。当循环队列非空，且队尾指针等于队头指针时，说明循环队列已满，不能进行入队运算，否则产生上溢错误。

2）出队：是指在循环队列的队头位置退出一个元素并赋给指定的变量。这个运算有两个基本操作：先将队头指针 Front 进一（即 Front+1），当队头指针 Front=m+1 时，则置 Front=1；然后将 Front 指向的元素取出，赋给指定的变量。当循环队列为空时，不能进行出队运算，这种情况称为"下溢"。

例 7.13　图 7.19（a）所示是一个容量为 7 的循环队列存储空间，且其中已有 5 个元素。

若在图 7.19（a）所示的循环队列中加入两个元素 58 和 62，则首先需要将队尾指针 Rear 加 1，即 Rear=7，将元素 58 放入 Rear 所指向的单元，然后再将 Rear 加 1，此时 Rear=7+1，故取 Rear=1，即循环一周，将元素 62 放入 Rear 指向的位置，入队后队列的状态如图 7.19（b）所示，此时，已形成一个满队，不能再执行入队操作，否则将产生溢出。若在图 7.19（b）所示的基础上，出队一个元素，则应先将队头指针 Front 加 1，再将 Front 所指向的元素 25 取出赋给指定的变量，出队后队列的状态如图 7.19（c）所示。

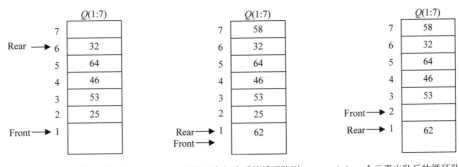

（a）具有5个元素的循环队列　　（b）两个元素入队后的循环队列　　（c）一个元素出队后的循环队列

图 7.19　循环队列运算示意图

4. 链式队列

与栈类似，队列也是线性表，也可以采用链式存储结构。队列的链式存储，称为链队列。在链队列中，有两个指针：队头指针 Front 和队尾指针 Rear。队头指针 Front 指向链队列中最先入队的元素所在的结点；队尾指针 Rear 指向最后入队元素所在的结点，它没有后继结点。

例 7.14　带链队列的逻辑结构如图 7.20（a）所示。若将新结点 p 入队，则首先需要将 Rear 的指针域改为 p，再将 p 作为 Rear，入队后的队列如图 7.20（b）所示。若再将队头结点 q 出队，则只需将 Front 改为 q 的后继结点即可，出队后的队列如图 7.20（c）所示。

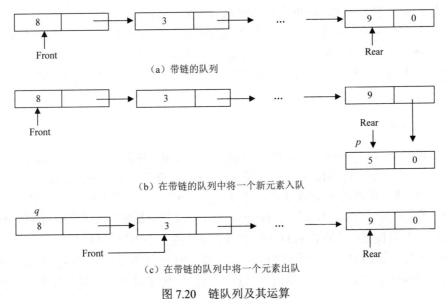

（a）带链的队列

（b）在带链的队列中将一个新元素入队

（c）在带链的队列中将一个元素出队

图 7.20　链队列及其运算

7.4 树与二叉树

7.4.1 树的基本概念

1. 树的图形表示

树（tree）是一种简单的非线性结构。在树这种数据结构中，所有数据元素之间具有明显的层次关系。它可以用图形的方式清晰地表示出来。

图 7.21 所示为一棵一般树的图形表示。

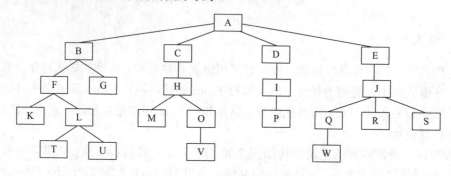

图 7.21 树的图形表示

由图 7.21 中可以看出，在用图形表示树这种数据结构时，很像自然界中的树，只不过是一棵倒立的树，因此，这种数据结构就用树来命名。

在树的图形表示中，总是认为在用直线连接起来的两端结点中，上端结点是前驱，下端结点是后继，这样，表示逻辑关系的箭头可以省略。由图 7.21 可以看出，一个结点最多只有一个直接前驱，除了最下层结点外，其他结点可以有一个或多个直接后继。所以树是一种一对多的非线性结构。

2. 树的定义

树是由 n（$n \geq 0$）个结点组成的有限集合。若 $n=0$，称为空树；若 $n>0$，则：

1）有一个特定的称为根（root）的结点，它只有直接后继，但没有前驱。

2）除根结点以外的其他结点可以划分为 m（$m \geq 0$）个互不相交的有限集合 T_0，T_1，…，T_{m-1}，每个集合 T_i（$i=0$，1，…，$m-1$）又是一棵树，称为根的子树，每棵子树的根结点有且仅有一个直接前驱，但可以有 0 个或多个直接后继。

由此可知，树的定义是一个递归的定义，即树的定义中又用到了树的概念。

树的结构如图 7.21 所示。树的根结点为 A，该树还可以分为四个互不相交的子树 T_1，T_2，T_3，T_4，其中 $T_1=\{B, F, G, K, L, T, U\}$，$T_2=\{C, H, M, O, V\}$，$T_3=\{D, I, P\}$，$T_4=\{E, J, Q, R, S, W\}$，而 T_1，T_2，T_3，T_4 又可以分解成若干棵不相交子树。例如，T_1 可以分解成 T_{11}，T_{12} 两个不相交子树，$T_{11}=\{F, K, L, T, U\}$，$T_{12}=\{G\}$，而 T_{11} 又可以分为两个不相交子树 T_{111}，T_{112}，其中，$T_{111}=\{K\}$，$T_{112}=\{L, T, U\}$，而 T_{112}

又可以分为两个不相交的子树 T_{1121}，T_{1122}，其中，$T_{1121}=\{T\}$，$T_{1122}=\{U\}$。

在现实世界中，具有层次关系的数据结构都可以用树这种数据结构来描述。在所有的层次关系中，人们最熟悉的是血缘关系，按照血缘关系可以很直观地理解树结构中各数据元素结点之间的关系，因此，在描述树结构时，也经常使用血缘关系中的一些术语。

3. 基本术语

下面就介绍几个与树相关的基本术语。

1）结点：指树中的一个数据元素。

2）结点的度和树的度：一个结点包含子树的数目（即后继的个数），称为该结点的度。树中结点度的最大值称为树的度。在图 7.21 中，结点 A 的度为 4，结点 F 的度为 2，树的度为 4。

3）根结点和叶子结点：没有前驱的结点称为根结点；没有后继（度为 0）的结点，称为叶子结点或树叶，也叫终端结点。在图 7.21 中，A 为根结点，K、T、U、G、M、V、P、W、R 和 S 为叶子结点。

4）子结点和父结点：若结点有子树，则子树的根结点为该结点的子结点，也称为孩子、儿子、子女等；而该结点为子树根结点的父结点。在图 7.21 中，F 的子结点为 K 和 L，而 K 和 L 的父结点为 F。

5）分枝结点：除叶子结点外的所有结点称为分枝结点，也称非终端结点。在图 7.21 中，分枝结点有 A、B、C、D、E、F、H、I、J、L、O 和 Q。

6）结点的层数和树的高度（深度）：根结点的层数为 1，其他结点的层数是从根结点到该结点所经过的分支数目再加 1。树中结点所处的最大层数称为树的高度，如空树的高度为 0，只有一个根结点的树高度为 1。在图 7.21 中，结点 F 的层数是 3，树的高度是 5。

4. 树的基本特征

树应满足下列基本特征：

1）有且仅有一个结点没有前驱，该结点为根结点。

2）除根结点以外，其余每个结点有且仅有一个直接前驱（父结点）。

3）树中每个结点可以有多个直接后继（子结点）。

5. 树的存储结构

树在计算机中通常用多重链表表示。多重链表中的每个结点描述了树中对应结点的信息，而每个结点的链域（指针域）个数将随树中该结点的度而定。

树的一般结构如图 7.22 所示。其中 link_i 表示指向该结点的第 i 个子结点的指针域。

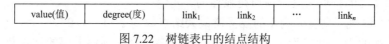

| value(值) | degree(度) | link₁ | link₂ | ... | linkₙ |

图 7.22　树链表中的结点结构

在表示树的多重链表中，由于树中每个结点的度一般是不同的，因此，多重链表中各结点的链域个数也就不同，这将导致对树进行处理的算法很复杂。如果用定长的结点来表示树中的每个结点，即取树的度作为每个结点的链域个数，就可以使对树的各种处理算法大大简化。但是在这种情况下，容易造成存储空间的浪费，因为有可能在很多结点中存在空链域。

7.4.2 二叉树及其基本性质

1. 二叉树的定义

二叉树（binary tree）是一种很有用的非线性结构。二叉树不同于树结构，但它与树结构很相似，并且，树结构中的所有术语都可以用到二叉树这种数据结构上。

与树结构定义类似，二叉树的定义也可用递归形式给出：二叉树是 n（$n \geq 0$）个结点的有限集，它或者是空集（$n=0$），或者由一个根结点及两棵不相交的左子树和右子树组成，且左右子树均为二叉树。

2. 二叉树的特点

二叉树的特点如下：

1）非空二叉树只有一个根结点。

2）每个结点最多有两棵子树，且分别称为该结点的左子树与右子树。或者说，在二叉树中，不存在度大于 2 的结点，并且二叉树是有序树（其他树为无序树），其子树的顺序不能颠倒。

因此，非空二叉树有四种不同的形态，如图 7.23 所示。图 7.23（a）表示只有一个结点构成的二叉树；图 7.23（b）表示该二叉树中根结点有一个右子结点；图 7.23（c）表示该二叉树中根结点有一个左子结点，由于二叉树是有序树，因此，图 7.23（b）和图 7.23（c）中的两棵二叉树是不同的；图 7.23（d）表示该二叉树既有一个左子结点，又有一个右子结点。

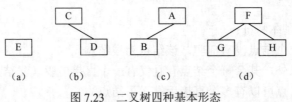

（a）　　（b）　　　　　（c）　　　　　（d）

图 7.23　二叉树四种基本形态

3. 二叉树的基本性质

性质 1　若二叉树的层数从 1 开始，则二叉树的第 m 层结点数，最多为 2^{m-1} 个（$m>0$）。

根据二叉树的特点，这个性质是显然的。

性质 2　深度（高度）为 k 的二叉树最大结点数为 $2^{k}-1$（$k>0$）。

证明：深度为 k 的二叉树，若要求结点数最多，则必须每一层的结点数都为最多，由性质 1 可知，最大结点数应为每一层最大结点数之和，即 $2^0+2^1+\cdots+2^{k-1}=2^k-1$。

性质 3 对任意一棵二叉树，如果叶子结点个数为 n_0，度为 2 的结点个数为 n_2，则有 $n_0=n_2+1$。即度为 0 的结点总是比度为 2 的结点多一个。

证明：设二叉树中度为 1 的结点个数为 n_1，根据二叉树的定义可知，该二叉树的结点数 $n=n_0+n_1+n_2$。又因为在二叉树中，度为 0 的结点没有子结点，度为 1 的结点有一个子结点，度为 2 的结点有两个子结点，故该二叉树的子结点数为 $n_0*0+n_1*1+n_2*2$，而一棵二叉树中，除根结点外所有结点都为子结点，故该二叉树的结点数应为子结点数加 1 即 $n=n_0*0+n_1*1+n_2*2+1$ 因此，有 $n=n_0+n_1+n_2=n_0*0+n_1*1+n_2*2+1$，最后得到 $n_0=n_2+1$。

性质 4 具有 n 个结点的二叉树，其深度至少为 $(\log_2 n)+1$。

这个性质可以由性质 2 直接得到。

4. 满二叉树与完全二叉树

为继续给出二叉树的其他性质，先定义两种特殊的二叉树。

（1）满二叉树

满二叉树是指这样的一种二叉树：除最后一层外，每一层上的所有结点都有两个子结点。这就是说，在满二叉树中，每一层上的结点数都达到最大值，即在满二叉树的第 m 层上有 2^{m-1} 个结点，且深度为 k 的满二叉树具有 2^k-1 个结点。

例 7.15 图 7.24（a）、图 7.24（b）和图 7.24（c）所示分别是深度为 2、3 和 4 的满二叉树。

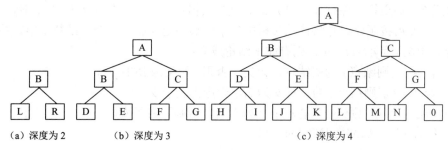

（a）深度为 2   （b）深度为 3   （c）深度为 4

图 7.24 满二叉树

从满二叉树的定义可知，必须是二叉树的每一层上的结点数都达到最大，否则就不是满二叉树。满二叉树的叶子在最底层。

（2）完全二叉树

完全二叉树是指这样的二叉树：除最后一层外，每一层上的结点数均达到最大值；在最后一层上只缺少右边的若干结点。更确切地说，如果从根结点起，对二叉树的结点自上而下、自左至右用自然数进行连续编号，则深度为 m、且有 n 个结点的二叉树，当且仅当其每一结点都与深度为 m 的满二叉树中编号从 1 到 n 的结点一一对应时，称为完全二叉树。

从完全二叉树定义可知，结点的排列顺序遵循从上到下、从左到右的规律。所谓从上到下，表示本层结点数达到最大后，才能放入下一层。从左到右，表示同一层结点必须按照从左到右排列，若左边空一个位置时不能将结点放入右边，进而，由于该层没有达到最大，也不能向下层放入。因此，完全二叉树的叶子可以在最下面两层。

例 7.16 深度为 3 的满二叉树和完全二叉树如图 7.25 所示。

从满二叉树及完全二叉树的定义还可以知道，满二叉树一定是一棵完全二叉树，反之完全二叉树不一定是一棵满二叉树。满二叉树的叶子结点全部在最底层，而完全二叉树的叶子结点可以分布在最下面两层。

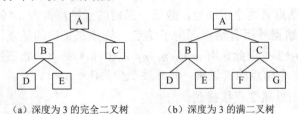

（a）深度为 3 的完全二叉树　　　（b）深度为 3 的满二叉树

图 7.25　深度为 3 的满二叉树和完全二叉树

性质 5　具有 n 个结点的完全二叉树深度为 $INT(\log_2 n)+1$。

（注意，$INT(x)$ 表示取不大于 x 的最大整数，也叫作对 x 向下取整。）

证明：设该完全二叉树高度为 k，则该二叉树的前面 $k-1$ 层为满二叉树，共有 $2^{k-1}-1$ 个结点，而该二叉树具有 k 层，第 k 层至少有 1 个结点，最多有 2^{k-1} 个结点。因此有下面的不等式成立：$(2^{k-1}-1)+1 \leq n \leq (2^{k-1}-1)+2^{k-1}$，即 $2^{k-1} \leq n \leq 2^k-1$。

记①为 $n \leq 2^k-1$，②为 $2^{k-1} \leq n$，由①有 $n+1 \leq 2^k$，同时取对数得：$\log_2(n+1) \leq k$；由②有 $2^{k-1} \leq n$，同时取对数得：$k \leq \log_2 n+1$，即 $k=INT(\log_2 n)+1$，即结论成立，证毕。

性质 6　如果将一棵有 n 个结点的完全二叉树从上到下、从左到右对结点编号 1，2，…，n，然后按照此编号将该二叉树中各结点顺序地存放于一个一维数组中，并简称编号为 j 的结点为 $j(1 \leq j \leq n)$，则有如下结论成立：

1）若 $j=1$，则结点 j 为根结点，无父，否则 j 的父为 $INT(j/2)$。

2）若 $2j \leq n$，则结点 j 的左子女为 $2j$，否则无左子女。

3）若 $2j+1 \leq n$，则结点 j 的右子女为 $2j+1$，否则无右子女。

4）结点 j 所在层数为 $INT(\log_2 j)+1$。

7.4.3　二叉树的存储结构

在计算机中，二叉树通常采用链式存储结构。

与线性链表类似，用于存储二叉树中各元素的存储结点也由两部分组成：数据域与指针域。但在二叉树中，由于每一个元素可以有两个后继（即左右子结点），因此，用于存储二叉树的存储结点的指针域有两个：一个用于指向该结点的左子结点的存储地址，称为左指针域；另一个用于指向该结点的右子结点的存储地址，称为右指针域。由于二叉树的存储结构中每一个存储结点有两个指针域，因此，二叉树的链式存储结构也称为二叉链表。

图 7.26 所示为二叉树存储结点结构示意图。其中，$L(i)$ 为结点 i 的左子结点的存储地址，$R(i)$ 为结点 i 的右子结点的存储地址，$V(i)$ 为结点 i 的数据域。

Lchild	Value	Rchild
$L(i)$	$V(i)$	$R(i)$

图 7.26　二叉树存储结点结构

例 7.17　图 7.27（a）所示的一棵二叉树，它的二叉链表的逻辑结构和物理结构分别如图 7.27（b）和图 7.27（c）所示。其中，BT 称为二叉链表的头指针，用于指向二叉树的根结点（即存放二叉树根结点的存储地址）。

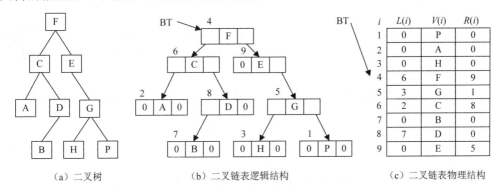

図 7.27　二叉树的链式存储结构

对于一棵二叉树，若采用二叉链表存储，当二叉树为非完全二叉树时，比较方便，若为完全二叉树，将会占用较多存储单元（存放地址的指针）。若一棵完全二叉树有 n 个结点，采用二叉链表作存储结构时，共有 $2n$ 个指针域，其中只有 $n-1$ 个指针指向左右子结点，其余 $n+1$ 个指针为空，没有发挥作用，被白白浪费掉了。因此，对于满二叉树与完全二叉树来说，根据完全二叉树的性质 6，可以按照层序进行顺序存储，这样，不仅节省了存储空间，还能方便地确定每一个结点的父结点与左右子结点的位置，但顺序存储结构对于一般的二叉树不适用。

7.4.4　二叉树的遍历

遍历二叉树是遵从某种次序，访问二叉树中的所有结点，使每个结点被且仅被访问一次。

由于二叉树是一种非线性结构，每个结点可能有一个以上的直接后继，因此，必须规定遍历的规则，并照按此规则遍历二叉树，最后得到二叉树所有结点的一个序列。

令 L、R、D 分别代表二叉树的左子树、右子树、根结点，则遍历二叉树有 6 种规则：DLR、DRL、LDR、LRD、RDL、RLD。若规定二叉树中必须先左后右（左右顺序不能颠倒），则只有 DLR、LDR、LRD 三种遍历规则。DLR 称为前根遍历（或前序遍历、先序遍历、先根遍历），LDR 称为中根遍历（或中序遍历），LRD 称为后根遍历（或后序遍历）。

1. 前根遍历

前根遍历是根结点最先访问，其次遍历左子树，最后遍历右子树。在遍历左、右子树时，仍然先访问根结点，然后遍历左子树，最后遍历右子树。因此，前根遍历二叉树的过程是一个递归的过程。

前根遍历二叉树的递归遍历算法描述为：若二叉树为空，则算法结束；否则

① 输出根结点。

② 前根遍历左子树。

③ 前根遍历右子树。

在此特别注意的是，在遍历左右子树时仍然采用前根遍历的方法。

2. 中根遍历

中根遍历是根在中间，先遍历左子树，然后访问根结点，最后遍历右子树。在遍历左、右子树时，仍然先遍历左子树，然后访问根结点，最后遍历右子树。因此，中根遍历二叉树的过程是一个递归的过程。

中根遍历二叉树的递归遍历算法描述为：若二叉树为空，则算法结束；否则

① 中根遍历左子树。

② 输出根结点。

③ 中根遍历右子树。

在此特别注意的是，在遍历左右子树时仍然采用中根遍历的方法。

3. 后根遍历

后根遍历是根在最后，即先遍历左子树，然后遍历右子树，最后访问根结点。在遍历左、右子树时，仍然先遍历左子树，然后遍历右子树，最后访问根结点。因此，后根遍历二叉树的过程是一个递归的过程。

后根遍历二叉树的递归遍历算法描述为：若二叉树为空，则算法结束；否则

① 后根遍历左子树；

② 后根遍历右子树；

③ 输出根结点。

在此特别注意的是，在遍历左右子树时仍然采用后根遍历的方法。

例 7.18 可以利用上面介绍的遍历算法，写出如图 9.23（a）所示二叉树的三种遍历序列如下。

先序遍历线性表：FCADBEGHP。

中序遍历线性表：ACBDFEHGP。

后序遍历线性表：ABDCHPGEF。

7.5 排　序

7.5.1 基本概念

排序（sorting）是数据处理中一种很重要的运算，同时也是很常用的运算。

在讨论各种排序技术之前，先明确如下几个概念。

1. 有序表与无序表

如果一个线性表的所有元素是按照值的递增或递减次序排列的，则该线性表称为有序表。相应地，若线性表中的元素是杂乱无章的，则此线性表称为无序表。

2. 正序表与逆序表

若有序表是按照升序排列的，则称为升序表或正序表，否则称为降序表或逆序表。不失普遍性，我们一般只讨论正序表。

3. 排序

排序是将一组元素按照值的递增（即由小到大）或递减（即由大到小）的次序重新排列的过程。即排序是将无序表变成有序表的过程。

4. 排序的性能分析

排序过程主要是对元素进行比较和移动。排序的时间复杂性可以根据算法执行中的数据比较次数及数据移动次数来衡量。若一种排序方法使排序过程在最坏或平均情况下所进行的比较和移动次数越少，则认为该方法的时间复杂性就越好。分析一种排序方法，不仅要分析它的时间复杂性，而且要分析它的空间复杂性。

7.5.2　交换类排序法

交换排序法是指借助数据元素之间的互相交换进行排序的一种方法。冒泡排序法与快速排序法都属于交换排序方法。

1. 冒泡排序

（1）冒泡排序（bubble sorting）的基本思想

冒泡排序是一种最简单的交换类排序方法，基本思想是：通过对待排序线性表从后向前，即从下标较大的元素开始，依次比较相邻元素，若发现逆序则交换，使较小的元素逐渐从后部移向前部，即从下标较大的单元移向下标较小的单元，就像水底下的气泡一样逐渐向上冒。

同理，也可按照相反方向进行扫描，即从前向后扫描。

（2）冒泡排序法的基本过程

冒泡排序有如下两种扫描方向：

1）从后向前扫描。从后向前扫描线性表，在扫描过程中逐次比较相邻两个元素的大小。若相邻两个元素中，后面的元素小于前面的元素，则将它们互换，这样就消去了一个逆序。显然，在扫描过程中不断地将两个相邻元素中的小者往前移动，最后就将线性表中的最小者换到了表的最前面，这是线性表中最小元素应在的位置。（即每次比较后，都将该次比较元素中的最小者移到此次参与比较元素的最前面。）

2）从前向后扫描。从表头开始往后扫描线性表，在扫描过程中逐次比较相邻两个元素的大小。若相邻两个元素中，后面的元素小于前面的元素，则将它们互换，这样就消去了一个逆序。显然，在扫描过程中不断地将两个相邻元素中的大者往后移动，最后就将线性表中的最大者换到了表的最后面，这是线性表中最大元素应在的位置。（即每次比较后，都将该次比较元素中的最大者移到此次参与比较元素的最后面。）

然后，无论是按照哪个方向扫描，对剩下的子表都按照同一方向重复上述过程，直到剩下的线性表变空为止，此时的线性表已经变为有序表。

在上述排序过程中，对线性表的每一次从前向后扫描后，都将其中的最大者沉到了表的底部，故称为下沉排序；从后向前扫描后，最小者像气泡一样冒到表的前头，冒泡排序由此而得名。

下面通过一个例题进一步理解冒泡排序的过程。

例 7.19　假定待排序线性表为（17，3，25，14，20，9）。如图 7.28 所示，分别给出从前往后和从后往前扫描的冒泡排序法的执行过程。

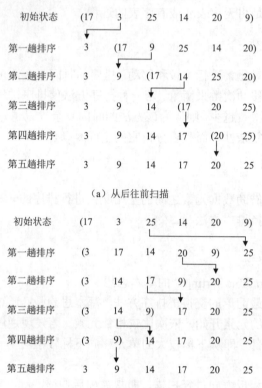

（a）从后往前扫描

（b）从前往后扫描

图 7.28　冒泡排序过程

图 7.28（a）表示从后往前扫描的冒泡排序过程。在第一趟排序时，首先 9 和 20 比较，由于逆序，因此互换；接着 9 和 14 比较，由于逆序，因此互换；接着 9 和 25 比较，仍然逆序，继续互换；接下来 9 和 3 比较，由于正序，因此不变换；最后 3 和 17 比较，由于逆序，因此互换。这样，经过第一趟排序后，最小的元素 3 被放到前面（即第一个位置）。以此类推，经过第二趟排序后，第二小的元素 9 被放到第二个位置，…，经过第五趟比较后，第五小的元素被放到第五个位置上，最后一个（也就是最大的）元素被放最后一个位置。图 7.28（b）表示从前往后扫描的冒泡排序过程，在每一趟排序后，找出的是最大的元素，放在该次比较的所有元素的最后位置，然后在剩余元素中再找最大的元素，依此类推，直到剩余两个元素排序结束为止。

（3）性能分析

从冒泡排序的思想可以看出，若待排序的元素为正序，则只需进行一趟排序，比较次数为（$n-1$）次，移动元素次数为 0；若待排序的元素为逆序，则需进行 $n-1$ 趟排序，比较次数为 $(n^2-n)/2$，移动次数为 $3(n^2-n)/2$，因此冒泡排序算法的时间复杂度为 $O(n^2)$。由于其中的元素移动较多，因此速度较慢。

（4）冒泡排序的缺点

在冒泡排序中，由于在扫描过程中只对相邻两个元素进行比较，因此，在互换两个相邻元素时只能消除一个逆序。如果通过两个（不是相邻的）元素交换，能够消除线性表中的多个逆序，就会大大加快排序的速度。显然，为了通过一次交换以消除多个逆序，就不能像冒泡排序那样以相邻两个元素进行比较，因为这只能使相邻两个元素进行交换，从而只能消除一个逆序。下面介绍的快速排序法可以实现通过一次交换而消除多个逆序。

2. 快速排序

（1）快速排序（quick sorting）的基本思想

快速排序也是一种交换类的排序方法，但是由于它比冒泡排序法的速度快，因此称为快速排序法。它的基本思想是：任取待排序线性表中的某个元素作为基准元素（一般取第一个元素），通过一趟排序，将待排序元素分为左右两个子表，左子表元素均小于或等于基准元素；右子表元素则大于基准元素，这个过程称为分割。通过对线性表的一次分割，以基准元素为分界线，将线性表分成了前后两个子表。然后分别对两个子表按照上述原则继续进行分割，并且，这个过程可以一直执行下去，直至所有子表为空，则此时的线性表就变成了有序表。由此可见，快速排序法的关键是对线性表进行分割，以及对分割出来的各子表再进行分割。

（2）快速排序的过程

在对线性表 $D(left:right)$ 或子表进行实际分割时，可以按照如下步骤进行：

首先，将表中的第一个元素选取作为此次分割的基准元素 X；然后设置两个指针 i 和 j 分别指向表的起始位置与最后位置，接着，反复执行以下两步操作：

1）将 j 逐渐减小，并逐次将 j 指向位置的元素 $D(j)$ 与基准元素 X 进行比较，直到发现一个 $D(j)<X$ 为止，将 $D(j)$ 移到 i 位置上。

2）将 i 逐渐增大，并逐次将 i 指向位置的元素 $D(i)$ 与基准元素 X 进行比较，直到发现一个 $D(i)>X$ 为止，将 $D(i)$ 移到 j 位置上。

上述 1）、2）两个操作交替进行，直到指针 i 等于 j，即指向同一位置为止，此位置就是基准元素 X 最终被存放的位置。此次划分得到的前后两个待排序的左右子线性表分别为 $D(left)\sim D(i-1)$ 和 $D(i+1)\sim D(right)$。这样就完成了一次分割，依次对此次分割得到的两个子线性表按照上述同样的分割过程继续下去，直到所有子线性表为空止。

例 7.20　给定线性表为（46，55，13，42，94，05，17，70），现用快速排序的方法对其进行排序，具体分割过程如图 7.29 所示。

从图 7.29（a）可知，通过一次分割，将一个区间以基准值分成两个子区间，左子区间的值小于等于基准值 46，右子区间的值大于基准值 46。对剩下的子区间重复此分割步骤，如图 7.29（b）和 7.29（c）所示，则可以得到快速排序的结果，如图 7.29（d）所示。

```
(46   55   13   42   94    5   17   70)
 i↑                               j↑
(46   55   13   42   94    5   17   70)
 i↑                          J↑
(17   55   13   42   94    5   46   70)
      i↑                     J↑
(17   46   13   42   94    5   55   70)
      i↑                 j↑
(17    5   13   42   94   46   55   70)
           i↑            j↑
(17    5   13   42   94   46   55   70)
                i↑       j↑
(17    5   13   42   94   46   55   70)
                i↑       j↑
(17    5   13   42   94   46   55   70)
                   i↑    j↑
(17    5   13   42  94)   46  (55   70)
                  i↑j↑
```

(a) 第一次分割过程

```
(13   5)   17  (42   94)   46  (55   70)
```

(b) 对左子线性表第一次分割后结果

```
 5   13   17  (42   94)   46  (55   70)
```

(c) 对最左子线性表分割后结果

```
 5   13   17   42   94   46   55   70
```

(d) 最后排序结果

图 7.29　快速排序过程

（3）性能分析

快速排序是对冒泡排序的一种改进方法，算法中元素的比较和交换是从两端向中间进行的，较大的元素一次就能够交换到后面子表中，较小的元素一次就能够交换到前面子线性表中，元素每次移动的距离较远，因而总的比较和移动次数都较少。所以，排序速度比冒泡排序快，效率也比冒泡排序高。

7.5.3　插入类排序法

冒泡排序法与快速排序法本质上都是通过数据元素的交换来逐步消除线性表中的逆序。本小节讨论另一类排序的方法，即插入类排序法。插入排序是指将无序线性表中的各元素依次插入已经有序的线性表。

1. 直接插入排序（也叫简单插入排序）

（1）直接插入排序（straight insertion sorting）的基本思想

把 n 个待排序的元素看作一个有序表和一个无序表，开始时有序表中只包含一个元素，无序表中包含有 $n-1$ 个元素，排序过程中每次从无序表中取出一个元素，将它依次与有序表元素进行比较，并插入到有序表中的适当位置，使之成为新的有序表。

（2）直接插入排序的过程

一般来说，假设线性表中前 $i-1$ 个元素已经有序，现在要将线性表中第 i 个元素插入前面已经有序的子表，插入过程如下：

首先将第 i 个元素放到一个变量 X 中，然后从有序表的最后一个元素（即线性表中第 i-1 个元素）开始，往前逐个与 X 比较，将大于 X 的元素均依次向后移动一个位置，直到发现一个元素不大于 X 为止，此时将 X（即原线性表中的第 i 个元素）插入到刚移出的空位置上，有序子表的长度就变为 i 了。

下面通过例题进一步理解直接插入排序的过程。

例 7.21　给定无序表（5，1，7，3，1，6，9，4，2，8），现使用直接排序法对其进行排序，过程如图 7.30 所示。

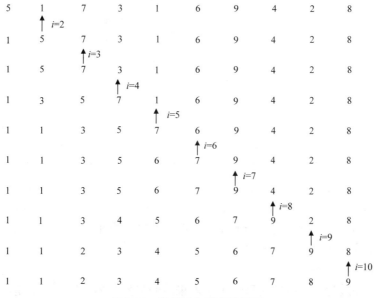

图 7.30　直接插入排序的过程

（3）性能分析

从上面的叙述可以看出，直接插入排序算法十分简单。那么它的效率如何呢？首先从空间来看，它只需要一个元素的辅助空间，用于元素的位置交换。从时间分析，首先需要进行 n-1 次插入操作，每次插入最少比较一次（正序），移动两次；最多比较 i 次，移动 i+2 次（逆序）（i=1，2，…，n-1），所以效率不高。

2. 希尔排序

（1）希尔排序（Shell sort）的基本思想

希尔排序又称为缩小增量排序。该方法的基本思想是：先将整个待排线性表分割成若干个子线性表（由相隔某个"增量"的元素组成），然后对各子线性表分别进行直接插入排序，待整个线性表中的元素基本有序（增量足够小）时，再对全体元素进行一次直接插入排序。

（2）希尔排序过程

将相隔某个增量 h 的元素构成一个子序列。在排序过程中，逐次减小这个增量，最后当 h 减到 1 时进行一次插入排序，排序就完成。

增量序列一般取 h_k=INT($n/2^k$)（k=1，2，3，…，$\log_2 n$），其中 n 为待排线性表的长度。

例 7.22　给定线性表（7，19，24，13，31，8，82，18，44，63，5，29），采用希尔排序法对其进行排序，过程如图 7.31 所示。

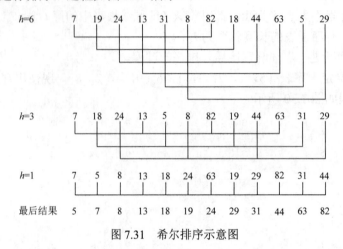

图 7.31　希尔排序示意图

其中，$n=12$，所以 $h_1=\text{INT}(n/2^k)=\text{INT}(12/2^1)=6$，$h_2=\text{INT}(n/2^k)=\text{INT}(12/2^2)=3$，$h_3=\text{INT}(n/2^k)=\text{INT}(12/2^3)=1$。第一次将相隔增量 6 的元素构成 6 个子序列（7，82）、（19，18）、（24，44）、（13，63）、（31，5）和（8，29），对各子序列进行插入排序得到序列（7，82）、（18，19）、（24，44）、（13，63）、（5，31）和（8，29）。然后，第二次相隔增量 3 的元素构成子序列，进行插入排序。以此类推，将相隔增量 1 所元素（即所有元素）进行一个插入排序，得到有序表。

（3）性能分析

在希尔排序过程中，虽然对每一个子表采用的仍然是插入排序，但是，在子表中每进行一次比较就有可能移去线性表中的多个逆序，从而改善了整个排序过程的性能。因为直接插入排序在元素基本有序的情况下（接近最好情况），效率是很高的，因此希尔排序在时间效率上与直接排序法相比有较大提高。

7.5.4　选择类排序法

1. 直接选择排序（又称简单选择排序）

（1）直接选择排序（straight select sorting）的基本思想

直接选择排序也是一种简单的排序方法。它的基本思想是：扫描整个线性表，从中选出最小的元素，将它交换到表的最前面（这是它应在的位置），然后对剩下的子表采用同样的方法，直到子表为空为止。

（2）直接选择排序过程

对于长度为 n 的序列，选择排序需要扫描 $n-1$ 遍，每一遍扫描均从剩下的子表中选出最小的元素，然后将该元素与该子表中的第一个元素交换。

例 7.23　给定线性表为（8，3，2，1，7，4，6，5），则直接选择排序过程如图 7.32所示。图中有方框元素是刚被选出来的元素。

首先，从前往后扫描给定线性表，找出最小元素 1，然后将它与第一个位置上的元素 8 进行互换，完成第一次选择排序。然后在剩余的元素中再找最小的元素 2，将它与 3 互换，完成第二次选择排序。以此类推，第七次选择排序时，是将剩余的最后两个元素进行比较排序，保证小的在前。这样，就将无序表排成了有序表。

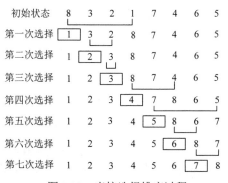

图 7.32　直接选择排序过程

（3）性能分析

在直接选择排序中，共需要进行 $n-1$ 次选择和交换，每次选择需要进行 $n-i$ 次比较（$1 \leq i \leq n-1$），而每次交换最多需 3 次移动，因此，总的比较次数 $C=(n^2-n)/2$，总的移动次数 $M=3(n-1)$。由此可知，直接选择排序的时间复杂度为 $O(n^2)$ 数量级，所以当记录占用的字节数较多时，通常比直接插入排序的执行速度要快一些。

2. 堆排序

（1）堆的定义
若有 n 个元素的序列（k_1，k_2，k_3，$\cdots$，k_n），当且仅当满足如下条件：

$$\begin{cases} k_i \leq k_{2i} \\ k_i \leq k_{2i+1} \end{cases} \quad (i=1,2,\cdots,\mathrm{INT}(n/2)) \qquad ①$$

或

$$\begin{cases} k_i \geq k_{2i} \\ k_i \geq k_{2i+1} \end{cases} \quad (i=1,2,\cdots,\mathrm{INT}(n/2)) \qquad ②$$

则称此 n 个元素的序列 k_1，k_2，k_3，$\cdots$，k_n 为一个堆。

若将此序列按照顺序组成一棵完全二叉树，则①称为小根堆（即二叉树的所有根结点值小于或等于左右子结点的值），②称为大根堆（即二叉树的所有根结点值大于或等于左右子结点的值）。本节只讨论满足条件②的大根堆。

若 n 个元素的序列 k_1，k_2，k_3，$\cdots$，k_n 满足堆条件，且将结点按照 1、2、3、$\cdots$、n 顺序编号，根据完全二叉树的性质（若 i 为根结点，则左子结点为 $2i$，右子结点为 $2i+1$）可知，堆排序实际与一棵完全二叉树有关。若将初始线性表组成一棵完全二叉树，则堆排序可以包含建立初始堆（使序列变成能符合堆的定义的完全二叉树）和利用堆进行排序两个阶段。

（2）堆排序的基本思想

1）建立初始堆。将序列 k_1，k_2，k_3，$\cdots$，k_n 表示成一棵完全二叉树，然后从第 FIX($n/2$) 个元素开始筛选，使由该结点做根结点组成的子二叉树符合堆的定义，然后从第

FIX($n/2$)-1 个元素重复刚才操作，直到第一个元素为止。这时候，该二叉树符合堆的定义，初始堆已经建立。

例 7.24   给定序列（5，8，6，9），建立初始堆过程如图 7.33 所示。

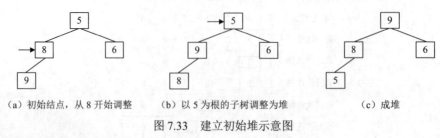

（a）初始结点，从 8 开始调整　　（b）以 5 为根的子树调整为堆　　（c）成堆

图 7.33   建立初始堆示意图

2）利用堆进行排序。接着，可以按照如下方法进行堆排序：将堆中第一个结点（二叉树根结点）和最后一个结点的数据进行交换（k_1 与 k_n），再将 k_1 到 k_{n-1} 重新建堆，然后 k_1 和 k_{n-1} 交换，再将 k_1 到 k_{n-2} 重新建堆，然后 k_1 和 k_{n-2} 交换。如此重复下去，每次重新建堆的元素个数不断减 1，直到重新建堆的元素个数仅剩一个为止。这时堆排序已经完成，则序列 k_1，k_2，k_3，…，k_n 已排成一个有序线性表。

例 7.25   给定序列（5，8，6，9），建成如图 7.33（c）所示的大根堆后，堆排序过程如图 7.34 所示。

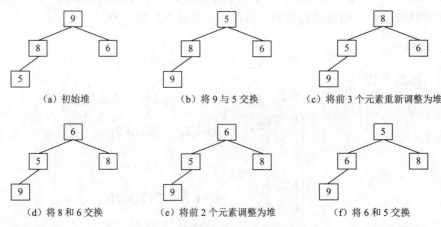

（a）初始堆　　　　（b）将 9 与 5 交换　　　（c）将前 3 个元素重新调整为堆

（d）将 8 和 6 交换　　　（e）将前 2 个元素调整为堆　　　（f）将 6 和 5 交换

图 7.34   利用堆进行排序的过程示意图

从图 7.34（f）可知，将其结果按照完全二叉树形式输出，则得到结果为（5，6，8，9），即为堆排序的结果。

3）性能分析。在整个堆排序中，共需要进行 $n+$INT($n/2$)-1 次筛选运算，每次筛选运算进行父结点和子结点的元素的比较和移动，次数都不会超过完全二叉树的深度，所以，每次筛选运算的时间复杂度为 $O(\log_2 n)$，故整个堆排序过程的时间复杂度为 $O(n\log_2 n)$。

7.6   查   找

查找也称为检索，是数据处理领域中的一个重要内容，查找效率将直接影响数据处理的效率。

查找是根据给定的值，在一个线性表中查找出等于给定值的数据元素。若线性表中有这样的元素，则称查找是成功的，此时查找的信息为给定整个数据元素的输出或指出该元素在线性表中的位置；若线性表中不存在这样的元素，则称查找是不成功的，或称查找失败，并可给出相应的提示。

因为查找是对已存入计算机中的数据进行的操作，所以采用何种查找方法，首先取决于使用哪种数据结构来表示线性表，即线性表中结点是按照何种方式组织的。为了提高查找速度，经常使用某些特殊的数据结构来组织线性表。因此在研究各种查找算法时，首先必须弄清这些算法所要求的数据结构，特别是存储结构。

衡量一种查找算法的优劣，主要是看要找的值与表中元素之间的比较次数，但是一般情况下，将用给定值与表中元素的比较次数的平均值来作为衡量一个查找算法好坏的标准。

7.6.1 顺序查找

1. 顺序查找的基本思想

顺序查找是一种最简单的查找方法，它的基本思想是：从线性表的一端开始，顺序扫描线性表，依次将扫描到的表中元素和待找的值 K 相比较，若相等，则查找成功；若整个线性表扫描完毕，仍未找到等于 K 的元素，则查找失败。顺序查找既适用于顺序表，也适用于链表。若用顺序表，查找可从前往后扫描，也可从后往前扫描，但若采用单链表，则只能从前往后扫描。另外，顺序查找的线性表中元素可以是无序的。

2. 顺序查找性能分析

在进行从前往后扫描的顺序查找过程中，如果线性表中的第一个元素就是被查找元素，则只需要做一次比较就查找成功，查找效率最高；但如果被查的元素是线性表中最后一个元素，或者被查找元素根本不在线性表中，则为了查找这个元素需要与线性表中所有的元素进行比较，这是顺序查找最坏的情况。在平均情况下，利用顺序查找法在线性表中查找一个元素，大约要与线性表中一半的元素进行比较。从后往前扫描性能与从前往后扫描性能一样。

由此可见，对于大的线性表来说，顺序查找的效率是很低的。虽然顺序查找的效率不高，但在下列两种情况下也只能采用顺序查找：

1）如果线性表是无序表（即表中元素的排列是无序的），则不管是顺序存储结构还是链式存储结构，都只能用顺序查找。

2）即使是有序线性表，如果采用链式存储结构，也只能用顺序查找。

7.6.2 二分查找

1. 二分查找的基本思想

二分查找，也称折半查找或减半查找，它是一种高效率的查找方法。但二分查找有条件限制：要求线性表必须是顺序存储结构，且表中元素必须有序，升序或降序均可。

二分查找的基本思想如下：

1）将待查元素 K 与线性表中间位置元素进行比较，若相等，则查找成功，查找过程结束。

2）若 K 小于中间位置元素，则在线性表的前半部分（即中间位置之前的部分，不包括中间位置）以相同的方法进行查找。

3）若 K 大于中间位置元素，则在线性表的后半部分（即中间位置之后的部分，不包括中间位置）以相同的方法进行查找。

每通过一次比较，区间的长度就缩小一半，区间的个数就增加一倍，如此不断进行下去，直到找到表中元素为 K 的元素（表示查找成功）或当前的查找区间为空（表示查找失败）为止。

从上述查找思想可知，每进行一次表中元素比较，区间数目增加一倍，故称为二分（区间一分为二），而区间长度缩小一半，故也称为折半（查找的范围缩小一半）。

下面通过一个例题，进一步理解二分查找的思想。

例 7.26 假设给定有序表为（8，17，25，44，68，77，98，100，115，125），将查找 $K=17$ 和 $K=117$ 的情况分别描述为如图 7.35 及图 7.36 所示的形式。

```
[8   17   25   44   68   77   98   100   115   125]
L↑                                          H↑
            （a）初始状态

[8   17   25   44]  68   77   98   100   115   125
L↑           H↑  M↑
        （b）经过一次比较后的状态

[8   17   25   44]  68   77   98   100   115   125
L↑   M↑      H↑
      （c）经过两次比较后的状态（成功）
```

图 7.35　二分查找 17 的过程

```
[8   17   25   44   68   77   98   100   115   125]
L↑                                          H↑
            （a）初始状态

8    17   25   44   68  [77   98   100   115   125]
                   M↑  L↑              H↑
        （b）经过一次比较后的状态

8    17   25   44   68   77   98   100  [115   125]
                                  M↑   L↑  H↑
        （c）经过两次比较后的状态

[8   17   25   44]  68   77   98   100   115  [125]
                                         M↑  L↑H↑
        （d）经过三次比较后的状态

[8   17   25   44]  68   77   98   100   115  [125]
                                         H↑  L↑M↑
（e）经过四次比较后的状态(高位元素小于低位元素，失败)
```

图 7.36　二分查找 117 的过程

其中，L、H 和 M 分别为每次查找时的最低位置、最高位置和中间位置。因为，线性表中存在元素 17，所以图 7.35 是查找成功的情况，而线性表中没有元素 117，所以图 7.36 是查找失败的情况。

2．二分查找的性能分析

显然，当线性表为顺序存储且元素有序时才能采用二分查找。但是，二分查找每次只与查找区间中间位置的元素进行比较，并将数据的查找范围缩减一半，这样就大大减少了比较的次数，提高了查找效率。所以，二分查找的效率比顺序查找高。

习题 7

选择题

1．下列链表中，其逻辑结构属于非线性结构的是（　　）。
　　A．双向链表　　　　B．带链的栈　　　C．二叉链表　　　D．循环链表
2．设循环队列的存储空间为 $Q(1:35)$，初始状态为 Front=Rear=35，经过一系列的入队和退队运算后，其 Front=15，Rear=15，则循环队列中元素的个数是（　　）。
　　A．20　　　　　　B．0 或 35　　　　C．15　　　　　D．16
3．下列关于栈的叙述中，正确的是（　　）。
　　A．栈顶元素一定是最先入栈的元素　　B．栈操作遵循"先进后出"的原则
　　C．栈底元素一定是最后入栈的元素　　D．以上说法都不对
4．下列关于环保队列的叙述中，正确的是（　　）。
　　A．循环队列是队列的一种链式存储结构
　　B．循环队列是一种逻辑结构
　　C．循环队列是非线性结构
　　D．循环队列是队列的一种顺序存储结构
5．下列叙述中，正确的是（　　）。
　　A．栈是一种"先进先出"的线性表　　B．队列是一种"后进先出"的线性表
　　C．栈与队列都是非线性结构　　　　D．以上说法都不对
6．一棵二叉树共有 25 个结点，其中 5 个是叶子结点，则度为 1 的结点数为（　　）。
　　A．6　　　　　　B．10　　　　　C．16　　　　　D．4
7．下列叙述中，正确的是（　　）。
　　A．算法就是程序
　　B．设计算法时只需考虑数据结构的设计
　　C．设计算法时只需考虑结果的可靠性
　　D．以上说法都不对
8．下列关于线性链表的叙述中，正确的是（　　）。
　　A．各数据结点的存储空间可以不连续，但它们的存储顺序与逻辑顺序必须一致
　　B．各数据结点的存储顺序与逻辑顺序可以不一致，但它们的存储空间必须连续
　　C．进行插入与删除时，不需要移动表中的元素

D．以上说法都不对

9．下列关于二叉树的叙述中，正确的是（　　）。

A．叶子结点总是比度为 2 的结点少一个

B．叶子结点总是比度为 2 的结点多一个

C．叶子结点数是度为 2 的结点数的两倍

D．度为 2 的结点数是度为 1 的结点数的两倍

10．下列关于栈的叙述中，正确的是（　　）。

A．栈顶元素最先能被删除　　　　　B．栈顶元素最后才能被删除

C．栈底元素永远不能被删除　　　　D．以上说法都不对

11．下列叙述中，正确的是（　　）。

A．有一个以上根结点的数据结构不一定是非线性结构

B．只有一个根结点的数据结构不一定是线性结构

C．循环链表是非线性结构

D．双向链表是非线性结构

12．某二叉树共有 7 个结点，其中叶子结点只有 1 个，则二叉树的深度为（假设根结点在第 1 层）（　　）。

A．3　　　　　B．4　　　　　C．6　　　　　D．7

13．在深度为 7 的满二叉树中，叶子结点的个数为（　　）。

A．32　　　　　B．31　　　　　C．64　　　　　D．63

14．下列数据结构中，属于非线性结构的是（　　）。

A．循环队列　　B．带链队列　　C．二叉树　　D．带链栈

15．下列数据结果中，能够按照"先进后出"原则存取数据的是（　　）。

A．循环队列　　B．栈　　　　C．队列　　　D．二叉树

16．下列关于循环队列的叙述中，正确的是（　　）。

A．队头指针是固定不变的

B．队头指针一定大于队尾指针

C．队头指针一定小于队尾指针

D．队头指针可以大于队尾指针，也可以小于队尾指针

17．下列叙述中正确的是（　　）。

A．对长度为 n 的有序链表进行查找，最坏情况下需要的比较次数为 n

B．对长度为 n 的有序链表进行对分查找，最坏情况下需要的比较次数为（$n/2$）

C．对长度为 n 的有序链表进行对分查找，最坏情况下需要的比较次数为（$\log_2 n$）

D．对长度为 n 的有序链表进行对分查找，最坏情况下需要的比较次数为（$n\log_2 n$）

18．算法的时间复杂度是指（　　）。

A．算法的执行时间

B．算法所处理的数据量

C．算法程序中的语句或指令条数

D．算法在执行过程中所需要的基本运算次数

19．下列叙述中，正确的是（　　　）。

　　A．线性表的链式存储结构与顺序存储结构所需要的存储空间是相同的

　　B．线性表的链式存储结构所需要的存储空间一般要多于顺序存储结构

　　C．线性表的链式存储结构所需要的存储空间一般要少于顺序存储结构

　　D．上述种说法都不对

20．下列叙述中，正确的是（　　　）。

　　A．在栈中，栈中元素随栈底指针与栈顶指针的变化而动态变化

　　B．在栈中，栈顶指针不变，栈中元素随栈底指针的变化而动态变化

　　C．在栈中，栈底指针不变，栈中元素随栈顶指针的变化而动态变化

　　D．上述说法都不对

21．在深度为 7 的满二叉树中，叶子结点的个数为（　　　）。

　　A．32　　　　　　　B．31　　　　　　　C．64　　　　　　　D．63

22．对图 7.37 所示二叉树进行前序遍历的结果为（　　　）。

　　A．DYBEAFCZX　　　　　　　　　B．YDEBFZXCA

　　C．ABDEXCFYZ　　　　　　　　　D．ABCDEFXYZ

图 7.37　选择题 22

23．下列算法设计基本方法中，基本思想不属于归纳法的是（　　　）。

　　A．递推法　　　　B．递归法　　　　C．减半递推技术　　　D．回溯法

24．对长度为 n 的线性表排序，在最坏情况下，比较次数不是 $n(n-1)/2$ 的排序方法是（　　　）。

　　A．快速排序　　　B．冒泡排序　　　C．直接插入排序　　　D．堆排序

25．当用二分法求解方程在一个闭区间上的实根时，采用的算法设计技术是（　　　）。

　　A．列举法　　　　B．归纳法　　　　C．递归法　　　　D．减半递推法

26．下列叙述中，正确的是（　　　）。

　　A．循环队列有队头和队尾两个指针，因此循环队列是非线性结构

　　B．在循环队列中，只需队头指针就能反映队列中元素的动态变化情况

　　C．在循环队列中，只需队尾指针就能反映队列中元素的动态变化情况

　　D．循环队列中元素的个数由队头指针和队尾指针共同决定

27．已知元素的入栈顺序为 abcde，则不可能的出栈顺序是（出栈和入栈操作可交叉进行）（　　　）。

　　A．edcba　　　　B．cabde　　　　C．dcbae　　　　D．bcdea

28．下列关于栈的叙述中，正确的是（　　　）。

A．在栈中只能插入元素而不能删除元素

B．在栈中只能删除元素而不能插入元素

C．栈是特殊的线性表，只能在一端插入或删除元素

D．栈是特殊的线性表，只能在一端插入元素，而在另一端删除元素

29．下列叙述中，不正确的是（　　）。

A．数据的存储结构与数据处理的效率密切相关

B．数据的存储结构与数据处理的效率无关

C．数据的存储结构在计算机中所占的空间不一定是连续的

D．一种数据的逻辑结构可以有多种存储结构

30．树是结点的集合，它的根结点数目是（　　）。

A．有且只有 1　　B．1 或多于 1　　C．0 或 1　　　　D．至少 2

习 题 答 案

习题 1

一、选择题

1. C　2. D　3. B　4. A　5. B　6. A　7. D　8. A　9. B　10. D　11. A　12. C　13. D　14. B　15. A　16. A　17. B　18. B　19. B　20. A

二、判断题

1. 对　2. 对　3. 对　4. 错　5. 错　6. 错　7. 错　8. 错　9. 对　10. 错　11. 错　12. 错　13. 错　14. 对　15. 错　16. 错　17. 对　18. 错　19. 对　20. 错

习题 3

一、选择题

1. C　2. A　3. C　4. C　5. B　6. B　7. C　8. C　9. B　10. A　11. C　12. A　13. D　14. A　15. C　16. B　17. A　18. A　19. C　20. B　21. A　22. C　23. B　24. D　25. B　26. C　27. A　28. C　29. D　30. D

二、判断题

1. 错　2. 对　3. 对　4. 对　5. 错　6. 对　7. 错　8. 错　9. 对　10. 对

习题 4

一、选择题

1. C　2. B　3. A　4. A　5. B　6. D　7. C　8. A　9. C　10. C　11. A　12. A　13. C　14. A　15. C　16. B　17. A　18. A　19. A　20. C　21. D　22. D　23. D　24. C　25. B　26. A　27. B　28. A　29. D　30. C　31. A　32. A　33. D　34. B　35. A　36. B　37. B　38. A　39. B　40. C

二、判断题

1. 对　2. 对　3. 错　4. 对　5. 对　6. 错　7. 错　8. 对　9. 对　10. 对　11. 错

12. 对   13. 错   14. 错   15. 对   16. 错   17. 对   18. 对   19. 对   20. 对

习题 5

一、选择题

1. C   2. C   3. A   4. A   5. C   6. C   7. C   8. B   9. B   10. D   11. B   12. A   13. A
14. A   15. A   16. D   17. B   18. C   19. A   20. B   21. B   22. C   23. A   24. B   25. C
26. B   27. B   28. C   29. D   30. B

二、判断题

1. 错   2. 对   3. 错   4. 错   5. 对   6. 对   7. 对   8. 对   9. 对   10. 对

习题 6

一、选择题

1. C   2. D   3. B   4. A   5. C   6. C   7. C   8. C   9. C   10. D   11. D   12. D   13. B
14. D   15. A   16. B   17. D   18. D   19. D   20. C

二、判断题

1. 对   2. 对   3. 错   4. 错   5. 对   6. 对   7. 对   8. 对   9. 错   10. 错

习题 7

选择题

1. D   2. B   3. B   4. D   5. D   6. C   7. D   8. C   9. B   10. A   11. B   12. D   13. C
14. C   15. B   16. D   17. A   18. D   19. B   20. C   21. C   22. C   23. D   24. D   25. D
26. D   27. B   28. C   29. B   30. A

参 考 文 献

李昊，2018．计算思维与大学计算机基础[M]．北京：科学出版社．

吕凯，2017．计算思维与大学计算机基础实验教程[M]．北京：科学出版社．

文杰书院，2020．Office 2016 电脑办公基础教程（微课版）[M]．北京：清华大出版社．